普通高等教育新工科创新系列教材

"十三五"江苏省高等学校重点教材

液压与气压传动

(第二版)

主　编　盛小明　张　洪　秦永法

副主编　刘　忠　胡增荣　张兴国

编　委　孙　明　刘鑫培　孙　波

科学出版社

北　京

内 容 简 介

本书为“十三五”江苏省高等学校重点教材（编号：2016-1-108）。

本书介绍液压与气压传动的基本概念、机械设备液压与气压传动中常用的液压与气动元件、基本回路，并结合大量工程实例进行典型系统的分析与设计。

全书共9章：第1、2章介绍液压与气压传动的基本概念与理论；第3～6章分别介绍液压与气压传动系统中动力元件、执行元件、控制元件和辅助元件的作用、原理、性能和用途；第7章介绍液压与气压传动的基本回路；第8章介绍典型液压与气压系统的应用与分析；第9章介绍液压与气动系统的设计步骤和方法及设计应用实例；在附录中介绍GB/T 786.1—2009中规定的常用液压与气动元件图形符号，FluidSIM仿真软件及其应用，并有习题参考答案。

本书可为任课教师提供电子教案，同时还可提供液压与气压传动系统中常用的专业术语中英文对照及相关拓展阅读材料的电子版。

本书可作为高等院校机械设计制造及其自动化、机械工程、机械电子工程等专业的相应教材，也可供从事液压与气动技术的工程技术人员和研究人员学习和参考。

图书在版编目(CIP)数据

液压与气压传动/盛小明，张洪，秦永法主编. —2版. —北京：科学出版社，2018.3

普通高等教育新工科创新系列教材・“十三五”江苏省高等学校重点教材

ISBN 978-7-03-056543-3

Ⅰ. ①液…　Ⅱ. ①盛…　②张…　③秦…　Ⅲ. ①液压传动-高等学校-教材　②气压传动-高等学校-教材　Ⅳ. ①TH137②TH138

中国版本图书馆CIP数据核字（2018）第025794号

责任编辑：邓　静　张丽花 / 责任校对：郭瑞芝

责任印制：赵　博 / 封面设计：迷底书装

科学出版社 出版

北京东黄城根北街16号

邮政编码：100717

http://www.sciencep.com

涿州市般润文化传播有限公司印刷

科学出版社发行　各地新华书店经销

*

2014年6月第　一　版　开本：787×1092　1/16

2018年3月第　二　版　印张：19

2024年7月第十一次印刷　字数：486 000

定价：59.80元

（如有印装质量问题，我社负责调换）

第二版前言

本书第一版 2014 年出版，经过这几年的教学实践，结合新工科指导思想，听取了教师和读者的意见，为更好满足教学需要，此次修订基本维持第一版的总体体系。另外，信息时代改变了人们获得信息的方式，读者希望通过互联网平台的各种通道获取课程更多的信息。因此，为更好满足教学及信息化的需要，对本书进行改版。在保持本书主要内容、体系和叙述风格的基础上，在以下几个方面进行了修订：

（1）部分章节在内容的叙述上进行了充实和调整，重绘了部分图形，使其更清晰准确。

（2）完善工程应用案例，使教材理论与工程问题结合更加紧密，建立工程教育理念，加强与实际工程的联系，教材内容更加充实和全面，更加体现新工科教学范式的特点。

（3）对部分内容进行了必要的增删和修改，精炼了文字叙述，统一了名称，力求达到严谨准确。

（4）本书利用现代教育技术和互联网信息技术，将部分难以理解的结构知识和重点、难点知识制作成动画仿真、微课视频等，通过二维码技术实现教学互动，帮助读者建立直观概念。

（5）可为选用本书作为教材的教师提供精美授课课件（可通过微信公众号“科学出版社EDU”申请使用）。

（6）本书在互联网“中科云教育”平台（www.coursegate.cn）有专为本书录制的精美在线课程，同时，在手机端的“中科云教育”APP 中也有配套在线课程，以提升用户体验，便于读者立体化、随时随地使用本书的各种数字化资源。

本书为“十三五”江苏省高等学校重点教材（修订版），本书虽经修订再版，但由于编者水平有限，书中的不足之处仍在所难免，敬请读者批评指正。

特别感谢科学出版社给予的热情鼓励与支持，以及责任编辑为顺利出版而付出的心血。

作 者

2018 年 1 月

第一版前言

随着自动化技术的深入，我国液压与气动技术得到进一步发展，特别是机、电、液、气复合控制技术的应用日益广阔。为了满足培养工程技术人才的需求，充分反映我国液压与气动技术的发展，更好地为工程实际服务，适应教育部2010年启动的“卓越工程师教育培养计划”，本书采用“卓越工程师教育培养机械类创新系列规划教材”的编写理念和模式，旨在弥补传统教材的局限性，充分调动学生学习的积极性和创造性，激发学生学习的内在动机和热情，使学生感到学有所用，从而提高学生的实践能力和创新能力，培养具有国际竞争力的工程技术人才。

本书的编写理念和模式具有以下特点：

（1）加强绪论部分的作用，使绪论真正起到提领全书的作用，在绪论中用一张工程实例大图统领全书的知识结构。

（2）在每章开始，用工程实例作为引子，提高学生的学习兴趣。

（3）在正文中设置工程案例，辅助学生理解抽象的理论知识。

（4）在每章最后一节，用工程案例综合本章的知识点，使学生能够学会运用理论知识解决实际问题。

（5）在最后一章中，用典型系统教会学生综合运用本书所学知识，以达到让学生“会运用”的最终目的。

为适应我国现代工业自动化飞速发展的要求，满足教学需要，作者在总结多年教学、科研和生产实践的基础上，吸取同类教材的优点及本学科国内外最新的教学和科研成果，精心组织编写了本书。

本书的内容特点如下：

（1）以液压与气动系统为主线将液压部分与气动部分结合在一起编写，全书在知识内容的结构安排上着重传授知识和培养能力的结合。

（2）全书各处采用图片、文字等形式，列举大量工程实际案例，注重工程特色，强调理论与实际紧密结合。

（3）在讲解元件基本原理的基础上，介绍了模拟控制液压缸和数字控制液压缸、比例阀、伺服阀、数字控制阀等新技术，介绍了电液比例、伺服系统工程应用实例的新结构，介绍了液压仿真技术。

（4）可提供液压与气压传动系统中常用的专业术语中英文对照及相关拓展阅读材料的电子版，易于学生对课程的理解，拓展知识面。

本书由苏州大学盛小明（第 1、2 章和附录 C）、江南大学孙明（第 3 章）、江南大学张洪（第 4 章和附录 B）、扬州大学秦永法（第 5 章）、南通大学张兴国（第 6 章）、苏州大学胡增荣（第 7 章）、苏州大学刘鑫培（第 8 章）、常熟理工学院刘忠（第 9 章）、常州大学孙波（附录 A）共同编写。本书由盛小明、张洪和秦永法担任主编，由盛小明统稿。

在本书编写过程中，苏州大学机电工程学院博士生导师芮延年教授给予了大力支持并提出了宝贵意见，在此表示衷心的感谢！

限于作者水平，书中难免有不妥之处，敬请广大读者指正！

作　者

2014 年 3 月

目录

第1章 绪论

微课

一部完整的机器由原动机、传动部分、控制部分和工作机构等组成。传动部分是一个中间环节，它的作用是把原动机（电动机、内燃机等）的输出功率传送给工作机构。传动有多种类型，如机械传动、电力传动、液体传动、气压传动以及它们的组合——复合传动等。

以流体为工作介质进行传动的方式为流体传动，可分成液体传动和气体传动两种传动形式。按照其工作原理的不同，液体传动又可分为液压传动和液力传动两种形式，前者是以液体的压力能进行工作的，也称容积式液压传动；后者是利用液体的动能进行工作的，称为液力传动。

用气体作为工作介质进行能量传递的传动方式称为气压传动，包括燃气和蒸汽。本书主要介绍以液体为介质的液压传动技术和以压缩空气为介质的气压传动技术。

> **小思考 1-1**
>
> 能量可以相互转换，请思考，液压压力机在完成需要的各种规定动作和工作循环时，进行了哪几次能量的转换？为什么？

如图 1-1 所示的液压压力机，是一台较完整而又典型的液压传动设备，在工程实际中，可用于加工金属、塑料、木材、皮革、橡胶等各种材料的压力加工机械，能完成锻压、冲压、折边、成形、打包等多种工艺，用途十分广泛。电动机将输入的电能变成旋转的转矩，以机械能的方式输出，电动机带动液压泵将机械能转化为液体压力能，液压缸利用液体的压力能，带动模具实现各种规定的动作和工作循环，从而使压力机完成工程实际中所需加工工序。

本章知识要点

（1）掌握液压与气压传动系统的基本工作原理、系统组成及其表示和特点。

（2）了解液压与气压传动的应用与国内外技术发展概况。

兴趣实践

找两个柱塞面积不同的医用注射器，用塑料导管将其组成连通器进行力传递的实验，观察力、位移与柱塞面积之间的关系。

探索思考

传动形式有很多，什么情况选择液压传动？什么情况选择气压传动？各有什么优势？

预习准备

（1）预习物理学中的帕斯卡定律，理解“系统压力取决于外负载，外负载的运动速度取决于流量”这两个重要特征。

（2）理解千斤顶的工作原理。

动画

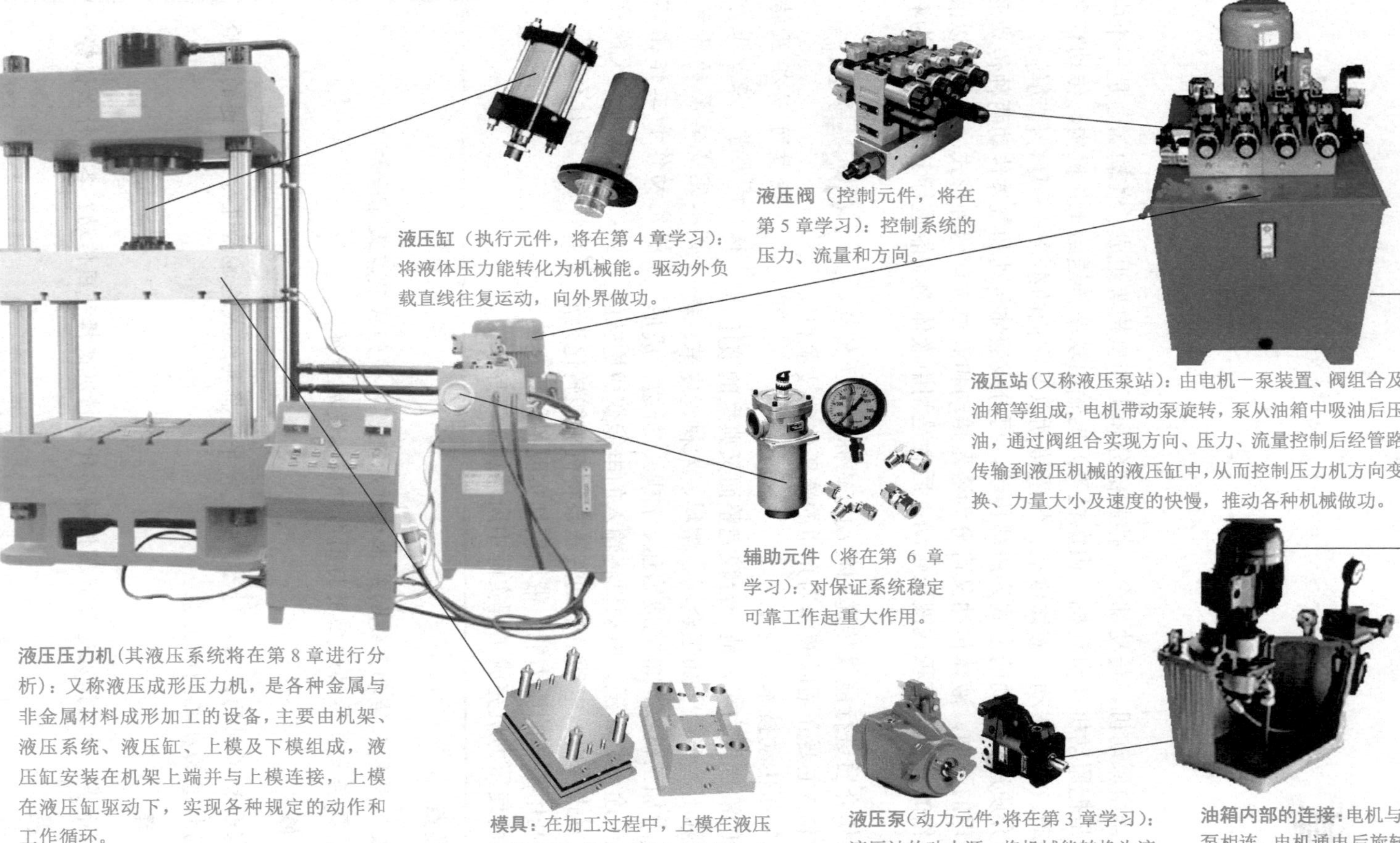
液压缸（执行元件，将在第 4 章学习）：将液体压力能转化为机械能。驱动外负载直线往复运动，向外界做功。
液压阀（控制元件，将在第 5 章学习）：控制系统的压力、流量和方向。
液压站（又称液压泵站）：由电机一泵装置、阀组合及油箱等组成，电机带动泵旋转，泵从油箱中吸油后压油，通过阀组合实现方向、压力、流量控制后经管路传输到液压机械的液压缸中，从而控制压力机方向变换、力量大小及速度的快慢，推动各种机械做功。
辅助元件（将在第 6 章学习）：对保证系统稳定可靠工作起重大作用。
液压压力机（其液压系统将在第 8 章进行分析）：又称液压成形压力机，是各种金属与非金属材料成形加工的设备，主要由机架、液压系统、液压缸、上模及下模组成，液压缸安装在机架上端并与上模连接，上模在液压缸驱动下，实现各种规定的动作和工作循环。
模具：在加工过程中，上模在液压缸驱动下，做上下的往复运动，将材料加工成零件（或半成品）。
液压泵（动力元件，将在第 3 章学习）：液压站的动力源，将机械能转换为液压油的压力能，为整个液压系统提供压力油。
油箱内部的连接：电机与液压泵相连，电机通电后旋转，驱动液压泵旋转，泵输出有压力的液压油使液压缸动作。

图 1-1　液压压力机

1.1 液压与气压传动的工作原理

液压系统以液体作为工作介质，而气动系统以空气作为工作介质。两种工作介质的不同在于液体几乎不可压缩，而气体却具有较大的可压缩性。液压与气压传动在基本工作原理、元件的工作机理以及回路的构成等诸方面是极为相似的。但是由于这两种传动系统的工作介质及其特性有很大区别，所应用的场合也不一样。尽管这两种系统所采用的元器件的结构原理相似，但很多元件不能互换使用。

微课

1.1.1 液压传动系统的基本工作原理

> **案例 1-1**
>
> 当汽车在野外行驶时，有时会遇到轮胎漏气，此时最好的方法是立即更换轮胎。在更换轮胎时，需要用到千斤顶。
>
> **问题：**
>
> （1）你会使用千斤顶将汽车抬起吗？
>
> （2）千斤顶是如何将你手所施加的力放大到能将汽车抬起的？

液压传动是以液体作为介质实现各种机械量的输出（力、位移或速度）。液压传动的应用极为普遍，如一个体积很小的液压千斤顶能把几吨重的汽车顶起，万吨压力机能产生上万吨的压力，其工作原理都是利用密闭容器中油液的压力来传递能量。

现以液压千斤顶为例（图 1-2），简述液压传动的工作原理。图 1-2（b）所示为液压千斤顶的工作原理，它由杠杆 1、泵体 2、小活塞 3、单向阀 4 和 7 组成的手动液压泵和大活塞 8、缸体 9 等组成的举升液压缸构成。其工作过程如下：提起杠杆 1，小活塞 3 上升，泵体 2 下腔的工作容积增大，形成局部真空，油箱 12 中的油液在大气压力的作用下，推开单向阀 4 进入泵体 2 的下腔（此时单向阀 7 关闭）；当压下杠杆 1 时，小活塞 3 下降，泵体 2 下腔的容积缩小，油液的压力升高，打开单向阀 7（单向阀 4 关闭），泵体 2 下腔的油液进入缸体 9 的下腔（此时截止阀 11 关闭），使大活塞 8 向上运动，把重物顶起。反复提压杠杆 1，就可以使重物不断上升，达到起重的目的。当工作完毕时，打开截止阀 11，使缸体 9 下腔的油液通过管路 10 直接流回油箱，大活塞 8 在外力和自重的作用下实现回程。

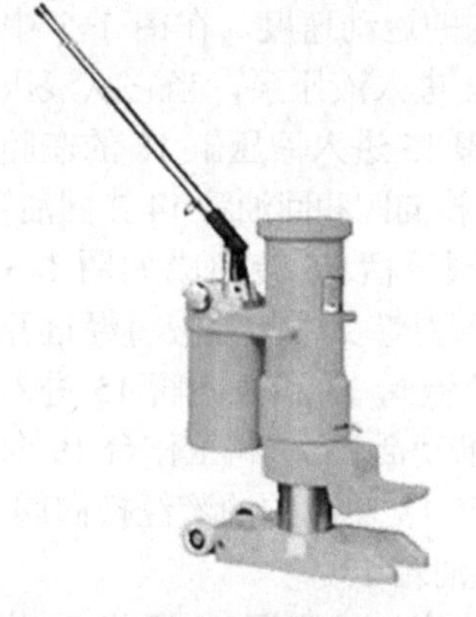

（a）液压千斤顶外形

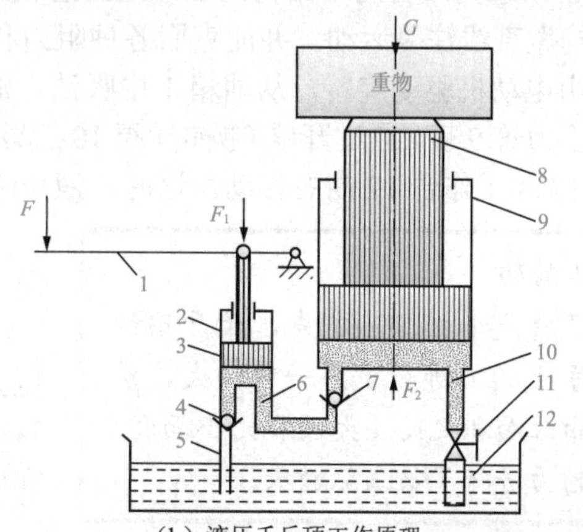

（b）液压千斤顶工作原理

1-杠杆；2-泵体；3-小活塞；4、7-单向阀；5-吸油管；6、10-管路；8-大活塞；9-缸体；11-截止阀；12-油箱

图 1-2 液压千斤顶

动画

设小活塞 3 和大活塞 8 的面积分别为 A_1 和 A_2，当作用在大活塞 8 上的负载和作用在小活塞 3 上的作用力为 G 和 F_1 时，依帕斯卡原理，大、小活塞下腔以及连接导管构成的密闭容积内的油液具有相等的压力值（设为 p）忽略活塞运动时的摩擦阻力，有

$$p=\frac{G}{A_2}=\frac{F_2}{A_2}=\frac{F_1}{A_1} \tag{1-1}$$

或

$$F_2=F_1\frac{A_2}{A_1} \tag{1-2}$$

式中，F_2为油液作用在大活塞上的作用力，$F_2=G$。

式(1-1)说明，系统工作压力p的大小由负载的大小决定，这是第一个非常重要的概念。式（1-2）说明当面积A_2远远大于A_1时，作用在小活塞上一个很小的力F_1，便可以在大活塞上产生一个很大的力F_2以举起负载（重物）。这就是液压千斤顶的原理。

若设大、小活塞移动的速度分别为v_2和v_1，在不考虑泄漏情况下稳态工作时，有

$$A_1v_1=A_2v_2=q \tag{1-3}$$

或

$$v_2=v_1\frac{A_1}{A_2}=\frac{q}{A_2} \tag{1-4}$$

式中，q为流量，定义为单位时间内输出（或输入）的液体体积。

式(1-4)说明，大缸活塞运动的速度v_2，在缸体的结构尺寸一定时，取决于输入的流量。这是第二个非常重要的概念。

使活塞上的负载上升所需的功率为

$$P=F_2v_2=pA_2\frac{q}{A_2}=pq \tag{1-5}$$

式中，液压压力p的单位为Pa；流量q的单位为$\mathrm{m^3/s}$；功率P的单位为W。由此可见，液压系统的压力和流量之积就是功率，称为液压功率。

上述例子说明，手按动杠杆使小活塞所做的机械能变成了小油缸排出流体的压力能，而进入大油缸的液体压力能通过大活塞转变为驱动负载所需的机械能。所以，在液压与气动系统中，要发生两次能量的转变。

图1-3所示为一台用半结构式图形绘出的驱动磨床工作台的液压传动系统。这个系统可使工作机构做直线往复运动，并能克服各种阻力和调节工作机构的运动速度。在图1-3中，液压泵3由电动机驱动旋转，从油箱1中吸油。油液经过滤器2进入液压泵，当它从液压泵输出进入压力管9后，通过开停（换向）阀10、节流阀13、换向阀15进入液压缸18的左腔，推动活塞17和工作台19向右移动。这时，液压缸右腔的油液经换向阀和回油管14排回油箱。

案例1-1分析

为了将汽车抬起，首先，千斤顶的杠杆将手上的力进行了第一级放大，然后两个油缸面积之比（大面积比小面积）将手上的力进行了第二级放大。

如果将换向阀手柄16转换成如图1-3(b)所示的状态，则压力管9中的油液将经过开停（换向）阀10、节流阀13和换向阀15进入液压缸18的右腔，推动活塞17和工作台19向左移动，并使液压缸18左腔的油液经换向阀15和回油管14排回油箱13。

工作台移动速度由节流阀13调节。当节流阀口开大时，进入液压缸的油液增多，工作台移动速度增大；当节流阀口关小时，进入液压缸油液减少，工作台移动速度减小。

液压泵输出的多余油液经溢流阀7和回油管4排回油箱。

如果将换向阀手柄转换成图1-3（c）所示的状态，压力管中的油液将经溢流阀和回油管4排回油箱，不输到液压缸中去，这时工作台停止运动，而系统保持溢流阀调定的压力。

如果将开停阀手柄11转换成图1-3（d）所示的状态，压力管中的油液将经开停（换向）阀

和回油管 12 排回油箱，不输到液压缸中去，这时工作台就停止运动，而液压泵输出的油液直接流回油箱，使液压系统卸荷。

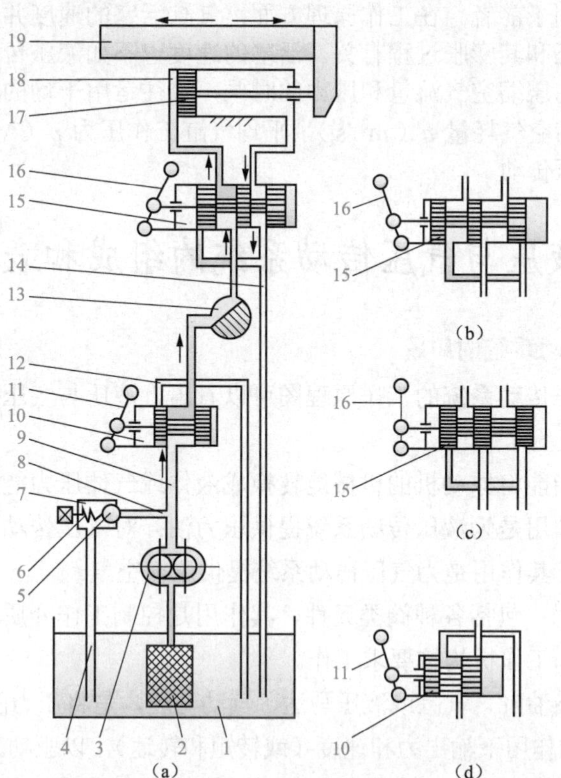

动画

1-油箱；2-过滤器；3-液压泵；4、12、14-回油管；5-钢球；6-弹簧；7-溢流阀；8-压力支管；9-压力管；10-开停（换向）阀；11-开停阀手柄；13-节流阀；15-换向阀；16-换向阀手柄；17-活塞；18-液压缸；19-工作台

图 1-3 磨床工作台液压系统结构原理

1.1.2 气压传动系统的基本工作原理

以气动剪料机（图 1-4）为例介绍气压传动系统的基本工作原理。

在图 1-4 所示的气动剪料机系统中，当工料 11 送入剪料机并达到预定位置时，行程阀 8 的阀芯被向右推移，这时，换向阀 9 的控制腔 A 就与压力气体接通，阀芯压缩弹簧上移，由空压机 1 产生经净化储存在储气罐 4 中的压缩空气，经分水滤气器 5、减压阀 6、油雾器 7、换向阀 9 进入气缸 10 下腔，推动气缸和活塞向上运动并使气缸 10 上腔的气体经换向阀 9 排入大气，气缸活塞带动剪刃将工料 11 剪断并随之松开行程阀 8 的阀芯使之复位，换向阀 9 的 A 腔排气，主阀芯在弹簧作用下向下移动，将排气通道隔断，而进气通道接通。压缩空气进入气缸 10 上腔，气缸活塞向下运动并使气缸下腔排气。活塞的向

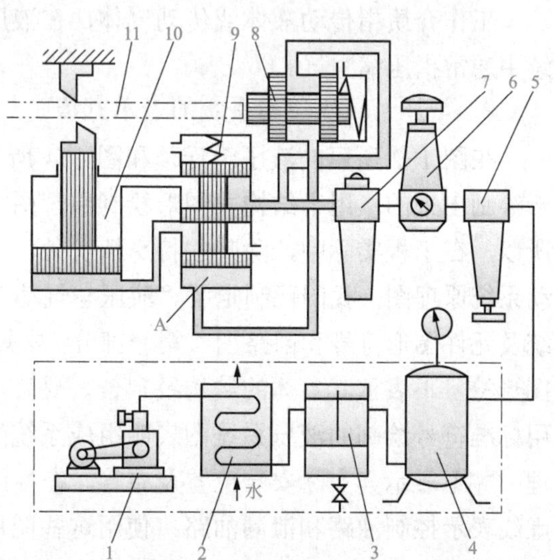

动画

1-空压机；2-冷却器；3-油水分离器；4-储气罐；5-分水滤气器；6-减压阀；7-油雾器；8-行程阀；9-换向阀；10-气缸；11-工料

图 1-4 气动剪料机系统

下运动带动剪刃复位，准备第二次下料。

由上例可知，气动系统和液压系统相比，所用的工作介质气体的可压缩性，使之在工作原理和装置构成上有别于前者。在工作原理方面，气缸活塞的速度并不只和进入气缸的压缩空气流量有关，至少还和其膨胀过程有关。活塞的速度也不如液压传动那样平稳。因此，在考虑气缸工作过程中的压缩空气流量和压力的时候，往往运用平均的概念代替液压传动中的稳态值概念（平均压缩空气耗量 q（m^3/s），平均气缸工作压力 p（MPa）。气压传动严格说也不是一种简单的静压传动。

1.2 液压与气压传动系统的组成和表示方法

1. 液压与气压传动系统的组成

从上节液压和气压传动系统的工作原理图可以看出，液压与气压传动系统大体上由以下四部分组成。

（1）动力装置：指能将原动机的机械能转换成液体或气体压力能的装置。对液压传动系统来说是液压泵，其作用是为液压传动系统提供压力油；对气压传动系统来说是气压发生装置，也称为气源装置，其作用是为气压传动系统提供压缩空气。

（2）控制调节装置：包括各种阀类元件，其作用是控制工作介质的流动方向、压力和流量，以保证执行元件和工作机构按要求工作。

（3）执行元件：指油缸、气缸或液压马达、气动马达，是将压力能转换为机械能的装置，其作用是在工作介质的作用下输出力和速度（或转矩和转速），以驱动工作机构做功。

（4）辅助装置：除以上装置以外的其他元器件都称为辅助装置，如油箱、过滤器、蓄能器、冷却器、分水滤气器、油雾器、消声器、管件、管接头以及各种信号转换器等。它们是一些对完成主运动起辅助作用的元件，在系统中也是必不可少的，对保证系统正常工作有着重要的作用。

工作介质指传动液体或传动气体，在液压传动系统中通常称为液压油液，在气压传动系统中通常指压缩空气。

2. 液压与气压传动系统的表示方法

在图 1-2 所示的液压千斤顶和图 1-4 所示气动剪料机系统中，各个元件是用半结构式图形绘制出来的，用半结构式图形绘制原理图时直观性强，容易理解，但绘制起来比较麻烦。所以，在工程实际中，除某些特殊情况外，一般都是用简单的图形符号来绘制液压与气压传动系统原理图。我国已制定了“液压与气动”图形符号标准 GB/T 786.1—2009《流体传动系统及元件图形符号和回路图　第一部分：常规用途和数据处理的图形符号》。标准中各元件的图形符号不表示其具体的结构及参数，只表示元件的职能、操作（控制）方法及外部连接。用标准符号绘制的液压系统图表明组成系统的元件、元件间的相互关系及整个系统的工作原理，并不表示其实际安装位置及布管。在标准 GB/T 786.1—2009 中，用粗实线表示主油路，虚线表示控制油路和泄漏油路；使用这些图形符号可使系统图简单明了，便于绘制。当有些特殊或专用的元件无法用标准图形表达时，仍可使用半结构示意形式。

图 1-5 为图 1-3 相对应的磨床工作台液压系统原理图。图 1-6 为图 1-4 相对应的气动剪料机系统原理图。

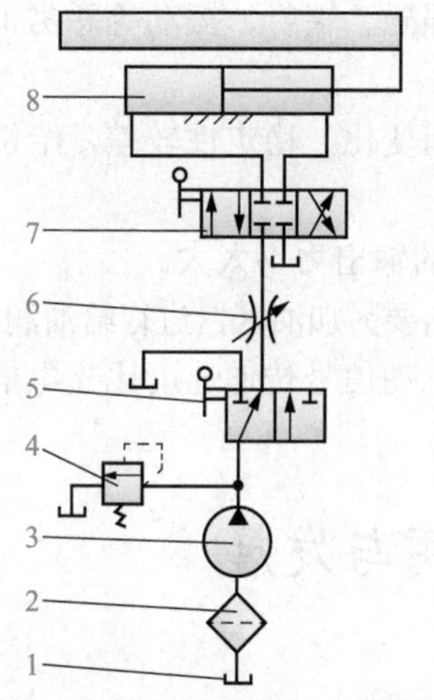

1-油箱；2-过滤器；3-液压泵；4-溢流阀；
5-开停（换向）阀；6-节流阀；7-换向阀；
8-液压缸

图 1-5 磨床工作台液压系统原理图

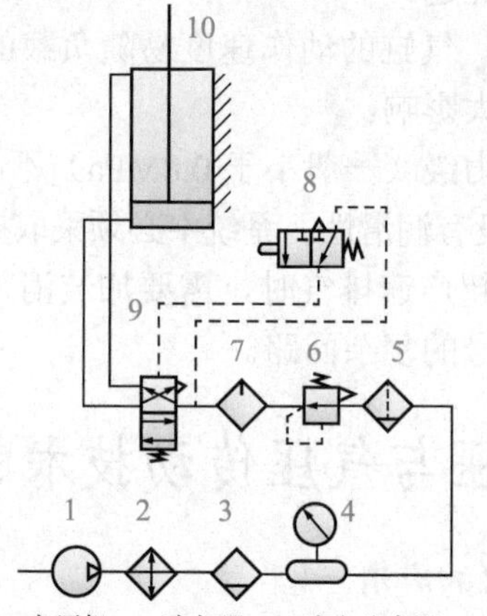

1-空压机；2-冷却器；3-油水分离器；
4-储气罐；5-分水滤气器；6-减压阀；
7-油雾器；8-行程阀；9-换向阀；10-气缸

图 1-6 气动剪料机系统原理图

小思考 1-2

在图 1-6 所示的气动剪料机系统中，用实线所画的气路表示什么气路？用虚线所画的气路表示什么气路？

1.3 液压与气压传动的特点

液压与气压传动虽然都是以流体作为工作介质进行能量的传递和转换，其系统的组成基本相同，但所使用的工作介质的不同，使得这两种系统有各自不同的特点。

1. 液压传动的特点

液压传动的主要特点有以下几方面：

（1）与电动机相比，在同等体积下，液压装置能产生更大的动力，即它具有大的功率密度或力密度，力密度在这里指工作压力。

（2）液压装置容易做到对速度的无级调节，而且调速范围大，对速度的调节还可以在工作过程中进行。

（3）液压装置工作平稳，换向冲击小，便于实现频繁换向。

（4）液压装置易于实现过载保护，能实现自润滑，使用寿命长。

（5）液压装置易于实现自动化，可以很方便地对液体的流动方向、压力和流量进行调节和控制，并能很容易地和电气、电子控制或气压传动控制结合起来，实现复杂的运动和操作。

（6）液压元件易于实现系列化、标准化和通用化，便于设计、制造和推广使用。

（7）液压传动有较多的能量损失（泄漏损失、摩擦损失等），传动效率相对低。

（8）液压传动对油温的变化比较敏感，不宜在较高或较低的温度下工作。

（9）液压传动在出现故障时不易诊断。

2. 气压传动的特点

气压传动的主要特点有以下几个方面：

（1）以空气为介质，容易取得，用后排到大气中，处理方便。

（2）因空气的黏度很小，故流动中的损失小，便于集中供气（空压站）、远距离输送。

（3）启动动作迅速，工作介质与设备维护简单，成本低。

（4）工作环境适应性好，特别是在易燃、易爆、多尘埃、强磁、辐射、振动等恶劣工作环境中，比液压、电气控制优越。

（5）由于空气压缩性大，气缸的动作速度易随负载的变化而变化，稳定性较差，给位置控制和速度控制精度带来较大影响。

（6）目前气动系统的压力级（一般小于 0.8MPa）不高，总的输出力不太大。

（7）工作介质——空气没有润滑性，系统中必须采取措施，需要另加油雾器进行给油润滑。

（8）噪声大，尤其是在超声速排气时，需要加装消声器。气动信号传递速度比光电信号慢，故不宜用于高速传递信号的复杂回路。

1.4 液压与气压传动技术的应用与发展

1. 液压与气压传动技术的应用

液压、气压传动系统由于其明显、独特的优点，在许多经济领域与工业部门均得到了广泛的应用。

在机械制造业的很多设备、机械加工生产线、自动线等都采用或部分采用液压传动作为驱动和控制系统。

在汽车工业和工程交通运输业中，有液压动力转向、各类自卸汽车、消防车、越野车、气垫船等。工程机械中的推土机、铲运机、挖掘机、活动桥梁启闭机等也采用液压传动作为驱动和控制系统。

气压传动的应用也相当普遍，许多机器设备中都装有气压传动系统，在工业各领域，如机械、电子、钢铁、运输车辆、包装、印刷领域等，气压传动技术已成为其基本组成部分。在尖端技术领域（如核工业和宇航）中，气压传动技术也占据着重要的地位。

2. 液压与气压传动技术的发展

目前，液压传动及控制技术不仅用于传统的机械操纵、助力装置，也用于机械的模拟加工、转速控制、发动机燃料进给控制，以及车辆动力转向、主动悬挂装置和制动系统，同时扩展到航空航天和海洋作业等领域。自 20 世纪 80 年代以来，气压传动发展十分迅速，目前气压传动元件的发展速度已超过了液压元件，气压传动已成为一个独立的专门技术领域。

我国的液压、气动技术也经历着一个起始、成熟与发展的过程，但从总体上来说还落后于世界先进水平，国产元件以至整机在性能、可靠性、使用寿命和制造技术等方面也存在着不少问题。这和我国的国民经济与科学技术的总体水平、生产管理水平以及人员的素质都有着密切的关系。因此，应加速对世界先进技术和产品的有计划引进和消化、吸收，加速人才素质的培养和整个科学事业的发展，规范日常的生产管理和技术监督，才能使我国的科学技术在上述领域赶上世界先进水平。

3. “液压与气压传动”课程学习中需要注意的问题和知识点

1）“液压与气压传动”课程与其他课程的关系

本课程属于专业基础课，先修课程有高等数学、机械制图、机械原理、机械设计基础、机械制造基础、电子技术等；与本课程有关的后续课主要有机床、机械制造工艺及工艺装备、机器人、生产自动化、机床电器、机电一体化等。

2）“液压与气压传动”课程的教学内容

本课程主要内容包括四部分：基础理论部分、元件部分、回路与系统部分、设计与计算部分。因此，将结合本专业的要求讲授有关的液压流动力学基础。在讲授液压与气动元件时，着重于基本原理、结构特点，应用及选择方法。在讲授基本回路和典型系统时，结合在实际工程中所用回路和系统进行分析，以提高学生分析、解决问题的能力。同时，使学生充分意识到，液压与气压传动技术是今后从事研究工作、技术工作所必须具备的基本知识。

3）“液压与气压传动”课程的重点、难点和解决方法

本课程的重点：泵的结构和工作原理，阀的结构和工作原理；液压系统中速度控制回路；典型液压气动系统；气动基本回路，液压气动系统分析与设计。

本课程的难点：液压压力控制阀的工业应用；节流调速和容积调速回路；调速阀的基本工作原理；节流调速回路中的速度负载特性（或流量压力特性），液压系统分析能力，液压系统的初步设计能力。

本课程的解决方法：在本书中的重点部分采用了工业案例帮助学生理解理论知识，并引用了工业产品图片等进行直观说明，以便加深记忆和充分理解。

4）“液压与气压传动”课程知识点

本课程的知识点框图如图 1-7 所示。

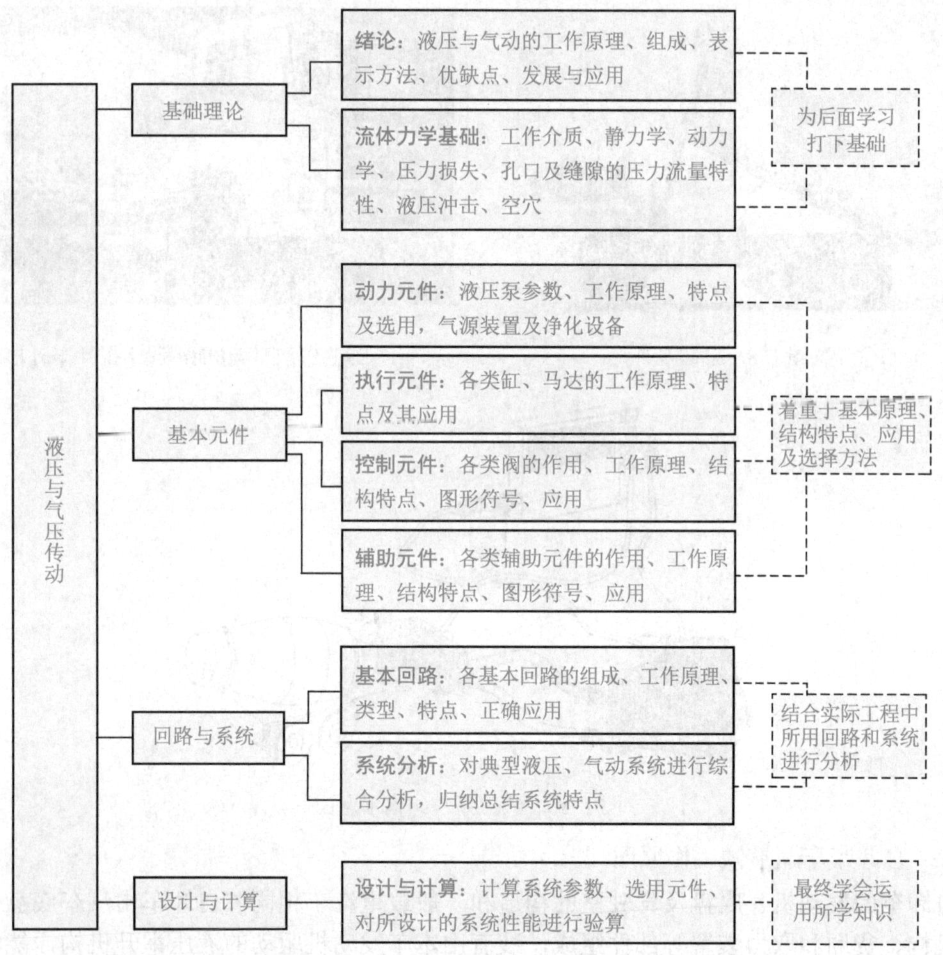

图 1-7 “液压与气压传动”课程知识点框图

1.5 工程应用案例：自卸车车厢举倾机构

下面通过自卸车车厢举倾机构来分析其工作原理，从而明白液压传动技术在工程中的现实运用。

1. **自卸车简介**

自卸车是指通过液压或机械举升而自行卸载货物的车辆，又称翻斗车，按照用途可分为农用自卸车、工程机械自卸车、矿山自卸车、煤炭运输自卸车等。装载车厢能自动倾翻一定角度卸料，大大节省卸料时间和劳动力，缩短运输周期，提高生产效率，降低运输成本，是常用的运输专用车辆。自卸车外形如图 1-8 所示。

自卸车经常与挖掘机、装载机、带式输送机等工程机械联合作业，构成装、运、卸生产线，进行土方、砂石、散料的装卸运输工作。图 1-9 所示为具有自卸功能的混凝土搅拌车的外形，图 1-10 所示为其液压系统的结构示意图。

动画

图 1-8 自卸车外形

图 1-9 自卸功能混凝土搅拌车外形

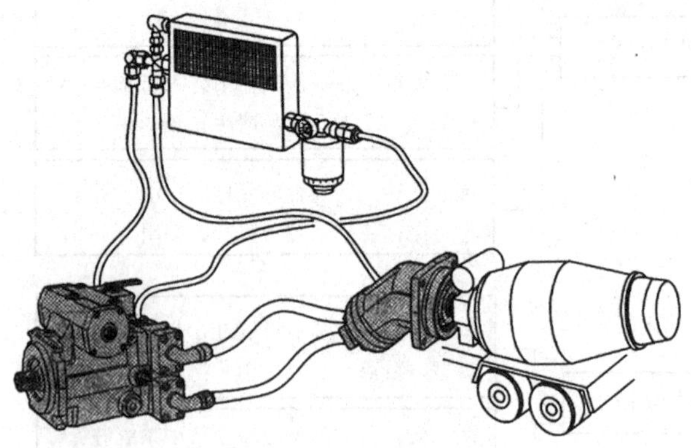

图 1-10 液压系统结构示意图

2. **自卸车车厢举倾工作原理**

自卸车的发动机、底盘及驾驶室的构造和一般载重汽车相同。自卸车由汽车底盘、液压举升机构、货厢和取力装置等部件组成，装有由本车发动机驱动的液压举升机构，能将车厢卸下或将车厢倾斜一定角度卸货，靠自重使车厢自行回位的专用汽车。其工作原理框图如图 1-11 所示：变速箱取力器输出机械能经过传动轴传送到液压油泵，液压油泵将机械能转换成液压能，通过液压管路到控制部件，由控制部件到举升油缸，通过举升油缸将液压能转换成机械能，由液压油缸将车厢倾翻一定角度进行卸货。控制部件主要用来控制举升油缸来现车厢的倾翻，具有举升、停止和下降三个动作，可使车厢停止在任何需要的倾斜位置上。液压举升倾卸机构是自卸车的重要工作系统，其性能的优劣直接影响着汽车的多个性能指标。

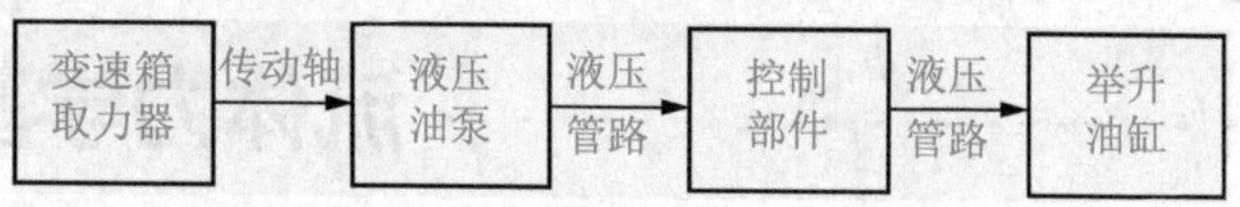

图 1-11 自卸车工作原理框图

3. 自卸车车厢举倾机构液压系统分析

车厢液压举倾机构由油箱、液压泵、分配阀、举升液压缸、控制阀和油管等组成。发动机通过变速器、取力装置驱动液压泵，高压油经分配阀、油管进入举升液压缸，推动活塞杆使车厢倾翻。车厢利用自身重力和液压控制复位。

图 1-12 所示为自卸车车厢液压举倾机构液压系统结构图，由动力元件液压泵、执行元件液压缸、控制元件各种阀类和辅助元件组成。其对应的图形符号图如图 1-13 所示。

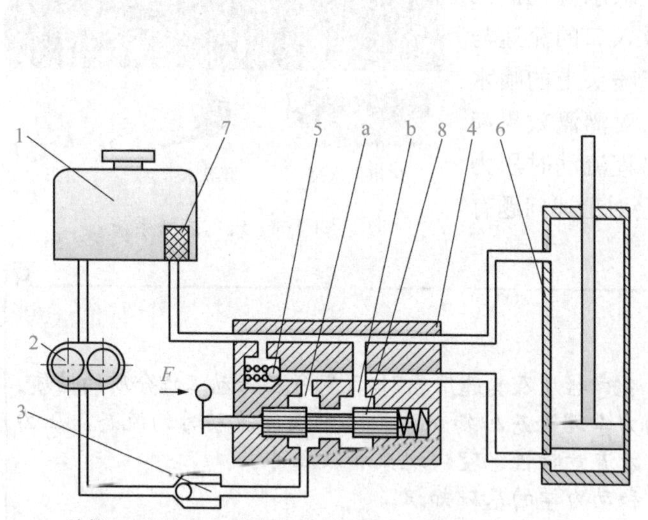

1-油箱；2-液压泵；3-单向阀；4-换向阀；5-限压阀；6-液压缸；7-滤油器；8-换向阀芯；a、b-油道速度控制回路

图 1-12 自卸车车厢举倾机构液压系统结构图

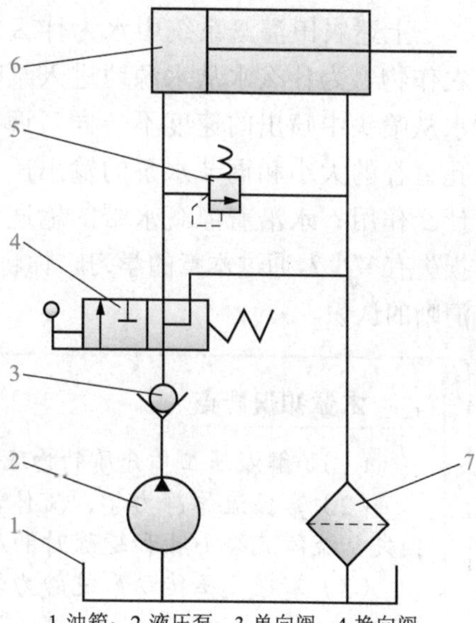

1-油箱；2-液压泵；3-单向阀；4-换向阀；5-限压阀；6-液压缸；7-滤油器

图 1-13 液压系统图形符号图

练 习 题

1-1 液体传动有哪两种形式，它们的主要区别是什么？

1-2 液压传动系统由哪几部分组成，各组成部分的作用是什么？

1-3 液压传动的主要优缺点是什么？

1-4 气压传动系统与液压传动系统相比有哪些优缺点？

第2章 流体力学基础

灌溉供水泵

灌溉水带

喷头

图 2-1　农田灌溉系统

在日常生活和工程实际中，我们常会和流体打交道。流体力学是研究流体（液体和气体）在外力作用下平衡和运动规律的一门学科，如图 2-1 所示的农田喷灌系统，由农用供水泵将水从水源地抽出，压入灌溉水带，通过灌溉水带的输送到达喷头，喷头将具有一定压力的水喷洒到农作物上。

上述农田灌溉系统中水为什么能从水源地洒向农作物？为什么水从水源地进入泵吸入口的流速与水从喷头中喷出的速度不一样？调节喷头上的喷水孔直径的大小和调节水泵的输出压力对灌溉效果起什么作用？水沿着灌溉水带的输送路程流动时压力损失有多少？通过本章的学习，你将会对上述问题有清晰的认识。

本章知识要点

(1)了解液压工作介质的物理和化学性质及其选用原则，了解气压传动工作介质的性质。

(2) 掌握流体静力学、流体动力学理论基础知识，管路中液体流动时的流态、压力损失，液体流经小孔和缝隙时的压力流量特性、空穴现象和液压冲击。

(3) 掌握气压传动系统静力学和动力学的基础知识。

兴趣实践

寻找一个较大的医用注射器，将其垂直竖起，使柱塞在上、注射口在下，再在其四周及上下不同位置分别开几个小孔，分别用塑料导管与各个小孔（包括底部注射口）相连接，导管口向上。当注射器中充满液体时，通过柱塞向液体施加力，观察各导管液位，体会帕斯卡原理。

探索思考

根据液压传动工作介质和气压传动工作介质的特性，想想为什么气体可以长距离输送？如何减少液压系统的压力损失？

预习准备

本章将学习流体力学基础，请预习物理学中已经学习过的质量守恒定律、能量守恒定律、动量守恒定律以及气体状态方程等基础知识。

2.1　液压与气压传动的工作介质

液压与气压传动是用流体作为工作介质来传递能量的，工作介质用来传递动力和信号，对于液压传动系统来说液压油还起到润滑、冷却和防锈等作用。液压与气压传动系统，特别是液压传动系统能否可靠、有效地工作，在很大程度上取决于系统中所使用的工作介质。因此，必须对工作介质有清晰的了解。

2.1.1　液压传动的工作介质

在液压传动系统中所使用的工作介质大多数是石油基液压油，但也有合成液体、水包油乳化液和油包水乳化液等。这里介绍传动液（简称为液压油）的主要物理性质与种类。

1. 液压油的密度及重度

对于均质的液体来说，单位体积的液体质量及重力分别称为该液体的密度ρ（kg/m³）及重度γ（N/m³）即

$$\rho = \frac{m}{V} \tag{2-1}$$

$$\gamma = \frac{W}{V} = \rho g \tag{2-2}$$

式中，m为液体的质量；W为液体的重力；V为液体的体积；g为重力加速度。

液压油的密度会因液体的种类、压力和温度的变化而变化，随温度的升高而减小，随压力的升高而增大。但在一般工作条件下，温度和压力对密度的影响很小，可以忽略不计。在实际使用中可认为它们不受温度和压力的影响。矿物油型液压油在 15℃时的密度为ρ=900（kg/m³）左右。表 2-1 列出几种常用液压传动油的密度值。

案例 2-1

古老锻造机械用人力、畜力转动轮子举起重锤锻打工件。英国工程师布拉默1795 年发明了水压机，以水为工作介质传递压力从而产生巨大工作力的锻压机械。

问题：

（1）为何现在的压力机以油液作为工作介质？用油液作为介质能避免哪些问题？

（2）选用液压系统工作介质的发展趋势如何？

表 2-1　几种常用液压传动油的密度值

种类	矿物型液压油	油包水乳化油	水包油乳化油	高水基液压油	水-乙二醇液压油	磷酸酯液压油
ρ/（kg/m³）	850～960	910～960	990～1000	1000	1030～1080	1120～1200

2. 液压油的压缩性

液体在压力的作用下体积发生变化的性质称为液体的压缩性。液体的压缩性很小，一般情况下可以忽略不计，但在压力较高或进行动态分析时就必须考虑液体的压缩性。液体压缩性的大小用液体的体积压缩系数β或其倒数——液体的体积弹性模量K来表示。

$$\beta = -\frac{\Delta V}{V \Delta p} \tag{2-3}$$

$$K = \frac{1}{\beta} = -\frac{\Delta p V}{\Delta V} \tag{2-4}$$

式中，Δp 为液体压力的变化值；ΔV 为液体体积在压力变化 Δp 时的体积变化量；V 为液体变化前的体积值。

因为压力增大时体积变小，所以等式右边加个负号。

体积弹性模量 K 表示液体产生单位体积变化量时所需的压力增量的大小。它反映了液体抵抗压缩能力的大小。常用液压油的体积弹性模量为 $1.4\times10^3\sim2\times10^3$MPa，而钢的体积弹性模量为 2.06×10^5MPa，可见液压油的可压缩性是钢的 100～150 倍。但在实际液压系统中，液压元件的变形、液压系统不可避免地会混入一些空气，这使液体的实际压缩性显著增加，影响液压系统的工作性能。

3. **液压油的黏性**

液压油在外力的作用下流动时，由于液体分子间内聚力的作用，产生阻碍其分子相对运动的内摩擦力，这种现象称为液体的黏性。

1）牛顿内摩擦定律

17 世纪牛顿提出了内摩擦定律，设两块相距很近的平板之间充满了液体，如图 2-2 所示。下平板固定不动，上平板以平均速度 u_0 向右运动时，由于液体与固体壁间附着力的作用，紧挨着上平板的液体会随上平板一起移动，紧挨下平板的液体静止不动。中间液体的速度由上到下逐渐减小，平板间距很小时，速度近似按线性规律变化。将中间液体分成多层，由于各层的运动速度不同，流动快的会拉动慢的，相反，流动慢的又会阻滞流动快的，层与层之间就产生了相互作用力，即内摩擦力 F，其大小与流层的接触面积 A 和流层间的相对速度对流层距离的变化率 $\mathrm{d}u/\mathrm{d}y$ 成正比。

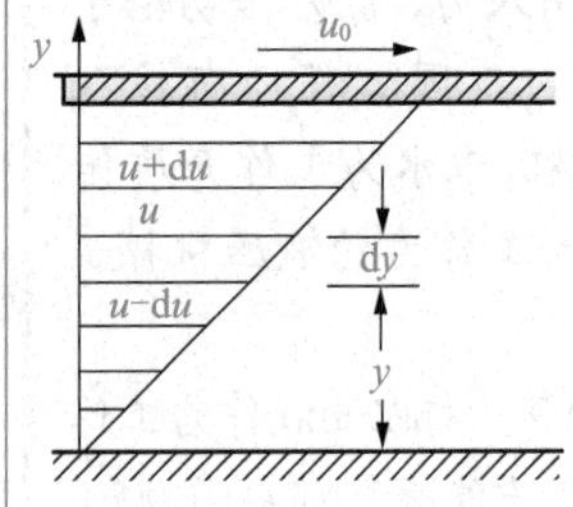

图 2-2 液体黏性示意图

动画

$$F=\mu A\frac{\mathrm{d}u}{\mathrm{d}y} \tag{2-5}$$

式中，$\mathrm{d}u/\mathrm{d}y$ 为速度梯度；μ 为黏性系数，称为动力黏度；A 为上平板与液体的接触面积。

如果用 τ 表示液体的切应力，则有

$$\tau=\frac{F}{A}=\mu\frac{\mathrm{d}u}{\mathrm{d}y} \tag{2-6}$$

2）黏度的表示方法

液体黏性的大小用黏度来表示。常用的表示液体黏度的方法有动力黏度、运动黏度和相对黏度。在国际单位制中，动力黏度 μ 的单位是 Pa・s（帕斯卡・秒）。

将液体动力黏度与液体的密度的比值称为运动黏度 υ，即

$$\upsilon=\frac{\mu}{\rho} \tag{2-7}$$

液体的运动黏度没有明确的物理意义，但它在工程实际中经常用到。因为它的单位只有长度和时间的量纲，类似于运动学的量，所以被称为运动黏度。在国际单位制中，υ 的单位是 m^2/s；以前沿用的单位为 cm^2/s（斯，St）；mm^2/s（厘斯，cSt）。

$$1\mathrm{m}^2/\mathrm{s}=10^4\,\mathrm{St}=10^6\,\mathrm{cSt}$$

我国液压油的牌号都采用运动黏度来表示。它表示这种液压油在 40℃时以 mm^2/s 为单位的运动黏度的平均值。如 L-HL-46 液压油，是指这种油在 40℃时的运动黏度平均值为 46cSt。

由于动力黏度和运动黏度难以直接测量，在工程实际中，通常采用先测量出相对黏度，然后再换算成绝对黏度的方法来确定液压油的黏度。

相对黏度又称条件黏度，它是采用特定的黏度计在规定的条件下测定出的黏度。各国规

定的条件不同，相对黏度的含义也不同，我国采用恩氏黏度$°E_t$，美国、英国等采用的是赛氏秒 SUS。

恩氏黏度是用恩氏黏度计测定的。测量方法如下：将 200ml 被测液体装入底部开有直径为 2.8mm 的小孔的恩氏黏度计的容器内，在保持一特定温度的条件下（通常为 20℃、50℃、100℃），测出液体在自重作用下由容器流尽所需的时间t_1，然后再测出同体积蒸馏水在 20℃时通过同一小孔所需的时间t_2，它们的比值即为该液体在该温度下的恩氏黏度值$°E_t$，即

$$°E_t = \frac{t_1}{t_2} \tag{2-8}$$

恩氏黏度与运动黏度的换算公式为

$$\upsilon = 7.31°E_t - \frac{6.31}{°E_t} \quad (\text{mm}^2/\text{s}) \tag{2-9}$$

3）影响黏度的因素

黏度是液体的重要属性，液压油黏度对温度的变化十分敏感，温度升高，黏度显著下降，因此，希望液体的黏度随温度的变化越小越好。液压油的黏度随温度变化而变化的性质称为黏温特性。不同种类的液压油的黏温特性也不同，黏温特性好的液压油，黏度随温度变化小。图 2-3 所示为我国常用液压油的黏温特性图。

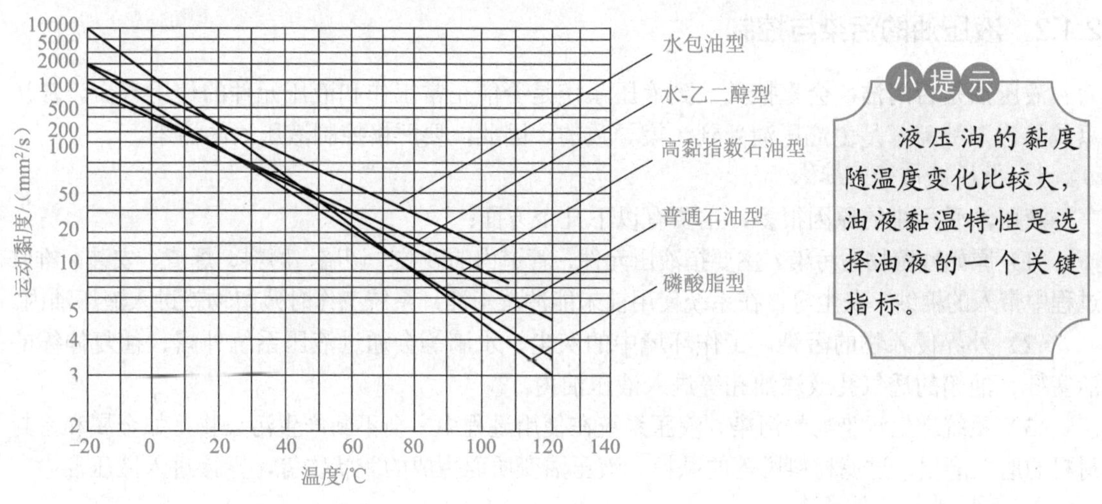

图 2-3　液压油黏温特性图

> **小提示**
>
> 液压油的黏度随温度变化比较大，油液黏温特性是选择油液的一个关键指标。

液体的黏度除受温度影响外，还会受到压力的影响。当压力升高时，分子间距就会缩小，黏度升高。实践证明压力小于 2×10^7Pa 时，压力对黏度的影响很小，可忽略不计。但当压力高时，黏度会急剧升高，不容忽视。

4．液压油种类的选择

正确选择液压油对提高液压系统的工作性能及工作可靠性、延长系统及组件的使用寿命都有十分重要的意义。因此液压油的性能会直接影响液压系统工作的可靠性、灵敏度、稳定性、系统效率及液压元件的使用寿命，它必须具备以下性能：

> **案例 2-1 分析**
>
> 液压系统中液压油除了传递能量外，还起着润滑运动部件和保护系统金属不被腐蚀的作用。水能够传递能量，但是不能起润滑运动部件和保护系统金属不被腐蚀的作用。

（1）合适的黏度和较好的黏温性能。一般

液压系统所用的液压油的黏度范围为2～5.8°E_{50}。

（2）润滑性能好，稳定性好。

（3）消泡性好，凝固点低，流动性好，质地纯净，杂质含量少，闪点高。

液压油通常是按使用泵的种类、工作压力、工作温度来选择的。选择时除了按液压泵使用说明书选择外，也可参考表2-2。

表2-2 根据泵的种类、工作压力、工作温度选择液压油推荐表

泵型	工作压力/MPa	运动黏度/（mm²/s）		适用品种和黏度等级
		5～40℃	40～80℃	
叶片泵	7	30～50 30～70	40～75 55～90	HM油，32、46、68 HM油，46、68、100
螺杆泵	7	30～50	40～80	HL油，32、46、68
齿轮泵		30～70	95～165	HL油，（中、高压用HM）32、46、68
径向柱塞泵		30～50	65～40	HL油，（高压用HM）32、46、68
轴向柱塞泵		40	70～150	HL油，（高压用HM）32、46、68

注：5～40℃，40～80℃均为液压系统工作温度；HL、HM分别为改善了抗磨性、黏温性的精制矿物油。

2.1.2 液压油的污染与控制

液压油是否清洁，会直接关系到液压系统是否能正常工作和液压元件的使用寿命。液压系统的许多故障都是由液压油受到污染导致的。因此，要严格控制液压油的污染。

1. 液压油污染的原因

液压油受污染的原因很多，主要有以下几个方面：

（1）原始残留物的污染。主要指液压元件、管道内的砂粒、切屑、磨料、焊渣、安装、维修过程中带入的棉纱、灰尘等，在系统使用前未能冲洗干净，系统工作时残留物就进入液压油内。

（2）外界侵入物的污染。工作环境中的灰尘、水滴等会通过液压系统外露、往复伸缩的活塞杆、油箱的透气孔或注油孔等进入液压油内。

（3）系统产生污染物的污染。液压系统在使用过程中，会不断产生污染物，如金属和密封材料的磨粒磨损、过滤材料脱落的颗粒、液压油变质而生成的胶状物等，直接进入液压油中。

2. 液压油污染的危害

污染物进入液压油后会直接影响液压系统的工作性能。固体颗粒和胶状物会堵塞过滤器，导致液压泵吸油不畅，运转困难，并产生噪声。固体颗粒进入液压元件，会使元件的滑动部分磨损加剧，还可能堵塞液压元件的节流孔、阻尼孔，造成动作失灵，从而造成系统故障。进入液压系统的水分、空气会降低液压油的黏度、腐蚀金属，加速液压元件的损坏，使液压系统出现振动、爬行等现象。

3. 液压油的污染控制

液压油的污染原因复杂，危害很大，但要完全防止污染是很困难的。为了延长液压元件的使用寿命，保证液压系统的正常工作，应将液压油污染控制在一定范围内。具体措施如下：

（1）尽量减少外来污染。在液压系统装配、维护时，必须严格清洗各种元件；油箱透气孔要安装空气过滤器；活塞杆处加设防尘装置；向油箱注油要通过过滤器；系统维护、维修尽量安排在无尘区进行。

（2）选用合适的过滤器。根据液压元件对污染的敏感度，在保证液压系统正常工作的前

提下，选用适宜精度的过滤器。并在使用时定期检查，按要求清洗或更换滤芯。

（3）定期检查、过滤或更换液压油。根据液压设备的使用说明要求或维护保养规程的规定，定期检查、过滤或更换液压油。换油时，液压油一定要排放干净，同时要清洗油箱，冲洗系统管道和液压元件。

2.1.3　气压传动的工作介质

气压工作介质主要是压缩空气。空气是由若干种气体混合组成的，主要有氮气（N_2）、氧气（O_2）及少量的氩气（Ar）和二氧化碳（CO_2）等。此外，空气中常含有一定量的水蒸气。完全不含水蒸气的空气称为干空气，含水蒸气的空气称为湿空气。

干空气在标准状态（温度 $t=0℃$，压力 $p=1.013\times10^5$ Pa）下的主要组成成分如表 2-3 所示。

表 2-3　空气的主要组成成分

成分	氮（N_2）	氧（O_2）	氩（Ar）	二氧化碳（CO_2）	其他气体
体积百分比	78.03	20.93	0.932	0.03	0.078
重量百分比	75.5	23.1	1.23	0.045	0.075

氮气和氧气是空气中含量比例最大的两种气体，它们的体积比近似于 4∶1，因为氮气是惰性气体，具有稳定性，不会自燃，所以将空气作为工作介质时可以用在易燃、易爆场所。

1. 空气密度

单位体积空气的质量及重量，分别称为空气的密度ρ（kg/m^3）及重度γ（N/m^3），其公式如同式（2-1）和式（2-2）。

在热力学温度为 $T=273.16$K，绝对压力为 $p=1.013\times10^5$Pa 时空气的密度为 1.293kg/m^3 左右。空气的密度随温度和压力的变化而变化，它与温度和压力的关系式如下：

$$\rho=\rho_0\frac{273.16}{273.16+t}\times\frac{p}{p_0} \tag{2-10}$$

式中，ρ_0为在热力学温度 $T=273.16$ K，绝对压力为 $p=1.013\times10^5$ Pa 时空气的密度；t 为摄氏温度（℃）；p 为绝对压力（MPa）；p_0为大气压力。

2. 可压缩性和膨胀性

气体受压力的作用而使体积发生变化的性质称为气体的可压缩性。气体受温度的影响而使体积发生变化的性质称为气体的膨胀性。

气体的可压缩性和膨胀性比液体大得多，由此形成了液压传动与气压传动许多不同的特点。液压油在温度不变的情况下，当压力为 0.2 MPa 时，压力每变化 0.1 MPa，其体积变化为 1/20000，而在同样情况下，气体的体积变化为 1/2，即空气的可压缩性是油液的 10000 倍。水在压力不变的情况下，温度每变化 1℃时，体积变化为 1/20000，而在同样条件下，空气体积却改变 1/273，即空气的膨胀性是水的 73 倍。

空气的可压缩性及膨胀性大，造成了气压传动的软特性，即气缸活塞的运动速度受负载变化影响很大，因此很难得到稳定的速度和精确的位移。这些都是气压传动的缺点，但同时又可利用这种软特性来适应某些生产要求。

3. 空气的黏性

空气的黏性也是由于分子间的内聚力，在分子间相对运动时产生的内摩擦力而表现出的性质。由于气体分子间距较大，内聚力小，因此与液体相比，气体的黏度要小得多。

空气的黏度一般只随温度的变化而变化，并随温度升高而略有增加，这是由于空气分子热运动加剧所致。而压力对黏度的影响小到可以忽略不计。

4. 空气的湿度

大气中的空气或多或少总含有水蒸气。在一定的温度和压力下，空气中水蒸气的含量并不是无限的，当水蒸气的含量达到一定值时，再加入水蒸气，就会有水滴析出，此时水蒸气的含量达到最大值，即饱和状态，这种湿空气称为饱和湿空气。当空气中所含的水蒸气未达到饱和状态时，称此时的水蒸气是过热状态，这种湿空气称为未饱和湿空气。根据道尔顿定律，湿空气的压力 p 应为干空气的分压 p_{da} 与水蒸气分压 p_v 之和，即

$$p = p_{da} + p_v \tag{2-11}$$

湿空气中所含水蒸气的程度用湿度和含湿量来表示。

1）绝对湿度

1 m³ 湿空气中含有的水蒸气质量称为湿空气的绝对湿度，用 x（kg /m³）表示为

$$x = \frac{m_v}{V} \tag{2-12}$$

式中，m_v 为湿空气中水蒸气的质量；V 为湿空气的体积。

在一定温度下，湿空气达到饱和状态时的绝对湿度称为饱和绝对湿度，用 x_s 表示。当 $x < x_s$ 时的湿空气是未饱和的；当 $x = x_s$ 时的湿空气是饱和的。绝对湿度只能说明湿空气中实际所含水蒸气的多少，而不能说明湿空气吸收水蒸气能力的大小，因此引入相对湿度的概念。

小思考 2-1

液压油的黏度随温度变化是如何变化的？空气的黏度随温度变化是如何变化的？空气的黏度与液压油的黏度相比较有何不同？

2）相对湿度

在相同温度和压力下，绝对湿度与饱和绝对湿度之比称为该温度下的相对湿度，用 ϕ 表示为

$$\phi = \frac{x}{x_s} \times 100\% = \frac{p_v}{p_s} \times 100\% \tag{2-13}$$

式中，p_s 为饱和湿空气水蒸气分压力。

相对湿度表示了湿空气中水蒸气含量接近饱和的程度，故也称为饱和度。它同时也说明了湿空气吸收水蒸气能力的大小。ϕ 值越小，湿空气吸收水蒸气的能力越强；ϕ 值越大，湿空气吸收水蒸气的能力越弱。通常，当 ϕ=60%～70%时，人体感到舒适。气压传动技术中规定，各种阀内空气相对湿度不得大于 90%。

3）含湿量

1kg 质量的干空气中所混合的水蒸气的质量称为质量含湿量，用 d 表示为

$$d = \frac{m_v}{m_{da}} \tag{2-14}$$

式中，m_{da} 为干空气的质量。

含湿量也可以用容积含湿量来表示，其定义是 1m³ 干空气中含有的水蒸气的质量。

4）露点

湿空气的饱和绝对湿度与湿空气的温度和压力有关，饱和绝对湿度随温度的升高而增加，随压力的升高而降低。在一定温度和压力条件下的未饱和湿空气，当降低其温度时，也将成为饱和湿空气。未饱和湿空气保持水蒸气压力不变而降低温度，达到饱和状态时的温度称为露点。当温度降至露点温度以下时，湿空气中便有水滴析出。降温法清除湿空气中的水分，就是利用此原理。

微课

2.2　液体静力学

液体静力学是研究液体处于相对平衡时的力学规律及其规律的运用。所谓相对平衡，是指液体内部质点间无相对移动。液体的整体可以处于静止状态，也可以处于运动状态。

2.2.1　液体的静压力及其特性

1. 液体的静压力

作用在液体上的力有两种，即质量力和表面力。

质量力：与液体质量有关并且作用在质量中心上的力称为质量力，单位质量液体所受的力称为单位质量力，它在数值上就等于加速度。

表面力：与液体表面面积有关并且作用在液体表面上的力称为表面力，单位面积上作用的表面力称为应力。应力分为法向应力和切向应力。当液体静止时，由于液体质点之间没有相对运动，不存在切向摩擦力，所以静止液体的表面力只有法向应力。由于液体质点间的凝聚力很小，不能承受拉力，因此法向应力只能总是沿着液体表面的内法线方向作用。

液体在单位面积上所受的内法向力简称为压力。在物理学中它称为压强，但在液压与气压传动中则称为压力。它通常用 p 来表示：

$$p = \frac{F_N}{A} \tag{2-15}$$

式中，A 为法向力 F_N 作用的面积。

> **案例 2-2**
>
> 作用在液体上的力有质量力和表面力。表面力与液体表面面积有关并且作用在液体表面上。
>
> 问题：
>
> （1）固体壁面与静止液体相接触时，固体壁面受到的液体静压力有多大？
>
> （2）当固体壁面为曲面时，固体壁面受到的液体静压力有多大？

2. 静压力的特性

静止液体的压力有如下重要性质：

（1）液体的压力沿着内法线方向作用于承压面；

（2）静止液体内任一点处的压力在各个方向上都相等。

由此可知，静止液体总处于受压状态，并且其内部的任何质点都受平衡压力的作用。

3. 压力的表示方法

压力有两种表示方法，即绝对压力和相对压力。

绝对压力：以绝对真空为基准来进行度量的压力称为绝对压力。

相对压力：以大气压为基准来进行度量的压力称为相对压力。大多数测压仪表都受大气压的作用，所以仪表指示的压力（表压）都是相对压力。在液压与气压传动技术中，如不特别说明，所提到的压力均指相对压力。如果液体中某点处的绝对压力小于大气压力，这时，比大气压力小的那部分数值称为这点的真空度。

压力的法定计量单位是 Pa（帕），$1\text{Pa} = 1\text{N/m}^2$，1MPa（兆帕）$= 10^6$ Pa。

以前沿用过的和有些部门惯用的一些压力单位还有 bar（巴）、at（工程大气压，kgf/cm^2）、atm（标准大气压）、mmH_2O（约定毫米水柱）或 mmHg（约定毫米汞柱）等。各种压力单位之间的换算关系见表 2-4。当要求不严格时，可认为 $1\text{kgf/cm}^2 = 1\text{bar}$。

表 2-4 各种压力单位的换算关系

Pa	MPa	bar	at/（kgf / cm² ）	1bf / in²	atm	mmH₂O	mmHg
1×10^5	0.1	1	1.01972	1.45×10	0.986923	1.01972×10^4	7.50062×10^2

2.2.2 静止液体中的压力分布

如图 2-4 所示，容器中静止液体所受到的力有液体的重力、液面上外加的力 p_0 和容器壁作用在液体上的反压力。为求任意深度 h 处的压力 p，可以假想在深度为 h 的平面取一个底面通过 b 点，面积为 ΔA，高度为 h 的小液柱，由于它是静止的，各方向受力平衡，即有

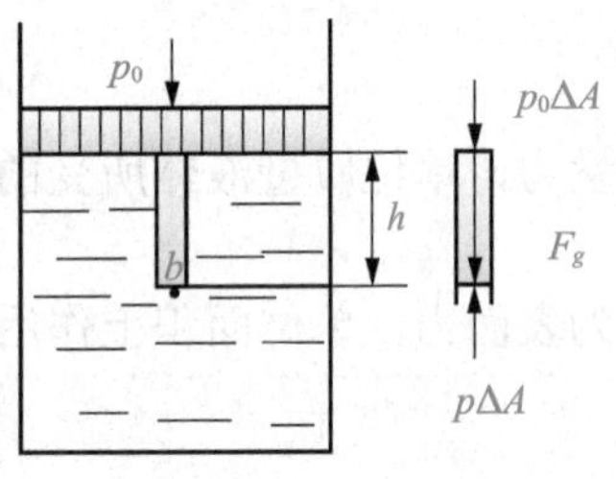

图 2-4 静止液体压力分布规律

$$
\begin{aligned}
p\Delta A &= F_g + p_0\Delta A \\
p\Delta A &= \rho gh\Delta A + p_0\Delta A \\
p &= \rho gh + p_0
\end{aligned}
\tag{2-16}
$$

式（2-16）就是静力学基本方程。由此可以看出：

（1）静止液体内任意一点的压力都由两个部分组成，一部分是表面上所受的压力 p_0，另一部分是该点以上液体的自重所产生的压力 ρgh。

（2）静止液体内的压力随深度的增加，呈线性增加。

（3）距液面深度相同各点的压力相等，组成一个等压面。

2.2.3 静止液体内压力的传递——帕斯卡定律

> **案例 2-2 分析**
>
> 当固体壁面为一曲面时，液压力作用在曲面某一方向上的总作用力等于液体压力与曲面在该方向垂直平面上投影面积的乘积。

图 2-4 密闭容器中的静止液体，任意一点处的压力都包含了外加压力 p_0。当外加压力 p_0 发生变化时，只要液体还保持静止状态，那么液体内部任意一点的压力将发生相同大小的变化。也就是施加于静止液体的压力将以相等的数值同时传递到各点。这就是帕斯卡定律。

在液压传动中，外力产生的压力往往远远大于液体自身重力产生的压力，因此可以把重力产生的压力忽略不计，从而可以认为静止液体中的压力处处相等。帕斯卡定理在机械工程中有着广泛的应用。

【例 2-1】 图 2-5 所示为相互连通的两个液压缸，已知大缸内径 D=100mm，小缸内径 d=25mm，在小活塞上施加 F =1000N 的力，问大活塞产生的推力能顶起重物 W 为多少?

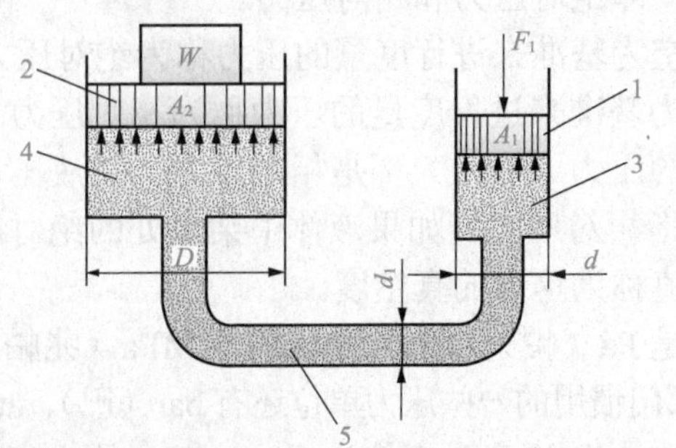

1-小缸活塞；2-大缸活塞；3-小液压缸；4-大液压缸；5-连通管道

图 2-5 液压力放大原理

【解】 根据帕斯卡定律，由外力产生的压力在两缸中相等即

$$\frac{4F}{\pi d^2}=\frac{4W}{\pi D^2}$$

故大活塞产生的推力能顶起重物为

$$W=\frac{FD^2}{d^2}=\frac{1000\times 100^2}{25^2}=16000 \text{ (N)}$$

由上例可知液压装置具有力的放大作用。万吨水压机和液压千斤顶等液压起重机械就是利用这个原理进行工作的。由图 2-5 所示的液压力放大原理可看出如果 $W=0$，不论怎样推动小活塞，也不能在液体中形成压力，即 $p=0$，反之，W 越大，液压缸中的压力也越大，推力也就越大，这说明了液压系统的工作压力决定于外负载。

综上所述，液压传动是依靠液体内部的压力来传递动力的，在密闭容器中压力是以等值传递的。所以帕斯卡定律是液压传动基本原理之一。

2.2.4　静止液体作用在固体表面上的力

如前所述，如忽略液体自重产生的压力，那么密闭容器中静止液体的静压力是均匀分布的，且垂直于承受压力的表面，固体表面上各点在某一方向上所受的静压力的总和，就是静止液体在该方向作用于固体表面的力。

1. 静压力作用在平面上的总作用力

根据静压力的特性，流体对固体壁面产生的压力是垂直压向作用面的，固体壁面上各点所受静压力作用的总和便是液体作用在固体壁面上的总作用力。

当固体壁面为平面时，静压力在该平面上的总作用力 F 等于液体工作压力(忽略质量力)与该平面面积 A 的乘积，即

$$F=pA \tag{2-17}$$

如图 2-6 所示，液压缸中，直径为 D 的活塞受到油压 p 的作用，此时液压油作用在活塞上的总作用力为

$$F=\frac{p\pi D^2}{4} \tag{2-18}$$

2. 静压力作用在曲面上的总作用力

当固体壁面为一曲面时，液压力作用在曲面某一方向上的总作用力等于液体压力与曲面在该方向垂直平面上投影面积的乘积。

如图 2-7（a）所示，回油压力 $p_2\approx 0$，作用在球阀部分球面 A 上的油压为 p_1。由于 A 面对垂直轴 z 是对称的，故总作用力在水平面的分力为零。总作用力就等于垂直方向（z 方向）的分力，其大小等于部分球面 A 在水平方向的投影面积 $\frac{\pi d^2}{4}$ 与压力 p_1 的乘积，即 $F=\frac{p_1\pi d^2}{4}$。该力作用点通过投影圆的圆心，方向垂直向上。对于图 2-7（b）所示的锥阀，作用力的情况与图 2-7（a）类似。

压力机和千斤顶是利用什么原理工作的？为什么说帕斯卡原理是液压传动的基本原理之一？

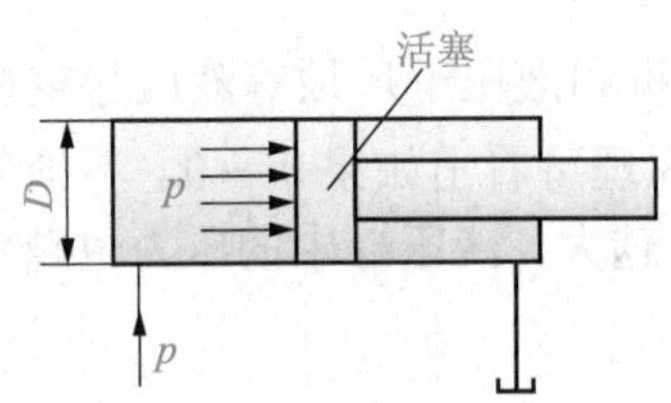

图 2-6　液压油作用在平面上的总作用力

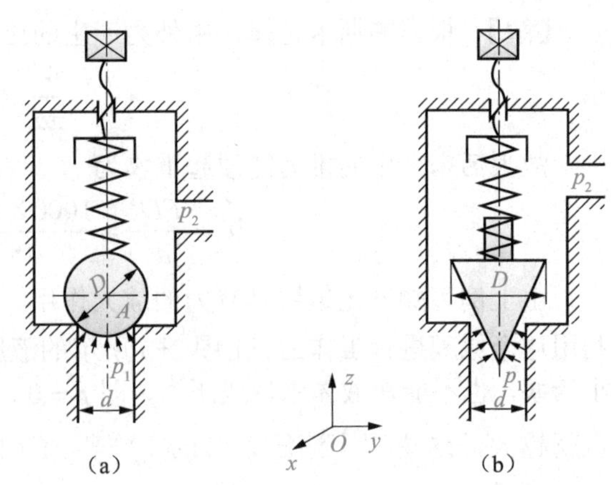

图 2-7　静压力作用在曲面上的总作用力

2.3　流体动力学

微课

在液压传动中，液压油总是在不断地流动着，因此，除了研究静止液体的性质外，还必须研究液体运动时的现象和规律。描述液体流动时力学规律的三个基本方程为连续性方程、伯努利方程和动量方程。

案例 2-3

液体都是有黏性的，而且只是在流动时才显现出来。通常假设液体没有黏性、无压缩性，这种假想的既无黏性、又无压缩性的液体称为理想液体。

问题：

（1）为什么要假设理想液体？

（2）假设理想液体会给分析问题带来哪些方便？又会有哪些误差？

2.3.1　流动液体的基本概念

1. 理想液体与实际液体

液体都是有黏性的，而且只是在流动时才显现出来。液体的黏性阻力很复杂。为了简化对流动液体的研究分析，通常假设液体没有黏性、无压缩性，最后再对得到的假想的理想结论进行补充修正。这种假想的既无黏性，又无压缩性的液体称为理想液体。把事实上既有黏性，又有压缩性的液体称为实际液体。

2. 稳定流动和非稳定流动

液体流动时，假设液体中任意一点的压力、流速和密度等参数都不随时间变化，这种流动称为稳定流动。反之，压力、流速和密度任意一个发生改变，这种流动就称为非稳定流动。在研究液压系统静态性能时，可把液体流动看成稳定流动。研究动态性能时，则应按非稳定流动考虑。如图 2-8 所示，(a) 为稳定流动，(b) 为非稳定流动。

动画

动画

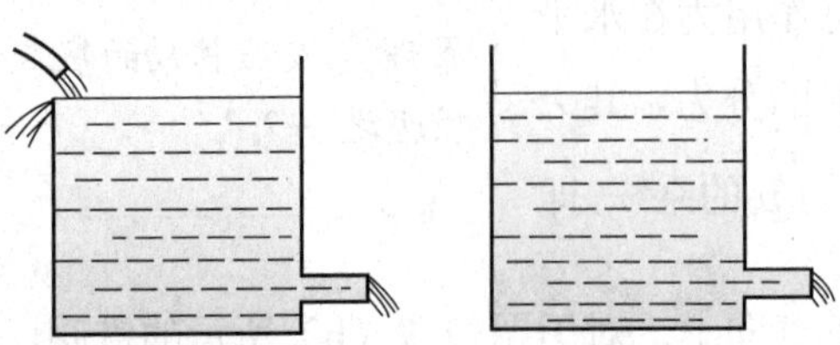

（a）稳定流动　（b）非稳定流动

图 2-8　稳定流动和非稳定流动示意图

3. 通流截面、流量和流速

在液压传动系统中，液体在管道中流动时，垂直于流动方向的截面即为通流截面（或过流截

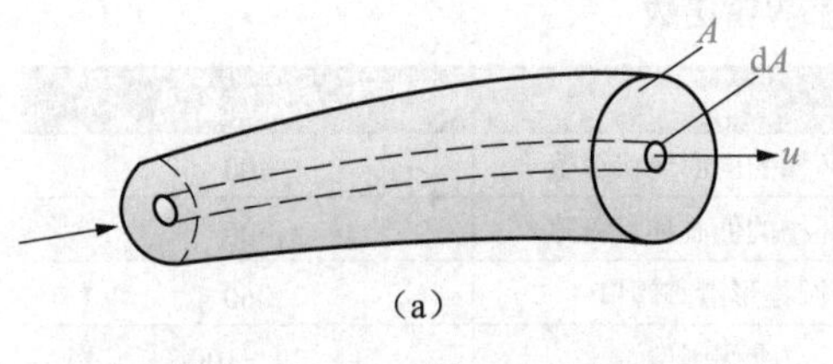

图 2-9　流量和流速

面）。单位时间内流过某一通流截面的液体体积称为流量。流量用 q 来表示，其单位为 m^3/s，工程上常用 L/min 表示。

如图 2-9 所示，由于流动液体黏性的作用，在通流截面 A 上各点的流速 u 一般是不相等的流速是按抛物线分布的。因此，提出一个平均流速的概念，即假设通流截面上各点的流速均匀分布，液体以此均匀分布流速流过通流截面的流量等于以实际流速流过的流量。在液压技术中，常常采用平均流速 v 来简化分析计算。若已知某通流截面的流量 q，则其平均流速 v 为

$$v=\frac{q}{A} \tag{2-19}$$

4. 层流和紊流

液体的流动有两种状态，一种是层流，另一种是紊流。19 世纪末，英物理学家雷诺通过实验，观察了这两种流动状态的物理现象。

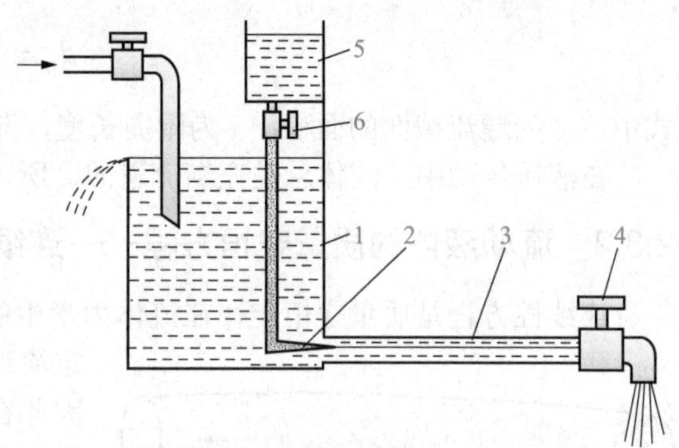

1-水箱；2-细导管；3-水平玻璃管；4-调节阀门；5-水杯；6-开关

图 2-10　雷诺实验装置

动画

图 2-10 所示为雷诺实验装置。水箱 1 由进水管不断供水，并保持水箱水面高度恒定。水杯 5 内盛有红色水，将开关 6 打开后，红色水即经细导管 2 流入水平玻璃管 3 中。调节阀门 4 的开度，使玻璃管中的液体缓慢流动，这时，红色水在水平玻璃管 3 中呈一条明显的直线，这条红线和清水不相混杂，这表明管中的液流是分层的，层与层之间互不干扰，液体的这种流动状态称为层流。调节阀门 4，使玻璃管中的液体流速逐渐增大，当流速增大至某一值时，可看到红线开始抖动而呈波纹状，这表明层流状态受到破坏，液流开始紊乱。若使管中流速进一步增大，红色水流便和清水完全混合，红线便完全消失，这表明管道中液流完全紊乱，这时液体的流动状态称为紊流。如果将调节逐渐关小，就会看到相反的过程。

实验还可证明，液体在圆管中的流动状态不仅与管内的平均流速 v 有关，还和管道内径 d、液体的运动黏度 υ 有关。实际上，判定液流状态的是由上述三个参数组成的一个 Re 系数，即

$$Re=\frac{vd}{\upsilon} \tag{2-20}$$

式中，Re 被称为雷诺数的无量纲数，即对于通流截面相同的管道来说，若液流的雷诺数 Re 相同，它的流动状态就相同。

液流由层流转变为紊流时的雷诺数和由紊流转变为层流时的雷诺数是不同的，后者的数值较前者小，所以一般都用后者作为判断液流状态的依据，称为临界雷诺数，记作 Re_c。当液流的实际雷诺数 Re 小于临界雷诺数 Re_c 时，为层流；反之为紊流。常见液流管道的临界雷诺数由实验求得，如表 2-5 所示。

雷诺数的物理意义：雷诺数是液流的惯性力对黏性力的无量纲比值。当雷诺数较大时，液体的惯性力起主导作用，液体处于紊流状态；当雷诺数较小时，黏性力起主导作用，液体处于层流状态。

表 2-5　常见液流管道的临界雷诺数

管道形状	临界雷诺数 Re_c	管道形状	临界雷诺数 Re_c
光滑的金属圆管	2320	有环槽的同心环状缝隙	700
橡胶软管	1600～2000	有环槽的偏心环状缝隙	400
光滑的同心环状缝隙	1100	圆柱形滑阀阀口	260
光滑的偏心环状缝隙	1000	锥阀阀口	20～100

对于非圆截面的管道，雷诺数 Re 为

$$Re = \frac{v d_H}{\upsilon} \tag{2-21}$$

式中，d_H 为通流截面的水力直径，即

$$d_H = \frac{4A}{x} \tag{2-22}$$

式中，A 为通流截面的面积；x 为湿周长度，即通流截面上与液体相接触的管壁周长。

在液压传动中，液体总是充满流道的，所以液流的有效通流截面就是管道的截面。

2.3.2　流动液体的质量守恒方程——连续性方程

连续性方程是质量守恒定律在流体力学中的一种具体表现形式。当理想液体在管道中稳定流动时，由于理想液体不可压缩，不存在空隙，因此在单位时间内流过管道每个通流截面的液体的质量一定相等。这就是液流的连续性原理，也称为液流的质量守恒定律。

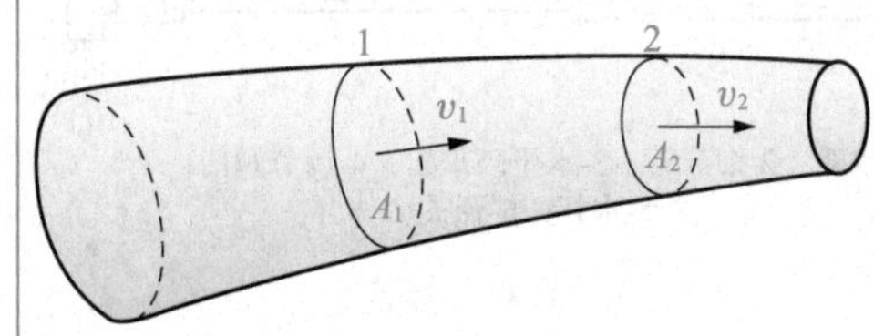

图 2-11　液体流动的连续性

如图 2-11 所示，液体在管道中流动，分别截取截面 1 和 2。其通流面积为 A_1、A_2，两截面上液体的平均流速为 v_1、v_2。根据液流的连续性方程，在同一时间内流经截面 1 和截面 2 的液体质量相等，即

$$v_1 A_1 = v_2 A_2 = 常数 \tag{2-23}$$

这就是理想液体流动时的连续性方程，它表明不管通流截面和平均流速沿着流程怎样变化，流过各个截面的流量是不变的；液体在管道中的流速与其截面积成反比，即管道细的地方流速快，管道粗的地方流速慢。

2.3.3　流动液体的能量方程——伯努利方程

伯努利方程是能量守恒定律在流体力学中的一种具体表现形式。为了研究方便，先讨论理想液体的伯努利方程，然后再对它进行修正，最后给出实际液体的伯努利方程。

1. 理想液体的能量方程

流动液体的能量由液流的动能、势能和压力能三种能量形式组成，用能量守恒定律可以推导出流动液体的能量方程。

图 2-12 所示为一液流管道，其内为理想液体做稳定流动，任取两通流截面 A_1、A_2，其离基准线的距离分别为 h_1、h_2，平均流速分别为 v_1、v_2，压力分别为 p_1、p_2，根据能量守恒定律，有

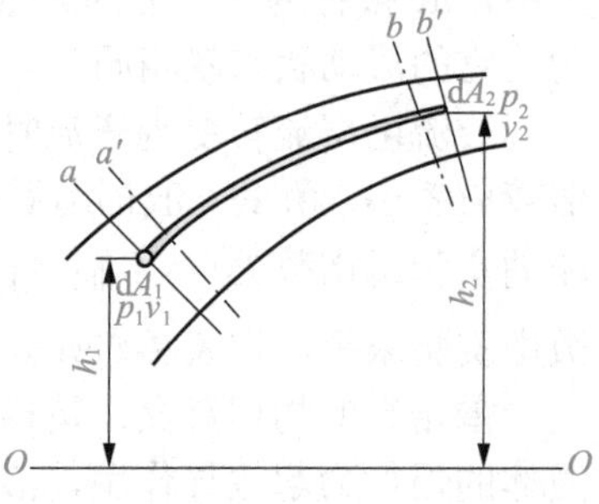

图 2-12　理想液体的能量转换图

$$\frac{p_1}{\rho}+gh_1+\frac{v_1^2}{2}=\frac{p_2}{\rho}+gh_2+\frac{v_2^2}{2} \tag{2-24}$$

式中，$\frac{p_1}{\rho}$、$\frac{p_2}{\rho}$为单位质量液体的压力能；gh_1、gh_2为单位质量液体的位能；$\frac{v_1^2}{2}$、$\frac{v_2^2}{2}$为单位质量液体的动能。

因为两个通流截面是任意取的，因此式(2-24)也可写成

$$\frac{p}{\rho}+gh+\frac{v^2}{2}=常数 \tag{2-25}$$

式（2-25）称为理想液体的伯努利方程，其物理意义是，在密闭管道内做稳定流动的理想液体具有三种形式的能量（压力能、位能、动能），在沿管道流动过程中三种能量之间可以互相转化，但在任一截面处，三种能量的总和为一常数。

> **案例 2-3 分析**
>
> 研究时，往往会从假设的理想状态开始。由于假设了理想液体，才能推导出理想液体的伯努利方程。而实际液体在流动时是有能量损失的，所以必须要对方程进行修正。

2. 实际液体的伯努利方程

实际液体在管道中流动时，由于液体有黏性，会产生内摩擦力；而且管道形状和尺寸的变化会使液体产生扰动，从而造成能量损失。另外，由于实际流速在管道通流截面上的分布是不均匀的，用平均流速v来代替实际流速计算动能时，必然会产生误差，为修正这一误差，必须引入动能修正系数α。因此，实际液体的伯努利方程为

$$\frac{p_1}{\rho}+gh_1+\frac{\alpha_1 v_1^2}{2}=\frac{p_2}{\rho}+gh_2+\frac{\alpha_2 v_2^2}{2}+gh_w \tag{2-26}$$

式中，gh_w为单位质量液体在两截面间流动的能量损失；α_1、α_2为动能修正系数，一般在紊流时取 1，层流时取 2。

【例 2-2】 图 2-13 所示为文氏流量计示意图。根据伯努利方程推导文氏流量计的流量公式。

【解】 根据伯努利方程的应用条件，选取 1—1 和 2—2 两个通流截面，设其面积，平均流速和压力分别为A_1、v_1、p_1和A_2、v_2、p_2。如对通过此流量计的液流采用理想液体的伯努利方程，因$h_1=h_2$，取$\alpha_1=\alpha_2=1$，则有

$$p_1+\frac{\rho v_1^2}{2}=p_2+\frac{\rho v_2^2}{2}$$

根据液流的连续性方程：

$$A_1 v_1=A_2 v_2$$

U 形管内的静压力平衡方程（设液体和水银的密度分别为ρ和ρ'）：

$$p_1+\rho gh=p_2+\rho' gh$$

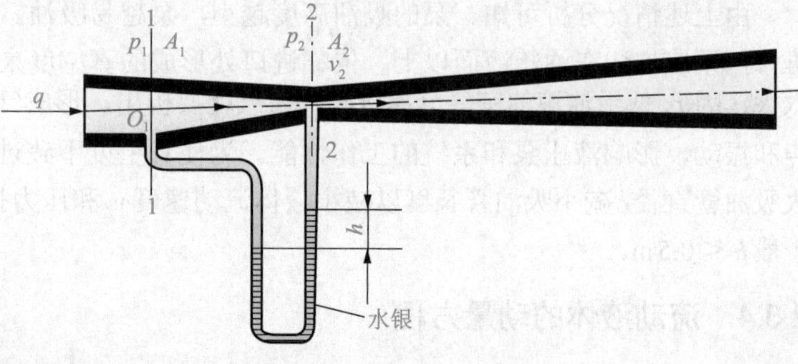

图 2-13　文氏流量计示意图

动画

以上三式经整理可得

$$q=v_2A_2=\frac{A_2}{\sqrt{1-\left(\frac{A_2}{A_1}\right)^2}}\sqrt{\frac{2}{\rho}(p_1-p_2)}=\frac{A_2}{\sqrt{1-\left(\frac{A_2}{A_1}\right)^2}}\sqrt{\frac{2g(\rho'-\rho)}{\rho}h}=c\sqrt{h} \tag{2-27}$$

即流量可直接由水银差压计读数换算得到。

小思考 2-3

液体在导管内部流动时，导管内壁会对液体产生摩擦力，为什么弯管处导管受损情况比直管处要严重？

【例 2-3】液压泵装置如图 2-14 所示。油箱与大气相通。试计算液压泵的最大吸油高度。

【解】如图 2-14 所示，设液压泵的吸油口比油箱液面高 h，取油箱液面 1—1 和液压泵进口处截面 2—2 列伯努利方程，并取截面 1—1 为基准平面，则有

$$p_1+\rho gh_1+\frac{\alpha_1}{2}\rho v_1^2=p_2+\rho gh_2+\frac{\alpha_2}{2}\rho v_2^2+\rho gh_w$$

式中，p_1 为油箱液面压力，由于一般油箱液面与大气接触，故 $p_1=p_a$，p_a 为大气压力；v_2 为液压泵的吸油口速度，一般取吸油管流速；v_1 为油箱液面流速，由于 $v_1 \ll v_2$，故可以将 v_1 忽略不计；p_2 为吸油口的绝对压力；gh_w 为单位质量液体的能量损失。

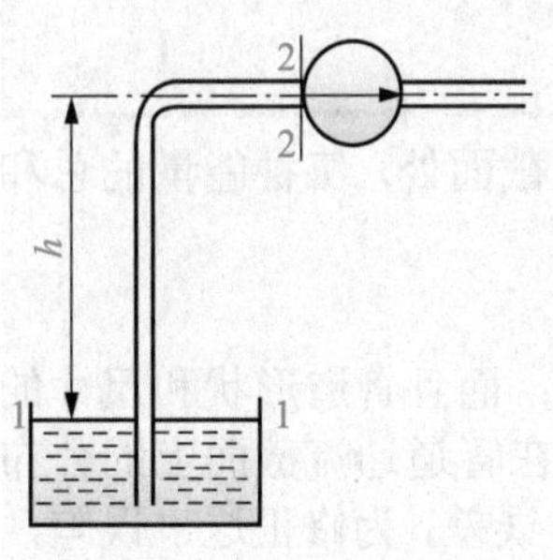

图 2-14　液压泵吸油过程

据此，上式可简化为

$$p_a=p_2+\rho gh+\frac{\alpha_2}{2}\rho v_2^2+\rho gh_w$$

所以液压泵吸油口处的真空度为

$$p_a-p_2=\rho gh+\frac{\alpha_2}{2}\rho v_2^2+\rho gh_w$$

由此可见，液压泵吸油口处的真空度由三部分组成：$\frac{\alpha_2}{2}\rho v_2^2$、$\rho gh$ 和 ρgh_w。

当泵安装高度高于液面，即 $h>0$ 时，则 $\rho gh+\frac{\alpha_2}{2}\rho v_2^2+\rho gh_w>0$，则 $p_2<p_a$，此时，泵进口处的绝对压力小于大气压力，形成真空，借助大气压力将油压入泵内。

当泵的安装高度在液面之下，即 $h<0$ 时，而 $|\rho gh|>\frac{\alpha_2}{2}\rho v_2^2+\rho gh_w$，泵进油口不形成真空，油自行灌入泵内。

由上述情况分析可知，泵的吸油高度越小，泵越易吸油。在一般情况下，为便于安装和维修，泵应安装在油箱液面以上，依靠进口处形成的真空度来吸油。但工作时真空度也不能太大，因 p_2 低于油液的空气分离压时，空气就要析出，形成气泡，产生空穴现象，将引起噪声和振动，影响液压泵和系统的工作性能。为使真空度不致过大，应减少 v_2 和 h。一般应增大吸油管直径，减小吸油管长度以减小液体流动速度 v_2 和压力损失 ρgh_w，限制泵的安装高度，一般 $h<0.5\,\text{m}$。

2.3.4　流动液体的动量方程

动量方程是动量定理在流体力学中的具体应用。在液压传动中要计算液流作用在固体壁面上的作用力时，应用动量方程求解比较方便。刚体力学动量定理指出，作用在物体上的外力等于物体在单位时间内的动量变化量，即

$$F=\frac{\mathrm{d}(mu)}{\mathrm{d}t} \tag{2-28}$$

对于做恒定流动的液体，若忽略其可压缩性，可将 $m=\rho qdt$ 代入上式，考虑以平均流速

代替实际流速产生的误差，引入动量修正系数 β，可写出动量方程为

$$F=\rho q(\beta_2 v_2-\beta_1 v_1) \tag{2-29}$$

式中，F 是作用在液体上所有外力的矢量和；v_1、v_2 是液流在前、后两个通流截面上的平均流速矢量；β_1、β_2 是动量修正系数，紊流时 $\beta=1$，层流时 $\beta=\dfrac{4}{3}$，为简化计算，通常均取 $\beta=1$；ρ、q 分别为液体的密度和流量。

式（2-29）为矢量方程，使用时应根据具体情况将式中的各个矢量分解为指定方向的投影值，再列出该方向上的动量方程。例如在指定方向 x 上的动量方程可写为

$$F_x=\rho q(\beta_2 v_{2x}-\beta_1 v_{1x}) \tag{2-30}$$

工程问题中往往要求液流对通道固体壁面的作用力，即动量方程中 F 的反作用力 F'，也称为稳态液动力。在指定方向 x 上的稳态液动力计算式为

$$F_x'=F_x=\rho q(\beta_1 v_{1x}-\beta_2 v_{2x}) \tag{2-31}$$

【例 2-4】　如图 2-15 所示的圆柱滑阀，液体流入阀口的流速为 v_1，方向角为 θ，流量为 q，流出阀口的流速为 v_2，计算液流作用在滑阀阀芯上的轴向力。

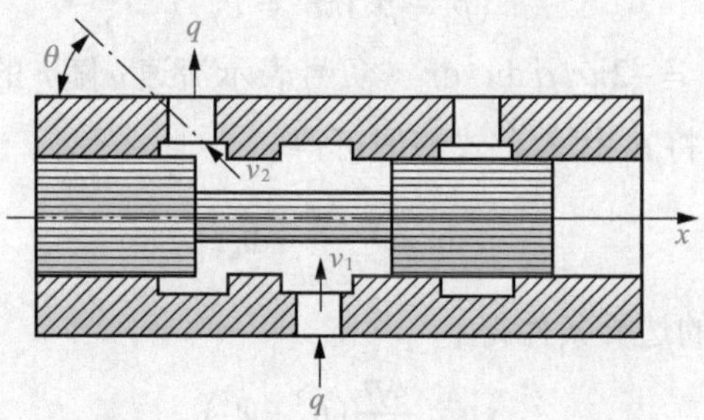

图 2-15　液体流经滑阀时的稳态液动力

【解】　取进出油口之间的液体为研究体积，并设 $\beta_1=\beta_2=1$，列出滑阀沿轴方向的动量方程：

$$F_x=\rho q\left[\beta_2 v_2\cos 90^\circ-(-\beta_1 v_1\cos\theta)\right]=\rho q v_2\cos\theta$$

当液流反方向通过该阀时，同理可得相同的结果。因所得的值皆为正值，说明在上述两种情况下的 F_x 方向都向右。可见在上述情况下，作用在滑阀阀芯上的稳态液动力总是使阀门趋于关闭。

由上例可知，轴向液动力都有使阀芯关闭的趋势。流量越大，流速越高，轴向液动力越大。这样会增大滑阀的操纵力，影响系统的灵敏度。

2.4　液体流动时的压力损失

液体在管中流动时均为实际液体，都有黏性，会损失一部分能量，这种能量损失就是液体伯努利方程中的 gh_w。

液体流动时的压力损失分为两种：一种是液体在直径不变的直管中流动，由于内摩擦而引起的压力损失，称为沿程压力损失；另一种是由于管道截面形状发生突变、液流方向改变或其他形式的液流阻力引起的压力损失，称为局部压力损失。

2.4.1 沿程压力损失

沿程压力损失主要受到液流的流动状态、流速、黏度和管道的内径、长度等因素的影响。通常又可分层流时的沿程压力损失和紊流时的沿程压力损失。

1. 层流时的沿程压力损失

层流时液体质点做有规律的流动，因此可以用数学工具探讨其流速分布规律、流量、平均流速，最后导出沿程压力损失的计算公式。

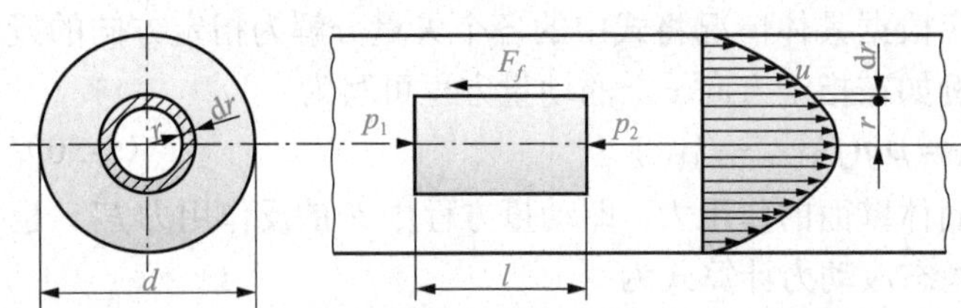

图 2-16 直管中层流流动

1）通流截面上的流速分布规律

如图 2-16 所示，液体在等径水平直管中流动，其流态为层流。在液流中取一段与管轴重合的微小圆柱体作为研究对象，设其半径为 r，长度为 l，作用在两端面的压力分别为 p_1 和 p_2，作用在侧面的内摩擦力为 F_f。液流在做匀速运动时处于受力平衡状态，故有

$$(p_1 - p_2)\pi r^2 = F_f$$

式中，F_f 为内摩擦力，$F_f = -2\pi rl\mu\, \mathrm{d}u/\mathrm{d}r$（负号表示流速 u 随 r 的增大而减小）。

若令 $\Delta p = p_1 - p_2$，则将 F_f 代入上式整理可得

$$\mathrm{d}u = -\frac{\Delta p}{2\mu l} r\mathrm{d}r$$

对上式积分，并代入相应的边界条件得

$$u = \frac{\Delta p}{4\mu l}(R^2 - r^2) \tag{2-32}$$

可见管内液体质点的流速在半径方向上按抛物线规律分布。最小流速在管壁 $r = R$ 处，$u_{\min} = 0$；最大流速在管轴 $r = 0$ 处，$u_{\max} = \frac{\Delta p}{4\mu l}R^2 = \frac{\Delta p}{16\mu l}d^2$。

2）通过管道的流量

对于半径为 r，宽度为 $\mathrm{d}r$ 的微小环形通流截面，面积 $\mathrm{d}A = 2\pi r\mathrm{d}r$，所通过的流量

$$\mathrm{d}q = u\mathrm{d}A = 2\pi ur\mathrm{d}r = 2\pi\frac{\Delta p}{4\mu l}(R^2 - r^2)r\mathrm{d}r$$

于是积分可得

$$q = \int_0^R 2\pi\frac{\Delta p}{4\mu l}(R^2 - r^2)r\mathrm{d}r = \frac{\pi R^4}{8\mu l}\Delta p = \frac{\pi d^4}{128\mu l}\Delta p \tag{2-33}$$

3）管道内的平均流速

根据平均流速的定义，可得

$$v = \frac{q}{A} = \frac{1}{\frac{\pi d^2}{4}}\frac{\pi d^4}{128\mu l}\Delta p = \frac{d^2}{32\mu l}\Delta p \tag{2-34}$$

将式（2-34）与 $u_{\max}$ 值比较可知，平均流速 v 为最大流速 $u_{\max}$ 的 1/2。

4）沿程压力损失

由式（2-34）整理后得沿程压力损失为

$$\Delta p_\lambda = \Delta p = \frac{32\mu l v}{d^2}$$

从上式可以看出，当直管中的液流为层流时，沿程压力损失的大小与管长、流速、黏度成正比，而与管径的平方成反比。适当变换上式，沿程压力损失的计算公式可改写为

$$\Delta p_\lambda = \frac{64\mu}{dv}\frac{l}{d}\frac{v^2}{2} = \frac{64}{Re}\frac{l}{d}\frac{\rho v^2}{2} = \lambda\frac{l}{d}\frac{\rho v^2}{2} \tag{2-35}$$

式中，λ为沿程阻力系数。对于圆管层流，理论值$\lambda = 64/Re$。考虑到实际圆管截面可能有变形，靠近管壁处的液层可能冷却，因而在实际计算时，对于金属管取$\lambda = 75/Re$，橡胶管$\lambda = 80/Re$。

式（2-35）是在水平管的条件下推导出来的。由于液体自重和位置变化所引起的压力变化很小，可以忽略不计，故此公式也适用于非水平管。

2. 紊流时的沿程压力损失

紊流时计算沿程压力损失的公式在形式上与层流相同，即

$$\Delta p_\lambda = \lambda\frac{l}{d}\frac{\rho v^2}{2}$$

但式中的阻力系数λ除与雷诺数Re有关外，还与管壁的粗糙度有关，即$\lambda = f(Re, \Delta/d)$，式中，$\Delta$为管壁的绝对粗糙度，它与管径$d$的比值$\Delta/d$称为相对粗糙度。

对于光滑管，$\lambda = 0.3164Re^{-0.25}$；对于粗糙管，$\lambda$的值可以根据不同的$Re$和$\Delta/d$从手册中有关曲线上查出。

管壁的绝对粗糙度Δ和管道的材料有关，一般计算可参考下列数值：钢管为$\Delta = 0.04\text{mm}$，铜管为$\Delta = 0.0015 \sim 0.01\text{mm}$，铝管为$\Delta = 0.0015 \sim 0.06\text{mm}$，橡胶软管为$\Delta = 0.03\text{mm}$。

2.4.2　局部压力损失

液压传动过程中，液体除了流经直管，产生沿程压力损失外，还要流过弯头、大小接头、阀口等装置，发生撞击、脱流与漩涡，造成局部压力损失。局部压力损失Δp_ξ可以用伯努利方程来推导，其计算公式为

$$\Delta p_\xi = \xi\frac{\rho v^2}{2} \tag{2-36}$$

式中，ξ为局部阻尼系数，由实验求得，可查阅有关手册。

液体流过各种阀类的局部压力损失，也可以用式（2-36）计算。但因阀内的通道结构复杂，按此公式计算比较困难，故阀类元件局部压力损失Δp_v的实际计算公式为

$$\Delta p_v = \Delta p_n\left(\frac{q}{q_n}\right)^2 \tag{2-37}$$

式中，q_n为阀的额定流量；Δp_n为阀在额定流量q_n下的压力损失（可从阀的产品样本或设计手册中查出）；q为通过阀的实际流量。

小思考 2-4

工程中希望液体在导管内部流动时，是以层流状态流动还是以紊流状态流动？为什么？

2.4.3　管路系统的总压力损失

管路系统的总压力损失等于系统中所有沿程压力损失和所有局部压力损失之和，即

$$\sum\Delta p = \sum\Delta p_\lambda + \sum\Delta p_\xi + \sum\Delta p_v \tag{2-38}$$

使用式（2-38）计算时，两个相邻局部损失之间应有足够的

距离，否则局部阻尼系数会增大。一般两个相邻局部阻力部位相隔距离要大于 $10d$，d为管道直径。

在液压系统中，压力损失绝大部分转变成了热能，造成系统油温升高，黏度下降，泄漏增大，从而影响系统性能。从上述内容可以看出：减小液体流速、缩短管道长度、减少管道截面的突变和提高管壁的表面质量等，都能有效地降低压力损失，其中液体流速影响最大。但是降低流速，必然会使管道尺寸增大，导致系统成本增加。

管道液体流速推荐采用：压油管路的 v =3～6m/s；吸油管路的 v =0.5～1.5m/s；回油管路的 $v \leqslant$3m/s。

2.5 孔口及缝隙的压力流量特性

在液压系统中，液体常会流经小孔或配合间隙，如相对运动元件表面的配合间隙处，在压差的作用下产生泄漏；流经节流小孔或缝隙时产生压差和流量变化，利用这个原理来实现系统压力和流量控制等。因此了解孔口及缝隙的压力流量特性非常重要。

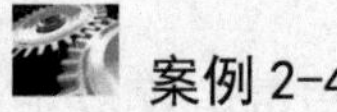

案例 2-4

在液压系统中，会用改变节流小孔面积的方法来调节系统的速度。

问题：

（1）为何液压系统通常采用薄壁小孔？

（2）薄壁小孔两端压差和流量之间有什么关系？

2.5.1 孔口的压力流量特性

孔口按长径比不同分为三种：薄壁小孔（$l/d \leqslant 0.5$）、短孔（$0.5 < l/d \leqslant 4$）、细长孔（$l/d > 4$）。

1. 液体流经薄壁小孔的流量

液体流经如图 2-17 所示的薄壁小孔时，只有局部能量损失而无沿程损失，液体在截面 1—1 处的流速较小，流经小孔时产生很大的加速度，在惯性力的作用下向中心汇集，流过小孔后的液流形成一个收缩截面 2—2，对于圆形小孔，此收缩截面离孔口的距离约为 $d/2$，然后再扩散，这一过程，造成能量损失，并使油液发热，收缩截面面积 A_0 和孔口截面积 A 的比值称为收缩系数 C_c，即

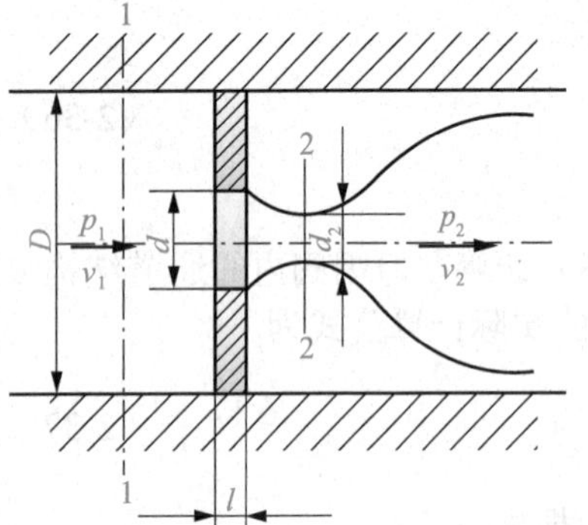

图 2-17 液体流经薄壁小孔

动画

$$C_c = \frac{A_0}{A}$$

收缩系数取决于雷诺数、孔口及其边缘形状、孔口离管道侧壁的距离等因素。如管道直径 D 与小孔直径 d 的比值 $D/d > 7$ 时，收缩作用不受管道侧壁的影响，此时的收缩称为完全收缩。取截面 1—1 和收缩截面 2—2 列伯努利方程（各参数如图 2-17 所示，且设 $\alpha = 1$），则有

$$p_1 + \frac{1}{2}\rho v_1^2 = p_2 + \frac{1}{2}\rho v_2^2 + \xi \frac{\rho}{2} v_2^2$$

由于 $D \gg d$，$v_1 \ll v_2$，故 v_1 可忽略不计，上式经整理后可得

$$v_2 = \frac{1}{\sqrt{1+\xi}} \sqrt{\frac{2}{\rho}(p_1 - p_2)} = C_v \sqrt{\frac{2}{\rho}\Delta p} \tag{2-39}$$

式中，C_v 为小孔速度系数，$C_v = \frac{1}{\sqrt{1+\xi}}$；$\Delta p$ 为小孔前后的压差，$\Delta p = p_1 - p_2$。

由此即可求得液流通过薄壁小孔的流量为

$$q = v_2 A_0 = C_v C_c A\sqrt{\frac{2}{\rho}\Delta p} = C_d A\sqrt{\frac{2}{\rho}\Delta p} \tag{2-40}$$

式中，C_d 为小孔流量系数，$C_d = C_v C_c$。

C_d 和 C_c 一般由实验确定，通常 D/d 较大，一般在 7 以上，液流为完全收缩，液流在小孔处呈紊流状态，雷诺数较大，薄壁小孔的收缩系数 C_c 取 0.61～0.63，速度系数 C_v 取 0.97～0.98，这时 C_d 取 0.61～0.62；当不完全收缩时，C_d 取 0.7～0.8。

2. 液体流经细长小孔的流量计算

液体流经细长小孔时，一般都是层流状态，可直接应用前面的直管流量公式来计算，当孔口直径为 d 时，流量可写成

$$q = \frac{d^2}{32\mu l} A \cdot \Delta p = \frac{\pi d^4}{128\mu l}\Delta p \tag{2-41}$$

比较式（2-40）和式（2-41）不难发现，通过孔口的流量与孔口的面积、孔口前后的压力差以及孔口形式决定的特性系数有关，由式（2-40）可知，通过薄壁小孔的流量与油液的黏度无关，因此流量受油温变化的影响较小，但流量与孔口前后的压力差呈非线性关系；由式（2-41）可知，油液流经细长小孔的流量与小孔前后的压差 Δp 的一次方成正比，同时由于公式中也包含油液的黏度 μ，因此流量受油温变化的影响较大。为了分析问题的方便，将式（2-40）和式（2-41）一并用下式表示，即

$$q = KA\Delta p^m \tag{2-42}$$

式中，A 为孔口截面面积，单位为 m^2；Δp 为孔口前后的压力差，单位为 N/m^2；m 为由孔口形状决定的指数，$0.5 \leqslant m \leqslant 1$，当孔口为薄壁小孔时，$m = 0.5$，当孔口为细长小孔时，$m = 1$；$K$ 为孔口的形状系数，当孔口为薄壁小孔时，$K = C_d\sqrt{2/\rho}$；当孔口为细长小孔时，$K = d^2/(32\mu l)$。

> **案例 2-4 分析**
>
> 通过薄壁小孔的流量与油液的黏度无关，因此流量受油温变化的影响较小，但流量与孔口前后的压力差呈非线性关系。

2.5.2 缝隙的压力流量特性

液压传动过程中有许多元件间存在相对运动，相对运动的表面都有一定的间隙，在压差的作用下，产生泄漏及能量损失。内泄漏损失转换成了热能，使油温升高，外泄漏污染环境。两者都影响液压系统的性能和效率。

液体在缝隙中的流动大多为层流，有三种流动形式：由缝隙两端压差造成的流动（称为压差流动）；由缝隙两壁面相对运动造成的流动（称为剪切流动）；由压差和剪切同时作用下的流动。这里重点讨论液体在压差作用下流经平行平板缝隙、同心环状缝隙和偏心环状缝隙的流量。

1. 平行平板缝隙的流量

如图 2-18 所示，液体在压差作用下流经两平行平板，如果液体受到压差 $\Delta p = p_1 - p_2$ 的作用，液体会产生流动。

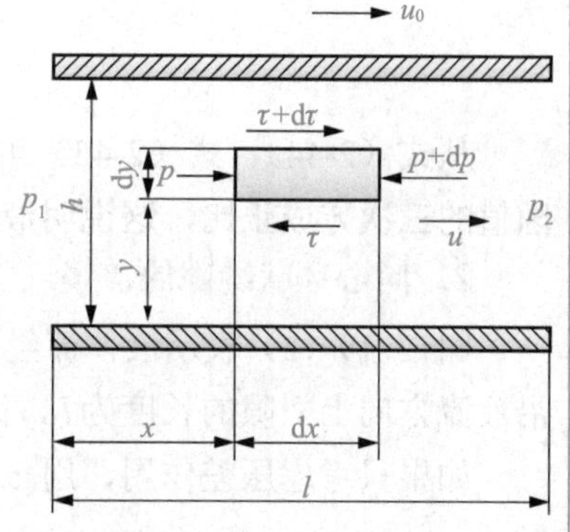

图 2-18 平行平板缝隙间的液流

如果没有压差Δp的作用，而两平行平板之间有相对运动，即一平板固定，另一平板以速度u_0（与压差方向相同）运动时，由于液体存在黏性，液体也会被带着移动，这就是剪切作用所引起的流动。液体通过平行平板缝隙时的最一般的流动情况，是既受压差Δp的作用，又受平行平板相对运动的作用。

图 2-18 中，h为缝隙高度，b和l为缝隙宽度和长度，一般$b \gg h$，$l \gg h$。在液流中取一个微元体$\mathrm{d}x\mathrm{d}y$（宽度方向取单位长度），其左右两端面所受的压力为p和$p+\mathrm{d}p$，上下两面所受的切应力为$\tau+\mathrm{d}\tau$和τ，则微元体的受力平衡方程为

$$pb\mathrm{d}y+(\tau+\mathrm{d}\tau)b\mathrm{d}x=(p+\mathrm{d}p)b\mathrm{d}y+\tau b\mathrm{d}x$$

由于$\tau=\mu\dfrac{\mathrm{d}u}{\mathrm{d}y}$，上式整理后可以变为

$$\frac{\mathrm{d}^2u}{\mathrm{d}y^2}=\frac{1}{\mu}\frac{\mathrm{d}p}{\mathrm{d}x}$$

将上式对y积分两次得

> **小思考 2-5**
>
> 为什么液体流过偏心环状缝隙时损失的流量比流过同心环状缝隙时大？大多少？

$$u=\frac{1}{2\mu}\frac{\mathrm{d}p}{\mathrm{d}x}y^2+C_1y+C_2$$

式中，C_1、C_2为积分常数。当平行平板间的相对运动速度为u_0时，在$y=0$处$u=0$，$y=h$处$u=u_0$；此外，液流做层流运动时p只是x的线性函数，即$\mathrm{d}p/\mathrm{d}x=(p_2-p_1)/l=-\Delta p/l$，将这些关系式代入上式并整理后得

$$u=\frac{y(h-y)}{2\mu l}\Delta p\pm\frac{u_0}{h}y \tag{2-43}$$

由此得通过平行平板缝隙的流量为

$$q=\int_0^h ub\mathrm{d}y=\int_0^h\left[\frac{y(h-y)}{2\mu l}\Delta p\pm\frac{u_0}{h}y\right]b\mathrm{d}y=\frac{bh^3\Delta p}{12\mu l}\pm\frac{u_0}{2}bh \tag{2-44}$$

当平行平板间没有相对运动，即$u_0=0$时，通过的液流纯由压差引起，称为压差流动，其流量为

$$q=\frac{bh^3\Delta p}{12\mu l} \tag{2-45}$$

当平行平板两端不存在压差时，通过的液流纯由平板运动引起，称为剪切流动，其流量值为

$$q=\frac{u_0}{2}bh \tag{2-46}$$

从式（2-44）、式（2-45）可以看到，在压差作用下，流过固定平行平板缝隙的流量与缝隙值的三次方成正比，这说明液压元件内缝隙的大小对其泄漏量的影响是非常大的。

2. 同心环状缝隙的流量

图 2-19（a）表示液体流经同心环状缝隙的情况。设两者的间隙量为h，圆柱直径为d，沿液流方向上间隙的长度为l，因h远小于d，将圆柱展开，就相当于一个平板缝隙。

如果只考虑压差作用，用πd代替间隙宽度b，则可以计算得到同心环状缝隙的流量，即

$$q=\frac{\pi dh^3}{12\mu l}\Delta p\pm\frac{\pi dh}{2}u_0 \tag{2-47}$$

3. **偏心环状缝隙的流量**

液压元件使用过程中，经常出现偏心环状的情况。如图 2-19（b）所示。孔的半径为r_1，轴的半径为r_2。同心缝隙为h_0，取一任意位置处的缝隙为h，把微小段圆弧$r\mathrm{d}\theta$所对应的缝隙看成平行平板的缝隙，所以$b=r\mathrm{d}\theta$，得

$$\mathrm{d}q=\frac{rh^3\mathrm{d}\theta}{12\mu l}\Delta p\pm\frac{rh\mathrm{d}\theta}{2}u_0$$

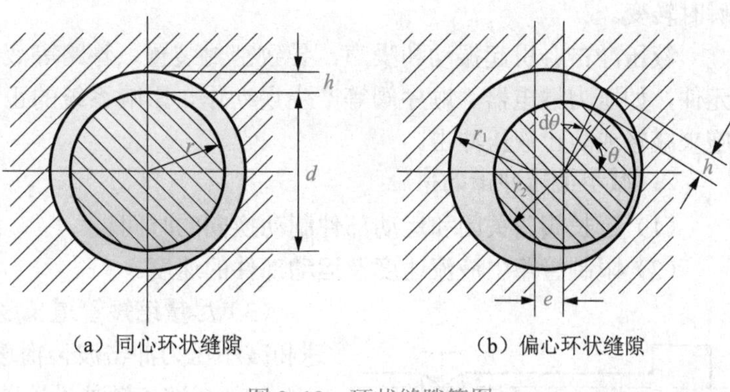

（a）同心环状缝隙　　（b）偏心环状缝隙

图 2-19　环状缝隙简图

由于$h\approx h_0-e\cos\theta=h_0(1-\varepsilon\cos\theta)$，其中，$\varepsilon$为相对偏心量，$\varepsilon=e/h_0$，代入上式，并对整个圆环积分，总体流经环状缝隙的流量为

$$q=\int_0^{2\pi}\frac{rh_0^3}{12\mu l}\Delta p(1-\varepsilon\cos\theta)^3\mathrm{d}\theta\pm\int_0^{2\pi}\frac{rh_0}{2}(1-\varepsilon\cos\theta)u_0\mathrm{d}\theta$$

$$=\frac{rh_0{}^3\Delta p}{12\mu l}(2\pi+3\pi\varepsilon^2)\pm\frac{\pi dh_0u_0}{2}=\frac{\pi dh_0^3}{12\mu l}(1+1.5\varepsilon^2)\Delta p\pm\frac{\pi dh_0u_0}{2}\tag{2-48}$$

当$\varepsilon=1$即在最大偏心量时，偏心环状缝隙的最大流量为

$$q_{\max}=2.5\frac{\pi dh_0^3}{12\mu l}\Delta p\tag{2-49}$$

由此可以看出$\varepsilon=0$即为同心环状缝隙，偏心量最大，即$\varepsilon=1$时，它的最大流量为同心环状缝隙流量的 2.5 倍，偏心对泄漏量大小的影响很大，所以在液压元件设计制造和装配时，应采取措施，保证同轴度精度要求。

2.6　液压冲击与空穴现象

2.6.1　液压冲击

在液压系统中，由于某种原因，液体压力在一瞬间会突然升高，产生很高的压力峰值，这种现象称为液压冲击。液压冲击的压力峰值往往比正常工作压力高好几倍，且常伴有巨大的振动和噪声，使液压系统产生温升，有时会使一些液压元件或管件损坏，并使某些液压元件（如压力继电器、液压控制阀等）产生误动作，导致设备损坏，因此，搞清液压冲击的本质，估算出它的压力峰值并研究抑制措施，是十分必要的。

> **小思考 2-6**
>
> 液压冲击对液压系统产生的危害很大，你在设计安装调试系统时，如何避免这一现象？

1. **液压冲击产生的原因**

如图 2-20 所示，有一较大的容腔（如液压缸或蓄能器）和在另一端装有阀门的管道相连，容腔的体积较大，认为其中的压力p是恒定的，阀门开启时，管道内的液体以流速v流过，当不考虑管中的压力损失时，压力均等于p。

当阀门 K 瞬间关闭时，管道中便产生液压冲击，液压冲击的实质主要是管道中的液体因突然停止运动而导致动能向压力能的

瞬时转变。

液压冲击会引起振动和噪声，导致密封装置、管路等液压元件的损坏，有时还会使某些元件，如压力继电器、顺序阀等产生误动作，影响系统的正常工作。因此，必须采取有效措施来减轻或防止液压冲击。

2. 减小液压冲击的措施

（1）延长阀门关闭和运动部件制动换向的时间。

（2）限制管路中液流速度及运动部件的速度。

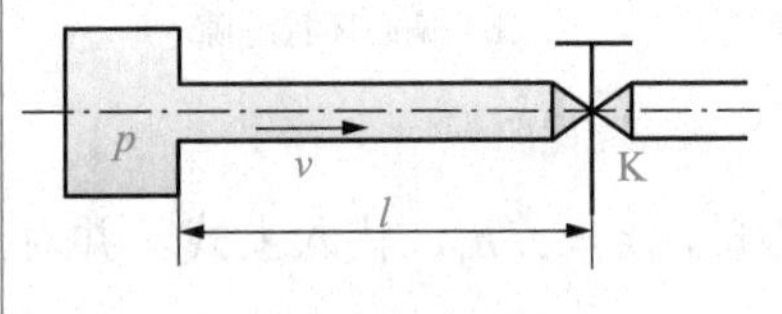

图 2-20 液压冲击

动画

（3）尽量缩短管道长度，适当加大管道直径，以降低流速和减小压力冲击波传播速度。

（4）在冲击源处设置蓄能器，以吸收冲击的能量，也可以在易出现液压冲击的地方，安装限制压力升高的安全阀。

（5）在液压元件中设置缓冲装置（如节流孔）或采用橡胶软管，以增加系统的弹性。

2.6.2 空穴现象

1. 空穴现象的机理及危害

在液压系统中，由于流速突然变大，供油不足等原因，压力会迅速下降至低于空气分离压时，使原溶于油液中的空气游离出来，导致液体中出现大量气泡的现象称为空穴现象。

当液压系统中产生空穴现象时，大量的气泡破坏了油液的连续性，造成流量和压力脉动，当气泡随油液流进高压区时又急剧破灭，引起局部液压冲击，使系统产生强烈的噪声和振动。当附着在金属表面上的气泡破灭时，它所产生的局部高温和高压作用，以及油液中逸出的气体的氧化作用，会使金属表面剥蚀或出现海绵状的小洞穴。这种因空穴造成的腐蚀作用称为气蚀。气蚀会导致元件寿命的缩短，严重时会造成故障。

空穴多发生在阀口和液压泵的进口处，由于阀口的通道狭窄，流速增大，该处的压力大幅度下降，以致产生空穴。泵的安装高度过大，吸油管直径太小，吸油阻力大，过滤器阻塞、油液黏度等因素的影响，可能造成泵进口处的真空度过大，也会产生空穴。

2. 减少空穴现象的措施

（1）减小小孔或缝隙处的压力降，一般希望小孔或缝隙前后的压力比 $p_1/p_2<3.5$。

（2）降低液压泵的吸油高度，适当加大吸油管内径，限制吸油管的流速，及时清洗过滤器。对高压泵可采用辅助泵供油。

（3）管路要有良好的密封，防止空气进入。

（4）对容易产生气蚀的元件，如泵的配流盘等，要采用抗腐蚀能力强的金属材料，增强元件的机械强度。

2.7 气体动力学

2.7.1 气体状态方程

气体的平衡规律与液体相同，静力学基本方程（2-16）完全适用于气体。但是，由于气体的密度 ρ 很小，因此式（2-16）中的 ρgh 项很小，常可忽略不计，则有 $p=p_0$，也就是说，在平衡的气体中，各点压力都相等。但是当高度差 h 比较大（如大于几百米）或气压较大（如大于几十兆帕），ρgh 就不能忽略了，此时就应当考虑平衡气体中不同水平的压差了。

没有黏性的假想气体称为理想气体，理想气体状态方程为

$$\frac{pV}{T}=常数 \tag{2-50}$$

$$\frac{p}{\rho}=gRT \tag{2-51}$$

式中，p 为气体绝对压力；V 为气体体积；T 为气体热力学温度；ρ 为气体密度；g 为重力加速度；R 为气体常数。

1. **等容状态过程**

某一质量的气体，在容积保持不变时，从某一状态变化到另一状态的过程，称为等容状态过程。理想气体等容状态过程遵循下述方程：

$$\frac{p}{T}=\frac{p_1}{T_1}=\frac{p_2}{T_2}=常数 \tag{2-52}$$

式中，p_1、p_2 分别为起始状态和终止状态下的气体绝对压力；T_1、T_2 分别为起始状态和终止状态下的气体热力学温度。

在等容状态过程中，气体对外不做功。因此，随着温度的升高，气体的压力和热力学能（即内能）均增加。例如，密闭气罐中的气体，在加热或冷却时，气体的状态变化过程就可以看成等容状态过程。

2. **等压状态过程**

等压状态过程是指在气体的压力保持不变的情况下，气体的状态变化过程。理想气体等压状态过程遵循下述方程：

$$\frac{V}{T}=\frac{V_1}{T_1}=\frac{V_2}{T_2}=常数 \tag{2-53}$$

式中，V_1、V_2 分别为起始状态和终止状态下的单位质量体积。

在等压状态过程中，气体的热力学能发生变化，气体温度升高，体积膨胀，对外做功。

3. **等温状态过程**

等温状态过程是指在气体的温度保持不变的情况下，气体的状态变化过程。理想气体等温状态过程遵循下述方程：

$$pV=p_1V_1=p_2V_2=常数 \tag{2-54}$$

在等温状态过程中，气体的热力学能不发生变化，加入气体的热量全部变为膨胀功。例如，气缸中的气体状态变化过程可视为等温状态过程。

4. **绝热状态过程**

绝热状态过程是指气体在状态变化时不与外界发生热交换，理想气体绝热状态过程遵循下述方程：

$$pV^k=p_1V_1^k=p_2V_2^k=常数 \tag{2-55}$$

式中，k 为绝热指数，对于空气，k=1.4，对于饱和蒸气 k=1.3。

在绝热状态过程中，气体靠消耗自身的热能对外做功，其压力、温度和体积这三个参数均为变量。例如，空气压缩机气缸活塞的压缩速度极快，气缸内被压缩的气体来不及与外界交换热量，因此可看作绝热状态过程。

5. 多变状态过程

在没有任何制约条件下，一定质量气体所进行的状态变化过程，称为多变状态过程。严格地讲，气体状态变化过程大多属于多变状态过程，等容、等压、等温和绝热这四种变化过程都是多变过程的特例。理想气体的多变状态过程遵循下述方程：

$$pV^n = p_1V_1^n = p_2V_2^n = 数量 \tag{2-56}$$

式中，n 为多变指数，对于空气，$1 < n < 1.4$。

需要注意的是，在等压、等温和绝热状态过程中，状态变化均是可逆的，因而它们的压缩功与膨胀功的值是相等的。

2.7.2 气体流动的基本方程

自由空气是指处于自由状态（1 个标准大气压）下的空气。自由空气流量是指未经压缩情况下的空气流量。压缩空气流量与自由空气流量有如下关系：

$$q = q_p \frac{p_pT}{pT_p} \tag{2-57}$$

式中，q 为自由空气流量；q_p 为压缩空气流量；p_p 为压缩空气的绝对压力；p 为自由空气的绝对压力；T 为自由空气的热力学温度；T_p 为压缩空气的热力学温度。

1. 连续性方程

气体在管道内做稳定流动时，根据质量守恒定律，通过流管任意截面的气体质量流量都相等，即

$$\rho_1 v_1 A_1 = \rho_2 v_2 A_2 \tag{2-58}$$

式中，ρ 为气体的密度（kg/m³）；v 为气体运动速度（m/s）；A 为流管的截面积（m²）。

2. 伯努利方程

在流管的任意截面上，推导出的伯努利方程为

$$\frac{v^2}{2} + gz + \int \frac{\mathrm{d}p}{\mathrm{d}\rho} + gh_w = 常量 \tag{2-59}$$

式中，z 为位置高度（m）；h_w 为摩擦阻力损失水头（m）。

因气体是可以压缩的（$\rho \neq$ 常数），如按绝热状态计算（因为气体流动一般都很快，来不及和周围环境进行热交换），则有

$$\frac{v^2}{2} + gz + \frac{k}{k-1}\frac{p}{\rho} + gh_w = 常量 \tag{2-60}$$

因气体黏度很小，若不考虑摩擦阻力，再忽略位置高度的影响，则有

$$\frac{v^2}{2} + \frac{k}{k-1}\frac{p}{\rho} = 常量 \tag{2-61}$$

而在低速流动时，气体可认为是不可压缩的（ρ=常数），则有

$$\frac{v^2}{2} + \frac{p}{\rho} = 常量 \tag{2-62}$$

2.7.3 声速与马赫数

1. 声速

声音所引起的波称为“声波”。声波在介质中的传播速度叫声速。声波是一种微弱的扰动

波。声波的传播速度很快，在传播过程中来不及和周围介质进行热交换，此变化过程属绝热过程。对理想气体来说，声音在其中传播的相对速度只与气体的温度有关，计算式为

$$c=\sqrt{kRT}\approx 20\sqrt{T}=20\sqrt{273+t} \tag{2-63}$$

式中，c 为声速（m/s）；k 为绝热指数，$k=1.4$；R 为气体常数，$R=287.1\text{N}\cdot\text{m}/(\text{kg}\cdot\text{K})$；$T$ 为气体绝对温度（K）。

由式（2-63）可见，当介质温度升高时，声速 c 将显著地增加。气体的声速 c 是随气体状态参数的变化而变化的。

2. 马赫数

将气流速度 v 与当地声速 c 之比称为马赫数，用符号 Ma 表示为

$$Ma=\frac{v}{c} \tag{2-64}$$

当 $v<c$，即 $Ma<1$ 时为亚声速流动；

当 $v>c$，即 $Ma>1$ 时为超声速流动；

当 $v=c$，即 $Ma=1$ 时为声速流动，也叫临界状态流动。

马赫数 Ma 是表示气流流动的一个重要参数，集中地反映了气流的压缩性。Ma 越大，气流密度变化越大。

3. 气体在管道中的流动特性

气体在管道中的流动特性，随流动状态的不同而不同。

1）在亚声速流动时（$Ma<1$）

气体的流动特性和不可压缩流体的流动特性相同。即当管道截面缩小时，气流速度加大（图 2-21（a））；管道截面扩大，则气流速度减小（图 2-21（b））。因此，在亚声速流动时，要想使气流流动加速，应把管道做成收缩管，如图 2-21（a）所示。

2）在超声速流动时（$Ma>1$）

在超声速流动时，气体的流动特性和不可压缩流体的流动特性不同，即随着管道截面缩小，气流的流动速度减小（图 2-22（a））；管道截面扩大，气流速度增加（图 2-22（b））。要想使气流加速应做成扩散管，如图 2-22（b）所示。

图 2-21 $Ma<1$ 的流动状况　　图 2-22 $Ma>1$ 的流动状况

当气体流速远小于声速时，就可以认为气体是不可压缩的，如 $v=50$m/s 时，气体密度仅变化 1%，不必考虑压缩性。但当 $v\approx 140$m/s（$Ma>0.4$）时，随速度变化，气体密度会变化 8%，一般就应考虑压缩性了。在气动装置中，气体流动速度一般较低，且经过压缩，因此可以认为是不可压缩流体（指流动特性），而在自由气体经压缩机压缩的过程中是可压缩的。

2.7.4 气体管道的阻力计算

空气管道中由于流速不大，流动过程中来得及与外界进行热交换，因此温度比较均匀，一般按等温过程处理。

由于低压气体管道中流体是当作不可压缩流体处理的，因此前面所介绍的一些阻力计算

公式也适用，沿程阻力计算的基本公式仍为式（2-42），但在工程上气体流量常以质量流量（单位时间内流过某有效截面的气体质量）q_m 来计算更方便，则每米管长的气体压力损失为

$$\Delta p=\frac{8\lambda q_m^2}{\pi^2\rho d^5}$$

式中，q_m 为质量流量，$q_m=\rho vA$，$A=\frac{\pi}{4}d^2$；d 为管径；λ 为沿程阻力系数。

2.7.5 气体的通流能力

1. 有效截面积

气体流经节流口 A_0 时，气体流束收缩至最小断面处的流束面积 S 称为有效截面积。有效截面积 S 与流道面积 A_0 之比称为收缩系数，即

$$\varepsilon=\frac{S}{A_0} \tag{2-65}$$

2. 流量

气体流速较低时，可按不可压缩流体计算流量，计算公式可按前面所介绍的选用。需考虑压缩性影响时，参照气流速度的高低，选用下述公式

$$Ma<1:\quad q=234S\sqrt{\frac{273.16\Delta pp_1}{T_1}} \tag{2-66}$$

$$Ma>1:\quad q=113Ap_1\sqrt{\frac{273.16}{T_1}} \tag{2-67}$$

式中，q 为自由空气流量；p_1 为节流口上游绝对压力；Δp 为节流口两端压差；T_1 为节流口上游热力学温度。

2.7.6 充、放气现象的基本方程

在气压系统中向气罐、气缸、管道及其他执行元件充气或由其排气所需的时间及温度变化是正确使用气压技术的重要问题，所以，这里简要介绍气罐的充气温度、放气温度、时间等参数的变化规律。

1. 充气时引起的温度变化

如图 2-23（a）所示的恒压气源向定积容器充气。设恒压气源空气的温度为 T_s，充气时，气罐内压力从 p_1 升高到 p_2，由于充气过程较快，可按绝热状态过程考虑，气罐内的温度从室温 T_1 升高到 T_2，则充气后的温度为

$$T_2=\frac{kT_s}{1+\frac{p_1}{p_2}\left(k\frac{T_s}{T_1}-1\right)} \tag{2-68}$$

式中，T_s 为气源热力学温度（K），设定 $T_1=T_s$；k 为绝热指数。

如果充气到 p_2 时，立即关闭阀门，通过容器壁散热至室温，根据气体状态方程，气体容器中的压力也要下降。压力下降以后的稳定值为

$$p=p_2\frac{T_1}{T_2} \tag{2-69}$$

式中，p 为充气达到室温时容器内气体稳定的压力值（Pa），整个充气压力与充气时间之间的变化曲线如图 2-23（b）所示。

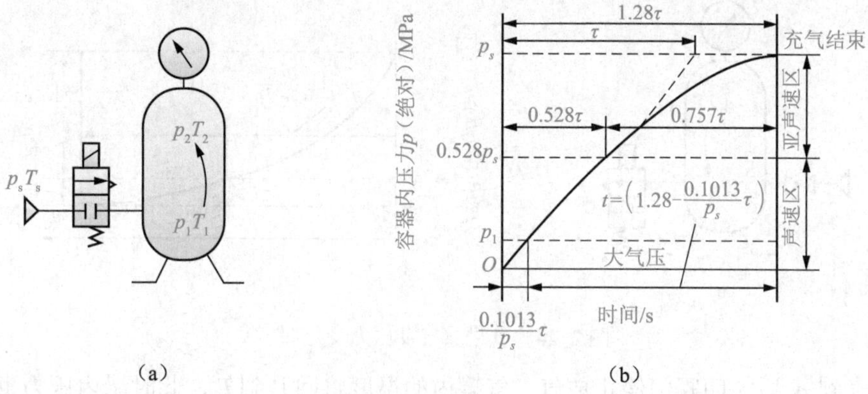

图 2-23　气罐充气及压力变化曲线

2. 充气时间

充气时，容器中的压力逐渐上升，充气过程基本上分为声速和亚声速两个充气阶段。当容器中的气体压力 p 小于临界压力，即 $p \leqslant 0.528\, p_s$ 时，充气气流流速为声速，气体流量也保持常数。如果把充气过程看成绝热过程，则使容器充气到临界压力所需的时间 t_1 为

$$t_1 = \left(0.528 - \frac{p_1}{p_s}\right)\tau \tag{2-70}$$

$$\tau = 5.217 \times 10^{-3} \times \frac{V}{kS}\sqrt{\frac{273}{T_s}}$$

式中，p_s 为气源绝对压力（Pa）；p_1 为气罐内初始绝对压力（Pa）；τ 为充放气时间常数（s）；S 为充气通道有效截面积（m^2）；V 为气罐容积（m^3）。

在容器中的压力达到临界压力以后，管中的气流速度小于声速，流动进入亚声速范围，随着容器中压力的上升，充气流量将逐渐降低。因此从到达临界压力开始直到充气完成这一阶段，气室中的压力上升曲线不再是直线，如图 2-24（b）所示，使容器内气体的压力由临界压力升高到 p_s 所需的时间为

$$t_2 = 0.757\tau$$

因此容器内气体的压力由 p_1 充气到 p_s 所需的总时间为

$$\begin{cases} t = t_1 + t_2 = \left(1.285 - \dfrac{p_1}{p_s}\right)\tau \\ \tau = 5.217 \times 10^{-3} \times \dfrac{V}{kS}\sqrt{\dfrac{273}{T_s}} \end{cases} \tag{2-71}$$

> **小思考 2-7**
>
> 气罐在充气放气时要考虑气罐内压力、温度的变化，温度变化对压力造成什么样的影响？如何避免这些影响？

3. 容器的放气

如图 2-24（a）所示，气罐内空气的初始温度为 T_1，压力为 p_1，经快速绝热放气后，其温度下降到 T_2，压力下降到 p_2，则放气温度为

$$T_2 = T_1\left(\frac{p_2}{p_1}\right)^{\frac{k-1}{k}} \tag{2-72}$$

式（2-72）说明，在放气过程中，气罐里的温度T_2随压力的下降而下降，放气时气罐内的温度可能降得很低。

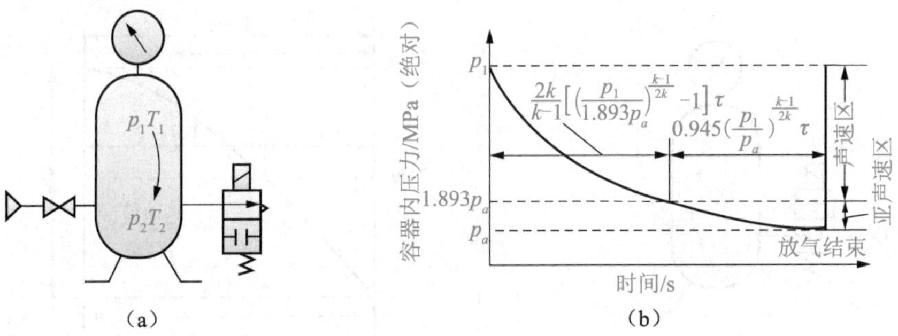

图 2-24 气罐放气及压力变化曲线

若放气到p_2后关闭阀门停止放气，气罐内的温度将回升到T_1，此时罐内压力也要上升到p，p值的大小按式（2-73）（绝热放气、等温回升过程）计算：

$$p = p_2\frac{T_1}{T_2} = p_2\left(\frac{p_2}{p_1}\right)^{\frac{k-1}{k}} \tag{2-73}$$

气罐放气时间（从$p_1 \to p_2 = p_a$时）的计算式为

$$t = \left\{\frac{2k}{k-1}\left[\left(\frac{p_1}{1.893p_a}\right)^{\frac{k-1}{2k}} - 1\right] + 0.945\left(\frac{p_1}{p_a}\right)^{\frac{k-1}{2k}}\right\}\tau \tag{2-74}$$

式中，p_a为大气压力。

气罐放气时的压力和时间之间的特性曲线如图 2-24（b）所示。从图中可以看出，当气罐内的压力p>1.893Pa 时，放气气流速度为声速，但由于气罐内压力、温度的变化，该声速也随之变化，所以放气流量也是个变量，其曲线为非线性变化。当气罐内压力p<1.893Pa 后，放气流动属于亚声速流动，由于流速、流量减小，其曲线仍按非线性变化。

2.8 工程应用案例：液压减振器的工作原理

减振器是主要用于减小或削弱振动对设备与人员影响的一个部件，它起到衰减和吸收振动的作用，使得某些设备和人员免受不良振动的影响，起到保护设备及人员正常工作与安全的作用，因此它广泛应用于各种机床、汽车、火车、轮船、飞机及坦克等装备上。

1. 汽车减振器简介

汽车减振器工作的好坏将直接影响汽车行驶的平稳性和其他机件的寿命，汽车减振器主要用来抑制弹簧吸振后反弹时的振荡及来自路面的冲击。在经过不平路面时，虽然吸振弹簧可以过滤路面的振动，但弹簧自身还会有往复运动，而减振器就是用来抑制这种弹簧跳跃的。减振器太软，车身就会上下跳跃，减振器太硬就会带来太大的阻力，妨碍弹簧正常工作。通常，硬的减振器要与硬的弹簧相搭配，而弹簧的硬度又与车重息息相关，因此较重的车一般采用较硬的减振器。图 2-25 为汽车悬架系统中广泛采用的液压减振器。

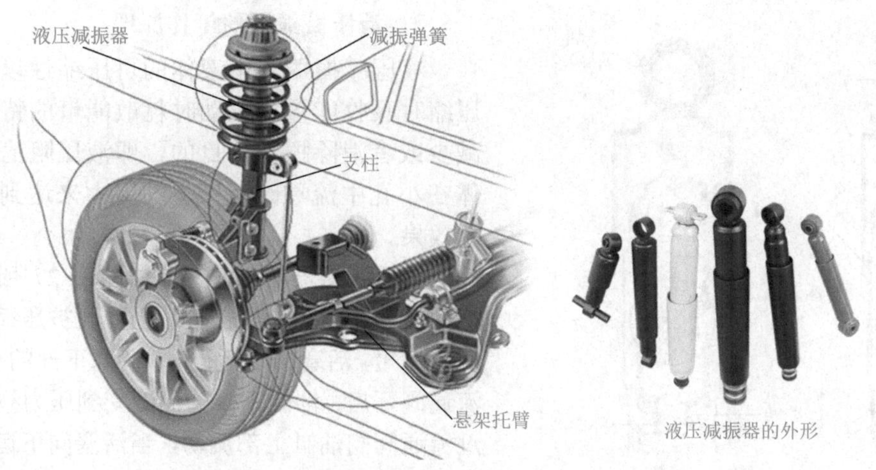

图 2-25　汽车悬架系统中的液压减振器

悬架系统中由于弹性元件受冲击产生振动，为改善汽车行驶的平稳性，悬架中与弹性元件并联安装减振器，为衰减振动，汽车悬架系统中采用的减振器多是液压减振器。因此减振器并不是用来支持车身的重量，而是用来抑制弹簧吸振后反弹时的振荡和吸收路面冲击的能量。如果你开过减振器已坏掉的车，就可以体会汽车通过每一坑洞、起伏后余波荡漾的弹跳，而减振器正是用来抑制这种弹跳的。没有减振器将无法控制弹簧的反弹，汽车遇到崎岖的路面时将会产生严重的弹跳，过弯时也会因为弹簧上下的振荡而造成轮胎抓地力和循迹性的丧失。最理想的状况是利用减振器把弹簧的弹跳限制在一次左右。

2. 液压减振器的受力分析

减振器的形状是一根轴筒，轴筒里又有一根活动的轴筒或者一根轴杆。减振器置于悬挂弹簧内部，一般都与车厢和轮托相连接。弹簧在受到外力冲击后会立即缩短，在外力消失后又会立即恢复原状，这样就会使车身发生跳动，如果没有阻尼，车轮轧到一块小石头或者一个小坑时，车身会跳起来，令人感觉很不舒服。有了阻尼器，弹簧的压缩和伸展就会变得缓慢，瞬间的多次弹跳合并为一次比较平缓的弹跳，一次大的弹跳减弱为一次小的弹跳，从而起到减振的作用。当车轮因载荷或刹车而下沉时，减振器便加压；当汽车恢复原来的负荷时，减振器便减压，当它加压时，连接轮子的下压力管上升，将活塞推入连接车厢的另一根轴筒；活塞上有标准小孔，孔上安装油压嘴，润滑油穿过油压嘴而起到阻尼减振器上升的作用。液压减振器的受力分析如图 2-26 所示。

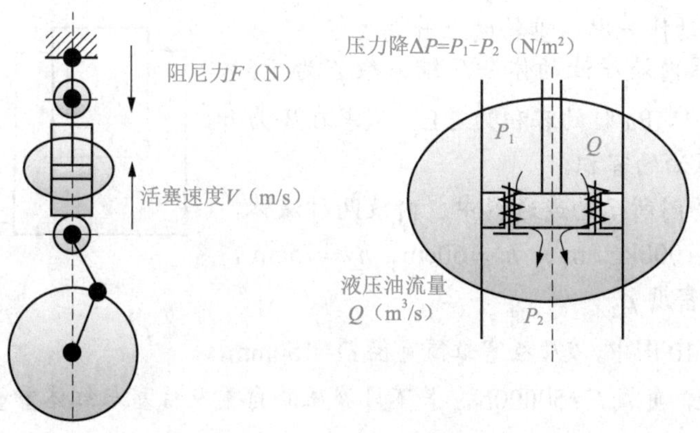

图 2-26　液压减振器的受力分析

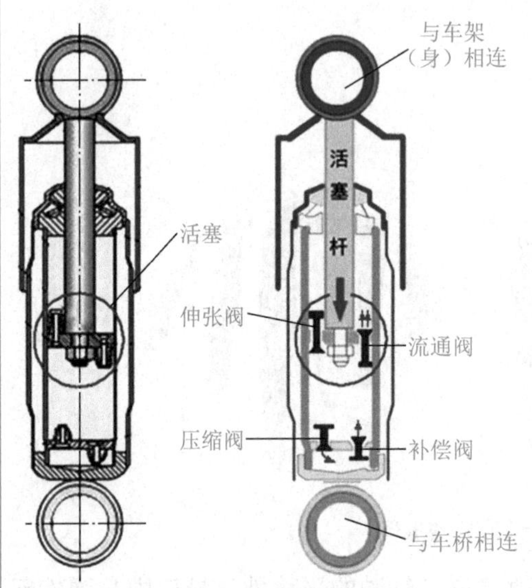

图 2-27　液压减振器的工作原理

3．液压减振器的工作原理

液压减振器利用液体的可压缩性以及液体在压缩时吸收能量和流动时耗散能量的特性，实现减少或者消除振动的目的，即液压阻尼器利用液体在小孔中流过时所产生的阻力来达到减缓冲击的效果。

液压减振器的工作原理如图 2-27 所示。活塞把油缸分为上下两个部分。当弹簧被压缩，减振器受力缩短，活塞向下运行时，活塞下部的空间变小，流通阀开启，油缸下部的油液受到压力被挤压后通过流通阀向油缸上部流动，当活塞向下运行，压力达到一定程度时，压缩阀开启，油缸下部的油液通过压缩阀流向油缸外部的储存空间。图中大箭头表示活塞运动方向，小箭头表示油液流动方向。反之，油液向下部流动。不管油液向上还是向下流动，都要通过活塞上的阀孔。油液通过阀孔时遇到阻力，产生摩擦，使活塞运行变缓，冲击的力量有一部分被油液吸收减缓了，从而达到减振的目的。

练　习　题

2-1　液压油液的黏度有几种表示方法，它们各用什么符号表示，各用什么单位？

2-2　国家新标准规定的液压油液牌号是在多少温度下的哪种黏度的平均值？

2-3　液压油的选用应考虑哪几个方面？

2-4　为什么气体的可压缩性大？

2-5　什么叫空气的相对湿度，对气压传动系统来说，多大的相对湿度合适？

2-6　液压传动的工作介质污染原因主要有哪几个方面，应该怎样控制工作介质的污染？

2-7　如题 2-7 图所示的液压千斤顶，小柱塞直径 d=10mm，行程 $S_1=25$mm，大柱塞直径 $D=50$mm，重物产生的力 $F_2=50000$N，手压杠杆比 $L:l=500:25$，试求：

（1）此时密封容器中的液体压力；

（2）杠杆端施加力 F 为多少时才能举起重物；

（3）杠杆上下动作一次，重物的上升高度 S。

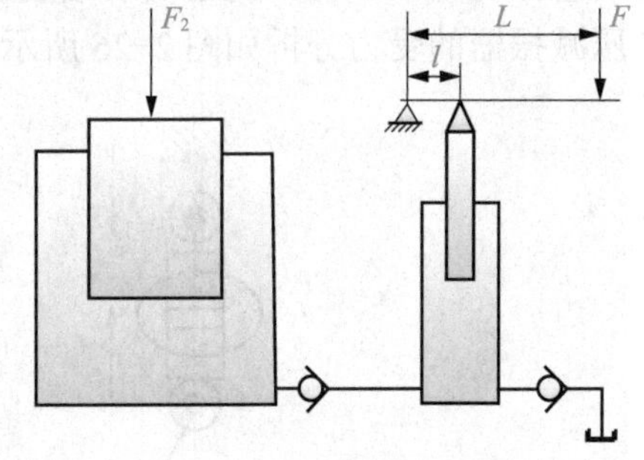

题 2-7 图

2-8　密闭容器内液压油的体积压缩系数 β 为 1.5×10^{-3}/MPa，压力在 1MPa 时的容积为 2 L。试求在压力升高到 10MPa 时液压油的容积。

2-9　如题 2-9 图所示的连通器中，内装两种液体，已知水的密度 $\rho_1=1000\text{kg/m}^3$，$h_1=60\text{cm}$，$h_2=75\text{cm}$，试求另一种液体的密度 ρ_2。

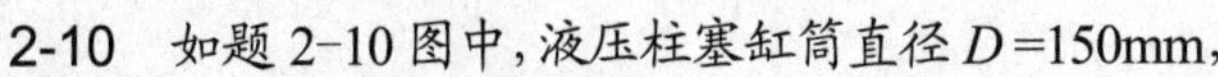

2-10　如题 2-10 图中，液压柱塞缸筒直径 D=150mm，柱塞直径 d=100mm，负载 F=50000N。若不计液压油自重及柱塞与缸体重量，试求图示两种情况下液压柱塞缸内的液体压力。

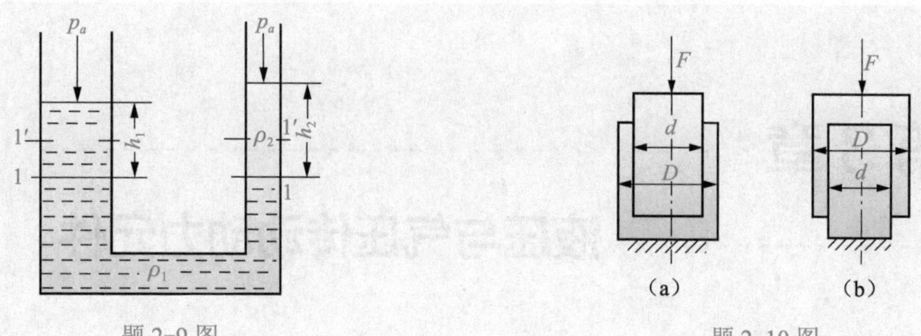

题 2-9 图　　题 2-10 图

2-11　如题 2-11 图中所示的压力阀，当 $p_1 = 6$MPa 时，液压阀动作。若 d_1=10mm，d_2 =15mm，p_2 =0.5MPa。试求：

（1）弹簧的预压力 F_S；

（2）当弹簧刚度 $k = 10$N/mm 时的弹簧预压缩量 x_0。

2-12　如题 2-12 图所示，液压泵的流量 $Q = 25$L/min，吸油管直径 d =25mm，泵入口比油箱液面高出 400mm，管长 L=600mm。如果只考虑吸油管中的沿程压力损失 Δp_λ，当用 30 号液压油，并且油温为 40℃时，液压油的密度 $\rho = 900\text{kg/m}^3$，试求油泵入口处的真空度。

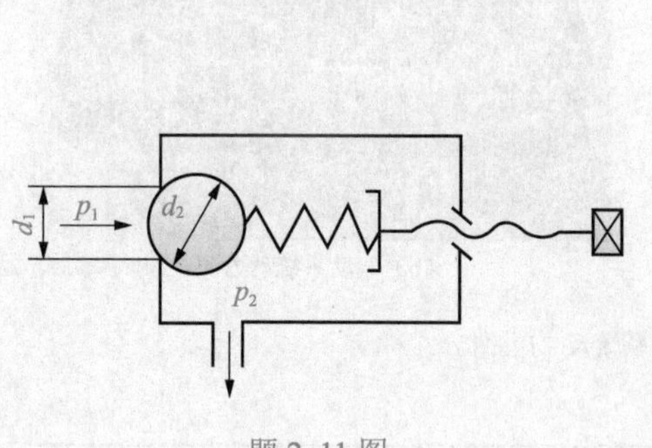

题 2-11 图

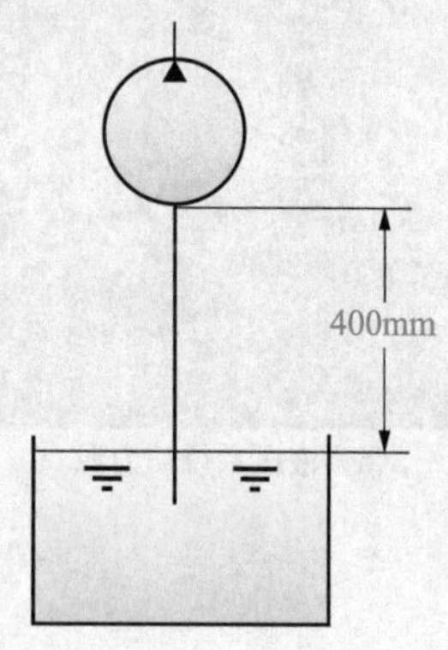

题 2-12 图

第3章 液压与气压传动动力元件

液压泵和气源装置是液压与气压系统的动力元件，将输入的机械能转换为油液或气体的压力能，为执行元件提供一定流量的压力流体，是系统的动力源，也是核心元件，其性能好坏直接影响系统是否正常工作。图3-1所示为液压与气动系统的动力元件。

（a）液压系统动力源

（b）气动系统动力源

图3-1　液压与气动系统动力元件

本章知识要点

（1）了解齿轮泵、叶片泵、柱塞泵和气源装置的工作原理及结构特点；

（2）掌握各类动力元件的参数计算；

（3）掌握各类动力元件的正确选用。

兴趣实践

拆装齿轮泵、叶片泵，掌握结构上的特殊性，注意其易损部件及大致的修复。

探索思考

在选用三类油泵时，如何才能够合理选择？

预习准备

请预先复习以前学过的机械装配知识、课程设计中的齿轮泵结构、理论力学中的动力学参数计算等。

3.1　液压泵概述

液压泵是液压系统的能源装置，它把输入系统的机械能转换成液体压力能再输出，为液压系统中的执行元件提供动力。

3.1.1　液压泵的基本工作原理及分类

小思考 3-1

泵出液体有哪几种形式？为何液压泵选用了容积式结构？

虽然液压泵的种类很多，但都是依靠密封工作容积的变化进行工作，这种依靠密闭容积反复变化进行工作的液压泵，称为容积式液压泵。

1. 工作原理

图 3-2 所示为单柱塞泵的结构原理。电动机带动凸轮轴旋转，在凸轮 1 和弹簧 4 的作用下，柱塞做往复运动。缸孔与柱塞形成一个密封的工作容积，当柱塞外伸时，容积由小变大，形成局部真空，经吸液阀 6 从油箱吸液，当柱塞缩回时，容积由大变小，在挤压下液体压力升高，吸液阀关闭，液体经排液阀 5 排出。可见，密封工作容积的变化是实现吸、排液的根本原因，所以这种泵又称为容积式液压泵。液压传动用泵都属于容积式液压泵。

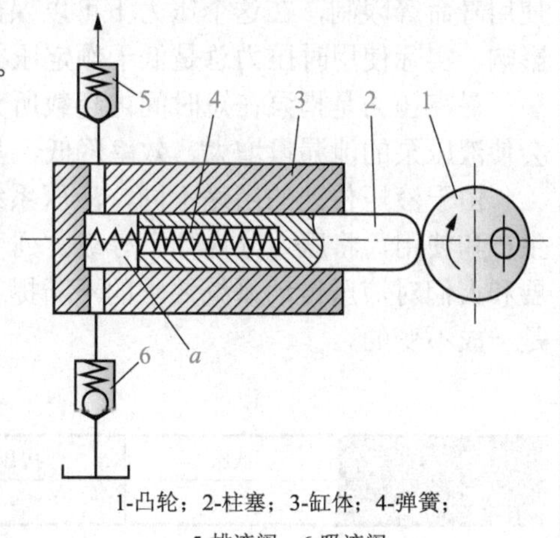

1-凸轮；2-柱塞；3-缸体；4-弹簧；5-排液阀；6-吸液阀

图 3-2　单柱塞泵的结构原理

动画

通过对单柱塞泵吸、排液过程的分析，可将液压泵的工作原理归纳为：当原动机（电动机或内燃机）带动液压泵工作，且液压泵的密封工作容积 a 由小变大时，形成局部真空，经吸液机构从油箱吸液，当密封工作容积 a 由大变小时，经排液机构向外排液。周而复始，使原动机的机械能转变为液压能，不断地向液压系统提供一定流量的压力液体。

为了将泵的吸液腔与排液腔隔离，保证有规律、连续地吸、排液体，大多数液压泵都具有专门的配流机构，以保证液体的单向流动。泵的结构不同，配流机构也不同，如配流盘、配流轴、配流阀。上述单柱塞泵的配流机构为单向阀，属于配流阀。

由上可知，要保证液压泵正常工作，它必须有个密封容积；为了完成吸油，油箱必须与大气相通；吸油腔与压油腔必须相互分开，且要有良好的密封性。

2. 分类

液压泵按结构可分为齿轮泵、叶片泵、柱塞泵、螺杆泵等多种类型。

按排液量是否可调，将液压泵分为定量泵和变量泵。定量泵的工作容积变化量为常数，而变量泵的工作容积变化量可以调节。按泵的吸、排液口是否可以互换，将液压泵分为单向泵和双向泵。单向泵的吸排液口是固定不变的，而双向泵的吸排液口是可以互换的。液压泵的图形符号如图 3-3 所示。

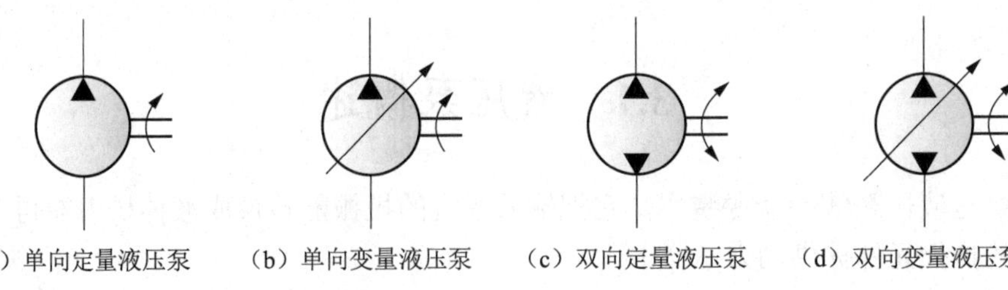

图 3-3　液压泵的图形符号

3.1.2　液压泵的性能参数及计算公式

液压泵的性能参数有压力、排量、流量、功率和效率等，其中基本参数是压力和排量。

1．压力

液压泵的压力有工作压力、额定压力和最高压力。

工作压力是指在工作时泵排液口所达到的具体压力值，一般用 p 表示，主要由液压执行机构所驱动的负载决定，一般是不确定的。负载增大时，泵的压力升高。因此，在液压系统中常需设置安全阀，限制泵的最大压力，起过载保护的作用。

额定压力是指在连续运转情况下允许使用的最大压力。它受液压泵的结构、容积效率、使用寿命等限制，在这个压力下可以保证泵有较高的容积效率和使用寿命。考虑动态压力的影响，实际使用时压力总是低于额定压力，使泵有一定的压力储备。

最高压力是指泵在短时间内超载所允许的极限压力。一般为额定压力的 1.1 倍。过大时，会使液压泵的泄漏量增大、效率降低，甚至造成破坏。

由于液压传动的用途不同，液压系统所需要的压力也不同，为了便于液压元件的设计、生产和使用，将压力分为几个等级，列于表 3-1 中。值得注意的是，随着科学技术的不断发展和人们对液压传动系统要求的不断提高，压力分级也在不断地变化，压力分组的原则也不是一成不变的。

表 3-1　**压力分级**

压力分级	低压	中压	中高压	高压	超高压
压力/MPa	≤2.5	＞2.5～8	＞8～16	＞16～32	＞32

2．排量和流量

排量是指泵轴每转一周由工作容积的变化量计算出的排出液体的体积，以 V 表示（单位是 m^3/r）。排量取决于泵的结构参数，而与其工况无关，它是衡量和比较不同泵的供液能力的统一标准，是液压泵的一个特征参数。

理论流量是指在不考虑泄漏的前提下，泵单位时间内排出液体的体积，以 q_t 表示。显然，若泵的转速为 n，理论流量等于排量与转速的乘积，即

$$q_t = V \times n \tag{3-1}$$

理论流量仅与泵的结构参数有关，而与工作压力无本质上的联系，这是液压泵的另一个重要性能特点。因此，从理论上讲，容积式液压泵能在任何压力下以固定不变的流量保证液压执行机构稳定工作，这也是在液压传动中几乎无一例外地采用容积式液压泵的原因。

实际流量是指泵在单位时间内实际排出液体的体积。显然，它与理论流量的关系为

$$q = q_t - \Delta q \tag{3-2}$$

式中，q 为泵的实际流量；q_t 为泵的理论流量；Δq 为泵的泄漏量。

泄漏量是通过液压泵中各个运动副的间隙所泄漏的液体体积。这一部分液体不传递功率，也称为泵的容积损失，泄漏量与压力的乘积便是容积损失功率。当泵结构和采用的液体黏度一定时，泄漏量将随工作压力的提高而增大，即压力对泵的实际流量有间接的影响。

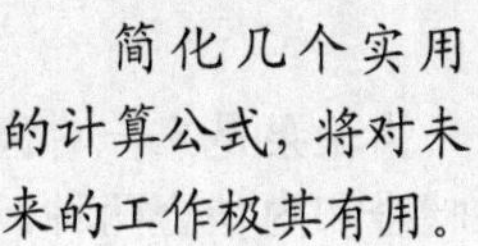

小提示
简化几个实用的计算公式，将对未来的工作极其有用。

3. 功率

液压泵的输入能量为机械能，其表现为转矩T和转速ω；液压泵的输出能量为液压能，表现为压力p和流量q。

（1）输入功率P_i：输入功率是指原动机实际作用在泵主轴上的机械功率：

$$P_i = \omega T = 2\pi nT \tag{3-3}$$

式中，T为泵的实际输入转矩；ω为液压泵的转动角速度。

（2）输出功率P_o：输出功率是指泵单位时间内实际输出的液压功率：

$$P_o = pq \tag{3-4}$$

式中，p为液压泵的输出压力。

当忽略能量转换及输送过程中的损失时，液压泵的输出功率应该等于输入功率，即泵的理论功率为

$$P_t = pq_t = pVn = \omega T_t$$

式中，T_t为液压泵的理论转矩。

4. 效率

液压泵内存在能量损失，主要有容积损失和摩擦损失，分别用容积效率和机械效率表示。

（1）容积效率η_v：容积效率是表征泵泄漏程度的性能参数，由实验测定，表示为

$$\eta_v = \frac{q}{q_t} = \frac{q_t - \Delta q}{q_t} \tag{3-5}$$

在泵的工业试验中，以空载流量作为泵的理论流量，以额定压力下的流量作为实际流量。由于拖动泵的鼠笼式电动机在空载和额定负载时的转速不同，因此在测定时，同时测定空载时的流量和转速，计算出空载排量，作为理论排量；再测定额定压力时的转速和流量，计算出实际排量，由式（3-5）便可求得泵在额定工况下的容积效率。

对于性能正常的液压泵，其容积效率大小随泵结构类型的不同而异。例如，齿轮泵的容积效率为0.7～0.9，叶片泵的容积效率为0.8～0.95，柱塞泵的容积效率为0.9～0.95。具体可查阅产品说明书或相关液压元件手册。

（2）机械效率η_m：机械效率是表征泵内摩擦损失程度的性能参数，它等于泵的理论输入功率与实际输入功率之比，即

$$\eta_m = \frac{T_t}{T} = \frac{\omega T_t}{2\pi nT} = \frac{P_t}{P_i} \tag{3-6}$$

式中，P_t为无摩擦时泵应输入的功率，即泵的理论功率；T_t为无摩擦时泵应输入的转矩。

由于驱动泵的转矩总是大于理论上需要的转矩，显然，$P_t < P_i$，机械效率总小于1。

（3）总效率η：总效率为泵的输出功率P_o和输入功率P_i（原动机输出功率）之比：

$$\eta = \frac{P_o}{P_i} = \eta_v \eta_m \tag{3-7}$$

所以液压泵的总效率η等于容积效率η_v和机械效率η_m的乘积。

（4）液压泵的自吸性能：液压泵能借助大气自行吸取油液而正常工作的现象称为自吸。一般的液压泵都有不同程度的自吸能力。不能自吸或自吸能力较差的泵则要用辅助泵供油。

微课

3.2 齿 轮 泵

齿轮泵是靠一对齿数相同、宽度和模数相等的啮合运动齿轮工作的，其主要结构形式有外啮合和内啮合两种。外啮合式结构简单、价格低廉、体积小、重量轻、自吸性能好、对油液污染不敏感，应用比较广泛。但缺点是流量脉动大、噪声大、精度不高。

动画

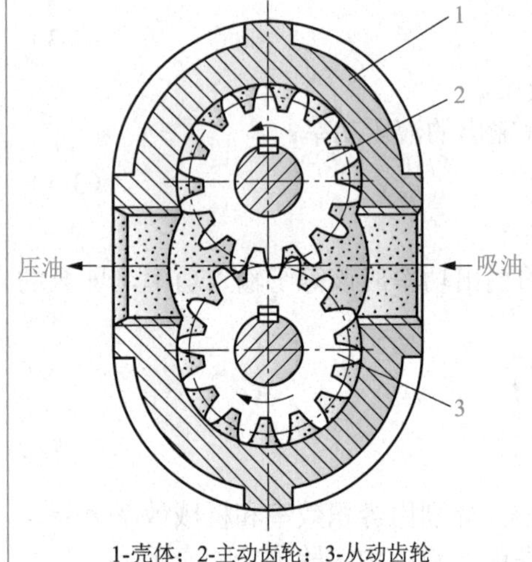

1-壳体；2-主动齿轮；3-从动齿轮

图 3-4 齿轮泵工作原理图

3.2.1 外啮合齿轮泵的工作原理

齿轮泵的工作原理如图 3-4 所示。在泵体内装有一对齿数相同、宽度和模数相等的齿轮，齿轮两端面由端盖密封。泵体、端盖和齿轮各个齿槽组成的多个密封容积，被齿轮的啮合线和齿顶分隔成左、右两个密封油腔，即吸油腔和压油腔。当主动齿轮由电动机带动，按图示箭头方向旋转时，右侧的轮齿退出啮合，使密封容积逐渐增大，形成局部真空，在大气压力的作用下从油箱吸进油液，并被旋转的齿轮齿槽带到左侧；左侧齿进入啮合状态，使密封容积逐渐变小，油液从齿槽中被挤出而给系统输入压力油。

由上述可知齿轮泵是利用齿轮啮合与脱开形成密封容积的变化而进行吸、压油的。

3.2.2 外啮合齿轮泵的排量和流量

齿轮泵的排量可以看作两个齿轮的齿槽容积之和。若齿轮齿数为 z、模数为 m、分度圆直径为 d（$d=mz$）、工作齿高为 h（$h=2m$）、齿宽为 B 时，齿轮泵的排量 V 可近似等于外径为 $mz+2m$、内径为 $mz-2m$、宽度为 B 的圆环体积（图 3-5），即

$$V = \pi dhB = 2\pi m^2 zB \tag{3-8}$$

实际上，齿间槽容积比轮齿体积略大一些，所以通常取 π 为 3.33～3.5 来修正，齿数小的取大值。所以式（3-8）变为

$$V = 6.66m^2 zB \tag{3-9}$$

齿轮泵的流量为

$$q = q_t \eta_v = 6.66m^2 zBn\eta_v \tag{3-10}$$

式中，q 为齿轮泵的平均流量。实际上齿轮泵的输出流量是有脉动的。齿数越少，脉动越大。精度要求较高的场合不宜采用齿轮泵。

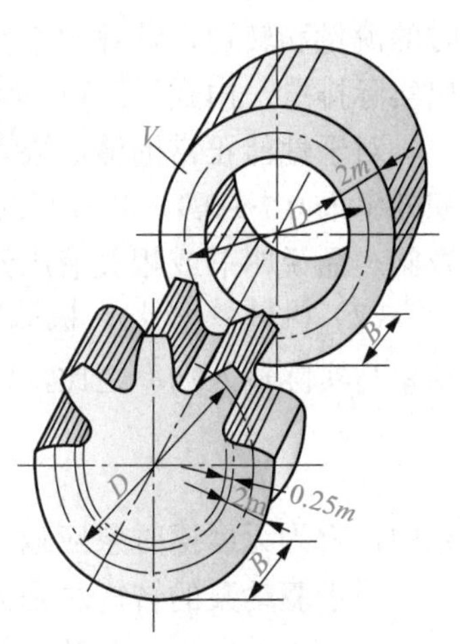

图 3-5 齿轮泵的排量

3.2.3　外啮合齿轮泵的结构特点

1．泄漏

液压泵中组成密封工作容积的零件做相对运动，其间隙产生的泄漏影响液压泵的性能。外啮合齿轮泵压油腔的压力油主要通过三条途径泄漏到吸油腔中。

（1）泵体内表面和齿顶径向间隙的泄漏：由于齿轮的转动方向与泄漏方向相反，压油腔到吸油腔的通道较长，所以其泄漏量相对较小，占总泄漏量的 10%～15%。

（2）齿面啮合处间隙的泄漏：齿形误差会造成沿齿宽方向接触不好而产生间隙，这使压油腔与吸油腔之间造成泄漏，这部分泄漏量很少，占总泄漏量的 5%～10%。

（3）齿轮端面间隙的泄漏：齿轮端面与前后盖之间的端面间隙较大，此端面间隙封油长度又短，所以泄漏量最大，可占总泄漏量的 75%～80%。

由上述可知，齿轮泵由于泄漏量较大，其额定工作压力不高，而主要泄漏是沿端面间隙的轴向泄漏，造成轴向泄漏的原因是齿轮端面和端盖侧面存在较大的间隙。解决这个问题的关键是要在齿轮泵长期工作时，控制齿轮端面和端盖侧面之间保持一个合适的间隙。在高、中压齿轮泵中，一般采用浮动轴套来实现轴向间隙自动补偿的办法。图 3-6 所示为轴向间隙的补偿原理。利用特制的通道把泵内压油腔的压力油引到轴套外侧，作用在用密封圈分隔构成的一定形状和大小的面积上，产生液压作用力，使轴套压向齿轮端面。这个力必须大于齿轮端面作用在轴套内侧的作用力，才能保证在不同压力下，轴套始终自动贴紧在齿轮端面上，从而减小泵内轴向泄漏，达到提高压力的目的。

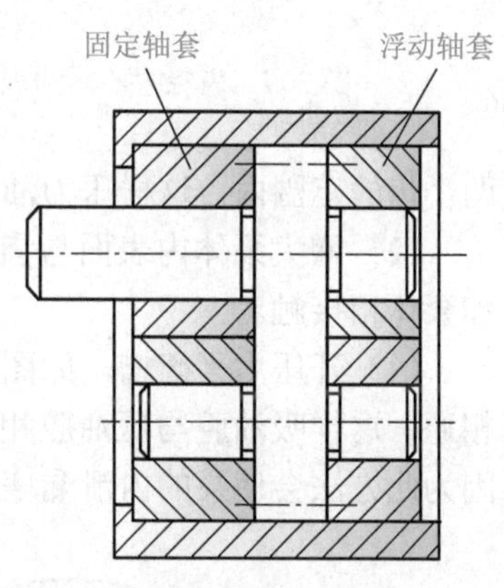

图 3-6　齿轮泵轴向间隙自动补偿

2．齿轮泵的困油现象

齿轮泵要平稳工作，齿轮啮合的重叠系数必须大于 1，于是总会出现两对轮齿同时啮合，并有一部分油液被围困在两对轮齿所形成的密闭空腔之间，如图 3-7（a）所示。这个封闭腔的容积，开始时随着齿轮的转动逐渐减小（图 3-7（a）到（b）的过程中），以后又逐渐加大（图 3-7（b）到（c）的过程中）。密闭腔容积的减小会使被困油液受挤压而产生很高的压力，从缝隙中挤出，使油液发热，并使机件（如轴承等）受到额外的负载；而封闭腔容积的增大又会造成局部真空，使油液中溶解的气体分离，产生空穴现象。这些都将使泵产生强烈的噪声，这就是齿轮泵的困油现象。

消除困油的方法，通常是在两侧盖板上开卸荷槽（如图 3-7（d）中的虚线所示），使密闭腔容积减小时通过右边的卸荷槽与压油腔相通（图 3-7（a）），容积增大时通过左边的卸荷槽与吸油腔相通（图 3-7（c））。

3．液压径向不平衡力

在齿轮泵中，由于在压油腔和吸油腔之间存在着压差，又因泵体内表面与齿轮齿顶之间存在着径向间隙，可以认为压油腔压力逐渐分级下降到吸油腔压力，如图 3-8（a）所示。这些液体压力的合力就是作用在轴上的径向不平衡力 F，其大小为

动画

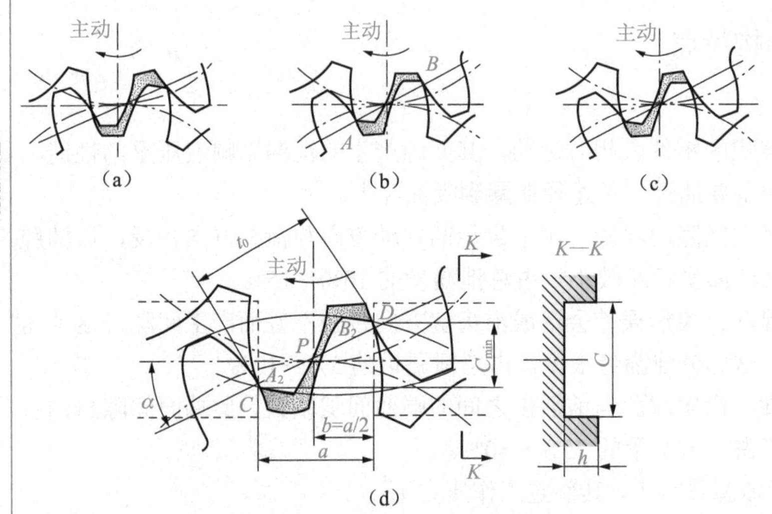

图 3-7　齿轮泵的困油现象及其消除困油现象的措施

$$F = K\Delta pbD \quad (3\text{-}11)$$

式中，K 为系数，对于主动轮 $K=0.75$，对于从动轮 $K=0.85$；Δp 为泵进出口压力差；D 为齿顶圆直径；b 为齿宽。

作用在泵轴上的径向力能使轴弯曲，引起齿顶与泵壳体相接触，降低轴承的寿命。随着齿轮泵压力的提高，危害加剧，应采取措施尽量减小径向不平衡力，其方法如下：

（1）缩小压油口的直径，使压力油仅作用在一个齿到两个齿的范围内，这样压力油作用于齿轮上的面积减小，因而径向不平衡力也就相应减小。

（2）增大泵体内表面与齿轮齿顶圆的间隙，使齿轮在径向不平衡力作用下，齿顶也不能和泵体相接触。

（3）开压力平衡槽，如图 3-8（b）所示，开两个压力平衡槽 1 和 2 分别与高、低压油腔相通，这样吸油腔与压油腔相对应的径向力得到平衡，使作用在轴承上的径向力大大减少。因为此方法会使泵的内泄漏增加，容积效率降低，所以目前很少使用这种方法。

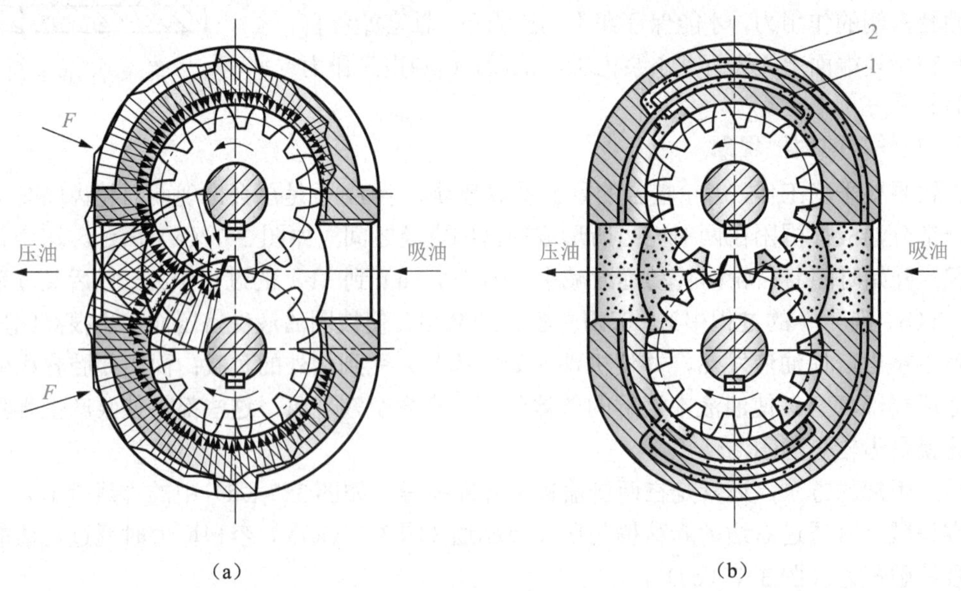

图 3-8　齿轮泵的液压径向不平衡力

3.2.4　内啮合齿轮泵

内啮合齿轮泵有渐开线齿轮泵和摆线齿轮泵（又名转子泵）两种，如图 3-9 所示。它们的工作原理和主要特点与外啮合齿轮泵基本相同。图 3-9（a）所示的渐开线齿轮泵，是靠一个小齿轮与一个相对较大的内齿环相啮合而工作的，由一个月牙形隔板将吸油腔和压油腔隔开，与外啮合齿轮泵不同的是，小齿轮和齿环的转动方向相同。图 3-9（b）所示的摆线齿轮泵中，小齿轮和大齿轮只相差一个齿，因而不需设置隔板。内啮合齿轮泵中的小齿轮是主动轮，大齿轮是从动轮。

内啮合齿轮泵结构紧凑、尺寸小、重量轻、运转平稳、噪声小，在高转速工作时能获得较高的容积效率。其缺点是齿形复杂、加工困难、价格较贵。内啮合齿轮泵可正、反转，也可作为液压马达使用。

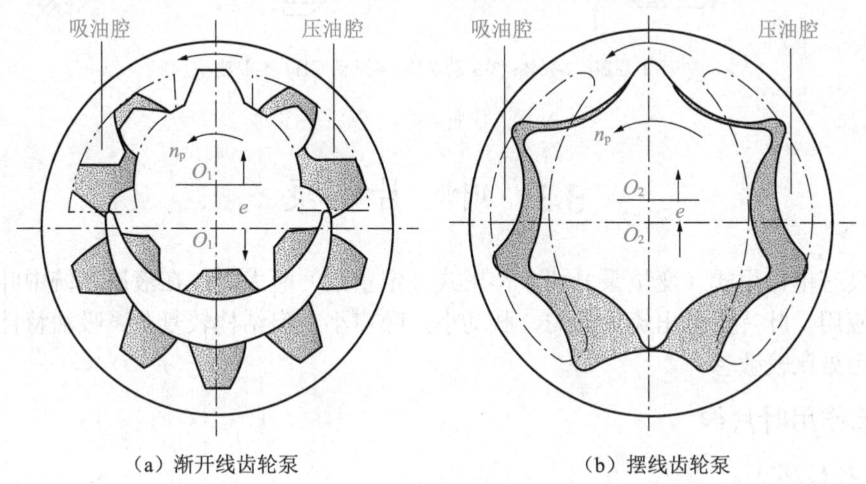

动画

图 3-9　内啮合齿轮泵

3.2.5　螺杆泵

螺杆泵实质上是一种外啮合的螺纹齿轮泵，泵内的螺杆可以为两根或多根。图 3-10 所示为三螺杆泵的工作原理图，泵体由后盖 1、壳体 2 和前盖 5 组合而成，主动螺杆 3 和两根从动螺杆 4 与泵体一起组成密封工作腔。3 个互相啮合的双线螺杆装在壳体内，主动螺杆 3 为凸螺杆，两根从动螺杆 4 为凹螺杆。3 根螺杆的外圆与壳体对应弧面保持着良好的配合，其间隙很小。在横截面内，它们的齿廓由几对共轭摆线组成，螺杆的啮合线将主动螺杆和从动螺杆的螺旋槽分割成多个相互隔离的密封工作腔。随着螺杆按图 3-10 所示箭头方向旋转，这些密封工作腔一个接一个地在左端形成，并不断地从左向右移动，至右端消失。主动螺杆每转一周，每个密封工作腔移动一个螺旋导程。密封工作腔在左端形成时，容积逐渐增大并吸油；在右端消失时，容积逐渐缩小而将油液压出。螺杆泵的螺杆直径越大，螺旋槽越深，导程越长，则排量就越大；螺杆越长，吸油口和压油口之间的密封层次越多，密封就越好，泵的额定压力就越高。

螺杆泵具有以下优点：

（1）无困油现象，工作平稳，理论上流量没有脉动。

（2）容积效率高，额定压力高。一般容积效率可达 95%，额定工作压力可达 20MPa。

（3）结构简单，转动惯量小，可采用很高的转速。

（4）密封面积大，对油液的污染不敏感。

螺杆泵的缺点主要是杆形状复杂，加工精度高，需要专用设备。螺杆泵主要用于对流量、压力的均匀性和工作平稳性有较高要求的精密机床液压系统。

动画

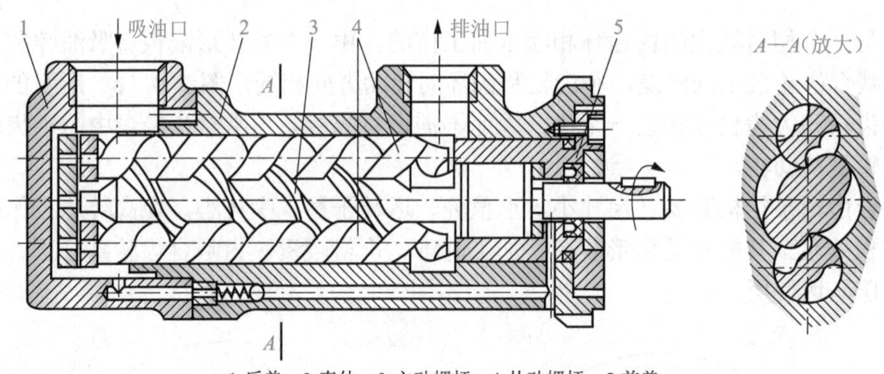

1-后盖；2-壳体；3-主动螺杆；4-从动螺杆；5-前盖

图 3-10 螺杆泵的工作原理图

3.3 叶 片 泵

微课

叶片泵有单作用式（变量泵）和双作用式（定量泵）两大类。在液压系统中叶片泵得到了广泛的应用。叶片泵输出流量均匀，脉动小，噪声小，但结构较复杂，吸油特性不太好，对油液的污染比较敏感。

3.3.1 单作用叶片泵

1. 工作原理

图 3-11 所示为单作用叶片泵的工作原理。泵由转子 1、定子 2、叶片 3、配流盘和端盖（图中未示出）等元件组成。定子的内表面是圆柱形孔。转子和定子之间存在偏心。叶片在转子的槽内可灵活滑动，在转子转动时的离心力以及通入叶片根部压力油的作用下，叶片顶部紧贴在定子内表面，于是两相邻叶片、配流盘、定子和转子间便形成了一个个密封的工作腔。当转子按图 3-11 所示方向旋转时，图中右侧的叶片向外伸出，密封工作腔的容积逐渐增大，产生真空，于是通过吸油口和配流盘上窗口将油吸入。而在图中左侧，叶片往里缩进，密封腔的容积逐渐缩小，密封腔中的油液从配流盘另一窗口和压油口被压出并输到系统中去。这种泵转子每转一转，吸油压油各一次，故称单作用泵；转子上受单方向的液压不平衡作用力，又称非平衡泵，轴承负载较大。改变定子和转子间偏心的大小，便可改变泵的排量，故为变量泵。

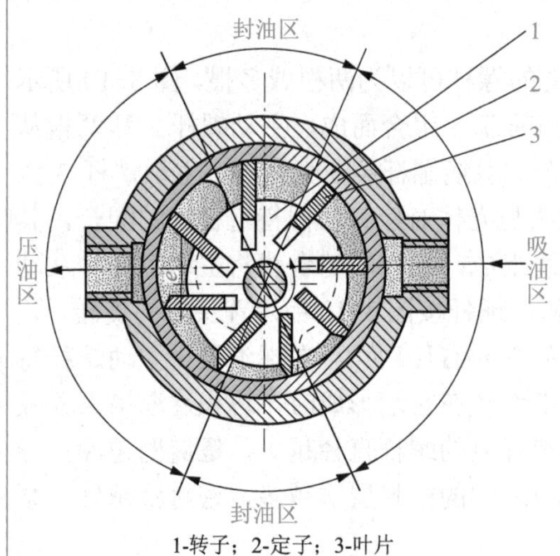

1-转子；2-定子；3-叶片

图 3-11 单作用叶片泵工作原理

动画

图 3-12 所示为变量叶片泵的转子和配流盘结构图。单作用叶片泵配流盘上叶片底部的通油槽，通常设计成高压腔和低压腔，高压腔压油，低压腔吸油。当叶片处于吸油区时，叶片底部和配流盘低压腔相通也参加吸油；当叶片处于压油区时，叶片底部和配流盘高压腔相通向外压油。叶片底部的吸油和压油作用，正好补偿了工作容积中叶片所占的体积，所以叶片体积对泵的瞬时流量无影响。为使叶片能顺利地向外运动并始终紧贴定子，必须使叶片所受

的惯性力与叶片的离心力等的合力尽量与转子中叶片槽的方向一致，以免侧向分力使叶片与定子间产生摩擦力影响叶片的伸出，为此转子中叶片槽应向后倾斜一定的角度（一般后倾20°～30°）。

2．排量与流量计算

图3-13示出了单作用叶片泵排量计算。转子转动一周，每个密封腔的容积变化为$\Delta V=V_1-V_2$，其中V_1为大腔容积，V_2为小腔容积。叶片泵每转输出的体积，即排量为$V=Z\Delta V$（Z为叶片数）。设定子内径为D，定子宽度为b，转子直径为d，叶片厚度为s，定子和转子间的偏心距为e。

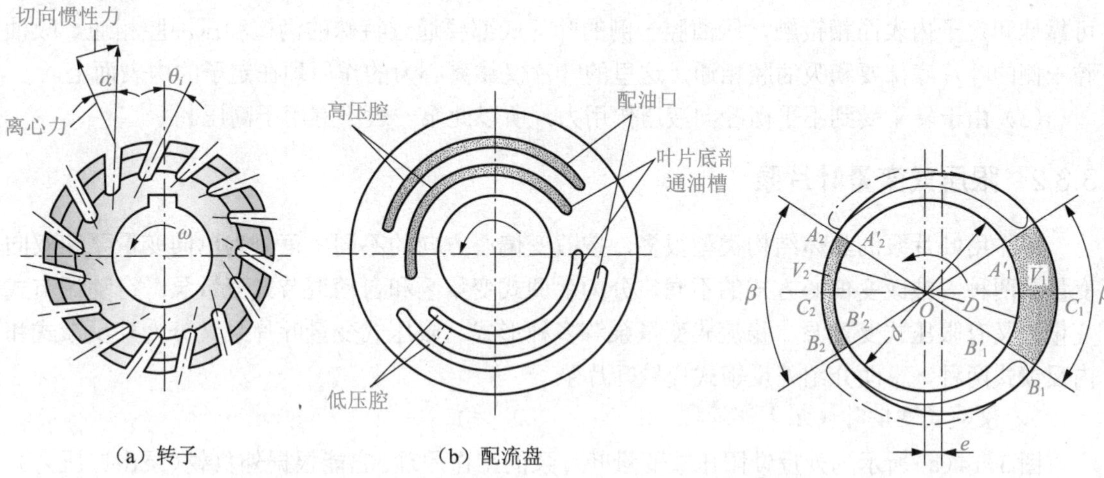

图3-12　单作用叶片泵的转子和配流盘结构图　　图3-13　单作用叶片泵排量计算

因为

$$V_1=b\left\{\frac{1}{2}\left[\left(\frac{D}{2}+e\right)^2-\left(\frac{d}{2}\right)^2\right]\times\frac{2\pi}{z}-\left(\frac{D}{2}+e-\frac{d}{2}\right)s\right\}$$

$$V_2=b\left\{\frac{1}{2}\left[\left(\frac{D}{2}-e\right)^2-\left(\frac{d}{2}\right)^2\right]\times\frac{2\pi}{z}-\left(\frac{D}{2}-e-\frac{d}{2}\right)s\right\}$$

所以，单作用叶片泵的排量为

$$V=2be(\pi D-Zs) \tag{3-12}$$

如叶片不是径向放置，而有一倾角θ，则

$$V=2be\left(\pi D-\frac{Zs}{\cos\theta}\right) \tag{3-13}$$

泵的实际输出流量为

$$q=2be\left(\pi D-\frac{Zs}{\cos\theta}\right)n\eta_{\mathrm{v}} \tag{3-14}$$

但是前面的计算并没有考虑叶片槽底部的油液对流量的影响。实际上，叶片在转子槽中伸出和缩进时，叶片槽底部也有吸油和压油过程。一般在单作用叶片泵中，压油区和吸油区叶片的底部是分别和压油腔及吸油腔相通的，因此叶片槽底部的吸油和压油补偿了式(3-14)中由于叶片泵厚度占据体积而引起的排量减小，所以在这种情况下，泵的实际输出流量计算式为

$$q = 2be\pi Dn\eta_v \quad (3\text{-}15)$$

单作用叶片泵的流量也是有脉动的，泵内叶片数越多，流量脉动率越小。此外，奇数叶片泵的脉动率比偶数叶片泵的脉动率小，所以单作用叶片泵的叶片数是奇数，一般为13片或15片。

3. 特点

（1）改变定子和转子之间的偏心，便可改变流量。偏心反向时，吸油、压油方向也相反。

（2）处在压油腔的叶片顶部受压力油的作用，要把叶片推入转子槽内。为了使叶片顶部可靠地和定子内表面相接触，压油腔一侧的叶片底部要通过特殊的沟槽和压油腔相通。吸油腔一侧的叶片底部要和吸油腔相通，这里的叶片仅靠离心力的作用顶在定子的内表面上。

（3）由于转子受到不平衡径向液压作用力，所以此泵一般不宜用于高压。

3.3.2 限压式变量叶片泵

单作用叶片泵的具体结构类型很多，按改变偏心方向的不同，可分为单向变量泵和双向变量泵两种。按改变偏心方式的不同，分为手调式变量泵和自动调节式变量泵。自动调节式变量泵又有限压式变量泵、稳流式变量泵等多种形式。限压式变量叶片泵又分为外反馈式和内反馈式两种。下面介绍外反馈式变量叶片泵。

1. 反馈式变量叶片泵工作原理

图3-14(a)所示为外反馈限压式变量叶片泵的工作原理。它能根据外负载(泵出口压力)的大小自动调节泵的排量。图3-14（a）中转子的中心O是固定不动的，定子（其中心为O_2）可左右移动。当泵的转子逆时针方向旋转时，转子上部为压油腔，下部为吸油腔，压力油把定子向上压在滑块滚针支承上。定子右边有一反馈柱塞，它的油腔与泵的压油腔相通。设反馈柱塞的受压面积为A_x，则作用在定子上的反馈力pA_x小于作用在定子左侧的弹簧预紧力F_s时，弹簧把定子推向最右边，此时偏心达到最大值e_{max}，泵的输出流量最大。

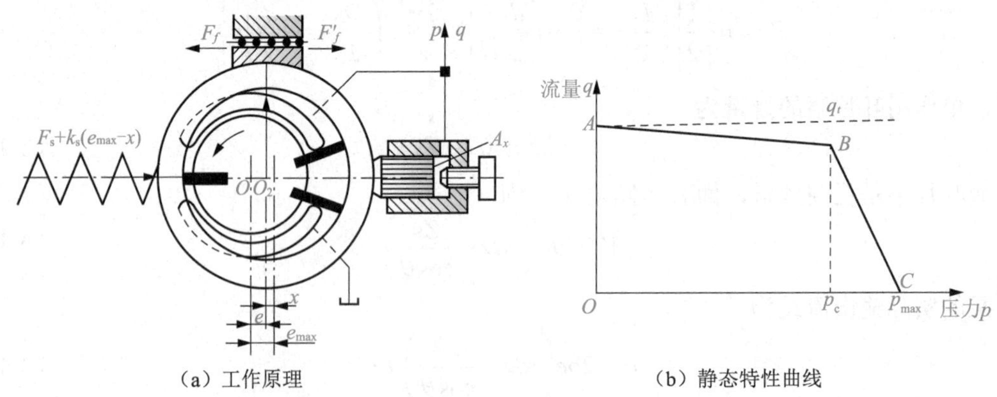

（a）工作原理　　（b）静态特性曲线

图3-14　外反馈限压式变量叶片泵

当泵的压力升高到$pA_x>F_s$时，反馈力克服弹簧预紧力把定子向左推移x的距离，偏心减小了，泵的输出流量也随之减小。压力越高，偏心越小，输出流量也越小。当压力大到泵内偏心所产生的流量全部用于补偿泄漏时，泵的输出流量为零，不管外负载再怎样加大，泵的输出压力不会再升高，所以这种泵被称为限压式变量叶片泵。至于外反馈的意义则表示反馈力是通过柱塞从外面加到定子上来的。

设泵的最大偏心距为 e_{max}，弹簧的预压缩量为 x_0，弹簧刚度为 k_s。当泵压力为 p 时，定子移动了 x 的距离（即弹簧压缩增加量），这时的偏心量为

$$e = e_{max} - x \tag{3-16}$$

如忽略泵在滑块滚针支承处的摩擦力 F_f，泵定子的受力方程为

$$pA_x = k_s(x_0 + x) = F_s + k_s x \tag{3-17}$$

压力逐渐增大，使定子开始移动时的压力设为 p_c，则

$$p_c A_x = k_s x_0 \tag{3-18}$$

由式（3-16）～式（3-18），可得

$$e = e_{max} - \frac{A_x(p - p_c)}{k_s} \quad (p > p_c) \tag{3-19}$$

再考虑泵实际输出流量的关系式

$$q = k_q e - k_l p \tag{3-20}$$

式中，k_q 为泵的流量常数；k_l 为泵的泄漏常数。

而当 $pA_x < F_s$ 时，定子处于极右端位置，这时 $e=e_{max}$，得

$$q = k_q e_{max} - k_l p \tag{3-21}$$

而当 $pA_x > F_s$ 时，定子左移，泵的流量减小，由式（3-16）～式（3-18）可得

$$q = k_q(x_0 + e_{max}) - \frac{k_q}{k_s}\left(A_x + \frac{k_s k_l}{k_q}\right)p \tag{3-22}$$

由此，可画出外反馈限压式变量叶片泵的静态特性曲线，如图 3-14（b）所示。

图 3-14（b）中 AB 段是泵的不变量段，它与式（3-20）相对应，在这里由于 e_{max} 是常数，就像定量泵一样，压力增大时泄漏量增加，实际输出流量减小；图中 BC 段是泵的变量段，它与式（3-21）相对应，这一区段内泵的实际流量随着压力的增大迅速下降。图 3-14（b）中的 B 点称为曲线的拐点；拐点处的压力 p_c 值主要由弹簧预紧力 F_s 确定，并可由式（3-18）计算。

变量泵的最大输出压力 p_{max} 相当于实际输出流量为零时的压力，令式（3-22）中的 q=0，可得

$$p_{max} = k_s \frac{x_0 + e_{max}}{A_x + k_s k_l / k_q}$$

通过调节 F_s 的大小，便可改变 p_c 和 p_{max} 的值，这时图 3-14（b）中 BC 段曲线左右平移。

调节图 3-14（a）右端的流量调节螺钉，便可改变 e_{max}，从而改变流量大小，此时曲线 AB 段上下平移，但曲线 BC 段不会左右平移（因为 p_{max} 值不会改变），p_c 值则稍有变化。

如更换刚度不同的弹簧，便可改变 BC 段的斜率，弹簧越“软”（k_s 值越小），BC 段越陡，p_{max} 值越小；反之，弹簧越“硬”（k_s 值越大），BC 段越平坦，p_{max} 值也越大。

限压式变量叶片泵对于既要实现快速行程，又要实现工作进给（慢速移动）的执行元件来说是一种合适的油源；快速行程需要大的流量，负载压力较低，正好使用其 AB 段曲线部分；工作进给时负载压力升高，需要流量减小，正好使用其 BC 段曲线部分。

2. 典型结构与特点

图 3-15 所示为外反馈限压式变量叶片泵的结构图。图 3-15（a）中转子 4 由泵轴 7 驱动，

带着 15 个叶片在定子 5 内转动；转子的中心是固定不动的，定子可在泵体 3 内左右移动，以改变转子和定子间的偏心距。滑块 6 用来支承定子 5，承受定子内壁的液压作用力，并跟着定子一起移动。为了减小摩擦阻力，增加定子移动的灵活性，滑块顶部采用了滚针支承。反馈柱塞 8 装在定子右侧的油腔中，此油腔与泵体的压油区由通道相连，油腔中的压力油作用在反馈柱塞 8 上，它与弹簧力联合控制着定子的位置。预紧螺钉 1 用来调整限压弹簧 2 的预紧力，预紧螺钉 9 用来调节定子的最大偏心量。

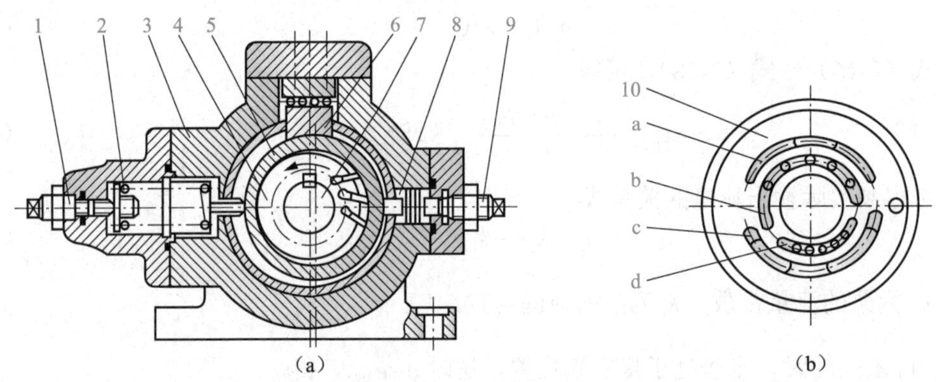

1、9-预紧螺钉；2-限压弹簧；3-泵体；4-转子；5-定子；6-滑块；7-泵轴；8-反馈柱塞；10-配流盘

图 3-15 YBX 型外反馈限压式变量叶片泵结构图

这种泵的配流盘 10 上压油腔 a 和吸油腔 c 的位置（图 3-15（b）），正好对称分布在水平线的上下，使定子内壁所受液压力的合力方向垂直于限压弹簧 2 的轴线，这样就使弹簧力只与反馈柱塞上的液压力相平衡，油槽 b 和 d 分别与转子上压油区和吸油区叶片槽的根部接通。由于 a 和 b、c 和 d 是相连的，所以吸油区和压油区内的叶片顶部和底部的液压力基本上是平衡的。在封油区内，为了保证叶片可靠地压在定子内表面上，叶片槽的底部是接通压油区的（为此油槽 b 的包角需比油槽 d 的大），这部分定子内表面的受力和磨损情况都比较严重。此外，为了防止高压腔与低压腔串通，两个叶片之间的夹角一定要小于封油区的包角，因此两叶片之间所包围的密封工作腔在进入封油区时要产生困油现象。

限压式变量叶片泵与定量叶片泵相比，结构复杂，轮廓尺寸大，做相对运动的机件多，泄漏较大，轴上受不平衡的径向液压力，噪声较大，容积效率和机械效率都没有定量叶片泵高，流量脉动也较定量泵严重，制造精度和用油要求则与定量叶片泵相同；但是，它能按负载压力自动调节流量，在功率使用上较为合理，可减少油液发热。因此，把它用在机床液压系统中要求执行元件有快、慢速和保压阶段的场合，有利于简化液压系统。

3.3.3 双作用叶片泵

1. 工作原理

图 3-16 所示为双作用叶片泵的工作原理图。它的工作原理和单作用叶片泵相似，不同之处只在于定子内表面是由两段长半径圆弧、两段短半径圆弧和四段过渡曲线 8 个部分组成，且定子 2 和转子 3 是同心的，a 为吸油窗口，b 为压油窗口。在图 3-16 所示转子逆时针方向旋转的情况下，密封工作腔的容积在左下角和右上角处逐渐增大，为吸油区，在左上角和右下角处逐渐减小，为压油区；吸油区和压油区之间有一段封油区把它们隔开。这种泵的转子每转一转，每个密封工作腔完成吸油和压油动作各两次，所以称为双作用叶片泵。泵的两个吸油区和两个压油区是径向对置的，作用在转子上的液压力径向平衡，所以又称为平衡式叶片泵。

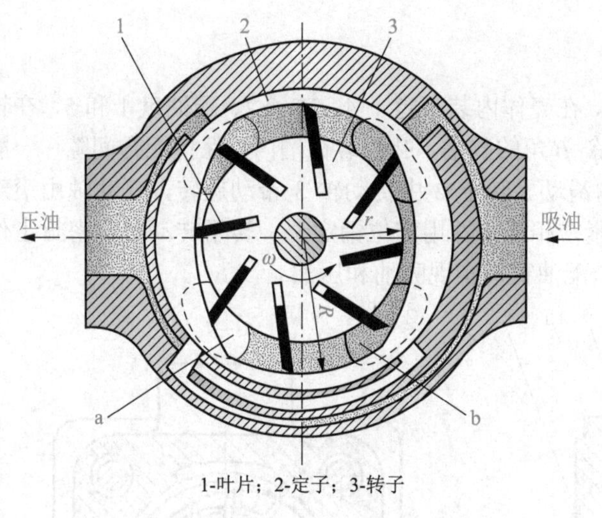

1-叶片；2-定子；3-转子

图 3-16　双作用叶片泵的工作原理图

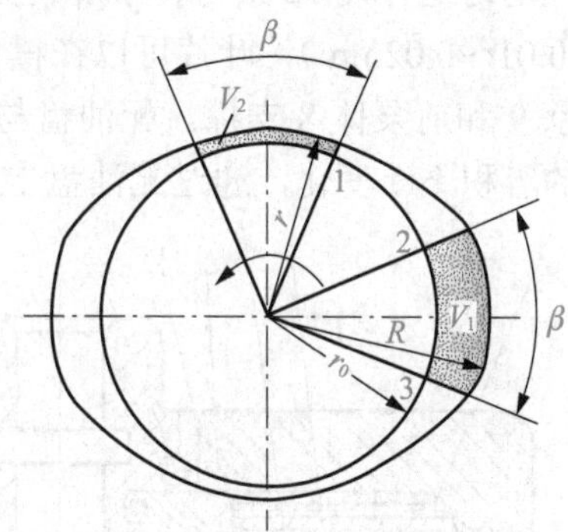

图 3-17　双作用叶片泵的流量计算

2. 排量与流量计算

图 3-17 示出了双作用叶片泵的流量计算。转子在转一整转过程中，由于吸、压油各两次，则泵的排量为

$$V = 2z\left(V_1 - V_2\right)$$

式中，V_1 为大腔容积，V_2 为小腔容积。因为

$$V_1 = b\left[\frac{1}{2}(R^2 - {r_0}^2)\times\frac{2\pi}{z} - \frac{(R-r_0)s}{\cos\theta}\right]$$

$$V_2 = b\left[\frac{1}{2}(r^2 - {r_0}^2)\times\frac{2\pi}{z} - \frac{(r-r_0)s}{\cos\theta}\right]$$

所以

$$V = 2b\left[\pi\left(R^2 - r^2\right) - \frac{(R-r)sz}{\cos\theta}\right] \tag{3-23}$$

泵的实际输出流量为

$$q = 2b\left[\pi\left(R^2 - r^2\right) - \frac{(R-r)sz}{\cos\theta}\right]n\eta_{\rm v} \tag{3-24}$$

式中，z 为叶片数；b 为定子宽度；s 为叶片厚度。

一般在双作用叶片泵中，叶片底部全部都接通压油腔，因而叶片在槽中做往复运动时，叶片槽底部的吸油和压油不能补偿由于叶片厚度所造成的排量减小，为此双作用叶片泵的流量需按式（3-24）计算。

> **小思考 3-2**
>
> 总结叶片泵的主要特点，说明广泛使用的原因。

双作用叶片泵如不考虑叶片厚度，则瞬时流量应是均匀的，这是因为当图 3-17 中的叶片 2 和 3 之间的密封腔 V_1 进入压油区时，通过配流盘上的槽和叶片 1 和 2 间的密封腔相通。这时叶片 1、3 分别在短半径、长半径圆弧上滑动，而这两个密封腔的容积变化率是均匀的，因而泵的瞬时流量也是均匀的。但实际上叶片是有厚度的，长半径圆弧和短半径圆弧也不可能完全同心，尤其是当叶片底部槽设计成与压油腔相通时，泵的瞬时流量仍将出现微小的脉动，但其脉动率较其他形式的泵（螺杆泵除外）小得多，且在叶片数为 4 的倍数时最小。为此，双作用叶片泵的叶片一般都取 12 片或 16 片。

3. 典型结构与特点

1）典型结构

图 3-18 所示为 YB 型叶片泵结构图。在壳体内装有定子 4、转子 2、配油盘 1 和 5，在转子上均匀地开设 12 条与转子旋转方向倾斜 β 角的狭槽，叶片装在槽内，保持配合间隙（一般为 0.01～0.02mm），叶片可以在槽内自由滑动。转子 2 由传动轴 3 带动旋转，传动轴由滚珠轴承 9 和前泵体 8 支撑。配油盘与定子紧密相连，并用定位销定位。转子转动时，密封工作腔的容积不断变化，通过配油盘上的 4 个配油窗口实现吸油和压油。

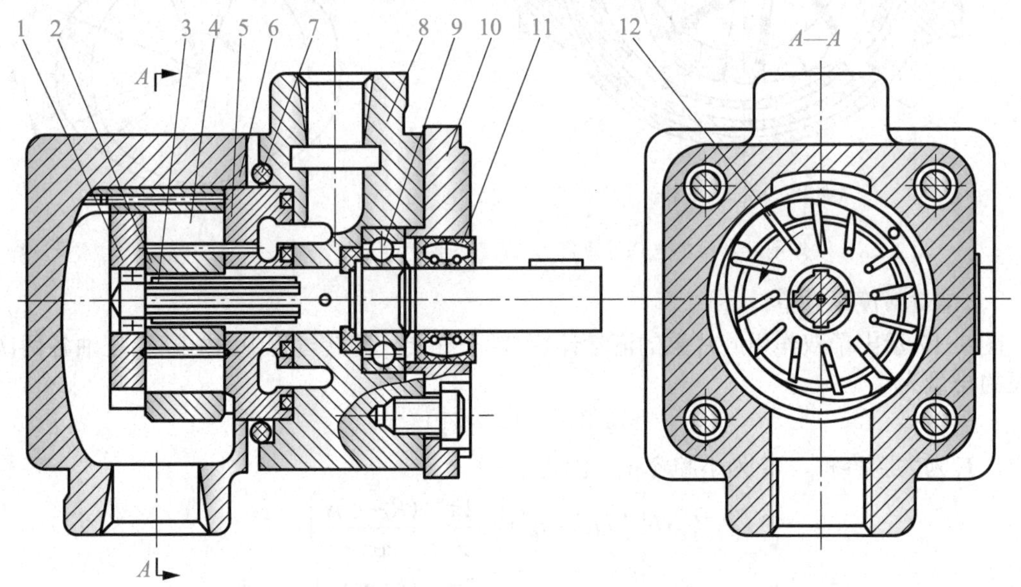

1-左配油盘；2-转子；3-传动轴；4-定子；5-右配油盘；6-后泵体；7、11-密封圈；8-前泵体；9-滚珠轴承；10-压盖；12-叶片

图 3-18 YB 型叶片泵结构图

叶片泵主要有两个漏油的地方：一是配油盘与转子及叶片间的轴向间隙；二是叶片与定子内表面间的径向间隙。在 YB 型叶片泵中，两个配油盘在螺钉的夹紧力作用下，端面紧密地与定子端面接触，在压力的作用下，配油盘也不会被推离定子，因此保证了配油盘和转子端面间的一定间隙。为了使叶片顶部和定子内表面紧密接触，减少泄漏，在配油盘的端面上开设了一个与压油腔相通的环槽，环槽又与叶片槽底部相通，这样压力油就可以进到叶片底部，叶片在压力油和本身离心力的作用下，压紧定子内表面。

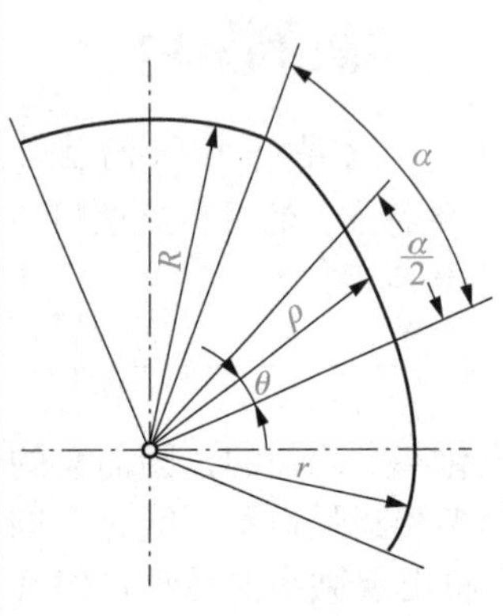

图 3-19 定子的过渡曲线

2）结构特点

（1）定子曲线由四段圆弧和四段过渡曲线组成。过渡曲线应保证叶片紧贴在定子内表面上，保证叶片在转子槽中径向运动时速度和加速度的变化均匀，使叶片对定子内表面的冲击尽可能小。

过渡曲线如采用阿基米德螺线，则叶片泵的流量理论上没有脉动，可是叶片在大、小圆弧和过渡曲线连接点处会产生很大的径向加速度，对定子产生冲击，造成连接点处严重磨损，并产生噪声。在连接点处用小圆弧进行修正，可以改善这种情况。在较为新式的泵中采用“等加速一等减速”曲线，如图 3-19 所示。

这种曲线的极坐标方程式为

$$\rho = r + 2(R-r)\frac{\theta^2}{\alpha^2} \quad (0 < \theta < \frac{\alpha}{2}) \tag{3-25}$$

$$\rho = 2r - R + 4(R-r)\frac{\theta - \theta^2/(2\alpha)}{\alpha} \quad (\frac{\alpha}{2} < \theta < \alpha) \tag{3-26}$$

式中符号含义见图 3-20。

由式（3-25）、式（3-26）可求出叶片的径向速度 $\mathrm{d}\rho/\mathrm{d}t$ 和径向加速度 $\mathrm{d}\rho^2/\mathrm{d}t^2$，可以知道，当 $0<\theta<\frac{\alpha}{2}$ 时，叶片的径向加速度为等加速，当 $\frac{\alpha}{2}<\theta<\alpha$ 时为等减速。由于叶片的速度变化均匀，故不会对定子内表面产生冲击。但是，在 $\theta=0$、$\theta=\frac{\alpha}{2}$ 和 $\theta=\alpha$ 处，叶片的径向加速度仍有突变，还会产生一些冲击。为了改善这种情况，在国外有些叶片泵上采用了三次以上的高次曲线作为过渡曲线。

（2）因配流盘的两个吸油窗口和两个压油窗口对称布置，因此作用在转子和定子上的液压径向力平衡，轴承承受的径向力小，寿命长。

4. 提高双作用叶片泵压力的措施

一般双作用叶片泵为了保证叶片与定子内表面紧密接触，叶片底部都是通压油腔的。但当叶片处在吸油腔时，叶片底部作用着压油腔的压力，顶部作用着吸油腔的压力，这一压力差使叶片以很大的力压向定子内表面，加速了定子内表面的磨损，影响了泵的寿命。对高压叶片泵来说，这一问题更为突出，所以高压叶片泵必须在结构上采取措施，使叶片压向定子的作用力减小。常用的措施如下：

（1）减小作用在叶片底部的油液压力。将泵压油腔的油通过阻尼槽或内装式减压阀通到吸油区的叶片底部，使叶片经过吸油腔时，叶片压向定子内表面的作用力不致过大。

（2）减小叶片底部承受压力油作用的厚度。

图 3-20（a）为子母叶片的结构，大叶片与小叶片之间的油室 f 始终经槽 e、d、a 和压力油腔相通，而大叶片的底腔 g 则经转子上的孔 b 和所在油腔相通。这样叶片处于吸油腔时，大叶片只有在油室 f 的高压油作用下压向定子内表面，使作用力不至于过大。

图 3-20（b）为阶梯叶片的结构。在这里阶梯叶片和阶梯叶片槽之间的油室 d 始终和压力油相通，而叶片的底部则和所在腔相通。这样，在吸油腔时，叶片在油室 d 内油液压力作用下压向定子内表面，减小了叶片和定子内表面间的作用力，但这种结构的工艺性较差。

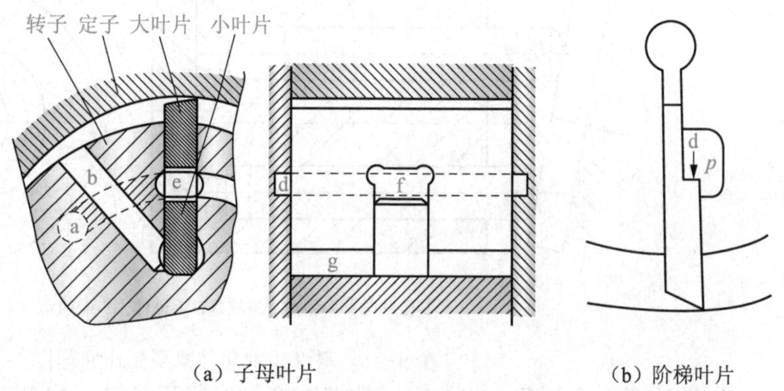

图 3-20　子母叶片和阶梯叶片

3.4 柱 塞 泵

微课

柱塞泵与其他泵相比，有效率高、工作压力高（常用压力为20～40MPa，最高可达80MPa以上）、寿命长、变量方便、单位功率的重量小（同体积或重量时，输出功率大）的特点。柱塞泵是利用柱塞在缸体内往复运动，使密封容积产生变化来实现吸油和压油的。只要改变柱塞的工作行程就能改变泵的排量。柱塞泵按柱塞排列方向不同，可分为径向柱塞泵和轴向柱塞泵。由于径向柱塞泵的径向尺寸大，结构复杂，自吸能力差，且径向不平衡力很大，易磨损，因此限制了压力和转速的提高，目前应用得不多。本节着重介绍轴向柱塞泵。

3.4.1 斜盘式轴向柱塞泵

轴向柱塞泵除柱塞轴向排列外，当缸体轴线和传动轴轴线重合时，称为斜盘式轴向柱塞泵；当缸体轴线和传动轴轴线成一个夹角γ时，称为斜轴式轴向柱塞泵。斜盘式轴向柱塞泵根据传动轴是否贯穿斜盘又分为通轴式和非通轴式轴向柱塞泵两种。

轴向柱塞泵具有结构紧凑，功率密度大，重量轻，工作压力高，容易实现变量等优点。

1. 工作原理

图3-21所示为斜盘式轴向柱塞泵工作原理图。斜盘式轴向柱塞泵由传动轴1、斜盘2、柱塞3、缸体4和配流盘5等主要零件组成。传动轴带动缸体旋转，斜盘和配流盘是固定不动的。柱塞均布于缸体内，并且柱塞头部靠机械装置或在低压油作用下紧压在斜盘上。斜盘的法线和缸体轴线夹角为斜盘倾角γ。当传动轴按图3-21所示方向旋转时，柱塞一方面随缸体转动，另一方面还在机械装置和低压油的作用下，在缸体内做往复运动，柱塞在其自下而上的半圆周内旋转时逐渐向外伸出，使缸体内孔和柱塞形成的密封工作容积不断增加，产生局部真空，从而将油液经配流盘的吸油口a吸入；柱塞在其自上而下的半圆周内旋转时又逐渐压入缸体内，使密封容积不断减小，将油液从配流盘窗口b向外压出。缸体每转一周，每个柱塞往复运动一次，完成吸、压油一次。

动画

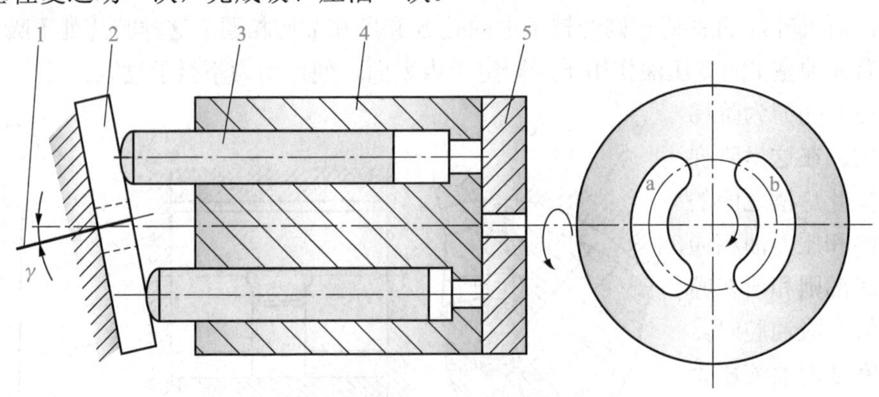

1-传动轴；2-斜盘；3-柱塞；4-缸体；5-配流盘

图3-21 斜盘式轴向柱塞泵工作原理图

如果改变斜盘倾角γ的大小，就能改变柱塞行程长度，也就改变了泵的排量；如果改变斜盘倾角γ的方向，就能改变吸、压油的方向，此时就成为双向变量轴向柱塞泵。

2. 排量和流量计算

图 3-22 所示为轴向柱塞泵的柱塞运动规律示意图。根据此图可求出轴向柱塞泵的排量和流量。设柱塞直径为 d，柱塞数为 Z，柱塞中心分布圆直径为 D，斜盘倾角为 γ，则柱塞行程 h 为

$$h = D\tan\gamma$$

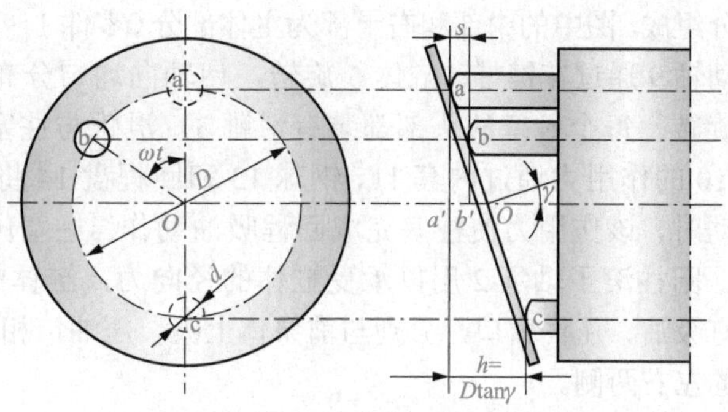

图 3-22　轴向柱塞泵的柱塞运动规律示意图

缸体转一周转时，泵的排量 V 为

$$V = \frac{\pi d^2}{4}Zh = \frac{\pi d^2}{4}ZD\tan\gamma \tag{3-27}$$

泵的实际输出流量 q 为

$$q = \frac{\pi d^2}{4}ZD\tan\gamma n\eta_v \tag{3-28}$$

式中，n 为泵的转速；η_v 为泵的容积效率。

该泵的瞬时流量如图 3-22 所示，当缸体转过 ωt 角时，柱塞由 a 转至 b，则柱塞位移量 s 为

$$s = a'b' = Oa' - Ob' = \frac{D}{2}\tan\gamma - \frac{D}{2}\cos\omega t\tan\gamma = \frac{D}{2}(1-\cos\omega t)\tan\gamma \tag{3-29}$$

将式（3-29）对时间变量 t 求导数，得柱塞的瞬时移动速度 u 为

$$u = \frac{\mathrm{d}s}{\mathrm{d}t} = \frac{D}{2}\omega\tan\gamma\sin\omega t \tag{3-30}$$

故单个柱塞的瞬时流量 q' 为

$$q' = \frac{\pi d^2}{4}u = \frac{\pi d^2}{4}\frac{D}{2}\omega\tan\gamma\sin\omega t \tag{3-31}$$

由式（3-31）可知，单个柱塞的瞬时流量是按正弦规律变化的。整个泵的瞬时流量是处在压油区的几个柱塞瞬时流量的总和，因而也是脉动的，经推导其流量的脉动率 σ（与齿轮泵流量脉动率的概念相同）为

$$\sigma = \frac{\pi}{2Z}\tan\frac{\pi}{4Z} \quad （Z\text{ 为奇数时}） \tag{3-32}$$

$$\sigma = \frac{\pi}{2Z}\tan\frac{\pi}{2Z} \quad （Z\text{ 为偶数时}） \tag{3-33}$$

σ 与 Z 的关系如表 3-2 所示，从表中看出柱塞数较多并为奇数时，流量脉动率 σ 较小。这就是柱塞泵的柱塞一般采用奇数的原因。从结构和工艺考虑，多采用 Z=7 或 Z=9。

表 3-2　流量脉动率 σ 与柱塞数 Z 的关系

Z	5	6	7	8	9	10	11	12
σ/%	4.98	14	2.53	7.8	1.53	4.98	1.02	3.45

3. 典型结构与特点

1）典型结构

图 3-23 所示为手动变量斜盘式非通轴式轴向柱塞泵的结构简图。它由主体和变量机构两

部分组成。图中的中部和右半部为主体部分（零件 1～14）。中间泵体 1 和前泵体 8 组成泵体，传动轴 9 通过花键带动缸体 5 旋转，使轴向均匀分布在缸体上的 7 个柱塞 4 绕传动轴的轴线旋转。每个柱塞的头部都装有滑靴 3，滑靴与柱塞是球铰连接，可以任意转动。定心弹簧 10 的作用力通过内套 11、钢球 13 和回程盘 14 将滑靴压靠在斜盘 20 的斜面上。当缸体转动时，该作用力使柱塞完成回程吸油动作。柱塞压油行程则是由斜盘斜面通过滑靴推动的。圆柱滚子轴承 2 用以承受缸体的径向力，缸体的轴向力由配流盘 7 来承受，配流盘上开有吸油、压油窗口，分别与前泵体上吸、压油口相通，前泵体上的吸、压油口分布在前泵体的左右两侧。

小思考 3-3

解释柱塞泵工作压力较高的原因。

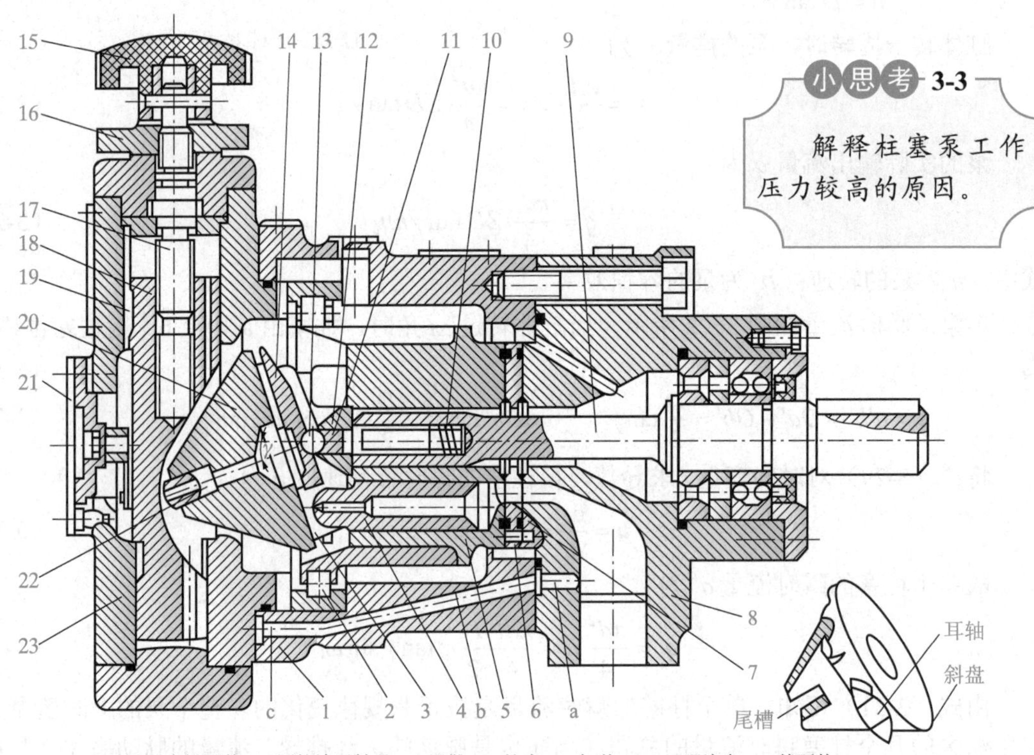

1-中间泵体；2-圆柱滚子轴承；3-滑靴；4-柱塞；5-缸体；6、7-配流盘；8-前泵体；9-传动轴；10-定心弹簧；11-内套；12-外套；13-钢球；14-回程盘；15-手轮；16-螺母；17-螺杆；18-变量活塞；19-键；20-斜盘；21-刻度盘；22-销轴；23-变量壳体

图 3-23 手动变量斜盘式非通轴式轴向柱塞泵的结构简图

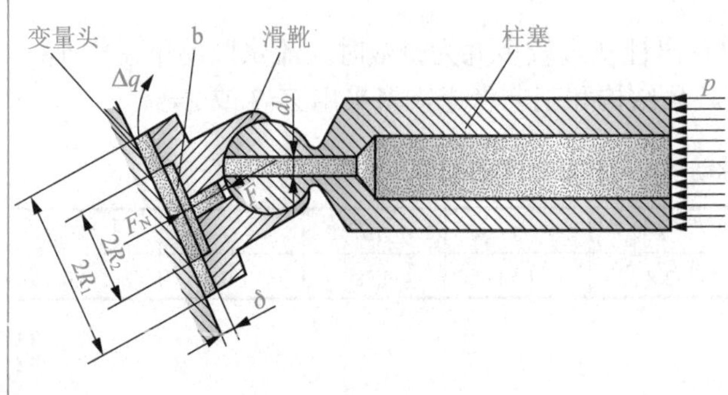

图 3-24 滑靴静压支承原理图

图 3-24 所示为滑靴静压支承原理图，在柱塞中心有直径为 d_0 的轴向阻尼孔，将柱塞压油时产生的压力油中的一小部分，通过阻尼孔引入滑靴端面的油室 b，使 b 处及其周围圆环密封带上压力升高，从而产生一个垂直于滑靴端面的液压反推力 F_N，其大小与滑靴端面的尺寸 R_1 和 R_2 有关，其方向与柱塞压油时产生的柱塞对滑靴端面产生的压紧力

F 相反。通常取压紧系数 $M_0=F_N/F=1.05\sim1.10$。这样，液压反推力 F_N 不仅抵消了压紧力 F，而且使滑靴与斜盘之间形成油膜，将金属隔开，使相对滑动面变为液体摩擦，有利于泵在高压下工作。

图 3-24 中，斜盘面通过滑靴作用给柱塞的液压反推力 F_N，可沿柱塞的轴向和半径方向分解成轴向力 $F_{Nx}=F_N\cos\gamma$ 和径向力 $F_{Ny}=F_N\sin\gamma$（γ 为斜盘倾角）。轴向力 F_{Nx} 是柱塞压油的作用力。而径向力 F_{Ny} 则通过柱塞传给缸体，它将使缸体产生倾覆力矩，造成缸体的倾斜，这将使缸体和配流盘之间出现楔形间隙，密封表面局部接触，从而导致了缸体与配流盘之间的表面烧伤及柱塞和缸体的磨损，影响了泵的正常工作。所以在图 3-23 中合理地布置了圆柱滚子轴承 2，使径向力 F_{Ny} 的合力作用线在圆柱滚子轴承滚子的长度范围之内，从而避免了径向力 F_{Ny} 所产生的不良后果。另外，为了减少径向力 F_{Ny}，斜盘的倾角一般不大于 20°。

2）结构特点

（1）在构成吸压油腔密闭容积的三对运动摩擦副中，柱塞与缸体柱塞孔之间的圆柱环形间隙加工精度易于保证；缸体与配流盘、滑靴与斜盘之间的平面缝隙采用静压平衡，间隙磨损后可以补偿，因此轴向柱塞泵的容积效率较高，额定压力可达 32MPa。

（2）为防止柱塞底部的密闭容积在吸、压油腔转换时因压力突变而引起的压力冲击，一般在配流盘吸、压油窗口的前端开设减振槽（孔），或将配流盘顺缸体旋转方向偏转一定角度 γ 放置。在采取上述措施之后可有效减缓压力突变，减小振动、降低噪声，但它们都是针对泵的某一旋转方向而采取的非对称措施，因此泵轴旋转方向不能任意改变。如果要求泵反向旋转或双向旋转，则需要更换配流盘。

（3）泵内压油腔高压油经三对运动摩擦副的间隙泄漏到缸体与泵体之间的空间后，再经泵体上方泄漏油口直接引回油箱，不仅可保证泵体内的油液为零压，而且可随时将热油带走，保证泵体内的油液不致过热。

（4）图 3-23 所示斜盘式轴向柱塞泵的传动轴仅前端由轴承直接支承，另一端则通过缸体外大轴承支承，其变量斜盘装在传动轴的尾部，因此又称其为非通轴式或后斜盘式。

图 3-25 所示为通轴式轴向柱塞泵（简称通轴泵）的一种典型结构。与非通轴式泵的主要不同之处在于：通轴泵的主轴采用了两端支承，斜盘通过柱塞作用在缸体上的径向力可以由主轴承受，因而取消了缸体外缘的大轴承；该泵无单独的配流盘，而是通过缸体和后泵盖端

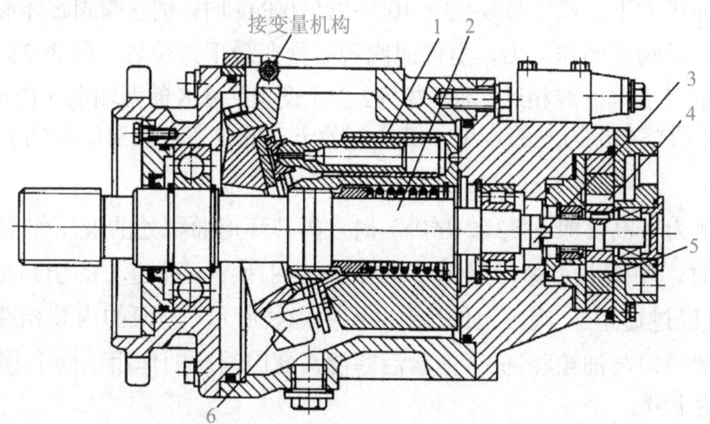

1-缸体；2-轴；3-联轴器；4、5-辅助泵内、外转子；6-斜盘

图 3-25　通轴式轴向柱塞泵

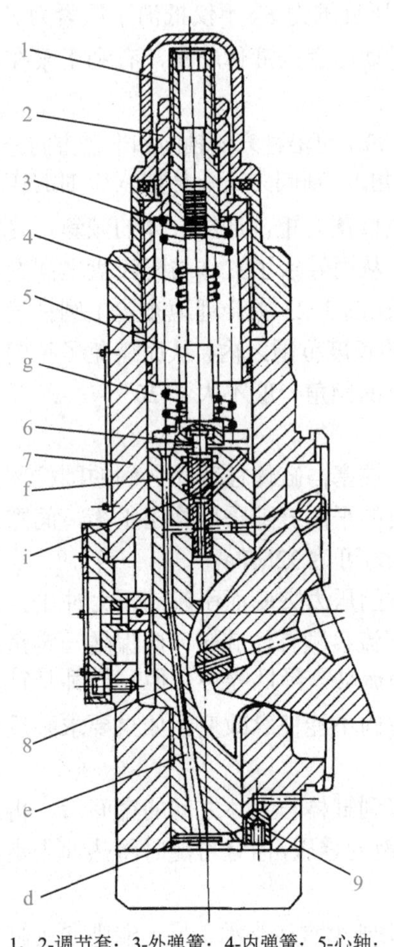

1、2-调节套；3-外弹簧；4-内弹簧；5-心轴；6-阀芯；7-变量壳体；8-变量活塞；9-单向阀

图 3-26 压力补偿变量机构

面直接配油。通轴泵结构的另一特点是在泵的外伸端可以安装一个小型辅助泵（通常为内齿轮泵），供闭式系统补油之用，因而可以简化油路系统和管道连接，有利于液压系统的集成化。这是近年来通轴泵发展较快的原因之一。

4. 变量机构

在变量轴向柱塞泵中均设有专门的变量机构，用来改变斜盘倾角γ的大小以调节泵的流量。轴向柱塞泵变量机构形式是多种多样的。

1）手动变量机构

轴向柱塞泵手动变量泵，如图 3-23 左半部所示。变量时，先松开螺母 16，然后转动手轮 15，螺杆 17 便随之转动，因导向键 19 作用，螺杆 17 的转动会使变量活塞 18 及其活塞上的销轴 22 上下移动。

斜盘 20 的左右两侧用耳轴支持在变量壳体 23 的两块铜瓦上（图 3-23 中未画出），通过销轴带动斜盘绕其耳轴中心转动，从而改变斜盘倾角γ。γ的变化范围为 0°～20°。流量调定后旋动螺母将螺杆锁紧，以防止松动。手动变量机构简单，但手动操纵力较大，通常只能在停机或泵压较低的情况下才能实现变量。

2）压力补偿变量机构

图 3-26 所示为压力补偿变量结构。泵工作时，泵出口压力油的一部分经泵体上的孔道 a、b、c 通到变量机构（图 3-23），并顶开单向阀 9 进入变量壳体 7 的下油腔 d，再沿孔道 e 通到伺服阀阀芯的下端环形面积处（图 3-26）。

当泵的出口油压力不太高（即$p<3\times10^6\sim7\times10^6$Pa）时，伺服阀阀芯环形面积上的液压作用力小于外弹簧 3 对阀芯的作用力，则伺服阀阀芯处在最下方位置（图 3-27（a））。此时通道 f 的出口被打开，使 d 腔与 g 腔相通，油压相等。由于变量活塞 8 的两端端面积不等，即上端大，下端小，因此变量活塞在推力差的作用下被压到最下方的位置，斜盘的倾角γ最大，泵的输出流量也最大。

当泵的出口压力升高（即$p>3\times10^6$Pa）时，阀芯环形面积处的液压作用力超过外弹簧 3 对阀芯的预紧力时，使阀芯上移，通道 f 的出口被封闭，而孔道 i 的出口被打开（图 3-27（b）），g 腔的油液经过通道 i、阀芯上的小孔（图中虚线所示）与泵的内腔相通，油压下降（因泵的内腔经泵的泄油口与油箱相通），变量活塞便在 d 腔油压的作用下向上移动，斜盘的倾角γ减小，泵的流量下降。

随着变量活塞的上升，通道 i 被封闭，此时通道 f 仍被封闭（图 3-27（c）），g 腔被封死，d 腔内油压对变量活塞的作用力被 g 腔内油液的反作用平衡，使得变量活塞停止上移，斜盘便在这种新的位置下工作。泵的出口压力越大，阀芯就能上升到更大的高度，变量活塞也上升得越高，斜盘的倾角γ变得越小，泵输出的流量也越小。当出口油压下降时，阀芯在弹簧力的作用下下移，孔道f被打开，g腔油压与d腔相同，又恢复到图3-27（a）的位置，在压力差的作用下，变量活塞下降，流量又重新加大。

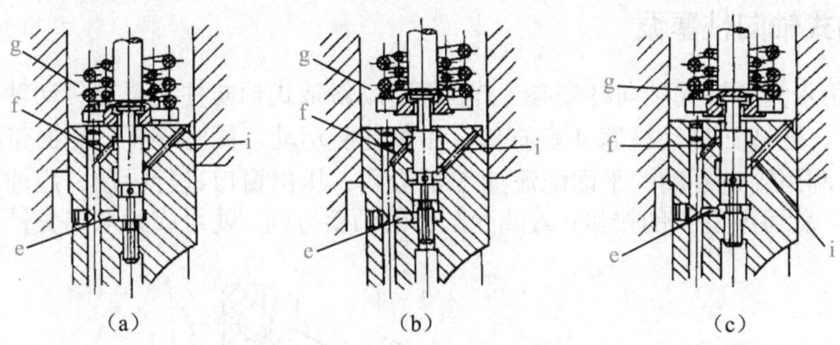

图3-27 阀芯和变量活塞的位置变化图

泵开始变量的压力由外弹簧的预紧力来决定，当调节套2（图3-26）调在最上位置时，外弹簧的预紧力较小，泵的出口压力大于3×10^6Pa时才开始变量；当调节套2调在最下位置时，外弹簧的预紧力增大，泵的出口压力达到7×10^6Pa时才开始变量。

图3-28所示为压力补偿变量泵的调节特性曲线，它表示了流量-压力变化的关系。图中A点和G点表示调节套2调在最上方和最下方位置时的开始变量压力。阴影部分为泵的调节特性范围。AB的斜率由外弹簧3的刚度决定。FE的斜率由外弹簧3和内弹簧4的合成刚度决定，ED的长度由调节套1的位置决定。若调节套2调在最上方和最下方之间某一位置，则泵的流量与压力变化关系在图3-29所示阴影范围内，且为三条直线组成的折线，如$G'F'E'D'$线。G'点表示开始变量压力，当泵的出口压力低于G'对应的压力P'时，泵输出额定流量的100%；当油压超过压力p'时，变量机构中只有外弹簧端面碰到调节套2端面逐渐被压缩，流量随压力升高沿斜线$G'F'$减小，$G'F'$的斜率仅由外弹簧的刚度来决定，$G'F'$与AB平行；当油压继续升高超过F'点所对应的压力P''时，变量机构中内外弹簧3和4端面同时被调节套端面逐渐压缩，相当于弹簧刚度增大，流量随压力升高沿斜线$F'E'$减少，$F'E'$的斜率由内、外弹簧的组合刚度来决定，$F'E'$与FE平行；E点表示心轴5的轴肩已碰到调节套1的端面，变量活塞已不能上升，此时不论油压如何升高，流量已不能再减少，保持在额定流量的δ%内，所以$E'D'$为水平线，表示流量已不随压力改变。

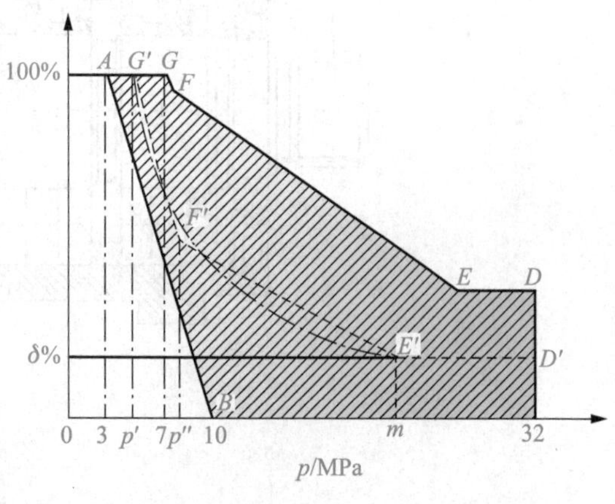

图3-28 压力补偿变量泵调节特性曲线

从图3-28中看出，折线$G'F'E'D'$与点划线表示的双曲线十分近似。泵的压力与流量的乘积近似等于常数，即泵的输出功率近似为恒定，所以这种油泵称为恒功率变量泵。这种泵可以使液压执行机构在空行程需用较低压力时获得最大流量，使空行程速度加快；而在工作行程时，由于压力升高，泵的输出流量减少，使工作行程速度减慢，这正符合许多机器设备动作要求，如液压机、工程机械等，这样能够充分发挥设备的能力，使功率利用合理。

轴向柱塞泵除上述手动变量、恒功率变量形式外，还有恒流量变量、恒压变量、手动伺服变量、电液比例变量等多种变量形式，在此不一一列举。

3.4.2 斜轴式轴向柱塞泵

图 3-29 所示为斜轴式轴向柱塞泵工作原理图。斜轴式轴向柱塞泵当传动轴 1 在电动机的带动下转动时，连杆 2 推动柱塞 4 在缸体 3 中做往复运动，同时连杆的侧面带动柱塞连同缸体一同旋转。利用固定不动的平面配流盘 5 的吸入、压出窗口进行吸油、压油。若改变缸体的倾斜角度γ，就可改变泵的排量；若改变缸体的倾斜方向，就可成为双向变量轴向柱塞泵。

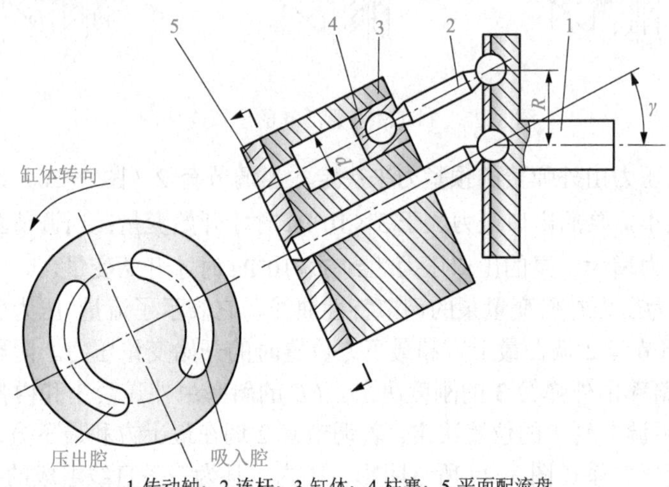

1-传动轴；2-连杆；3-缸体；4-柱塞；5-平面配流盘

图 3-29 斜轴式轴向柱塞泵工作原理图

图 3-30 所示为斜轴式无铰轴向柱塞泵。该柱塞泵的缸体轴线与传动轴不在一条直线上，

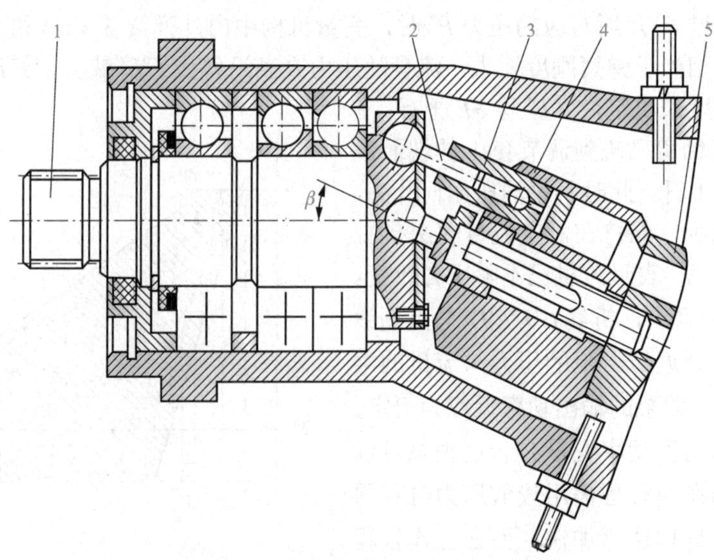

1-传动轴；2-连杆；3-柱塞；4-缸体；5-配流盘

图 3-30 斜轴式无铰轴向柱塞泵

它们之间存在一个摆角β。柱塞 3 与传动轴 1 之间通过连杆 2 连接，当传动轴旋转时不是通过万向铰，而是通过连杆拨动缸体 4 旋转（故称无铰泵），同时强制带动柱塞在缸体孔内做往复运动，实现吸油和压油，其排量公式与斜盘式轴向柱塞泵完全相同，用缸体的摆角β代替公式中的斜盘倾角γ即可。

3.4.3 径向柱塞泵

1. 工作原理

图 3-31 所示为径向柱塞泵工作原理图。在转子（缸体）2 上径向均匀排列着柱塞孔，孔中装有柱塞 1，柱塞可在柱塞孔中自由滑动。衬套 3 固定在转子孔内并随转子一起旋转。配流轴 5 固定不动，配流轴的中心与定子中心有偏心 e，定子能左右移动。

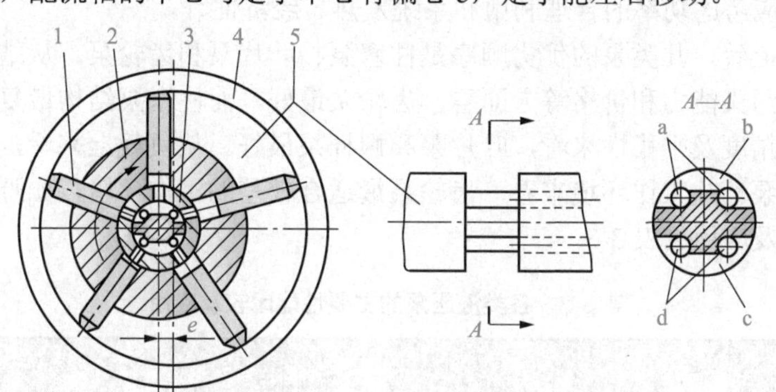

1-柱塞；2-转子；3-衬套；4-定子；5-配流轴

图 3-31　径向柱塞泵工作原理图

转子顺时针方向转动时，柱塞在离心力（或在低压油）的作用下压紧在定子 4 的内壁上，当柱塞到上半周时，柱塞向外伸出，径向孔内的密封工作容积不断增大，产生局部真空，将油箱中的油液经配流轴上的 a 孔进入 b 腔；当柱塞转到下半周时，柱塞被定子的表面向里推入，密封工作容积不断减小，将 c 腔的油从配流轴上的 d 孔向外压出。转子每转一转，柱塞在每个径向孔内吸、压油各一次。改变定子与转子偏心量 e 的大小，就可以改变泵的排量；改变偏心量 e 的方向，即使偏心量 e 从正值变为负值时，泵的吸、压油方向发生变化。因此，径向柱塞泵可以做成单向或双向变量泵。

2. 排量和流量的计算

当径向柱塞泵的转子和定子间的偏心量为 e 时，柱塞在缸体内孔的行程为 2e、若柱塞数为 Z，柱塞直径为 d，则泵的排量为

$$V = \frac{\pi d^2}{4} 2eZ \tag{3-34}$$

若泵的转速为 n，容积效率为η_v，则泵的实际流量为

$$q = \frac{\pi d^2}{4} 2eZn\eta_v \tag{3-35}$$

由于柱塞在缸体中的径向移动速度是变化的，而各个柱塞在同一瞬时径向移动速度也不一样，所以径向柱塞泵的瞬时流量是脉动的，由于柱塞数为奇数要比柱塞数为偶数的瞬时流量脉动小得多，所以径向柱塞泵采用柱塞个数为奇数。

3. 典型结构与特点

径向柱塞泵的加工精度要求不太高，但径向尺寸大，柱塞布置不如前面介绍的轴向布置紧凑，结构较复杂，自吸能力差，且配流轴受到径向不平衡液压力的作用，配流轴必须做得直径较粗，以免变形过大，易于磨损，同时在配流轴与衬套之间磨损后的间隙不能自动补偿，泄漏较大，这些原因限制了径向柱塞泵的转速和额定压力的进一步提高。

3.5 各类液压泵的性能及应用

在液压系统中，应根据液压设备工作压力、流量、工作性能、工作环境合理选用泵的类型和规格，同时应考虑功率的合理利用和系统发热、经济性等。

一般从使用上看，几类泵的优劣顺序是柱塞泵、叶片泵和齿轮泵。从结构复杂程度、自吸能力、抗油液污染能力和价格等方面看，齿轮泵最好，而柱塞泵结构最复杂，对油液清洁度要求最高。从精度及平稳性来看，叶片泵和螺杆泵最好。从负载上来看，重载高压系统常用柱塞泵、叶片泵。从工作环境来看，齿轮泵最适合较差的工作环境，如野外作业。各类液压泵的性能比较及应用见表 3-3。

表 3-3　各类液压泵的主要性能比较及应用

项目＼类型	齿轮泵	双作用叶片泵	限压式变量叶片泵	轴向柱塞泵	径向柱塞泵	螺杆泵
容积效率/%	0.70～0.95	0.80～0.95	0.80～0.90	0.90～0.98	0.85～0.95	0.75～0.95
总效率/%	0.60～0.85	0.75～0.85	0.70～0.85	0.85～0.95	0.75～0.92	0.70～0.85
功率质量比	中等	中等	小	大	小	中等
流量脉动率	大	小	中等	中等	中等	很小
自吸特性	好	较差	较差	较差	差	好
对油的污染敏感性	不敏感	敏感	敏感	敏感	敏感	不敏感
噪声	大	小	较大	大	大	很小
寿命	较短	较长	较短	长	长	很长
单位功率造价	最低	中等	较高	高	高	较高
应用范围	机床、工程机械、农机、航空、船舶、一般机械	机床、注塑机、液压机、起重运输机械、工程机械、飞机	机床、注塑机	工程机械、锻压机械、起重机械、矿山机械、冶金机械、船舶、飞机	机床、液压机、船舶机械	精密机床、精密机械、食品、化工、石油、纺织等机械

3.5.1 液压泵的选用

选择液压泵的主要原则是满足系统的工况要求，并以此为根据，确定泵的输出量、工作压力和结构形式。

1. 确定泵的额定流量

泵的流量应满足执行元件最高速度要求，所以泵的输出流量 q_p 应根据系统所需的最大流量和泄漏量来确定，即

$$q_p \geqslant Kq_{max} \tag{3-36}$$

式中，q_p 为泵的输出流量（L/min）；K 为系统的泄漏系数，一般 K=1.1 ～1.3（管路长取大值，管道短取小值）；q_{max} 为执行元件实际需要的最大流量（L/min）。

由计算所得的流量选用泵有以下几种情况：

（1）如果系统由单泵供给一个执行元件，则按执行元件的最高速度要求选用液压泵。

（2）如果系统由双泵供油，则按工作进给的最高进给速度要求，求出快速进给的需油量，从中减去工作进给的小流量泵的流量，即为大流量泵的流量。

（3）系统由一台液压泵供油给几个执行元件，则应计算出各个阶段每个执行元件所需流量，做出流量循环图，按最大流量选取泵的流量。

（4）多个执行元件同时动作，应按同时动作的执行元件的最大流量之和确定泵的流量。

（5）如果系统中有蓄能器做执行元件的能源补充，则泵的流量规格可选小些。

（6）对于工作过程始终用节流阀调速的系统，在确定泵的流量时，还应加上溢流阀的最小溢流量（一般取 3L/min）。

求出泵的输出流量后，按产品样本选取额定流量等于或稍大于计算出的泵流量。值得注意的是：第一，选用的泵额定流量不要比实际工作流量大得太多，避免泵的溢流过多，造成较大的功率损失。第二，因为确定泵额定流量时考虑了泄漏的影响，所以额定流量比计算所需的流量要大些，这样将使实际速度可能稍大。

2. 确定泵的额定压力

泵的工作压力应根据液压缸的最高工作压力来确定，即

$$p_p \geqslant p_{max} + \sum \Delta p \quad 或 \quad p_p \geqslant K p_{max} \tag{3-37}$$

式中，p_p 为泵的工作压力（Pa）；p_{max} 为执行元件的最高工作压力（Pa）；$\sum \Delta p$ 为进油路和回油路的总压力损失（Pa）；K 为系数，考虑液压泵至执行元件管路中的压力损失，取 K=1.3～1.5。初算时，对节流调速和较简单的油路将 p_p 加 0.2～0.5MPa 的余量；对于进油路没有调速阀和管路较复杂的系统可将 p_p 加 0.5～1.5MPa 的余量。

液压泵产品样本中，标明的是泵的额定压力和最高压力值。算出 p_p 后，应按额定压力来选择泵，应使被选用泵的额定压力等于或高于计算值。在使用中，只有短暂超载场合，或产品说明书中特殊说明的范围，才允许按高压选取液压泵。

3. 选择液压泵的具体结构形式

当液压泵的输出流量和工作压力确定后，就可以选择泵的具体结构形式了。把已确定了的 p_p 和 q_p 值，与要选择的液压泵铭牌上的额定压力和额定流量进行比较，使铭牌上的数值等于或稍大于 p_p 和 q_p 值即可（注意不要大得太多）。一般情况下，额定压力为 2.5MPa 时，应选用齿轮泵；额定压力为 6.3MPa 时，应选用叶片泵；若工作压力更高时，就选择柱塞泵；如果机床的负载较大，并有快速和慢速工作行程时，可选用限压式变量叶片泵或双联叶片泵；应用于机床辅助装置，如送料和夹紧等不重要的场合，可选用价格低廉的齿轮泵；采用节流调速时，可选用定量泵；如果是大功率场合，为容积调速或容积节流调速时，均要选用变量泵；中低压系统采用叶片变量泵；中高压系统采用柱塞变量泵；在特殊精密的场合，如镜面磨床等，要求供油脉动很小，可采用螺杆泵。

在具体选择泵时，可参考表 3-3 所示常用泵的性能比较，选用合适的结构形式。

4. 确定液压泵的转速

当液压泵的类型和规格确定后，液压泵的转速应按产品样本中所规定的转速选用。

3.5.2 液压泵所需电动机功率计算

液压泵实际需要的输入功率是选择电动机的主要依据。由于液压泵存在着容积损失和机械损失，为满足液压泵向系统输出所需要的压力和流量，液压泵的输入功率必须大于它的输出功率。液压泵实际需要的输入功率为

$$P_i = \frac{p_p q_p}{6\times10^7 \eta} = \frac{p_p q_t}{6\times10^7 \eta_m} \tag{3-38}$$

式中，p_p 为液压泵的最高实际工作压力（Pa）；q_p 为液压泵的实际流量（L/min）；P_i 为液压泵的输入功率（kW）；q_t 为液压泵向系统输出的理论流量（L/min）；η 为液压泵的总效率；η_m 为液压泵的机械效率；6×10^7 为单位换算系数。

对定量泵电动机功率的计算中，一般取额定的压力和流量。

变量泵应根据压力-流量特性曲线计算驱动电机的功率。因为很多变量泵的特性是流量随着工作压力的升高而变小（如恒功率变量泵等），所以不能按最高工作压力和最大流量计算。

双联泵的电动机功率应根据实际情况选取计算压力和流量，如液压装置快速运动时，通常双泵同时作用，但此时压力较低，流量最大。在工作进给时，流量较小而压力较高，这就需要进行比较，取其消耗功率最大时的压力和流量作为计算的依据。

3.6 气 源 装 置

3.6.1 气源装置的组成及工作原理

气源装置与液压泵一样是动力源。气源装置的主体是空气压缩机，空气压缩机产生的压缩空气还需经过降温、净化、减压、稳压等一系列的处理才能满足气压系统的要求。

气动系统对压缩空气的要求如下。

（1）要求压缩空气具有一定的压力和足够的流量，能满足气动系统的需求。

（2）对压缩空气具有一定的净化要求，不得含有水分、油分。所含灰尘等杂质颗粒平均直径如下：气缸、膜片和截止式气动元件，不大于50μm；气马达、硬配滑阀，不大于25μm；逻辑元件，不大于10μm。

（3）有些气动装置和气动仪表还要求压缩空气的压力波动要小，需稳定在一定的范围之内。

压缩空气站的设备一般包括产生压缩空气的空气压缩机和使气源净化的辅助设备。图3-32所示为压缩空气站设备组成及布置示意图。图中，空气压缩机1用以产生压缩空气，

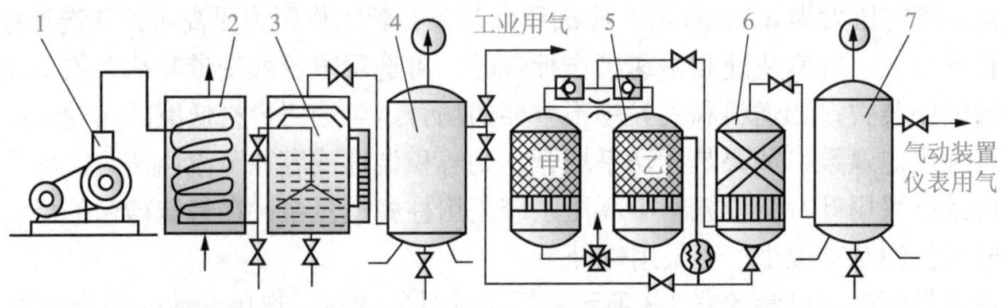

1-空气压缩机；2-冷却器；3-油水分离器；4、7-储气罐；5-干燥器；6-过滤器

图3-32 压缩空气站设备组成和布置示意图

一般由电动机带动。其吸气口装有空气过滤器以减少进入空气压缩机的杂质。冷却器 2 用以降温冷却压缩空气，使气化的水、油凝结出来。油水分离器 3 用以分离并排出降温冷却的水滴、油滴、杂质等。储气罐 4、7 用以储存压缩空气，稳定压缩空气的压力并除去部分油分和水分。干燥器 5 用以进一步吸收或排出压缩空气中的水分和油分，使之成为干燥空气。过滤器 6 用以进一步过滤压缩空气中的灰尘、杂质颗粒。储气罐 4 输出的压缩空气可用于一般要求的气压传动系统，储气罐 7 输出的压缩空气可用于要求较高的气动系统（如气动仪表及射流元件组成的控制回路等）。

3.6.2　空气压缩机

气源装置中的主体是空气压缩机，它是将原动机的机械能转换成气体压力能的装置，是产生压缩空气的气压发生装置。

1. 空气压缩机的分类

空气压缩机（简称空压机）的种类很多，几种常用的分类方法如下：

（1）按工作原理不同，可分为容积式和速度式。容积式空压机是通过机件的运动，压缩压缩机内部的工作容积，从而使单位体积内气体的分子密度增加来形成压力。速度式空压机是通过提高气体的流动速度，高速流动的气体突然受阻，其动能则转换为压力能，按其结构不同可分为离心式、轴流式和混流式。

（2）按结构不同，可分活塞式、膜片式、滑片式、螺杆式和转子式。

（3）按输出压力不同，可分为低压空压机（$0.2\text{MPa}<p\leqslant1.0\text{MPa}$）；中压空压机（$1.0\text{MPa}<p\leqslant10\text{MPa}$）；高压空压机（$10\text{MPa}<p\leqslant100\text{MPa}$）和超高压空压机（$p>100\text{MPa}$）。

（4）按输出流量不同，可分为小型空压机（$0.017\text{m}^3/\text{s}<q\leqslant0.17\text{m}^3/\text{s}$）；中型空压机（$0.17\text{m}^3/\text{s}<q\leqslant1.7\text{m}^3/\text{s}$）；大型空压机（$q>1.7\text{m}^3/\text{s}$）。

2. 活塞式空压机的工作原理

气压传动系统中最常用的空气压缩机是往复活塞式，其工作原理是通过曲柄连杆机构使活塞做往复运动而实现吸、压气，并达到提高气体压力的目的，如图 3-33 所示。当活塞 3 向右运动时，气缸 2 内活塞左腔的压力低于大气压力，进气阀 9 被打开，空气在大气压力作用下进入气缸 2 内，这个过程称为“吸气过程”。当活塞向左移动时，进气阀 9 在缸内压缩气体的作用下关闭，缸内气体被压缩，这个过程称为“压缩过程”。当气缸内空气压力增高到略高于输气管内压力后，排气阀 1 被打开，压缩空气进入输气管道，这个过程称为“排气过程”。活塞 3 的往复运动是由电动机带动曲柄转动，通过连杆、滑块、活塞杆转化为直线往复运动而产生的。图中只表示了一个活塞一个缸的空气压缩机，大多数空气压缩机是多缸多活塞的组合。

3. 空气压缩机的选用原则

选用空气压缩机的依据是气动系统所需的工作压力和流量两个参数。低压空气压缩机为单级式，中压、高压和超高压空气压缩机为多级式，最多级数可达 8 级，目前国外已制成压力达 343MPa 聚乙烯用的超高压压缩机。

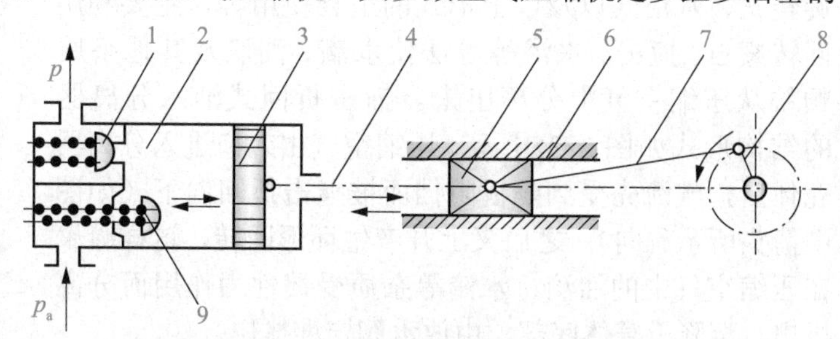

1-排气阀；2-气缸；3-活塞；4-活塞杆；5-滑块；6-滑道；7-连杆；8-曲柄；9-进气阀

图 3-33　往复活塞式空压机工作原理图

动画

输出流量的选择，要根据整个气动系统对压缩空气的需要再加一定的备用余量，作为选择空气压缩机的流量依据。空气压缩机铭牌上的流量是自由空气流量。

3.7 气源净化设备

压缩空气净化装置一般包括后冷却器、油水分离器、储气罐、干燥器、过滤器等。

3.7.1 后冷却器

后冷却器安装在空气压缩机出口处的管道上。其作用是将空气压缩机排出的压缩空气温度由 140～170℃降至 40～50℃，可使压缩空气中的油雾和水汽迅速达到饱和，使其大部分析出并凝结成油滴和水滴，以便经油水分离器排出。后冷却器的结构形式有蛇形管式、列管式、散热片式、管套式。冷却方式有水冷和气冷，蛇形管和列管式后冷却器的结构如图 3-34 所示。

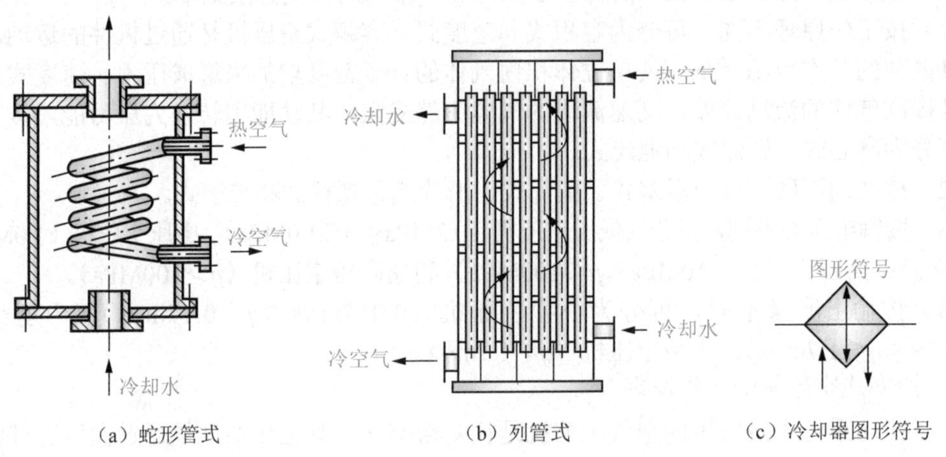

（a）蛇形管式　　（b）列管式　　（c）冷却器图形符号

图 3-34　后冷却器结构图及符号

3.7.2 油水分离器

油水分离器安装在后冷却器后的管道上，作用是分离压缩空气中所含的水分、油分等杂质使压缩空气得到初步净化。油水分离器的结构形式有环形回转式、离心旋转式、水浴式以及以上形式的组合使用等，主要利用回转离心、撞击、水浴等方法使水滴、油滴及其他杂质颗粒从压缩空气中分离出来。撞击折回式油水分离器的结构形式如图 3-35 所示。压缩空气由入口进入分离器壳体后，气流先受到隔板阻挡而被撞击折回向下（如图中箭头所示流向）；之后又上升产生环形回转，这样凝聚在压缩空气中的油滴、水滴等杂质受惯性力作用而分离析出，沉降于壳体底部，由放水阀定期排出。

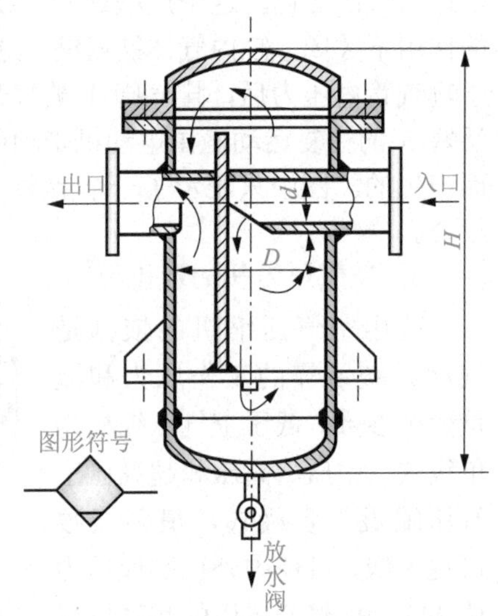

图 3-35　撞击折回式油水分离器

3.7.3 储气罐

压缩空气经后冷却器冷却后，进入油水分离器分离掉凝结成的水滴和油滴等杂质，进入储气罐，为气压传动系统提供连续的、一定压力的压缩空气。

1. 储气罐的作用

（1）消除空压机排出气体的压力脉动，保证输出气体的连续性和平稳性。

（2）储存一定数量的压缩空气，协调空压机输出气量与气动设备所需气量之间的平衡，此外还可供应急需要时使用。

（3）压缩空气在储气罐中进一步得到冷却，其中的水汽和油气充分凝结，储气罐出来的压缩空气已经初步净化，可满足一般气压传动系统的使用要求。对于某些要求较高的气压传动系统，压缩空气还必须经过干燥、过滤等装置进一步净化后，才能使用。

2. 储气罐的结构

储气罐中压缩空气都保持着一定压力，生产中常采用焊接结构。板材经卷筒、焊接、无损检测试压后方可使用。其结构形式如图 3-36 所示。储气罐的总高度一般为其内径的2～3倍，进气口在下面，出气口在上面，并尽可能加大两口之间的距离，以便充分分离压缩空气中的杂质。罐上还设有安全阀和压力表。安全阀的调定压力一般为系统工作压力的 1.1 倍。当储气罐中的压力超过它的调定值时，安全阀打开，与大气接通。压力表直接指示罐内气体的压力。在罐上还开设了透视口，以便清理、检查内部，在储气罐的底部，加设了排放油水的接管和阀门，用于定期排放杂质。

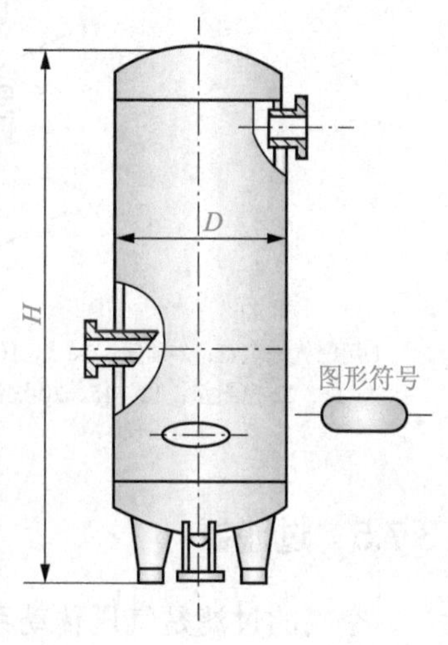

图 3-36　储气罐结构图

3. 储气罐容积的选择

储气罐的容积应根据它的用途来选择。当储气罐主要是用来消除压力波动时，可以根据空气压缩机的自由空气排量 q 来选。当 $q<0.1\text{m}^3/\text{s}$ 时，储气罐的容积 V（m^3）可取 $0.2q$；$q=0.1\sim0.5\text{m}^3/\text{s}$ 时，储气罐的容积 V（m^3）可取 $0.15q$；$q>0.5\text{m}^3/\text{s}$ 时，储气罐的容积 V（m^3）可取 $0.1q$。

3.7.4　干燥器

经过后冷却器、油水分离器和储气罐后得到初步净化的压缩空气，已满足一般气压传动的需要。但压缩空气中仍含一定量的油、水以及少量的粉尘。如果用于精密的气动装置、气动仪表等，上述压缩空气还必须进行干燥处理。

吸附法是利用具有吸附性能的吸附剂（如硅胶、铝胶或分子筛等）来吸附压缩空气中含有的水分，而使其干燥；冷却法是利用制冷设备使空气冷却到一定的露点温度，析出空气中超过饱和水蒸气部分的多余水分，从而达到所需的干燥度。吸附法是干燥处理方法中应用最为普遍的一种方法。吸附式干燥器的结构如图 3-37 所示。它的外壳呈筒形，其中分层设置栅板、吸附剂、滤网等。湿空气从湿空气进气管 1 进入干燥器，通过吸附剂层 21、过滤网 20、上栅板 19 和下部吸附剂层 16 后，因其中的水分被吸附剂吸收而变得很干燥。然后，再经过过滤网 15、下栅板 14 和过滤网 12，干燥、洁净的压缩空气便从干燥空气输出管 8 排出。

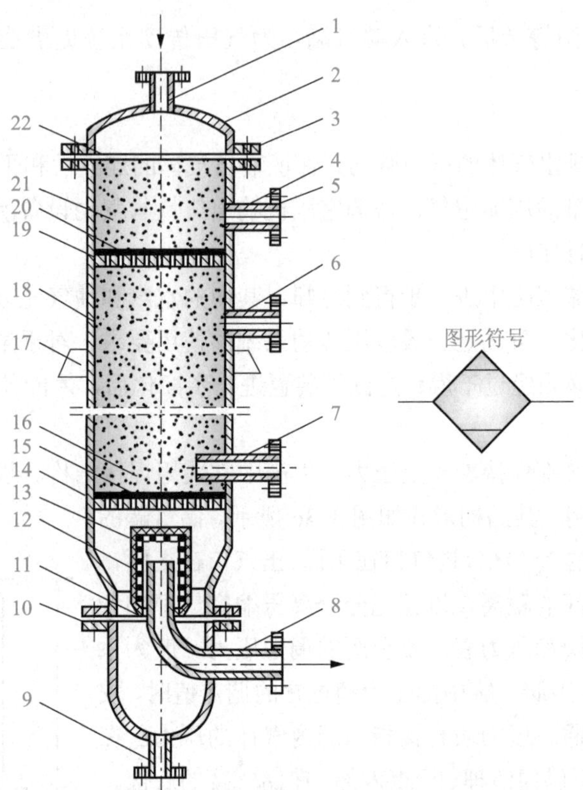

1-湿空气进气管；2-顶盖；3、5、10-法兰；4、6-再生空气排气管；7-再生空气进气管；8-干燥空气输出管；9-排水管；11、22-密封垫；12、15、20-过滤网；13-毛毡；14-下栅板；16、21-吸附剂层；17-支撑板；18-筒体；19-上栅板

图 3-37　吸附式干燥器结构图

3.7.5　过滤器

空气的过滤是气压传动系统中的重要环节。不同的场合，对压缩空气的要求也不同。过滤器的作用是进一步滤除压缩空气中的杂质。常用的过滤器有一次性过滤器（也称简易过滤器，滤灰效率为50%～70%），；二次过滤器（滤灰效率为70%～99%）。在要求高的特殊场合，还可使用高效率的过滤器（滤灰效率大于99%）。

图 3-38 所示为一次性过滤器结构图。气流由切线方向进入筒内，在离心力的作用下分离出液滴，然后气体由下而上通过多片钢板、毛毡、硅胶、焦炭、滤网等过滤吸附材料，干燥清洁的空气从筒顶输出。

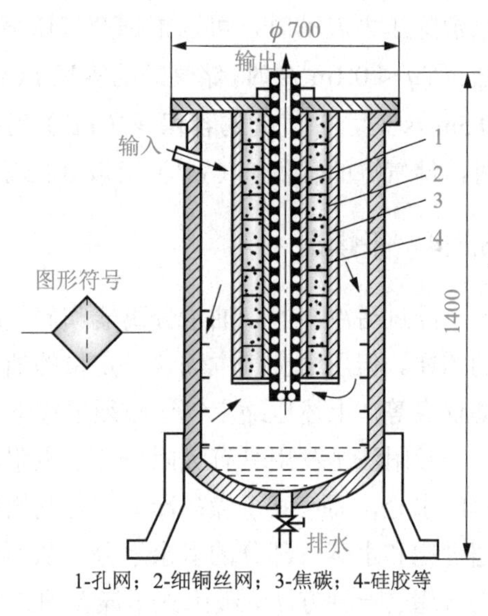

1-孔网；2-细铜丝网；3-焦碳；4-硅胶等

图 3-38　一次性过滤器结构图

3.7.6　气动三大件

分水滤气器、减压阀和油雾器一起称为气动三大件，也称气源调节装置。三大件依次无管化连接而成的组件称为三联件，是多数气动设备中必不可少的气源装置。大多数情况下，

三大件组合使用，其安装次序依进气方向为分水滤气器、减压阀、油雾器。三大件应安装在进气设备的近处。

压缩空气经过三大件的最后处理，将进入各气动元件及气动系统。因此，三大件是气动系统使用压缩空气质量的最后保证。其组成及规格，须由气动系统具体的用气要求确定，可以少于三大件，只用一件或两件，也可多于三件。图 3-39 所示为气动三联件的安装次序及其图形符号。

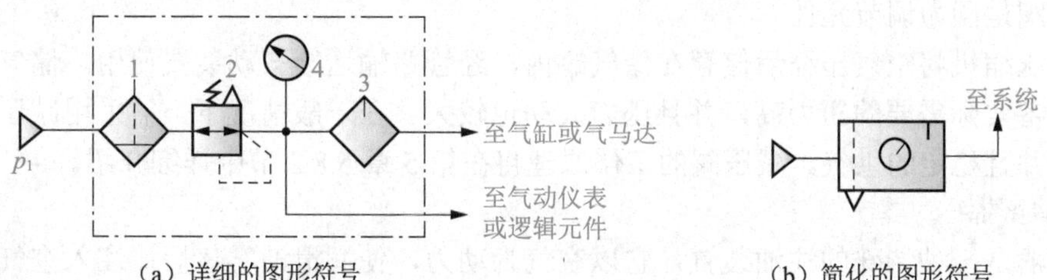

(a) 详细的图形符号　(b) 简化的图形符号

1-分水滤气器；2-减压阀；3-油雾器；4-压力表

图 3-39　气动三联件的安装次序及图形符号

1. 分水滤气器

1）工作原理

分水滤气器能除去压缩空气中的冷凝水、固态杂质和油滴，用于空气精过滤。分水滤气器的结构如图 3-40 所示。其工作原理：当压缩空气从输入口流入后，由旋风叶子 1 引入滤杯中，旋风叶子使空气沿切线方向旋转形成旋转气流，夹杂在气体中的较大水滴、油滴和杂质被甩到滤杯的内壁上，并沿杯壁流到底部。然后气体通过中间的滤芯 3，部分灰尘、雾状水被滤芯 3 拦截而滤去，洁净的空气便从输出口输出。挡水板 4 防止气体漩涡将杯中积存的污水卷起而破坏过滤作用。为保证分水滤气器正常工作，必须及时将存水杯中的污水通过手动排水阀 5 放掉。在某些人工排水不方便的场合，可采用自动排水式分水滤气器。

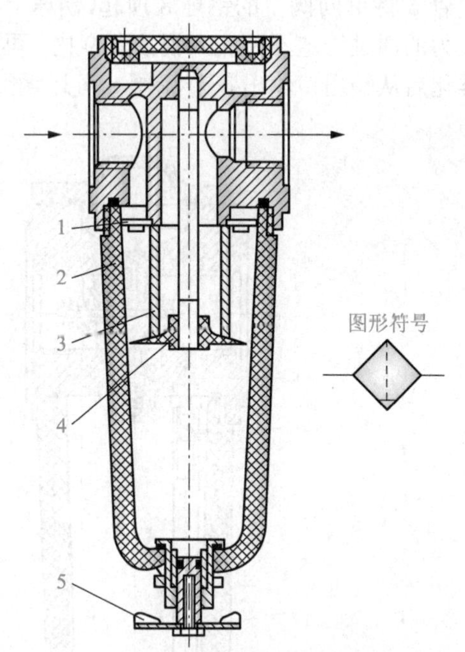

1-旋风叶子；2-存水杯；3-滤芯；4-挡水板；5-手动排水阀

图 3-40　分水滤气器的结构图

2）分水滤气器的主要性能指标

（1）过滤度是指能允许通过的杂质颗粒的最大直径。常用的规格有 5～10μm，10～20μm，10～25μm，50～75μm 四种，需要精过滤的还有 0.01～0.1μm，0.1～0.3μm，0.3～3μm，3～5μm 四种规格，以及其他规格如气味过滤等。

（2）水分离率是指分离水分的能力，用符号 η 表示为

$$\eta = \frac{\varphi_1 - \varphi_2}{\varphi_1} \tag{3-39}$$

式中，φ_1 为分水过滤器前空气的相对湿度；φ_2 为分水过滤器后空气的相对湿度。

规定分水过滤器的水分离率不小于65%。

（3）分水过滤器的其他性能：

① 滤灰效率指分水过滤器分离灰尘的重量和进入分水过滤器的灰尘重量之比。

② 流量特性表示一定压力的压缩空气进入分水过滤器后，其输出压力与输入流量之间的关系。在额定流量下，输入压力与输出压力之差不超过输入压力的5%。

2. 减压阀（调压阀）

减压阀是压力调节元件。

空气压缩机将空气压缩后储存在储气罐内，经管路输送给气动装置使用。储气罐的压力一般比设备实际需要的压力高，并且压力波动也较大。在一般情况下，需采用减压阀来得到压力较低并且稳定的供气。减压阀的工作原理将在第5章5.8.2节中详细介绍。

3. 油雾器

油雾器是一种特殊的注油装置，它以空气为动力，使润滑油雾化后，注入空气流中，并随空气进入需要润滑的部件，达到润滑的目的。

图3-41所示为普通油雾器（也称一次油雾器）的结构。当压缩空气由输入口进入后，通过喷嘴1下端的小孔进入阀座4的腔室，在截止阀的钢球2上下表面形成压差，由于泄漏和弹簧3的作用，钢球处于中间位置，压缩空气进入存油杯5的上腔使油面受压，压力油经吸油管6将单向阀7的钢球8顶起，钢球上部管道有一个方形小孔，钢球不能将上部管道封死，压力油通过管道不断流入视油器9内，再滴入喷嘴1中，被主管气流从上面小孔引射出去，雾化后从输出口输出。节流阀a可以调节流量，使滴油量在每分钟0～120滴内变化。

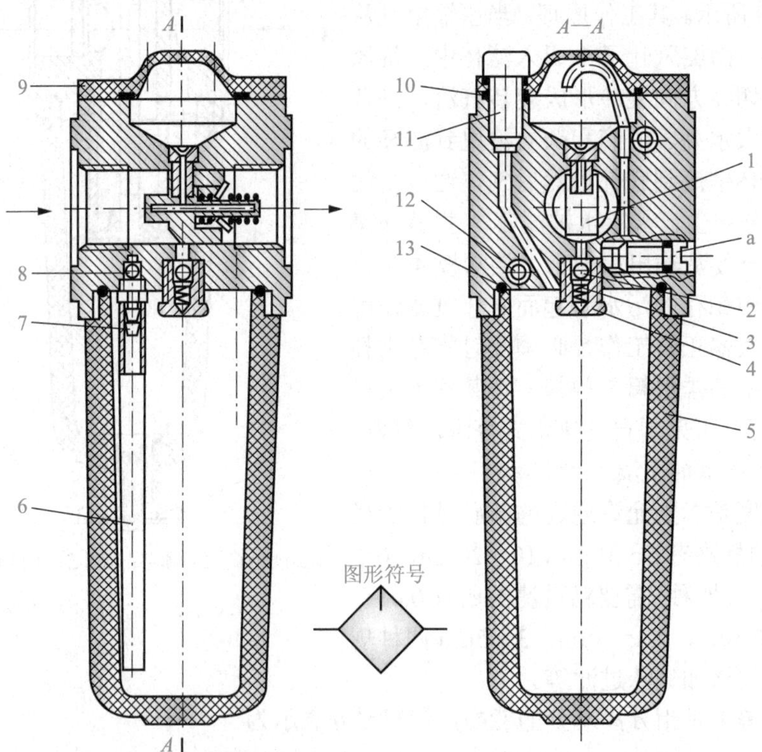

1-喷嘴；2、8-钢球；3-弹簧；4-阀座；5-存油杯；6-吸油管；7-单向阀；9-视油器；10、13-密封垫；11-油塞；12-螺母、螺钉

图3-41 普通油雾器的结构

二次油雾器能使油滴在雾化器内进行两次雾化，使油雾粒度更小、更均匀，输送距离更远。二次雾化粒径可达 5μm。油雾器的选择主要是根据气压传动系统所需额定流量及油雾粒径大小来进行的。所需油雾粒径在 50μm 左右选用一次油雾器。若需油雾粒径很小可选用二次油雾器。油雾器一般应配置在滤气器和减压阀之后，用气设备之前较近处。

油雾器的主要性能指标有：流量特性，它表征了在给定进口压力下，随着空气流量的变化，油雾器进、出口压力降的变化情况；起雾油量，存油杯中油位处于正常工作油位，油雾器进口压力为规定值，油滴量约为每分钟 5 滴（节流阀处于全开）时的最小空气流量；油雾器的其他性能指标还有滴油量调节、油雾粒度、脉冲特性、最低不停气加油压力等。

安装减压阀时，要按气流的方向和减压阀上所示的箭头方向，依照分水滤气器→减压阀→油雾器的安装次序进行安装。调压时应由低向高调，直至规定的调压值为止。阀不用时应把手柄放松，以免膜片经常受压变形。

3.8　工程应用案例：船舱水密门液压系统

船舱水密门液压系统中涉及液压泵的选择。水密门由安装于门上的两个液压缸推动，实现门的开启与关闭，关闭后要求高压锁紧达到水密要求。

图 3-42 为液压水密门液压泵站的实物安装图，液压缸的规格如下：缸体直径为 50mm，活塞杆直径为 25mm，行程为 780mm，伸出时间为 20s，工作压力为 6MPa。图 3-43 所示为泵站及电控部分装配原理图，其特点是外形紧凑，要求电机功率小，反应速度快，且平时很少使用。

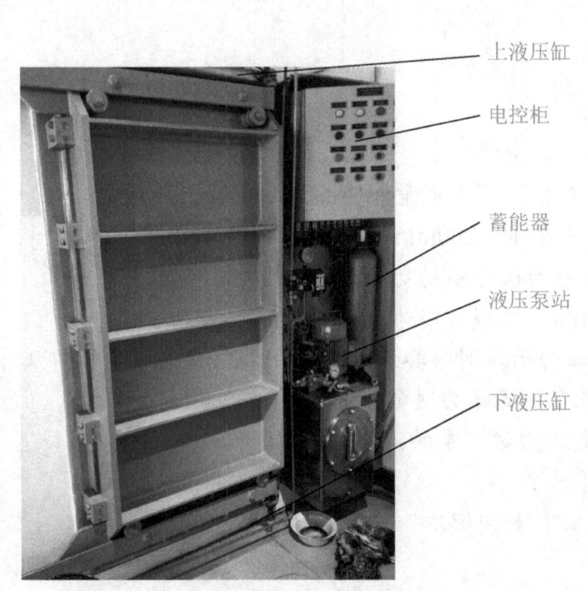

图 3-42　液压水密门液压泵站的实物安装图

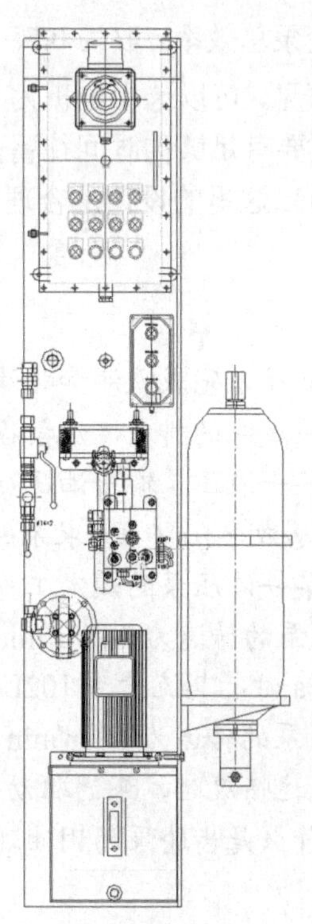

图 3-43　泵站及电控部分装配原理图

【解答】

（1）根据要求，一个液压缸伸出时需要的流量为

$$q=\frac{\pi D^2 S}{4t}=\frac{\pi\times0.05^2\times0.78}{4\times20}=7.66\times10^{-5}(\mathrm{m^3/s})=4.6(\mathrm{L/min})$$

则两个液压缸伸出需要液压泵供油 9.2L/min，工作压力为 6MPa，考虑到系统泄漏及液压泵的规格，因此，可考虑选用国产 YB_1-10 的叶片泵，其额定流量为 10L/min，额定压力为 6.3MPa。

根据上述液压泵的流量及压力，可计算电机功率为

$$P=\frac{p\times q}{\eta}=\frac{6.3\times10^6\times10\times10^{-3}}{0.8\times60}=1.3(\mathrm{kW})$$

式中，叶片泵总效率η取为 0.8。

根据上述计算结果，应选用电机功率为 1.5kW，额定转速由所选液压泵要求决定，即 960r/min，此电机结构偏大。

（2）实际使用时，由于设备的外形限制，现改用小流量液压泵高压充油蓄能器，在需要时由液压泵及蓄能器一起供油，实现油缸的快速动作。

液压伸缩一次共需要压力为 6.3MPa 的液压油液 2×5L，因此，选用容积为 10L 的蓄能器，氮气压力为 5MPa，油泵充油的最高压力达到 20MPa，电机停止。蓄能器泄压至 18MPa 时，电机启动，即始终为油缸的伸缩运动准备好高压油源。

选用最小排量的高压齿轮泵，型号为 P101，排量为 1L/min，额定压力为 21MPa，额定转速为 1450r/min，计算电机功率为

$$P=\frac{pVn\eta_{\mathrm{v}}}{\eta}=\frac{21\times10^6\times1\times10^{-6}\times1450\times0.75}{0.7\times60}=0.54\ (\mathrm{kW})$$

式中，齿轮泵总效率η取为 0.7；容积效率η_{v}取为 0.75。

由此可见，可以选用电机为 0.55kW 的小电机，尺寸很小。但此种方法只适用液压缸短期工作，油泵要有足够的时间往蓄能器充油，这里需要充油 5min 以上，因为船舱水密门平时很少使用，所以这里的设计是合理的。

练 习 题

3-1 液压泵完成吸油和排油，必须具备什么条件？

3-2 液压泵的排量、流量各取决于哪些参数？理论流量和实际流量值有何不同？

3-3 某一液压泵输出油压 $p=100\mathrm{bar}$，排量 $V=200\mathrm{ml/r}$，转速 n=1450r/min，容积效率 $\eta_{\mathrm{v}}=0.95$，总效率$\eta=0.9$，求泵的输出功率和电动机的驱动功率。

3-4 某一液压泵的额定工作压力为 15MPa，机械效率为 0.9:

（1）当泵的转速为 1450r/min、泵的出口压力为零时，其流量为 120L/min；当泵的出口压力为 15 MPa 时，其流量为 102L/min，试求泵在额定压力时的容积率。

（2）当泵的转速为 600r/min、压力为额定压力时，泵的流量为多少？

（3）上述情况时，泵的驱动功率分别为多少？

3-5 什么是齿轮泵的困油现象？有何危害？如何解决？

3-6　某齿轮泵的齿轮模数为 3mm，齿数为 17，齿宽为 25mm，转速为 1450r/min，在额定工作压力下输出流量为 30L/min，求此泵的容积率。

3-7　试述齿轮泵、叶片泵的工作原理。它们压力的提高主要受哪些因素影响？如何解决？

3-8　说明限压式变量叶片泵的限定压力、最大流量如何调节？

3-9　有一缸体转动的斜盘式定量轴向柱塞泵，柱塞直径为 24mm，柱塞数为 7，柱塞分布圆直径为 76mm，斜盘倾角为 20°，容积率为 0.95，机械效率为 0.9，转速为 1450r/min，输出压力为 20MPa，试求此时泵的理论流量、实际流量和驱动电机的功率。

3-10　如题 3-10 图所示，某组合机床动力滑台采用双联叶片泵 YB-40/6。快速进给时两泵同时供油，工作压力为 10×10^5Pa；工作进给时，大流量泵卸荷，其卸荷压力为 3×10^5Pa；此时系统由小流量泵供油，其供油压力为 45×10^5Pa。若泵的总效率为 $\eta_p=0.8$，求该双联泵所需电动机功率。

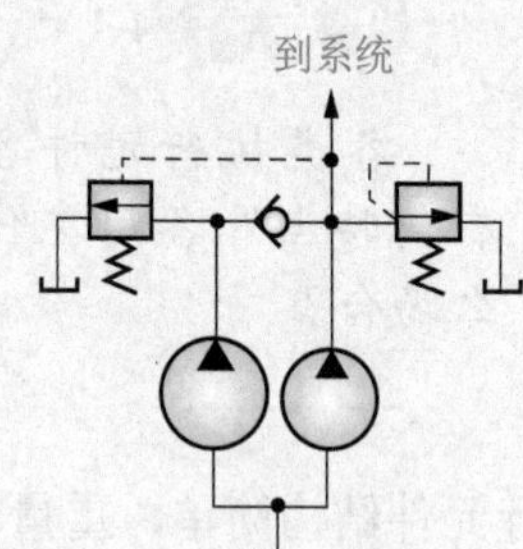

题 3-10 图

3-11　简述液压泵的选用原则。

3-12　油水分离器的作用是什么？为什么它能将油和水分开？

3-13　油雾器的作用是什么？试简述其工作原理。

3-14　气动系统中储气罐有何作用？它在结构上有何特点？

第4章

液压与气压传动执行元件

各类执行元件各有何特点？各用在什么场合？

执行元件是工业机器人、CNC 机床、各种自动机械、车辆电子设备、医疗器械等机电一体化系统（或产品）必不可少的驱动部件，如数控机床的主轴转动、工作台的进给运动及工业机器人手臂的升降、回转和伸缩运动等所用驱动部件（即执行元件）。

液压与气压执行元件是将流体的压力能转变成机械能，用来驱动机械设备或机构，以实现直线、旋转或摆动等运动。气动执行元件结构简单，重量轻，工作可靠并具有防爆特点，在中、小功率的化工石油设备和机械工业生产自动线上应用较多。液压执行元件功率大、快速性好、运行平稳，广泛用于大功率的控制系统。图 4-1 所示为各种执行元件，图 4-2 所示为液压缸（即液压执行元件）在翻斗车上的应用。

动画

（a）气压马达

（b）液压马达

（c）气动手爪

（d）液压缸

（e）气缸

图 4-1　执行元件

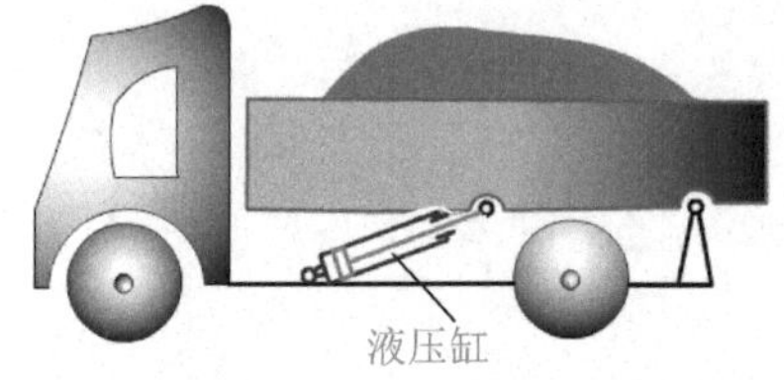

图 4-2　液压缸在翻斗车中的应用

本章知识要点

（1）掌握执行元件的主要结构、原理与性能；

（2）掌握执行元件各类输出参数的计算，执行元件设计、选用的一般方法。

探 索 思 考

液压与气压传动中有多种执行元件，在系统设计中选用执行元件的依据是什么？设计或选用执行元件的具体步骤有哪些？

预 习 准 备

执行元件主要包括液压缸、气缸和液压马达、气动马达，请预习这些执行元件的主要结构、工作原理及其性能参数。

4.1 液压马达

液压马达又称油马达，是把液体的压力能转换为机械能的装置，以一定的转矩驱动负载产生旋转运动。

4.1.1 液压马达的特点、分类及性能参数

1. 液压马达的特点

液压马达从结构原理上讲，可以与液压泵相互替代。向任何一种液压泵输入压力油，可使其变成液压马达工况；反之，当液压马达的主轴由外力矩驱动旋转时，也可变为液压泵工况。但事实上，同类型的液压泵和液压马达的工作情况不同，使得两者在结构上也有差异。

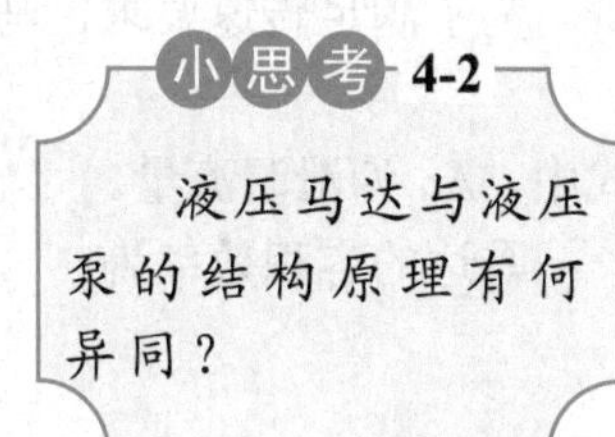

（1）液压马达一般需要正、反转，所以在内部结构上应具有对称性。而液压泵一般是单方向旋转的，没有这一要求。

（2）为了减小吸油阻力，减小径向力，一般液压泵的吸油口比出油口的尺寸大。而液压马达低压腔的压力稍高于大气压力，所以没有上述要求。

（3）液压马达要求能在很宽的转速范围内正常工作，当马达速度很低时，若采用动压轴承，就不易形成润滑油膜。因此，应采用液动轴承或静压轴承。

（4）液压泵在结构上需保证具有自吸能力，而液压马达就没有这一要求。

（5）液压马达必须具有较大的启动转矩，该转矩通常大于在同一工作压差时处于运行状态下的转矩，所以为了使启动转矩尽可能接近工作状态下的转矩，要求马达转矩的脉动小，内部摩擦小。

液压马达与液压泵具有上述不同的特点，使得很多类型的液压马达和液压泵不能互逆使用。

2. 液压马达的分类

液压马达按其额定转速分为高速和低速两大类，额定转速高于 500r/min 的为高速液压马达，额定转速低于 500r/min 的为低速液压马达。

高速液压马达的基本形式有齿轮式、螺杆式、叶片式和轴向柱塞式等。它们的主要特点是转速较高、转动惯量小，便于启动和制动，调速和换向的灵敏度高。通常高速液压马达的输出转矩不大（仅几十到几百牛·米），所以又称为高速小转矩液压马达。

低速液压马达的基本形式是径向柱塞式，如单作用曲轴连杆式、液压平衡式和多作用内曲线式等。此外，在轴向柱塞式、叶片式和齿轮式中也有低速的结构形式。低速液压马达的主要特点是排量大、体积大、转速低（有时可达每分钟几转甚至零点几转），因此可直接与工作机构连接，不需要减速装置，使传动机构大为简化，通常低速液压马达输出转矩较大（可达几千到几万牛·米），所以又称为低速大转矩液压马达。

液压马达按其结构类型来分，可以分为齿轮式、叶片式、柱塞式和其他形式。

3. 液压马达的性能参数

液压马达的性能参数很多，下面是液压马达的主要性能参数。

1）排量、流量和容积效率

习惯上将马达的轴每转一周，按几何尺寸计算所进入的液体容积，称为马达的排量 V，有时称为几何排量、理论排量，即不考虑泄漏损失时的排量。

液压马达的排量表示其工作容腔的大小，是体现其工作能力的重要标志。

根据液压动力元件的工作原理可知，马达转速 n、理论流量 q_i 与排量 V 之间具有下列关系：

$$q_i = nV \tag{4-1}$$

式中，q_i 为理论流量（m^3/s）；n 为转速（r/s）；V 为排量（m^3/r）。

为了满足转速要求，马达实际输入流量 q 大于理论输入流量，则有

$$q = q_i + \Delta q \tag{4-2}$$

式中，Δq 为泄漏流量。

马达的容积效率为

$$\eta_v = \frac{q_i}{q} = \frac{1}{1+\dfrac{\Delta q}{q_i}} \tag{4-3}$$

所以实际流量为

$$q = \frac{q_i}{\eta_v} \tag{4-4}$$

案例 4-1

液压机是以液压油为工作介质，以液压泵为动力源，从而完成一定机械动作的一种机械。

问题：

液压机执行元件的设计思路是什么？

2）液压马达输出的理论转矩

根据排量的大小，可以计算在给定压力下液压马达所能输出的转矩的大小，也可以计算在给定的负载转矩下马达的工作压力的大小。当液压马达进、出油口之间的压力差为 Δp，输入液压马达的流量为 q，液压马达输出的理论转矩为 T_t，角速度为ω时，如果不计损失，液压马达输入的液压功率应当全部转化为液压马达输出的机械功率，即

$$\Delta pq = T_t\omega \tag{4-5}$$

又因为 $\omega = 2\pi n$，所以液压马达的理论转矩为

$$T_t = \frac{\Delta pV}{2\pi} \tag{4-6}$$

式中，Δp 为马达进出口之间的压力差。

3）液压马达的机械效率

由于液压马达内部不可避免地存在各种摩擦，实际输出的转矩 T 总要比理论转矩 T_t 小些，即

$$\eta_m = \frac{T}{T_t} < 1 \tag{4-7}$$

式中，η_m 为液压马达的机械效率（%）。

4）液压马达的转速

液压马达的转速取决于供液的流量和液压马达本身的排量 V，可用下式计算：

$$n_t = \frac{q_i}{V} \tag{4-8}$$

式中，n_t 为理论转速（r/min）。

由于液压马达内部有泄漏，并不是所有进入马达的液体都推动液压马达做功，一小部分因泄漏损失掉了。所以，液压马达的实际转速要比理论转速低一些。

$$n = n_t \eta_v \tag{4-9}$$

式中，n 为液压马达的实际转速（r/min）；η_v 为液压马达的容积效率（%）。

5）最低稳定转速

最低稳定转速是指液压马达在额定负载下，不出现爬行现象的最低转速。所谓爬行现象，就是当液压马达工作转速过低时，往往保持不了均匀的速度，状态不稳定。

6）最高使用转速

液压马达的最高使用转速主要受使用寿命和机械效率的限制，不应太高。

7）调速范围

液压马达的调速范围用最高使用转速和最低稳定转速之比表示，即

$$i = \frac{n_{max}}{n_{min}} \tag{4-10}$$

4.1.2　高速液压马达

1. 叶片马达

图 4-3 所示为叶片液压马达的工作原理图。当压力油通入压油腔后，在叶片 1、3（或 5、7）上，一面作用有压力油，另一面为低压油。由于叶片 3 伸出的面积大于叶片 1 伸出的面积，因此作用于叶片 3 上的总液压力大于作用于叶片 1 上的总液压力，压力差产生了逆时针转矩，把油液的压力能转变成了机械能，使叶片带动转子产生旋转运动，作用在其他叶片如 5、7 上的液压力，其作用原理同上。叶片 2、6 两面同时受压力油作用受力平衡对转子不产生作用转矩。叶片液压马达的输出转矩与液压马达的排量和液压马达出油口之间的压力差有关，其转速由输入液压马达的流量大小决定。当输油方向改变时，液压马达就反转。

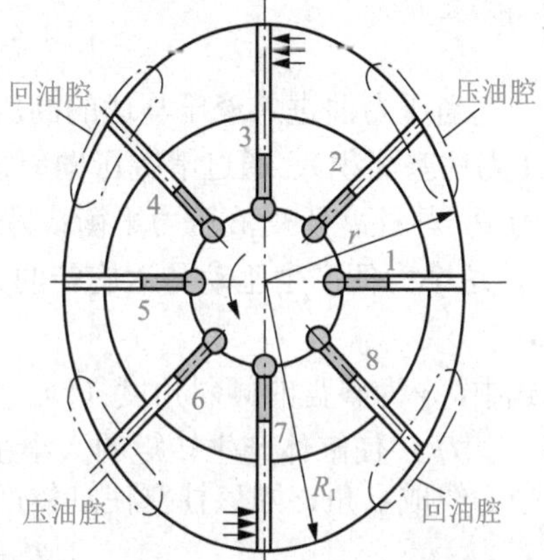

图 4-3　叶片液压马达的工作原理图

由于液压马达一般都要求能正反转，所以叶片式液压马达的叶片要径向放置。为了使叶片根部始终通有压力油，在回、压油腔通入叶片根部的通路上应设置单向阀，为了确保叶片液压马达在压力油通入后能正常启动，必须使叶片顶部和定子内表面紧密接触，以保证良好的密封，因此在叶片根部应设置预紧弹簧。

在图 4-3 中，叶片 2、4、6、8 两侧的压力相等，无转矩产生。叶片 3、7 产生的转矩为 T_1，方向为逆时针方向。假设马达出口压力为零，则

$$T_1 = 2\left[(R_1 - r)Bp \cdot \frac{R_1 + r}{2}\right] = B\left(R_1^2 - r^2\right)p \tag{4-11}$$

式中，B 为叶片宽度；R_1 为定子长半径；r 为定子短半径；p 为马达的进口压力。

由式（4-11）看出，对于结构尺寸已定的叶片马达，其输出转矩 T 取决于输入油的压力。

由叶片泵的理论流量 q_i 的公式：

$$q_i = 2\pi Bn(R_1^2 - r^2) \tag{4-12}$$

得

$$n=\frac{q_i}{2\pi B(R_1^2 - r^2)} \tag{4-13}$$

式中，q_i 为液压马达的理论流量，$q_i = q\eta_v$；q 为液压马达的实际流量，即进口流量。

由式（4-13）看出，对于结构尺寸已确定的叶片马达，其输出转速 n 取决于输入油的流量。

叶片马达的体积小，转动惯量小，因此动作灵敏，可适应的换向频率较高。但泄漏较大，不能在很低的转速下工作，因此叶片马达一般用于转速高、转矩小和动作灵敏的场合。

2. 轴向柱塞马达

轴向柱塞马达的结构形式基本上与轴向柱塞泵一样，故其种类与轴向柱塞泵相同。斜盘式轴向柱塞马达的工作原理如图 4-4 所示。

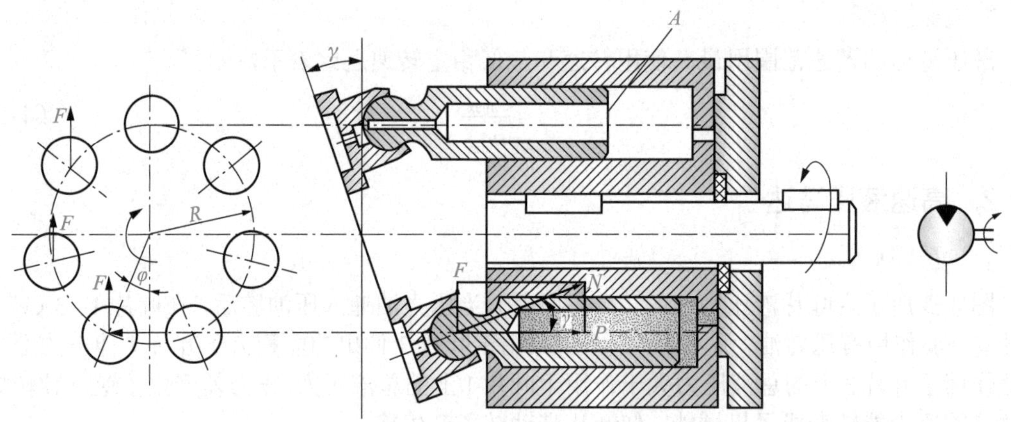

图 4-4　斜盘式轴向柱塞马达的工作原理图

当压力油进入液压马达的高压腔之后，工作柱塞便受到的油压作用力为 pA（p 为油压力，A 为柱塞面积），通过滑靴压向斜盘，其反作用为 N。力 N 分解成两个分力，沿柱塞轴向的分力 P，与柱塞所受液压力平衡；另一分力 F，与柱塞轴线垂直向上，它与缸体中心线的距离为 r，这个力便产生驱动马达旋转的力矩。力 F 的大小为

$$F = pA\tan\gamma$$

式中，γ 为斜盘的倾斜角度（°）。

力 F 使缸体产生转矩的大小由柱塞在压油区所处的位置而定。设有一柱塞与缸体的垂直中心线成 φ 角，则该柱塞使缸体产生的转矩 T 为

$$T = Fr = FR\sin\varphi = pAR\tan\gamma\sin\varphi \tag{4-14}$$

式中，R 为柱塞在缸体中的分布圆半径（m）。

随着角度 φ 的变化，柱塞产生的转矩也跟着变化。整个液压马达能产生的总转矩，是所有处于压力油区的柱塞产生的转矩之和，因此总转矩也是脉动的，当柱塞的数目较多且为单数时，脉动较小。

液压马达实际输出的总转矩 T 为

$$T = \frac{\eta_m \Delta pV}{2\pi} \tag{4-15}$$

式中，Δp 为液压马达进出口油液压力差（N/m^2）；V 为液压马达理论排量（m^3/r）；η_m 为液压马达机械效率。

从式（4-15）中可看出，当输入液压马达的油液压力一定时，液压马达的输出转矩仅和每转排量有关。因此提高液压马达的每转排量，可以增加液压马达的输出转矩。

通常，轴向柱塞马达都是高速马达，输出转矩小，必须通过减速器来带动工作机构。如果能使液压马达的排量显著增大，也就可以使轴向柱塞马达做成低速大转矩马达。

3．齿轮马达

齿轮马达的基本结构与齿轮泵相同。如图 4-5 所示，两齿轮的啮合点为 k，齿轮 O_1 与输出轴相连，不参加啮合的齿谷，其两侧齿廓所受的液压作用力大小相等，方向相反，互相平衡。参加啮合的齿谷中，齿面 ka 所受的液压作用力将对齿轮 O_1 产生逆时针转矩；齿面 cd 和 kb 大小不等，其液压作用力的差值对齿轮 O_2 产生顺时针转矩，并通过啮合点传递到齿轮 O_1 上。所以，马达的输出轴转矩是两个齿轮产生转矩之和，实现旋转运动。

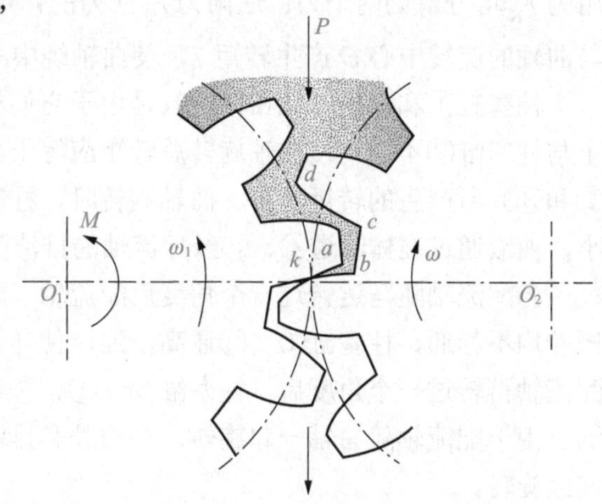

图 4-5　齿轮马达工作原理图

动画

为适应正反转的要求，马达的进出油口大小相等，位置对称，并有单独的泄漏口。

4.1.3　低速大转矩液压马达

1．单作用曲轴连杆径向柱塞式液压马达

图 4-6 所示为单作用曲轴连杆径向柱塞式液压马达的结构原理图。在壳体 1 的圆周放射状均布了 5 个（或 7 个）缸。缸中的柱塞 2 通过球铰与连杆 3 相连接。连杆端部的鞍形圆柱面与曲轴 4 的偏心轮（偏心轮的圆心为 O_1，它与曲轴旋转中心 O 的偏心距 $OO_1=e$）相接触。曲轴的一端通过十字接头与配流轴 5 相连。配流轴上“隔墙”两侧分别为进油腔和排油腔。

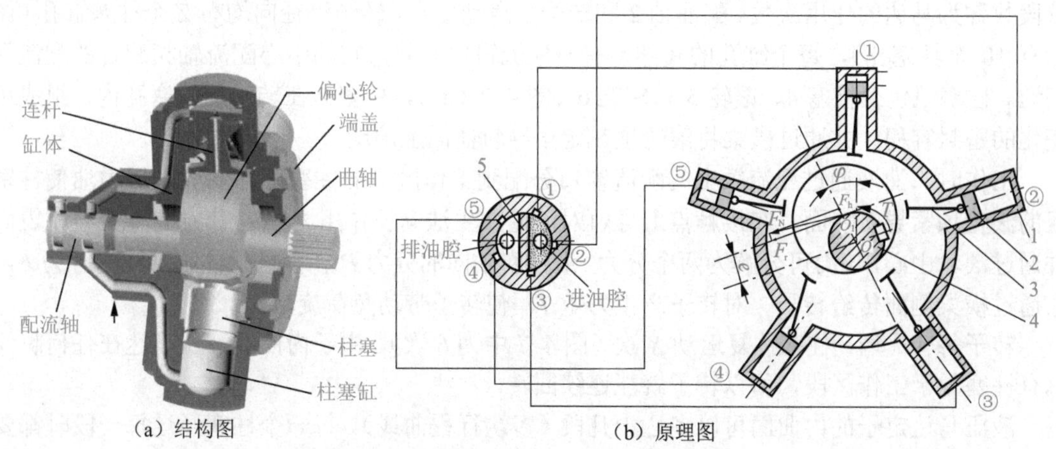

1-壳体；2-柱塞；3-连杆；4-曲轴；5-配流轴

图 4-6　单作用曲轴连杆径向柱塞式液压马达

高压油进入液压马达的进油腔后，经壳体的槽①、②、③引到相应的柱塞缸①、②、③中。高压油产生的液压力作用于柱塞顶部，并通过连杆传递到曲轴的偏心轮上。例如，柱塞缸②作用偏心轮上的力为F_N，这个力的方向沿着连杆的中心线，指向偏心轮的中心 O_1。作用力F_N可分解为两个力：法向力F_h（力的作用线与连心线重合）和切向力F_r。切向力F_r对与曲轴的旋转中心 O 产生转矩 T，使曲轴绕中心 O 逆时针方向旋转。

柱塞缸①和③也与此相似，只是由于它们相对于主轴的位置不同，所以产生的转矩的大小与柱塞缸②不同。使曲轴旋转总转矩应等于与高压腔相通的柱塞缸（在图示情况下为①、②和③）所产生的转矩之和。曲轴旋转时，柱塞缸①、②、③的容积增大，④、⑤的容积变小，油液通过壳体油道④、⑤经配流轴的排油腔排出。

当配流轴随马达转过一个角度后配流轴“隔墙”封闭了油道③，此时柱塞缸③与高、低压腔均不相通，柱塞缸①、②通高压油，使马达产生转矩，柱塞缸④、⑤排油。当曲轴连同配流轴再转过一个角度后，柱塞缸⑤、①、②通高压油，使马达产生转矩，柱塞缸③、④排油。由于配流轴随曲轴一起旋转，进油腔和排油腔分别依次与各柱塞缸接通，从而保证曲轴连续旋转。

这种液压马达问世较早，其优点是结构简单、工作可靠、品种规格多、价格低廉。其缺点是体积和重量较大，转矩脉动大。以往的产品低速稳定性较差，但近年来其主要摩擦副采用静压支承或静压平衡结构，其性能有所提高，其低速稳定转速可达 3r/min。几十年来这种液压马达不仅未被后起的其他种类马达淘汰，反而保持着持续发展的势态。据资料介绍，这种结构形式的、缸径为 100mm 的液压马达，额定角速度达 17.5rad/s，容积效率达 95%，总效率达 90%，启动机械效率可达 88%～98%，最低稳定角速度达 0.3rad/s。

2. 多作用内曲线径向柱塞式液压马达

多作用内曲线径向柱塞式液压马达的结构形式很多，就使用方式而言，有轴转、壳转式液压马达等形式。从内部的结构来看，根据不同的传力方式和柱塞部件的结构可分为多种形式，但是液压马达的主要工作过程是相同的。

如图 4-7 所示，液压马达由定子 1、配流轴 2、转子 3 与柱塞 4 等主要部件组成。定子 1 的内工作表面称为导轨，它是由多段均匀分布且形状相同的曲面组成，图示曲面的段数为 6，该段数称为马达的作用次数。配油轴 2 和转子 3 滑动配合，转子沿径向均布 Z 个柱塞缸孔（图示有 10 个柱塞孔），每个缸孔的底部都有一配流窗口，并与它的中心配流轴相配合的配流孔相通。柱塞组包含柱塞 4、滚轮 5 和横梁 6（图 4-7（a）），柱塞装在转子的柱塞孔内，组成可变化的密封容积，并通过横梁将滚轮顶在定子导轨曲面上滚动。

工作时，油液通过配流轴上的配流窗口分配到工作区段的柱塞底部油腔，压力油使柱塞组的滚轮顶紧导轨表面，在接触点上导轨对滚轮产生法向反作用力 N，其方向垂直导轨表面并通过滚轮中心，该力可分解为两个分力，沿柱塞轴向的分力 P 和垂直于柱塞轴线的分力 F，它通过横梁侧面传给转子，对转子产生力矩 T，使转子带动负荷旋转。

转子每转一周，柱塞往复运动 X 次（图 4-7 中为 6 次），由于内曲线液压马达在任何瞬间总有柱塞处于工作区段，所以转子就能连续回转。

液压马达定子的内曲面可以多达十几段（多次行程曲线）。每一个柱塞经过每一段时都要吸排油各一次，也就是说转子每转一转，柱塞要进行多次进退（对输出轴产生多次渐增转矩，并通过输出轴带动负载旋转），因此称为多作用液压马达。

(a) 结构图

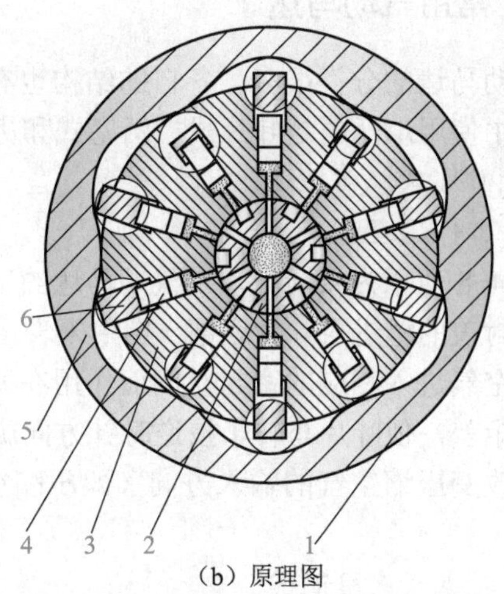

(b) 原理图

1-定子；2-配流轴；3-转子；4-柱塞；5-滚轮；6-横梁

图 4-7　多作用内曲线径向柱塞式液压马达

动画

这种液压马达的转速范围为 0～100r/min。适用于负载转矩很大，转速低，平稳性要求高的场合。例如，挖掘机、拖拉机、起电机、采煤机牵引部件等。

4.2　气动马达

气动马达是将压缩空气转化为机械能而带动设备运转的一种原动机，其主要工作介质是压缩空气。气动马达通过压缩空气的膨胀作用，以气体的压力来改变容积等方式，实现压力能向机械能的转换，其作用相当于电动机或液压马达输出转矩，驱动执行机构做旋转运动。

4.2.1　气动马达的分类及特点

常用气动马达有叶片式、活塞式、薄膜式、齿轮式等类型。与电动机相比，气动马达有如下特点：

（1）工作安全。适用于恶劣的工作环境，在易燃、高温、振动、潮湿、粉尘等不利条件下都能正常工作。

（2）有过载保护作用，不会因过载而发生烧毁。过载时气马达只会降低速度或停车，当负载减小时即能重新正常运转。

（3）能够顺利实现正反转。能快速启动和停止。

（4）满载连续运转，其温升较小。

（5）功率范围及转速范围较宽。气马达功率小到几百瓦，大到几万瓦。转速可以从零到 25000r/min 或更高。

（6）单位功率尺寸小，重量轻，且操纵方便，维修简单。

但气动马达目前还存在速度稳定性较差、耗气量大、效率低、噪声大和易产生振动等不足。

4.2.2 常用气动马达

气动马达的分类很多，各自的结构也有一定的区别，甚至在工作原理上也有不同，在气压传动中使用广泛的是叶片式、活塞式和齿轮式气动马达。

1. 叶片式气动马达

1）工作原理

图 4-8 所示为双向叶片式气动马达的工作原理。压缩空气由 *A* 孔输入，小部分经定子两端的密封盖的槽进入叶片底部（图中未表示），将叶片推出，使叶片贴紧在定子内壁上，大部分压缩空气进入相应的密封空间而作用在两个叶片上。由于两叶片伸出长度不等，因此就产生了转矩差，使叶片与转子按逆时针方向旋转，做功后的气体由定子上的孔 *B* 排出。

若改变压缩空气的输入方向（即压缩空气由 *B* 孔进入，从 *A* 孔排出）则可改变转子的转向。

2）特点及应用范围

叶片式气动马达结构简单，体积小，重量轻，结构紧凑，马力大，操纵容易，维修方便，但低速启动转矩小，低速性能不好。叶片式气动马达具有耐水、防火、防潮和防爆等特点，适用于要求低或中功率的机械，可在潮湿、高温和高粉尘等恶劣的环境下工作，除用于矿山凿岩、钻采、装卸等机械设备的动力外，更广泛用于船舶、冶金、化工、造纸、印刷和食品等行业中。

2. 薄膜式气动马达的工作原理

图 4-9 所示是薄膜式气动马达的工作原理图。它实际上是一个薄膜式气缸，当它做往复运动时，通过推杆端部棘爪使棘轮转动。它适用于控制要求很精确、启动转矩极高和速度低的机械。

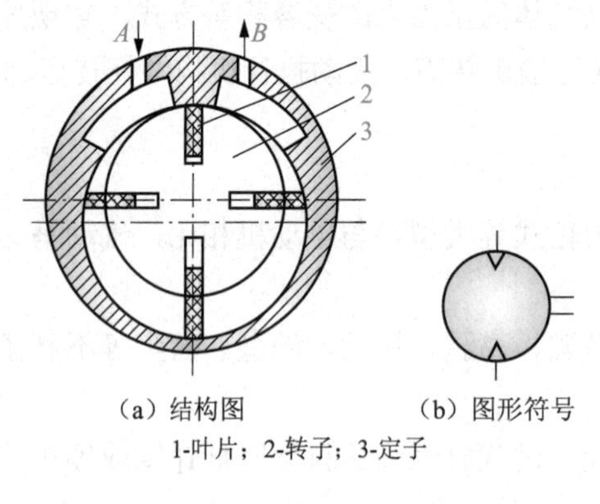

图 4-8 双向叶片式气动马达

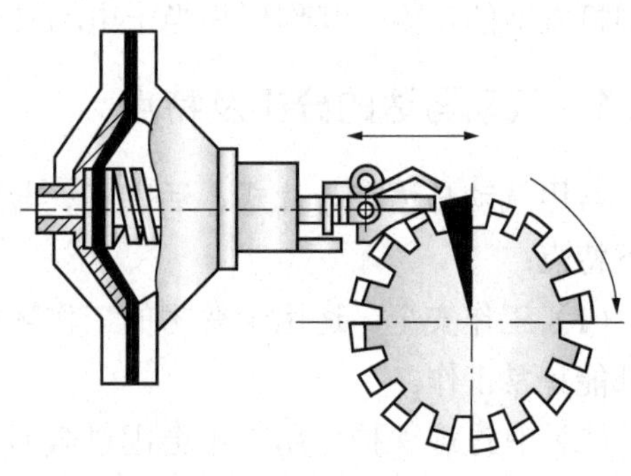

图 4-9 薄膜式气动马达的工作原理图

4.3 液 压 缸

微课

液压缸又称为油缸，它是液压系统中的一种执行元件，其功能是将液压能转变成直线往复式的机械运动，可分为单作用缸和双作用缸。单作用缸只能使活塞（或柱塞）做单方向运动，即液体只是通向缸的一腔，而反方向运动则必须依靠外力（如弹簧力或自重）来实现。双作用缸在两个方向上的运动都由液体的推动来实现。

4.3.1　液压缸的类型和特点

小思考 4-3

单杆式液压缸的输出推力和速度由哪些因素决定，如何计算？

液压缸的种类很多，常用的有活塞式、柱塞式、伸缩式、摆动式、组合式等几种。

1. 活塞式液压缸

活塞式液压缸根据使用要求不同可分为双杆式和单杆式两种。

1）双杆式活塞缸

活塞两端都有一根直径相等的活塞杆伸出的液压缸称为双杆式活塞缸，它一般由缸体、缸盖、活塞、活塞杆和密封件等零件构成。根据安装方式不同可分为缸筒固定式和活塞杆固定式两种。

图 4-10（a）所示为缸筒固定式双杆活塞缸。它的进、出口布置在缸筒两端，活塞通过活塞杆带动工作台移动，当活塞的有效行程为 l 时，整个工作台的运动范围为 $3l$，所以机床占地面积大，一般适用于小型机床；当工作台行程要求较长时，可采用图 4-10（b）所示的活塞杆固定式双杆活塞缸，这时，缸体与工作台相连，活塞杆通过支架固定在机床上，动力由缸体传出。这种安装形式中，工作台的移动范围只等于液压缸有效行程 l 的两倍（$2l$），因此占地面积小。进出油口可以设置在固定不动的空心活塞杆两端，但必须使用软管连接。

由于双杆活塞缸两端的活塞杆直径通常是相等的，因此它左、右两腔的有效面积也相等，当分别向左、右腔输入相同压力和相同流量的油液时，液压缸左、右两个方向的推力和速度相等。当活塞的直径为 D，活塞杆的直径为 d，液压缸进、出油腔的压力为 p_1 和 p_2，输入流量为 q 时，双杆活塞缸的推力 F 和速度 v 为

$$F = A(p_1 - p_2) = \frac{\pi(D^2 - d^2)(p_1 - p_2)}{4} \tag{4-16}$$

$$v = \frac{q}{A} = \frac{4q}{\pi(D^2 - d^2)} \tag{4-17}$$

式中，A 为活塞的有效工作面积。

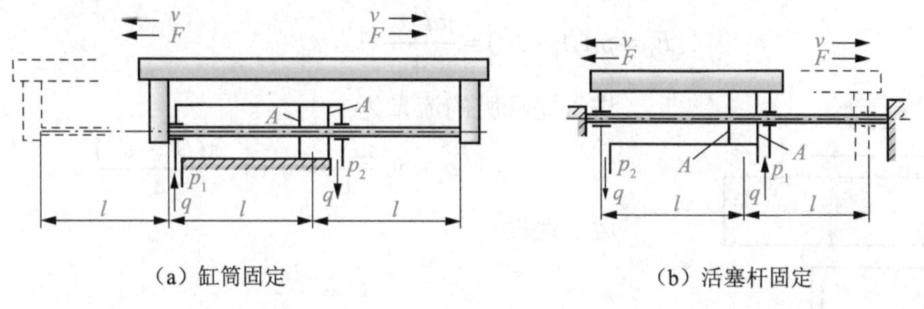

（a）缸筒固定　　（b）活塞杆固定

图 4-10　双杆活塞缸

2）单杆式活塞缸

如图 4-11 所示，活塞只有一端带活塞杆，单杆式活塞缸也有缸体固定和活塞杆固定两种形式，但它们的工作台移动范围都是活塞有效行程的两倍。

由于液压缸两腔的有效工作面积不等，因此它在两个方向上的输出推力和速度也不等，其值分别为

$$F_1 = p_1A_1 - p_2A_2 = \frac{\pi\left[D^2(p_1 - p_2) + p_2d^2\right]}{4} \tag{4-18}$$

$$F_2 = p_1A_2 - p_2A_1 = \frac{\pi\left[D^2(p_1 - p_2) - p_2d^2\right]}{4} \tag{4-19}$$

$$v_1 = \frac{4q}{\pi D^2} \tag{4-20}$$

$$v_2 = \frac{4q}{\pi(D^2 - d^2)} \tag{4-21}$$

由式（4-18）～式（4-21）可知，由于 $A_1>A_2$，所以 $F_1>F_2$，$v_1<v_2$。如把两个方向上的输出速度 v_2 和 v_1 的比值称为速度比，记作 λ_v，则 $\lambda_v=v_2/v_1=1/[1-(d/D)^2]$。因此，$d = D\sqrt{(\lambda_v - 1)/\lambda_v}$。在已知 D 和 λ_v 时，可确定 d 值。

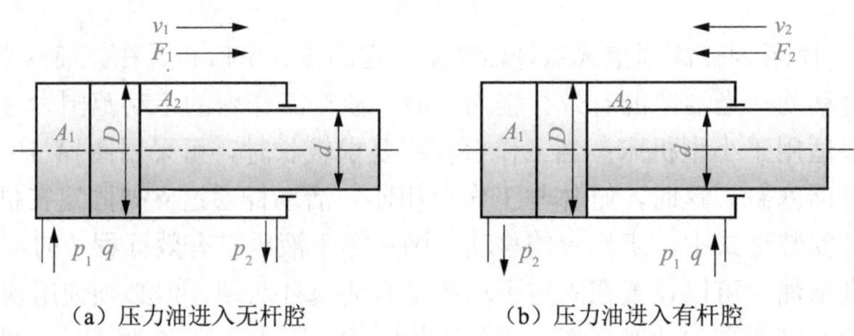

（a）压力油进入无杆腔　（b）压力油进入有杆腔

图 4-11　单杆式活塞缸

3）差动连接

单杆式活塞缸在其左右两腔都接通高压油时称为“差动连接”，如图 4-12 所示。差动连接缸左右两腔的油液压力相同，但是由于左腔（无杆腔）的有效面积大于右腔（有杆腔）的有效面积，故活塞向右运动，同时使右腔中排出的油液（流量为 q'）也进入左腔，加大了流入左腔的流量（$q+q'$），从而也加快了活塞移动的速度。实际上活塞在运动时，由于差动连接时两腔间的管路中有压力损失，所以右腔中油液的压力稍大于左腔油液的压力，而这个差值一般都较小，可以忽略不计，则差动连接时活塞推力 F_3 为

$$F_3 = p_1(A_1 - A_2) = \frac{\pi d^2 p_1}{4} \tag{4-22}$$

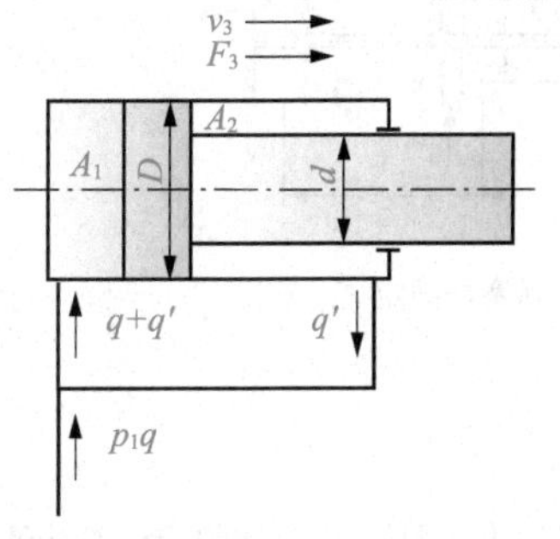

图 4-12　差动连接

动画

进入无杆腔的流量为

$$q_1 = v_3\frac{\pi D^2}{4} = q + v_3\frac{\pi(D^2 - d^2)}{4}$$

运动速度 v_3 为

$$v_3 = \frac{4q}{\pi d^2} \tag{4-23}$$

由式（4-22）、式（4-23）可知，差动连接时液压缸的推力比非差动连接时小，速度比非差动连接时大，正好利用这一点，可使在不加大油源流量的情况下得到较快的运动速度，这种连接方式被广泛应用于组合机床的液压动力系统和其他机械设备的快速运动中。如果要求机床往返快速运动时速度相等，则由式（4-21）和式（4-23）得

$$\frac{4q}{\pi(D^2 - d^2)} = \frac{4q}{\pi d^2}$$

即

$$D = \sqrt{2}d \tag{4-24}$$

把单杆活塞缸实现差动连接，并按 $D=\sqrt{2}d$ 设计缸径和杆径的油缸称为差动液压缸。

2. 柱塞缸

图 4-13（a）所示为柱塞缸的工作原理。柱塞缸主要由缸体、柱塞、导向套和密封装置组成。柱塞缸只有一个油口，工作时压力油进入缸内，柱塞左端面则会受到压力油作用，产生一个向右的推力，克服负载向右移动。柱塞伸出后不能自行缩回，回程必须依靠弹簧力、重力等外力或成对使用。因此，柱塞缸是单作用液压缸，它只能实现一个方向的液压传动，反向运动要靠外力。若需要实现双向运动，则必须成对使用，如图 4-13（b）所示。

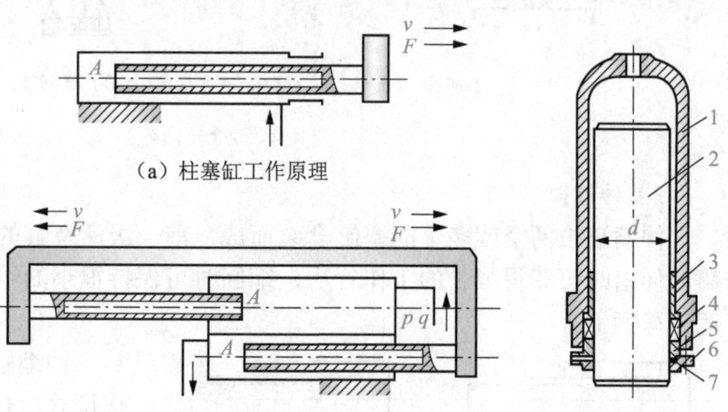

（a）柱塞缸工作原理

（b）柱塞缸成对使用　　（c）柱塞缸结构

1-缸体；2-柱塞；3-导向套；4-密封装置；5-压盖；6-压环；7-防尘圈

图 4-13　柱塞缸

动画

活塞式液压缸的活塞与缸筒内孔有配合要求，要有较高的精度，特别是当缸筒较长时，加工就很困难，如图 4-13（c）所示柱塞缸的结构，可以解决这个困难。因为柱塞缸的缸筒与柱塞没有配合要求，运动时由缸盖上的导向套来导向，缸筒内不需要精加工，只是柱塞与缸盖上的导向套有配合要求，所以特别适合行程较长的场合，如导轨磨床、龙门刨床等。为了减轻柱塞重量、减少柱塞的弯曲变形，柱塞常做成空心的，还可在缸筒内设置辅助支承，以增强刚性。

柱塞缸输出的推力和速度为

$$F=pA=\frac{\pi d^2 p}{4} \tag{4-25}$$

$$v=\frac{q}{A}=\frac{4}{\pi d^2}q \tag{4-26}$$

3. 其他液压缸

1）增压液压缸

增压液压缸又称增压器。它能将输入的低压转变为高压供液压或气压传动系统中的高压支路使用。它由两个直径分别为 D_1 和 D_2 的压力缸筒和固定在同一根活塞杆上的两个活塞或直径不等的两个相连柱塞等构成，其工作原理如图 4-14 所示。设缸的入口压力为 p_1，出口压力为 p_2，若不计摩擦力，根据力平衡关系，可有如下等式：

$$A_1 p_1 = A_2 p_2$$

整理得

$$p_2=\frac{A_1}{A_2}p_1=kp_1 \tag{4-27}$$

式中，k 为增压比，$k=A_1/A_2$（或 $k=D_1^2/D_2^2$）。

由式（4-27）可知，当 $D_1=2D_2$ 时，$p_2=4p_1$，即增压至原来的 4 倍。由此可见，使用增压缸可以获得高压或超高压，在液压系统中常用来代替高压泵使用。

动画

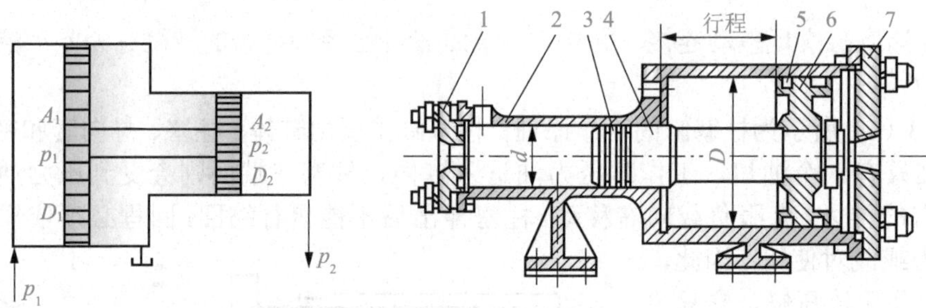

1-前盖；2-缸体；3-活塞环；4-小活塞；5-O 形密封圈；6-大活塞；7-后盖

图 4-14　增压液压缸工作原理图

2）伸缩缸

伸缩缸由两个或多个活塞缸套装而成，前一级活塞缸的活塞杆内孔是后一级活塞缸的缸筒，伸出时可获得很长的工作行程，缩回时可保持很小的结构尺寸。伸缩缸被广泛用于起重运输车辆上。

动画

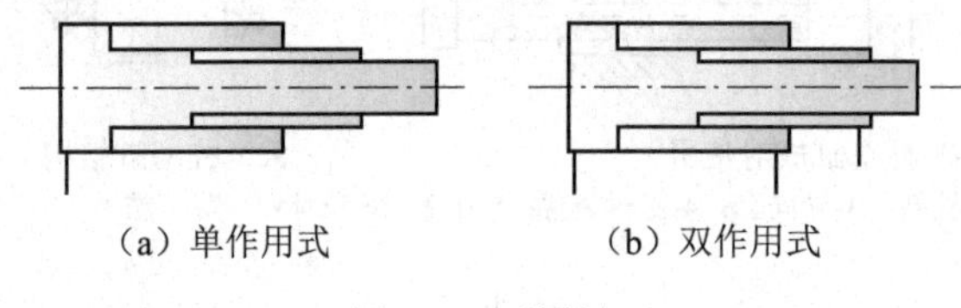

（a）单作用式　　（b）双作用式

图 4-15　伸缩缸

伸缩缸可以是如图 4-15（a）所示的单作用式，也可以是如图 4-15（b）所示的双作用式，前者靠外力回程，后者靠液压回程。伸缩缸的外伸动作是逐级进行的。首先是最大直径的缸筒以最低的油液压力开始外伸，当到达行程终点后，稍小直径的缸筒开始外伸，直径最小的末级最后伸出。随着工作级数变大，外伸缸筒直径越来越小，工作油液压力随之升高工作速度变快。其值为

$$F_i = p_i \frac{\pi}{4} D_i^2 \tag{4-28}$$

$$v_i = \frac{4q}{\pi D_i^2} \tag{4-29}$$

式中，i 指 i 级活塞缸。

3）齿轮缸

齿轮缸由两个柱塞缸和一套齿条传动装置组成，如图 4-16 所示。柱塞的移动经齿轮齿条传动装置变成齿轮的转动，用于实现工作部件的往复摆动或间歇进给运动。

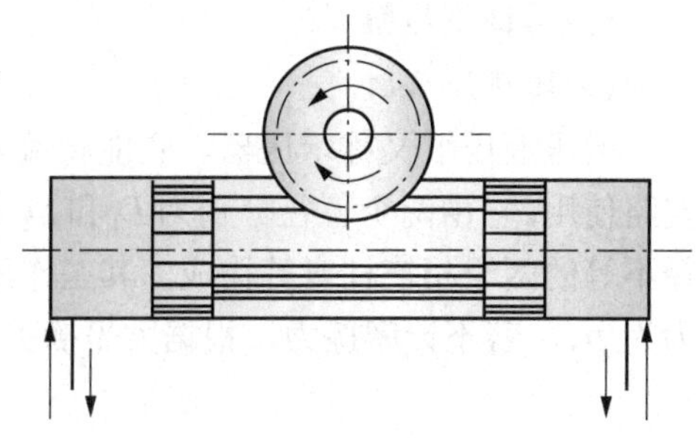

图 4-16　齿轮缸

4）摆动液压缸

摆动液压缸又称摆动马达，实现往复回转运动，图 4-17（a）是单叶片摆动马达。若从油口 I 通入高压油，叶片做逆时针摆动，低压油从油口 II 排出。因叶片与输出轴连在一起，输出轴摆动同时输出转矩、克服负载。此类摆动马达的工作压力小于 10MPa，摆动角度小于 280°。由于径向力不平衡，叶片和壳体、叶片和挡块之间密封困难，限制了其工作压力的进一步提高，从而也限制了输出转矩的进一步提高。图 4-17（b）是双叶片式摆动马达。在径向尺寸和工作压力相同的条件下，双叶片是单叶片式摆动马达输

出转矩的 2 倍，但回转角度要相应减少，双叶片式摆动马达的回转角度一般小于 120°。

叶片摆动马达的总效率 η=70%～95%，对单叶片摆动马达来说，构造简单，但密封较困难，一般只适于中、低压系统，常用于机床工件夹紧装置、回转工作台和小型半回转式挖掘装载机械等。图 4-17(c)是叶片式摆动马达的图形符号。

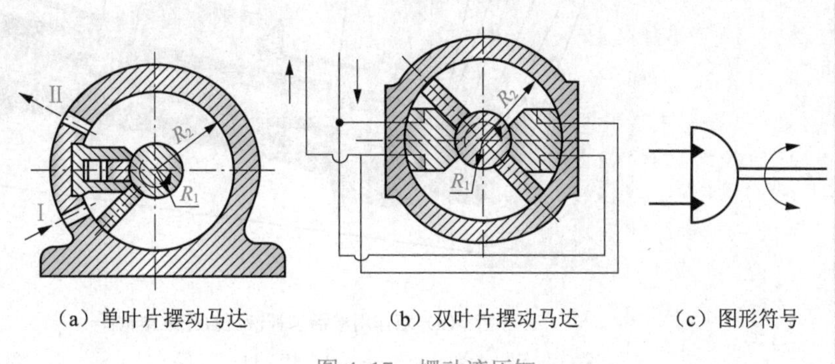

(a) 单叶片摆动马达　(b) 双叶片摆动马达　(c) 图形符号

图 4-17　摆动液压缸

动画

动画

4.3.2　液压缸的结构

液压缸由后端盖、缸筒、活塞、活塞杆和前端盖等主要部分组成。为防止工作介质向缸外或由高压腔向低压腔泄漏，在缸筒与端盖、活塞与活塞杆、活塞与缸筒、活塞杆与前端盖之间均设有密封装置。在前端盖外侧还装有防尘装置。为防止活塞快速运动到行程终端时撞击缸盖，缸的端部还可设置缓冲装置。

图 4-18 所示为一个较常用的双作用单活塞杆液压缸。从左端盖 6 上的油口 7 进入的压力油经过孔 8 流入缸筒 10 左边的有杆腔 9、推动活塞 12 向右移动，若压力油从右端盖 16 上的油门 15 经孔 14 流入缸筒 10 右边的无杆腔 13 则推动活塞向左移动。活塞杆 1 利用圆销 11 连接活塞 12，左端盖 6 与活塞杆 1 之间通过 Y 形密封圈 4 密封。

从图 4-18 所示的液压缸典型结构中可以看到，液压缸的结构基本上可以分为缸筒和缸盖、活塞和活塞杆、密封装置、缓冲装置和排气装置五个部分，分述如下。

1. 缸筒和缸盖

一般来说，缸筒和缸盖的结构形式与其使用的材料有关。工作压力 $p<10$MPa 时，使用铸铁；$p<20$MPa 时，使用无缝钢管；$p>20$MPa 时，使用铸钢或锻钢。图 4-19 所示为缸筒和缸盖的常见结构形式。图 4-19（a）所示为法兰连接式，结构简单，容易加工，也容易装拆，但外形尺寸和重量都较大，常用于铸铁制的缸筒上。图 4-19（b）所示为半环连接式，它的缸筒壁部因开了环形槽而削弱了强度，为此有时要加厚缸壁，它容易加工和装拆，重量较轻，常用于无缝钢管或锻钢制的缸筒上。图 4-19（c）所示为螺纹连接式，它的缸筒端部结构复杂，外径加工时要求保证内外径同心，装拆要使用专用工具，它的外形尺寸和重量都较小，常用于无缝钢管或铸钢制的缸筒上。图 4-19（d）所示为拉杆连接式，结构的通用性大，容易加工和装拆，但外形尺寸较大，且较重。图 4-19（e）所示为焊接连接式，结构简单，尺寸小，但缸底处内径不易加工，且可能引起变形。

2. 活塞和活塞杆

可以把短行程的液压缸的活塞和活塞杆做成一体，这是最简单的形式。但当行程较长时，这种整体式活塞组件的加工较费事，所以常把活塞和活塞杆分开制造，然后再连接成一体。图 4-20 所示为几种常见的活塞和活塞杆的连接形式。

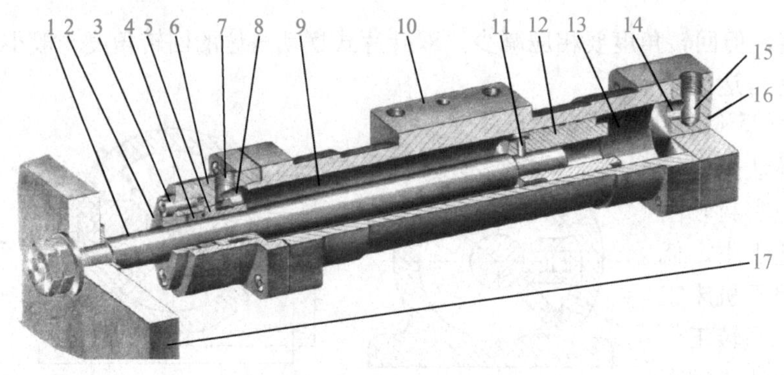

（a）双作用单活塞杆液压缸三维结构图

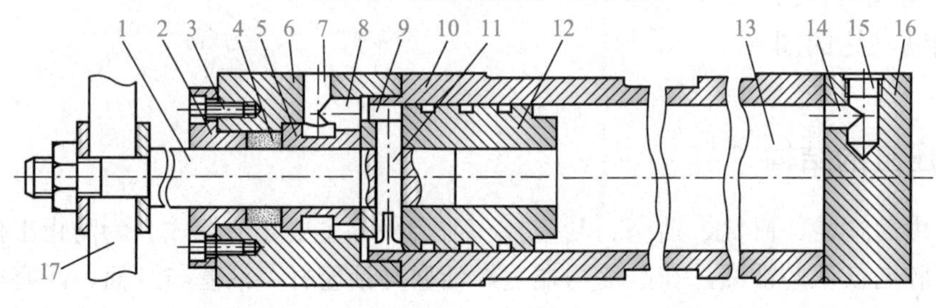

（b）双作用单活塞杆液压缸二维图

1-活塞杆；2-法兰；3-螺钉；4-Y 形密封圈；5-导向套；6-左端盖；7-油口；8、14-油孔；9-有杆腔；10-缸筒；11-圆销；12-活塞；13-无杆腔；15-油门；16-右端盖；17-支架

图 4-18　双作用单活塞杆液压缸

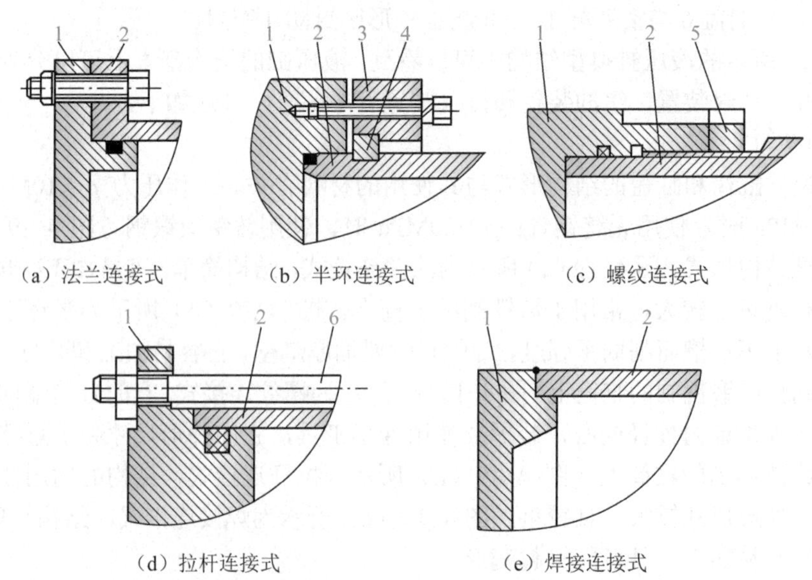

（a）法兰连接式　（b）半环连接式　（c）螺纹连接式

（d）拉杆连接式　（e）焊接连接式

1-缸盖；2-缸筒；3-压板；4-半环；5-防松螺帽；6-拉杆

图 4-19　缸筒和缸盖结构

图 4-20（a）所示为活塞和活塞杆之间采用螺母连接，它适用负载较小，受力无冲击的液压缸中。螺纹连接虽然结构简单，安装方便可靠，但在活塞杆上车螺纹将削弱其强度。图 4-20

(b)、(c)所示为卡环式连接方式。图 4-20(b)中活塞杆 5 上开有一个环形槽，槽内装有两个半环 3 以夹紧活塞 4，半环 3 由轴套 2 套住，而轴套 2 的轴向位置用弹簧卡 1 来固定。图 4-20（c）中的活塞杆，使用了两个半环 4，它们分别由两个密封圈座 2 套住，半圆形的活塞 3 安放在密封圈座的中间。图 4-20（d）所示为一种径向销式连接结构，用锥销 1 把活塞 2 固连在活塞杆 3 上，这种连接方式特别适用于双杆式活塞缸。

案例 4-1 分析

油压机的执行元件的设计思路是：(1) 了解油压机的组成和工作原理；(2) 确定执行元件的类型，是否采用液压缸；(3) 计算工作参数和结构尺寸；(4) 进行相关的强度、刚度校核；(5) 进行辅助装置设计；(6) 绘制装配图、零件图、编写设计说明书。

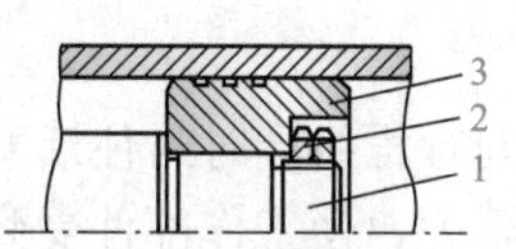

(a) 螺母连接
1-活塞；2-螺母；3-活塞杆

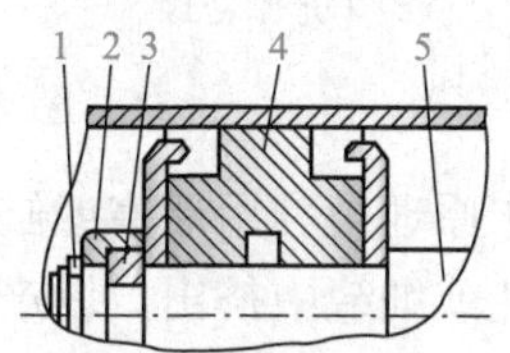

(b) 卡环式连接
1-弹簧卡；2-轴套；3-半环；4-活塞；5-活塞杆

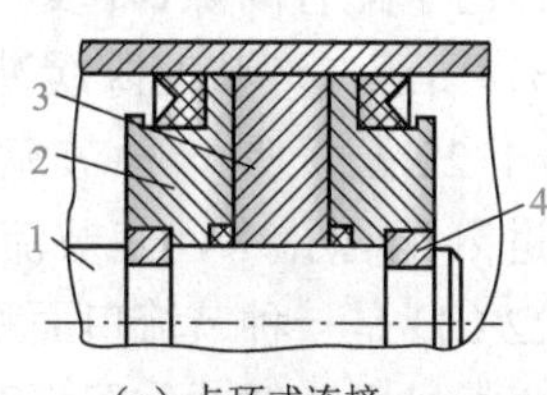

(c) 卡环式连接
1-活塞杆；2-密封圈座；3-活塞；4-半环

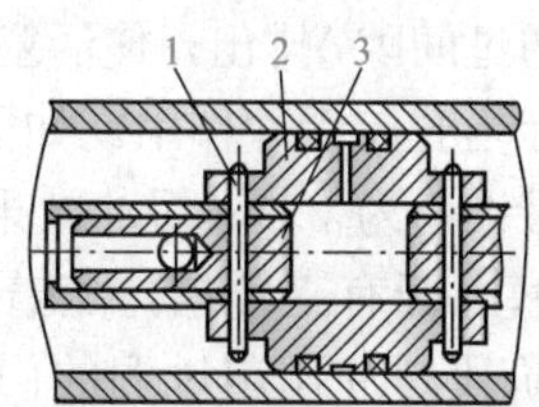

(d) 径向销式连接
1-锥销；2-活塞；3-活塞杆

图 4-20　常见的活塞组件结构形式

3. 密封装置

液压缸中常见的密封装置如图 4-21 所示。图 4-21（a）为间隙密封，依靠运动间的微小间隙来防止泄漏。为提高这种装置的密封能力，常在活塞表面上制出几条细小的环形槽，以增大油液通过间隙时的阻力。它结构简单，摩擦阻力小，可耐高温，但泄漏大，加工要求高，磨损后无法恢复原有能力，只有在尺寸较小、压力较低、相对运动速度较高的缸筒和活塞间使用。图 4-21（b）为摩擦环密封，它依靠套在活塞上的摩擦环（尼龙或其他高分子材料制成）在 O 形密封圈弹力作用下贴紧缸壁而防止泄漏。这种材料密封效果较好，摩擦阻力较小且稳定，可耐高温，磨损后有自动补偿能力，但加工要求高，装拆较不便，适用于缸筒和活塞之间的密封。图 4-21（c）、(d）为密封圈（O 形圈、V 形圈等）密封，它利用橡胶或塑料的弹性使各种截面的环形圈贴紧在静、动配合面之间来防止泄漏。它结构简单，制造方便，磨损后有自动补偿能力，性能可靠，在缸筒和活塞之间、缸盖和活塞杆之间、活塞和活塞杆之间、缸筒和缸盖之间都能使用。

对于活塞杆外伸部分来说，由于它很容易把脏物带入液压缸，使油液受污染，使密封件磨损，因此常需在活塞杆密封处增添防尘圈，并放在活塞杆向外伸的一端。

4. 缓冲装置

液压缸一般都设置缓冲装置，特别是大型、高速或要求高的液压缸，为了防止活塞在行程终点时和缸盖相互撞击，引起噪声、冲击，必须设置缓冲装置。

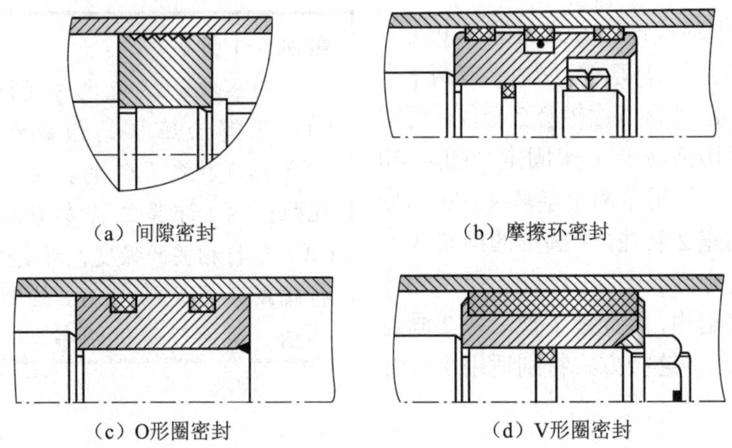

图 4-21　密封装置

缓冲装置的工作原理是利用活塞或缸筒在其走向行程终端时封住活塞和缸盖之间的部分油液，强迫它从小孔或细缝中挤出，以产生很大的阻力，使工作部件受到制动，逐渐减慢运动速度，达到避免活塞和缸盖相互撞击的目的。

图 4-22（a）是一种环状间隙式缓冲装置。当缓冲柱塞进入与其相配的缸盖上内孔时，孔中的液压油只能通过间隙δ排出，使活塞速度降低，由于配合间隙δ不变，故随着活塞运动速度的降低，缸盖上内孔起缓冲作用。如图 4-22（b）所示，环状间隙缓冲装置的凸台也可做成圆锥凸台（圆锥锥角为α），缓冲效果较好。图 4-22（c）是一种节流口面积可变式缓冲装置，在缓冲柱塞上开有三角槽，随着柱塞逐渐进入配合孔中，其节流面积越来越小，解决了在行程最后阶段缓冲作用过弱的问题。图 4-22（d）是一种节流口面积可调式缓冲装置，当缓冲柱塞进入配合孔之后，油腔中的油只能经节流阀排出，缓冲作用也可调节，但仍不能解决速度减低后缓冲作用减弱的缺点。

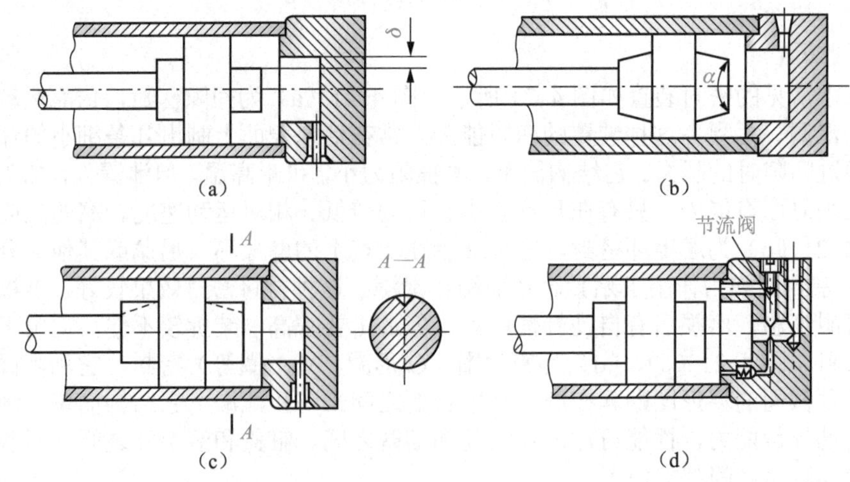

图 4-22　液压缸的缓冲装置

5. 排气装置

液压缸在安装过程中或长时间停放重新工作时，液压缸里和管道系统中会渗入空气，为了防止执行元件出现爬行、噪声和发热等不正常现象，需把缸中和系统中的空气排出。一般可在液压缸的最高处设置进出油口把气带走，也可在最高处设置如图 4-23（a）所示的放气孔或专门的排气阀（图 4-23（b）、（c））。

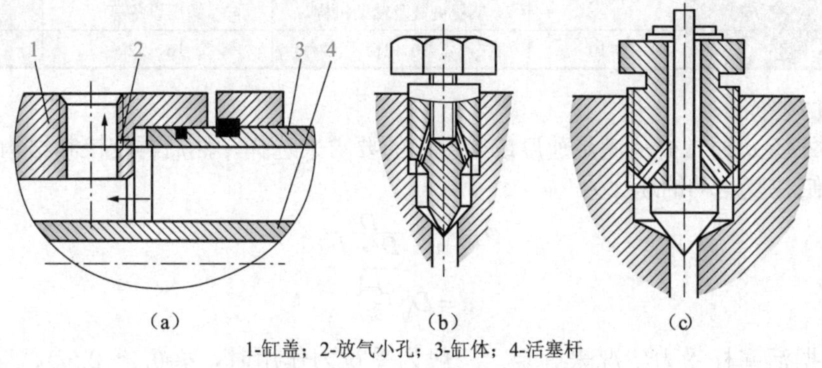

1-缸盖；2-放气小孔；3-缸体；4-活塞杆

图 4-23　排气装置

4.3.3　液压缸的设计计算

液压缸是液压传动的执行元件，它和主机工作机构有直接的联系，对于不同的机种和机构，液压缸具有不同的用途和工作要求。因此，在设计液压缸之前，必须对整个液压系统进行工况分析，编制负载图，选定系统的工作压力（详见第 9.2.2 节及表 9-1），然后根据使用要求选择结构类型，按负载情况、运动要求、最大行程等确定其主要工作尺寸，进行强度、稳定性和缓冲验算，最后进行结构设计。液压缸的设计内容和步骤如下：

（1）选择液压缸的类型和各部分结构形式。

（2）确定液压缸的工作参数和结构尺寸。

（3）结构强度、刚度的计算和校核。

（4）导向、密封、防尘、排气和缓冲等装置的设计。

（5）绘制装配图、零件图、编写设计说明书。

下面着重介绍几项设计工作。

1．计算液压缸的结构尺寸

液压缸的结构尺寸主要有：缸筒内径 D、活塞杆外径 d 和缸筒长度 L 等。

1）缸筒内径 D

当无杆腔进油驱动负载时，设液压缸排油压力为零，机械效率为 η_m，则

$$D=\sqrt{\frac{4F}{\pi p\eta_m}} \tag{4-30}$$

当有杆腔进油驱动负载时，设液压缸排油压力为零，活塞杆直径为 d，则

$$D=\sqrt{\frac{4F}{\pi p\eta_m}+d^2} \tag{4-31}$$

上面计算式中，若综合考虑排液腔对活塞产生的背压，活塞和活塞杆处密封及导套产生的摩擦力，以及运动件质量产生的惯性力等的影响，一般取机械效率 $\eta_m=0.8\sim0.9$。液压缸工作压力可按推荐表4-1 选取。计算得出的液压缸内径和活塞杆内径必须圆整，根据液压设计手册取标准值。

表 4-1　液压执行元件的工作压力推荐表

设备类型	机床	农业机械、汽车工业、小型工程机械及辅助机构	工程机械、重型机械、锻压设备等	船用系统
工作压力/MPa	＜10	10～16	16～32	12～25

2）活塞杆外径 d

活塞杆外径 d 通常先从满足速度或速度比的要求来选择，然后再校核其结构强度和稳定性。设液压缸往复运动的速比为

$$\varphi=\frac{v_2}{v_1}=\frac{D^2}{D^2-d^2}$$

$$d=D\sqrt{\frac{\varphi-1}{\varphi}} \tag{4-32}$$

也可根据活塞杆受力状况来确定，一般为受拉力作用时，d=0.3～0.5D。受压力作用：p_1＜5MPa 时，d=0.5～0.55D；5MPa＜p_1＜7MPa 时，d=0.6～0.7D；p_1＞7MPa 时，d=0.7D。

3）缸筒长度 L

缸筒长度 L 由最大工作行程长度加上各种结构需要来确定，即

$$L=l+B+A+M+C$$

式中，l 为活塞的最大工作行程；B 为活塞宽度；A 为活塞杆导向长度；M 为活塞杆密封长度，由密封方式定；C 为其他长度。

一般缸筒的长度最好不超过内径的 20 倍。

4）最小导向长度 H

液压缸的结构尺寸还有最小导向长度 H。当活塞杆全部外伸时，从活塞支承面中点到导向套滑动面中点的距离称为最小导向长度 H（图 4-24）。如果导向长度过小，将使液压缸的初始挠度（间隙引起的挠度）增大，影响液压缸的稳定性，因此设计时必须保证有一个最小导向长度。

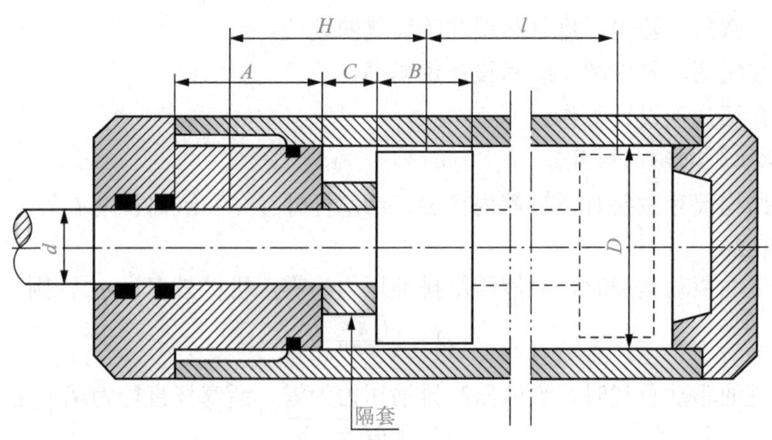

图 4-24　油缸的导向长度

对于一般的液压缸，其最小导向长度应满足：

$$H\geqslant\frac{l}{20}+\frac{D}{2} \tag{4-33}$$

式中，l 为液压缸最大工作行程（m）；D 为缸筒内径（m）。

一般活塞杆的导向长度 A，在 D＜80mm 时取 A=（0.6～1.0）D，在 D＞80mm 时取 A=

（0.6～1.0）d；活塞的宽度 B 则取 B=（0.6～1.0）D。为保证最小导向长度，过分增大 A 和 B 都是不适宜的，最好在导向套与活塞之间装一隔套（图 4-24），隔套宽度 C 由所需的最小导向长度决定，即

$$C = H - \frac{A+B}{2} \tag{4-34}$$

采用隔套不仅能保证最小导向长度，还可以改善导向套及活塞的通用性。

2. 强度校核

在高压系统中必须对液压缸的缸筒壁厚δ、活塞杆直径 d 和液压缸盖固定螺栓的直径进行强度校核。

（1）缸筒壁厚校核。缸筒壁厚校核时分薄壁和厚壁两种情况，当 $D/\delta \geqslant 10$ 时为薄壁，壁厚按下式进行校核：

$$\delta \geqslant \frac{p_{\mathrm{t}} D}{2[\sigma]} \tag{4-35}$$

式中，D 为缸筒内径；p_{t} 为缸筒试验压力，当缸的额定压力 $p_{\mathrm{n}} \leqslant 16\mathrm{MPa}$ 时取 $p_{\mathrm{t}}=1.5p_{\mathrm{n}}$，当 $p_{\mathrm{n}} > 16\mathrm{MPa}$ 时取 $p_{\mathrm{t}}=1.25p_{\mathrm{n}}$；$[\sigma]$为缸筒材料的许用应力，$[\sigma]=\sigma_b/n$，$\sigma_b$ 为材料的抗拉强度，n 为安全系数，一般取 n=5。

当 $D/\sigma < 10$ 时为厚壁，壁厚按下式进行校核：

$$\delta \geqslant \frac{D}{2}\sqrt{\frac{[\sigma]+0.4p_{\mathrm{t}}}{[\sigma]-1.3p_{\mathrm{t}}}} - 1 \tag{4-36}$$

（2）活塞杆直径校核。活塞杆的直径 d 按下式进行校核：

$$d \geqslant \sqrt{\frac{4F}{\pi[\sigma]}} \tag{4-37}$$

式中，F 为活塞杆上的作用力；$[\sigma]$为活塞杆材料的许用应力，$[\sigma]=\sigma_b/n$，$n \geqslant 1.4$。

在使用式（4-36）、式（4-37）进行校核时，若液压缸缸筒与缸盖采用半环连接，δ应取缸筒壁厚最小处的值。

（3）液压缸盖固定螺栓直径校核。液压缸盖固定螺栓直径按下式计算：

$$d \geqslant \sqrt{\frac{5.2kF}{\pi Z[\sigma]}} \tag{4-38}$$

式中，F 为液压缸负载；Z 为固定螺栓个数；k 为螺纹拧紧系数，k=1.12～1.5；$[\sigma]=\sigma_s$/（1.2～2.5），σ_s 为材料的屈服极限。

3. 液压缸稳定性校核

活塞杆受轴向压缩负载时，其直径 d 一般不小于长度 L 的 1/15。当 $L/d \geqslant 15$ 时，须进行稳定性校核，应使活塞杆承受的力 F 不能超过使它保持稳定工作所允许的临界负载 F_{k}，以免发生纵向弯曲，破坏液压缸的正常工作。F_{k} 的值与活塞杆材料性质、截面形状、直径和长度以及缸的安装方式等因素有关，验算可按材料力学有关公式进行。

4. 缓冲计算

液压缸的缓冲计算主要是估计缓冲时缸中出现的最大冲击压力，以便用来校核缸筒强度、制动距离是否符合要求。缓冲计算中如发现工作腔中的液压能和工作部件的动能不能全部被缓冲腔所吸收时，制动中就可能产生活塞和缸盖相碰现象。

液压缸在缓冲时，缓冲腔内产生的液压能 E_1 和工作部件产生的机械能 E_2 分别为

$$E_1=p_c A_c l_c \tag{4-39}$$

$$E_2=p_p A_p l_c+\frac{1}{2}mv^2-F_f l_c \tag{4-40}$$

式中，p_c 为缓冲腔中的平均缓冲压力；p_p 为高压腔中的油液压力；A_c、A_p 为缓冲腔、高压腔的有效工作面积；l_c 为缓冲行程长度；m 为工作部件质量；v 为工作部件运动速度；F_f 为摩擦力。

式（4-40）中等号右边第一项为高压腔中的液压能，第二项为工作部件的动能，第三项为摩擦能。当 $E_1=E_2$ 时，工作部件的机械能全部被缓冲腔液体所吸收，由式（4-39）和式（4-40）得

$$p_c=\frac{E_2}{A_c l_c} \tag{4-41}$$

如缓冲装置为节流口可调式缓冲装置，在缓冲过程中的缓冲压力逐渐降低，假定缓冲压力线性降低，则最大缓冲压力（即冲击压力）为

$$p_{c\max}=p_c+\frac{mv^2}{2A_c l_c} \tag{4-42}$$

如缓冲装置为节流口变化式缓冲装置，则由于缓冲压力 p_c 始终不变，最大缓冲压力的值如式（4-41）所示。

4.3.4 模拟控制液压缸和数字控制液压缸

液压缸与控制阀、检测元件等集成为一体，可以组成复合式液压缸。模拟信号控制的电液伺服液压缸和数字（值）信号控制的电液步进液压缸就是其中两种常见形式。

1. 模拟控制液压缸

模拟控制液压缸即电液伺服（或比例）液压缸，如图 4-25 所示，它是以液压缸作为主体，将电液伺服（或比例）阀、溢流阀、节流器等叠加在一起的集成电液执行元件。当输入一定的电流时，液压缸活塞便在压力油推动下移动与电流量成比例的位移。液压缸活塞杆内装有位移传感器，它把位移量转变为电量，再经放大后，作为反馈信号输出。将控制阀叠加在缸体上能有效地缩短阀到液压缸之间的管道长度，提高系统的动态性能。溢流阀起安全阀作用，防止液压缸过载。节流器起调整控制系统动态阻尼的作用，可根据不同工况进行调整，以提高系统的动态稳定性。

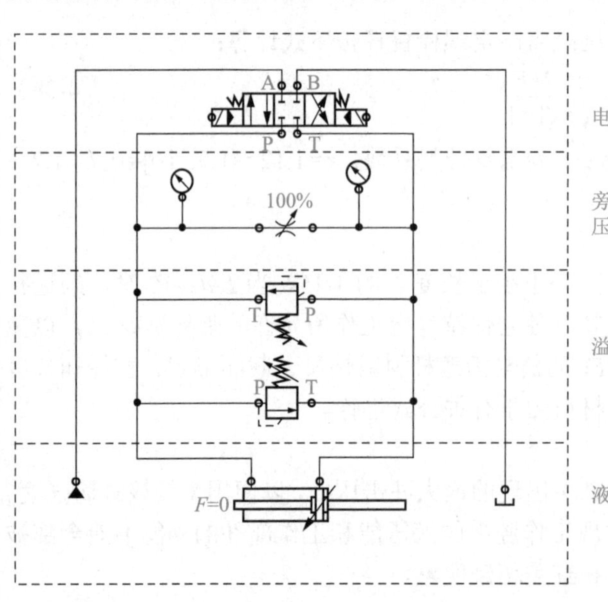

图 4-25 模拟控制液压缸工作原理图

2. 数字（值）控制液压缸

数字（值）控制液压缸是将活塞或缸体的位移量进行数字化，其位移量可以通过转换实现数字化，直接通过控制器完成采集，同时也为微机提供活塞或缸

体的数字化位移量。在结构上，通常指将步进或伺服电机、液压滑阀、闭环位置反馈设计组合在液压缸内部，接通液压油源，所有的功能直接通过数字缸控制器或计算机或可编程逻辑控制器（PLC）发出的数字脉冲信号来完成长度矢量控制。

图 4-26 为数字控制电液步进液压缸工作原理图，它通常由步进电动机和液压放大器两部分组成。为了选择速比和增大传动转矩，二者之间有时加设减速齿轮。步进电动机又叫脉冲电动机，可将数控电路输入的电脉冲信号转换为角位移量输出，它是一种模数（A/D）转换装置。对步进电动机输入一个或一组电脉冲，其输出轴转过一步矩角。由于步进电动机功率较小，须通过液压力放大器对功率放大后再去驱动负载。

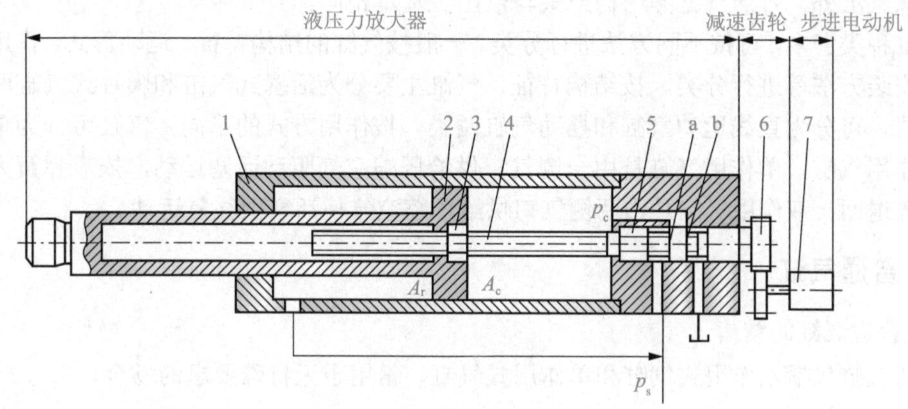

（a）单出杆差动连接液压缸

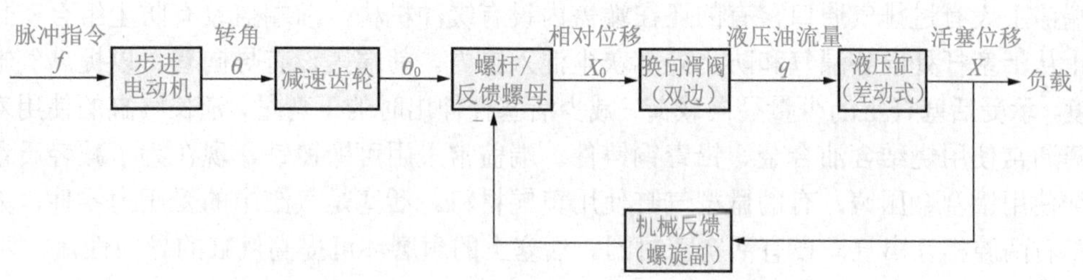

（b）工作原理图

1-缸体；2-活塞；3-反馈螺母；4-螺杆；5-阀芯；6-减速齿轮；7-步进电动机

图 4-26　数字控制电液步进液压缸工作原理图

液压力放大器是一个直接位置反馈式液压伺服机构，它由控制阀、活塞缸和螺杆-反馈螺母组成。图 4-26（a）所示电液步进液压缸为单出杆差动连接液压缸，可采用三通双边滑阀来控制。压力油 p_s 直接引入有杆腔，无杆腔内压力 p_c 受阀芯 5 的棱边控制，若差动液压缸两腔的面积比 $A_r : A_c$=1:2，空载稳态时，$p_c = p_s / 2$，活塞 2 处于平衡状态，阀口 a 处于某个稳定状态。在指令输入脉冲作用下，步进电动机 7 带动阀芯 5 旋转，活塞及反馈螺母 3 尚未动作，螺杆 4 对反馈螺母 3 做相对运动，阀芯 5 左移，阀口 a 开大，$p_c > p_s / 2$，于是活塞 2 向左运动，活塞杆外伸，与此同时，同活塞 2 联成一体的反馈螺母 3 带动阀芯 5 右移，实现了直接位置负反馈，使阀口 b 关小，开口量及 p_c 值又恢复到初始状态。如果输入连续的脉冲，则步进电动机连续旋转，活塞杆便随着外伸；反之，输入反转脉冲时，步进电动机反转，活塞杆内缩。

活塞杆外伸运动时，阀口的棱边 a 为工作边。活塞杆内缩时，阀口的棱边 b 为工作边，如果活塞杆上存在着外负载力 F_L，稳态平衡时，$p_c \neq p_s / 2$。通过螺杆螺母之间的间隙泄漏到空心活塞杆腔内的油液可经螺杆 4 的中心孔引至回油腔。

电液步进液压缸的工作原理方框图如图 4-26（b）所示。电液步进液压缸也有采用四通滑阀（四边）控制单杆液压缸。

4.4 气　缸

气缸能够实现直线往复运动并做功，是气动系统中使用最广泛的一种气动执行元件。除几种特殊气缸外，普通气缸的结构形式与液压缸基本相同。

气缸种类繁多，可按不同方法进行分类。一般按气缸的结构特征、运动形式、作用方式、功能或安装方法等进行分类。按结构特征，气缸主要分为活塞式气缸和膜片式气缸两种。按运动形式，可分为直线运动气缸和摆动气缸两类。按作用方式的不同，气缸可分为单作用气缸和双作用气缸，单作用气缸是由一侧气口供给压缩空气驱动活塞运动，依靠弹簧力、外力或自重等退回；双作用气缸是由两侧气口供给压缩空气使活塞做往复运动。

4.4.1 普通气缸

1. 普通气缸的结构

普通气缸包括双作用式气缸和单作用式气缸，常用于无特殊要求的场合。

1）双作用式气缸

图 4-27 所示为单杆双作用气缸的结构图，它由缸筒、端盖、活塞、活塞杆和密封件等组成。端盖上设有进排气通口，有的还在端盖内设有缓冲机构。前端盖设有防尘组合密封圈，以防止从活塞杆处向外漏气和防止外部灰尘混入缸内。前端盖设有导向套，以提高气缸的导向精度，承受活塞杆上的少量径向载荷，减少活塞杆伸出时的下弯量，延长气缸的使用寿命。导向套通常使用烧结含油合金、铅青铜铸件。端盖常采用可锻铸铁，现在为了减轻质量并防锈，常使用铝合金压铸，有的微型气缸使用黄铜材料。活塞是气缸中的受压力零件，为防止活塞左右两腔相互窜气，设有活塞密封圈。活塞上的耐磨环可提高气缸的导向性。

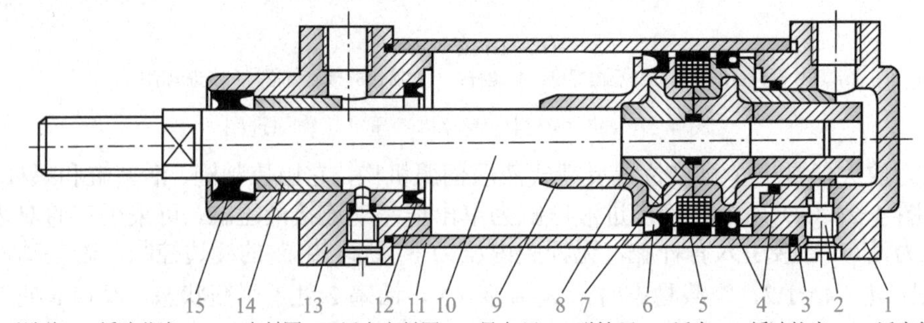

1-后端盖；2-缓冲节流；3、7-密封圈；4-活塞密封圈；5-导向环；6-磁性环；8-活塞；9-缓冲柱塞；10-活塞杆；11-缸筒；12-缓冲密封圈；13-前端盖；14-导向套；15-防尘组合密封圈

图 4-27　单杆双作用气缸

当从无杆腔端的气口输入压缩空气时，若气压 p 作用在活塞上的力克服了运动摩擦力及负载等各种反作用力，则气压力推动活塞前进，而有杆腔内的空气经出气口 O 排入大气，使活塞杆伸出。同样，当有杆腔端气口输入压缩空气，其气压力克服无杆腔的反作用力及摩擦力时，则活塞杆退回至初始位置。通过无杆腔和有杆腔交替进气和排气，活塞杆伸出和退回，

气缸实现往复直线运动。

2）单作用气缸

单向作用方式常用于小型气缸，其结构如图 4-28 所示。在气缸的一端装有使活塞杆复位的弹簧，另一端的缸盖上开有气口。除此之外，其结构基本上与双作用气缸相同。其特点是，弹簧压缩后的长度使气缸全长增加。

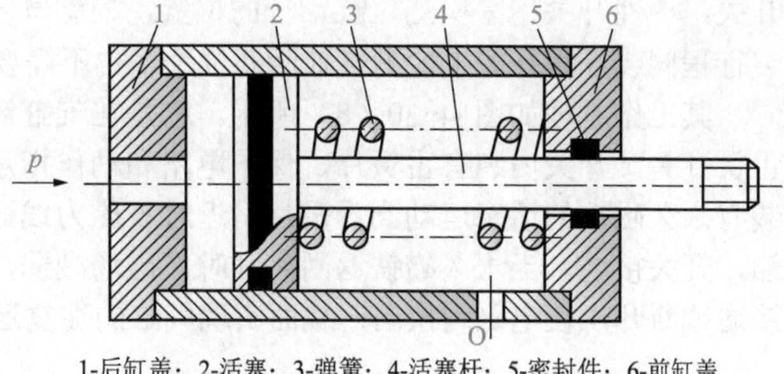

1-后缸盖；2-活塞；3-弹簧；4-活塞杆；5-密封件；6-前缸盖

图 4-28 普通单作用气缸

2. 气缸的缓冲

气缸缸盖上未设缓冲装置的气缸称为无缓冲气缸，缸盖上设有缓冲装置的气缸称为缓冲气缸。无缓冲气缸适用于微型气缸、小型单作用气缸和短行程气缸。缓冲气缸的缓冲装置可分为气垫缓冲（一般为可调的，也称为气压缓冲）、弹性垫缓冲（一般为固定的），都属于内缓冲。当气缸本身的缓冲能力不足时，为避免撞坏气缸盖及设备，应在外部设置液压缓冲器吸收冲击能，液压缓冲器属于外缓冲。

4.4.2 特殊气缸

为了满足不同的工作需要，在普通气缸的基础上，通过改变或增加气缸的部分结构，设计开发出多种特殊气缸。

1. 薄膜式气缸

薄膜式气缸是一种利用压缩空气通过膜片推动活塞杆做往复直线运动的气缸，其外形如图 4-29（a）所示，它由缸体、膜片、膜盘和活塞杆等主要零件组成。其功能类似于活塞式气缸，它分单作用式和双作用式两种，分别如图 4-29（b）、（c）所示。膜片气缸的功能类似于活塞式气缸，工作时，膜片在压缩空气的作用下推动活塞杆运动。

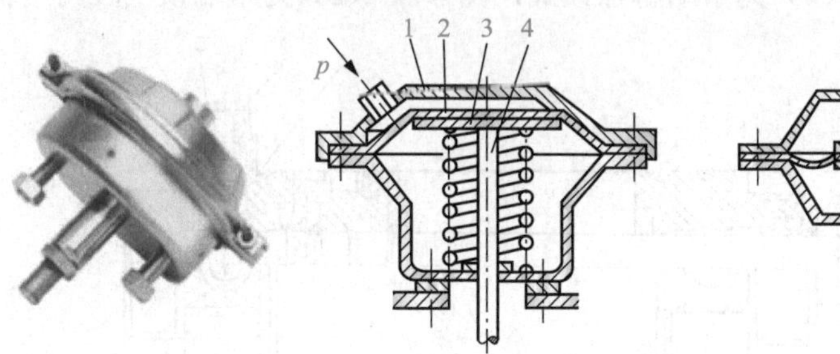

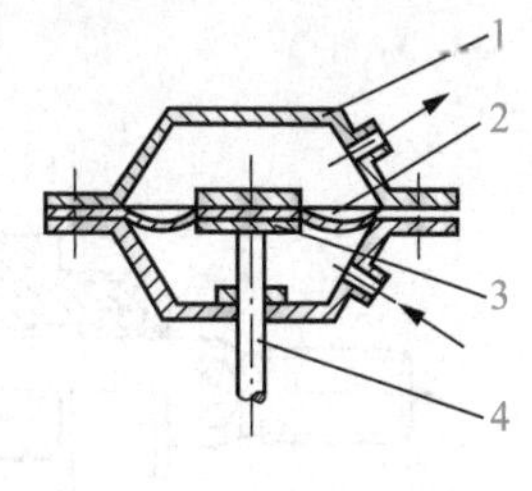

（a）薄膜式气缸外形　（b）单作用式　（c）双作用式

1-缸体；2-膜片；3-盘膜；4-活塞杆

图 4-29 薄膜式气缸

薄膜式气缸的膜片可以做成盘形膜片和平膜片两种形式。膜片材料为夹织物橡胶、钢片或磷青铜片。常用的是夹织物橡胶，橡胶的厚度为 5～6mm，有时也可用 1～3mm。金属式膜片只用于行程较小的薄膜式气缸中。它的优点是结构简单紧凑、维修方便、体积小、重量轻、成本低、密封性好、不易漏气、加工简单、无磨损件等，适用于行程短的场合。缺点是行程短，一般不超过 50mm。平膜片的行程更短，约为其直径的 1/10。

2. 磁性开关气缸

磁性开关气缸（图 4-30（a））是指在气缸的活塞上安装有磁环，在缸筒上直接安装磁性开关，磁性开关用来检测气缸行程的位置，控制气缸往复运动。因此，就不需要在缸筒上安装行程阀或行程开关来检测气缸活塞位置，也不需要在活塞杆上设置挡块。

其工作原理如图 4-30（b）所示。它是在气缸活塞上安装永久磁环，在缸筒外壳上装有舌簧开关。开关内装有舌簧片、保护电路和动作指示灯等，均用树脂塑封在一个盒子内。当装有永久磁铁的活塞运动到舌簧片附近时，磁力线通过舌簧片使其磁化，两个簧片被吸引接触，开关接通。当永久磁铁返回离开时，磁场减弱，两簧片弹开，则开关断开。由于开关的接通或断开，使电磁阀换向，从而实现气缸的往复运动。

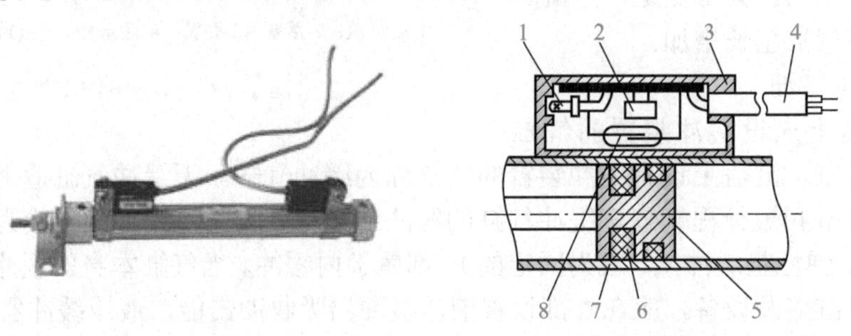

（a）外形结构　　（b）工作原理

1-动作指示灯；2-保护电路；3-开关外壳；4-导线；5-活塞；6-磁环；7-缸筒；8-舌簧开关

图 4-30　磁性开关气缸

3. 锁紧气缸

带有锁紧装置的气缸称为锁紧气缸，按锁紧位置分为行程末端锁紧型和任意位置锁紧型。

1）行程末端锁紧型气缸

如图 4-31（a）所示，当活塞运动到行程末端，气压释放后，锁定活塞 1 在弹簧力的作用下插入活塞杆的卡槽中，活塞杆被锁定。供气加压时，锁定活塞 1 缩回退出卡槽而开锁，活塞杆便可运动。图 4-31（b）为手动解除锁式，图 4-31（c）为带端锁气缸的结构外形。

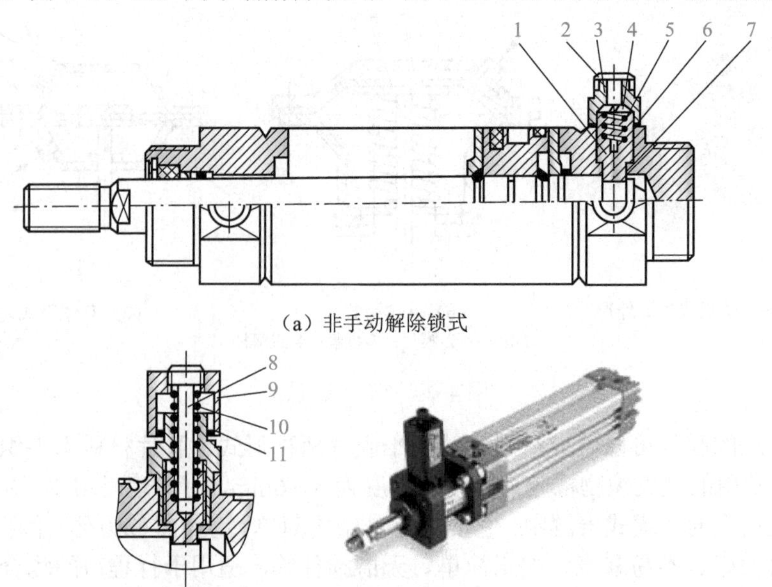

（a）非手动解除锁式

（b）手动解除锁式　　（c）结构外形

1-锁定活塞；2-橡胶帽；3-阀套；4-缓冲垫圈；5-锁用弹簧；6-密封件；7-导向套；8-螺钉；9-旋钮；10-弹簧；11-限位环

图 4-31　带端锁气缸的结构原理

2）任意位置锁紧型气缸

按锁紧方式可分为卡套锥面式、弹簧式和偏心式等多种形式。卡套锥面式锁紧装置的结构原理如图 4-32 所示，由锥形制动活塞 6、制动瓦 1、制动臂 4 和制动弹簧 7 等构成。作用在锥形锁紧活塞上的弹簧力由于楔的作用而被放大，再由杠杆原理得到放大。这个放大的作用力作用在制动瓦 1 上，把活塞杆锁紧。要释放对活塞的锁紧，向供气口 A 供应压缩空气，把锁紧弹簧力撤掉。

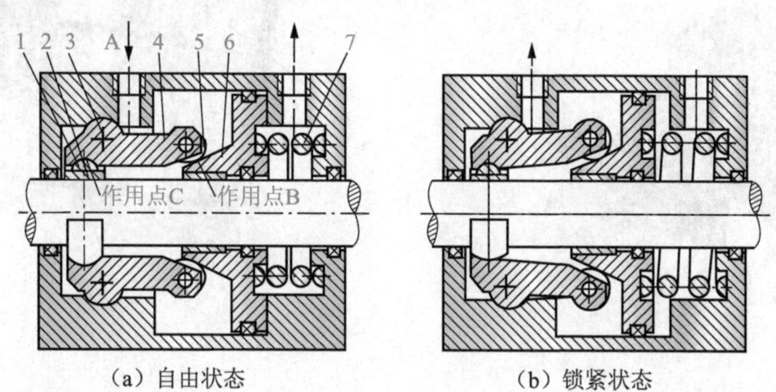

（a）自由状态　　（b）锁紧状态

1-制动瓦；2-制动瓦座；3-转轴；4-制动臂；5-压轮；6-锥形制动活塞；7-制动弹簧

图 4-32　卡套锥面式锁紧装置工作原理

4.5　工程应用案例：码头移动式登船梯

码头移动式登船梯具有由液压系统控制的回转运动机构和浮梯上下变幅运动结构，其结构示意图如图 4-33 所示，梯架的上下变幅运动回路，可以在登船梯到达指定位置且机械锁紧固定在码头上后，通过左右摆臂油缸拉起浮梯梯架，回转运动机构通过液压马达将浮梯转动至对准舰艇甲板，再通过上下变幅运动回路的左右摆臂油缸放下梯架。

图 4-33　码头移动式登船梯示意图

（1）图 4-34 为回转运动机构示意图，回转运动机构主要由下移动座和上转动台组成，且上转动台支撑在下移动座上通过液压马达带动浮梯实现回转。上转动台的转矩为 55.96kN·m，回转速度为 0.12～0.16r/min，选择相应的液压马达。

（2）梯架上下变幅运动回路示意图如图 4-35 所示，压紧油缸压紧时最大压紧力为 13t 的力，设计油缸的主要参数，并进行相应的强度校核。

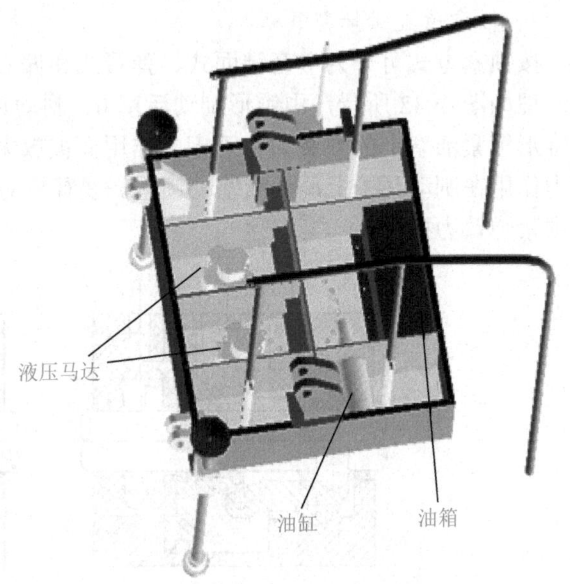

图 4-34　回转运动机构示意图

图 4-35　上下变幅运动回路示意图

【解答】

1. 选择液压马达

根据要求，回转速度为 0.12～0.16r/min，现在取回转速度为 0.14r/min，即 50.4(°)/min，即角速度为

$$\omega=0.84(°/s)=0.84\times\pi/180=0.0147\text{rad/s}$$

变幅运动回路，据式（4-6）得

$$\Delta pV=2\pi T=2\times 3.14\times 55.96\times 10^{3}=35\ (\text{MPa}\cdot\text{L/r})$$

根据装置需要，确定全回转式登船梯装置的液压马达选用曲轴连杆式低速大转矩液压马达 2 台，型号为 NHM2-200，主要参数如下：排量为 207ml/r，额定工作压力为 20MPa，转矩为 2×611N·m。

2. 设计并校核油缸的主要参数

1）油缸主要几何尺寸的计算

根据要求，压紧油缸压紧时最大压紧力为 13t 的力，现进行计算确定执行元件油缸的主要参数：缸筒内径 D、活塞杆直径 d、最大工作行程 S。

（1）油缸内径计算

液压系统的执行元件为液压缸时，其工作压力可以根据最大负载或者主机类型进行选择。下面采用第二种原则选取执行元件的工作压力。根据表 4-1，本套液压系统是压紧打捆机控制系统，属船用系统工程机械，故选取工作压力为 12～25MPa 内，现选取工作压力为 21MPa。

将 $F=1.3\times10^5$N，$p=15$MPa 分别代入计算式（4-30）中，忽略摩擦损失（即机械效率为 100%），得

$$D=\sqrt{\frac{4F}{\pi p}}=\sqrt{\frac{4\times 0.13}{21\pi}}=0.089\text{m}$$

查手册，将内径 D 按 GB/T 2348—1993《液压气动系统及元件　缸内径及活塞杆外径》圆整成近似标准值得

$$D = 0.125\text{m}$$

（2）活塞杆直径计算

压紧油缸工作时只承受轴向载荷，活塞杆直径可以按简单拉压强度计算。此时，活塞杆直径应满足式（4-37），活塞杆材料一般为45钢，其许用应力：$[\sigma]=\dfrac{\sigma_s}{n}$，其中$\sigma_s$为材料的屈服强度，45钢为355MPa，$n$为安全系数，一般取大于1.4，现取$n$=3，经计算可知45钢的许用应力为$[\sigma]=118\text{MPa}$。

将$[\sigma]$和F代入计算公式，得

$$d=\sqrt{\frac{4F}{\pi[\sigma]}}=0.037\text{m}$$

由于活塞杆上开有键槽，削弱了活塞杆的强度，为保证能够正常工作，适当增加活塞杆直径，以保证其足够的强度和刚度，根据国标GB/T 2348—1993中的规定，将活塞杆直径圆整为$d=63\text{mm}$。

（3）最大工作行程S的确定

液压缸的工作行程S主要依据机构的运动要求而定。根据厂家提供的数据，压紧油缸前伸距离为100mm，取液压缸的行程为100mm。

2）液压缸结构参数的确定及校核

（1）缸筒壁厚

① 缸径选择：油缸可以按标准液压缸外径选取，上面已经计算出液压缸缸筒内径，查手册可知，当工作压力小于16MPa，缸筒内径为125mm时，缸筒外径为152mm。

② 厚度校核：当D=125mm，δ=13.5mm时，缸筒内径与壁厚的比算出为9.6，即按厚壁缸筒校核。下面是校核过程。

缸筒材料为45钢，由式（4-36）得

$$\delta \geqslant \frac{D}{2}\sqrt{\frac{[\sigma]+0.4p_t}{[\sigma]-1.3p_t}}-1=\frac{0.125}{2}\left(\sqrt{\frac{100+0.4\times 18.75}{100-1.3\times 18.75}}-1\right)-12\text{mm}$$

式中，$[\sigma]$为材料的许用应力，45钢许用应力为118MPa；p_t为测试压力，取工作压力的1.25倍，即p_t=15×1.25=18.75MPa。

比较得壁厚δ=13.5mm符合要求。

（2）活塞杆直径d的校核

在计算活塞杆长度时，当活塞杆受到轴向压缩负载超过某一临界值会失去稳定性，所以要按材料力学有关公式进行稳定性校核。活塞杆主要承受压应力的作用，将以上数据代入式(4-37)得：d=51 mm。上面设计过程中可知活塞杆直径为63mm，显然符合要求。

练　习　题

4-1　液压马达的排量V=120ml/r，入口压力p_1=11MPa，出口压力p_2=0.5MPa，容积效率η_V=0.95，机械效率η_m=0.90，若输入流量q=60L/min，求马达的转速n、转矩T、输入功率P_i和输出功率P_o各为多少？

4-2　由定量泵和定量马达组成的系统，泵的排量V_p=0.115ml/r，泵直接由n_p=1000r/min的电机带动，马达的最大排量$V_{M\max}$=0.148 ml/r，回路最大压力$p_{\max}$=83×10^{5}Pa，泵和马达的总

效率均为 0.84，机械效率均为 0.9，在不计管阀等的压力损失时，试求：

（1）马达最大转速 n_{Mmax} 和在该转速下的功率 P_M；

（2）在这些条件下，电动机供给的转矩 T_P；

（3）整个系统功率损失的百分比。

4-3 有一变量泵，在调压工作区间，当负载 p_1 =9MPa 时，输出流量为 q_1=85L/min，而负载 p_2 =11MPa 时，输出流量为 q_2 =82L/min。用此泵带动一排量 V_M=0.07L/r 的液压马达，当负载转矩 T_M= 110N · m 时，液压马达的机械效率 η_{Mm}=0.9，转速 n_M= 1000r/min，求此时液压马达的总效率。

4-4 如题 4-4 图所示，淬火炉的顶盖由一个单作用缸提起，活塞杆上承受负载为 9kg，已知顶盖的行程为 250mm，活塞面积为 2cm²，泵的流量为 3L/min，计算以下值：负载压力、前进行程速度和时间。

4-5 设计一单杆活塞液压缸，已知负载 F=5kN，活塞与液压缸的摩擦阻力为 F_f=0.8kN，液压缸的工作压力为 6MPa，试确定液压缸内径 D。若活塞最大运动速度为 0.04m/s，系统的泄漏损失为 6%，应选用多大流量的液压泵？若泵的总效率为 0.86，不计管路压力损失，电动机的驱动功率为多少？

动画

4-6 如题 4-6 图示变速缸，a、b 为进油口，c 为回油口，已知 D=200mm，d_1=160mm，d=40mm，液压泵的流量 q=60L/min，求：液压泵仅往 a 口输油时活塞的运动速度和泵同时往 a、b 两口输油时活塞的运动速度。

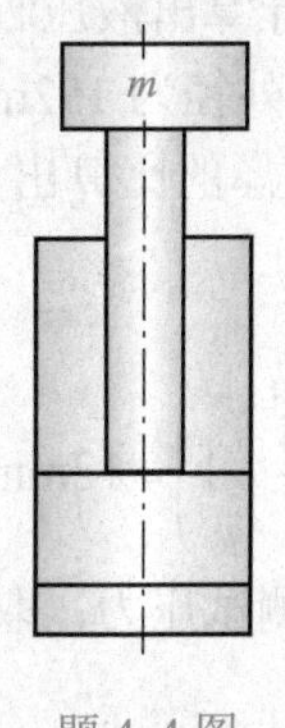

题 4-4 图

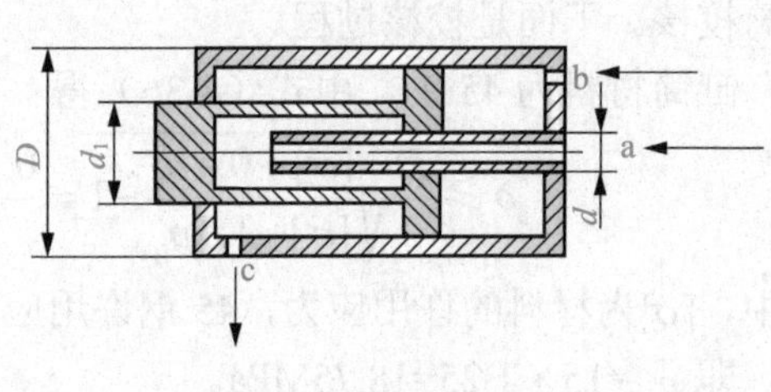

题 4-6 图

4-7 一单杆液压缸快进时采用差动连接，快退时油液输入缸的有杆腔，设缸快进、快退时的速度均为 0.1m/s，工进时杆受压，推力为 25000N。已知输入流量 q = 25L/min，背压 p_2=2 × 10⁵Pa，试求：

（1）缸和活塞杆直径 D、d；

（2）缸筒材料为 45 钢时缸筒的壁厚。

4-8 题 4-8 图所示为两个结构相同相互串联的液压缸，无杆腔的面积 A_1=120 × 10^{-4}m²，有杆腔的面积 A_2=80 × 10^{-4}m²，缸 1 的输入压力 p_1 =1.2MPa，输入流量 q=15L/min，不计摩擦损失和泄漏，试求：

（1）两缸承受相同负载（F_1=F_2）时，该负载的数值及两缸的运动速度；

（2）缸 2 的输入压力是缸 1 的一半（$p_2 = \frac{1}{2} p_1$）时，两缸各能承受多少负载？

（3）缸 1 不承受负载（F_1=0）时，缸 2 能承受多少负载？

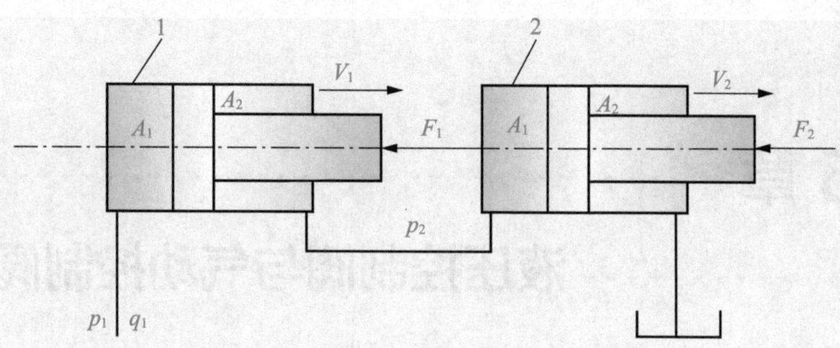

题 4-8 图

4-9　单作用气缸内径 D=90mm，工作压力 p=0.5MPa，气缸负载率 η=0.6，复位弹簧最大反作用力为 300N，求此缸的有效推力（N）。

4-10　单杆双作用气缸内径 D=0.08m，活塞杆直径为 d=28mm，工作压力 p=0.40MPa，气缸负载率 η=0.6，求气缸的推力和拉力。如果活塞最大速度为 200mm/s，往复一次的耗气量是多少？

第5章 液压控制阀与气动控制阀

液压与气动系统外负载的方向、大小、速度在工作过程中会发生变化，因此要求液压与气动系统中流体的方向、压力、流量能被调节和控制，有时还需利用流体压力信号来实现对系统的控制。本章将讲述对流体方向、压力、流量进行控制的液压、气动控制阀，介绍利用流体压力信号进行控制的液压、气动元件。在图5-1（a）所示的液压机中，滑块运动方向、冲压过程中的负载大小、运动的速度，都需要根据工作要求进行调节和控制。图5-1（b）所示为气动压力机，气缸运动方向、气缸中气体的压力、气缸运动的速度等也需要根据工作要求进行调节。上述两种设备都要运用本章即将讲述的液压阀、气动阀来实现控制和调节功能。那么，液压机有哪些类型的液压控制元件？气动压力机有哪些气压控制元件？典型液压、气压控制元件是如何工作的？不同的液压系统、气压系统对控制元件性能的要求有哪些？

（a）液压机

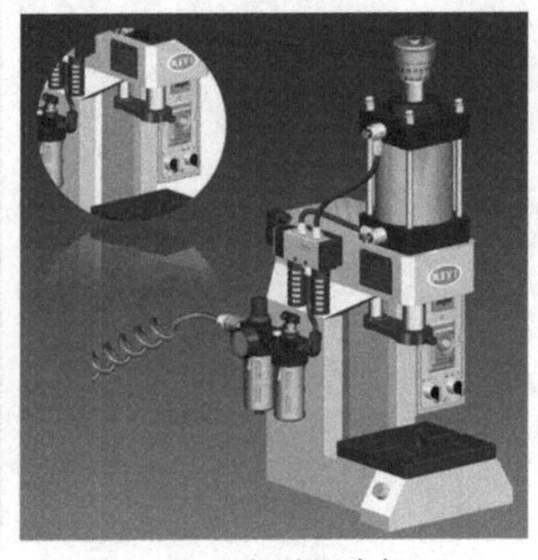

（b）气动压力机

图5-1　压力机

本章知识要点

（1）掌握各类液压、气动控制阀的工作原理、结构特点、图形符号。

（2）掌握主要液压、气动控制阀的性能要求、应用场合。

兴趣实践

观察液压缸、气缸的运动状态（启停、运动方向、快慢）是如何实现调节的？通过实验，观察如何调定液压泵的出口压力的大小？

探索思考

如何实现液压控制阀、气动控制阀的自动控制？如何提高液压控制阀、气动控制阀的控制精度？

预习准备

本章将学习液压控制阀和气动控制阀的工作原理、结构特点以及应用场合，请回顾各类孔口流动的压力流量方程，预习液压控制阀、气动控制阀的基本工作原理。

5.1　液压控制阀概述

5.1.1　液压阀简介

1. 液压阀的功能

液压阀的功能是控制液压系统中液流的方向、压力和流量，从而控制整个液压系统的全部功能，如系统的工作压力，执行机构的动作顺序，工作部件的运动速度、方向，以及变换频率，输出力或转矩等。液压阀的性能关系到液压系统能否正常工作。图 5-2 为液压阀。

图 5-2　液压阀

2. 液压阀的基本结构

液压阀的基本结构主要包括阀芯、阀体和驱动阀芯在阀体内做相对运动的控制装置。阀芯的主要形式有滑阀、锥阀和球阀；阀体上除有与阀芯配合的阀体孔或阀座孔外，还有外接油管的进出油口；驱动方式可以是手动、机动、电磁驱动、液动、电液动。

3. 液压阀的性能参数

1）公称通径

公称通径代表阀的通流能力大小，对应于阀的额定流量。选型时，阀的进出油口连接的油管的规格应与阀的通径相一致。阀工作时的实际流量应小于或等于它的额定流量，最大不得大于额定流量的 1.1 倍。

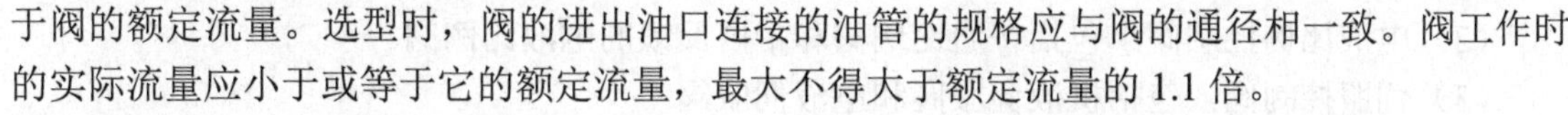

2）额定压力

额定压力为液压控制阀长期工作所允许的最高压力。对于压力控制阀，实际最高压力有时还与阀的调压范围有关；对于换向阀，实际最高压力还可能受其功率极限的限制。

4. 对液压阀的基本要求

（1）动作灵敏、使用可靠、工作时冲击和振动要小。

（2）阀口全开时，液流压力损失小；阀口关闭时，密封性能好。

（3）所控制的参数（压力或流量）稳定，受外干扰时变化量要小。

（4）结构紧凑，安装、调试、维护方便，通用性好。

5.1.2　液压阀的分类

1. 根据用途分类

（1）方向控制阀：控制和改变液压系统中液流方向的阀类，如普通单向阀、液控单向阀、换向阀等。

（2）压力控制阀：控制或调节液压系统液流压力或利用压力信号进行控制的阀类，如溢流阀、减压阀、顺序阀、压力继电器等。

（3）流量控制阀：控制或调节液压系统液流流量的阀类，如节流阀、调速阀等。

2. 根据结构形式分类

根据阀的结构形式可分为滑阀、锥阀和球阀。

滑阀（图 5-3（a））的阀芯为圆柱形、阀芯台肩的大小即直径分别为 D 和 d；与进出油口对应的阀体上开有沉割槽，一般为全圆周。阀芯在阀体孔内做相对运动，开启或关闭阀口，图中所示 x 为阀口开度。因为滑阀为间隙密封，为保证封闭油口的密封性，除阀芯与阀体孔的径向间隙尽可能小外，还需要有一定的密封长度，即滑阀的运动存在一个“死区”。

锥阀（图 5-3（b））的阀芯半锥角 α 一般为 12°～20°，有时为 45°。阀口关闭时为线密封，不仅密封性能好，而且开启阀口时无“死区”，阀芯稍有位移即开启，动作灵敏。锥阀只能有一个进油口和一个出油口，因此又称为二通锥阀。

球阀（图 5-3（c））的性能与锥阀相同。

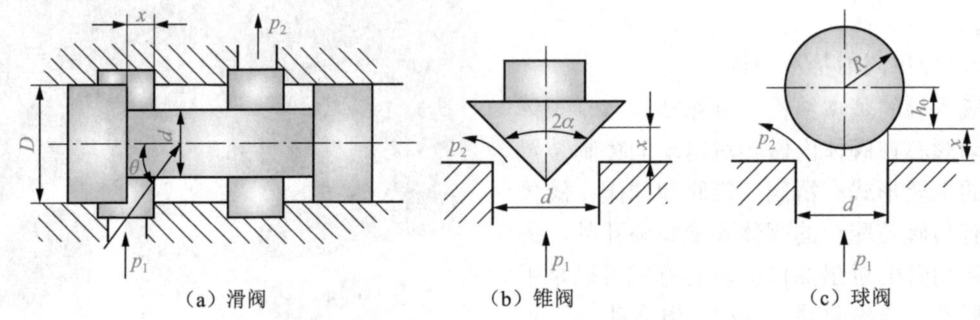

（a）滑阀　（b）锥阀　（c）球阀

图 5-3　阀的结构形式

3. 根据控制方式分类

（1）定值或开关控制阀：包括普通控制阀、插装阀、叠加阀。

（2）电液比例控制阀：包括普通比例阀和带内反馈的电液比例阀。

（3）伺服控制阀：包括机液伺服阀和电液伺服阀。

（4）数字控制阀。

4. 根据安装连接方式分类（表 5-1）

表 5-1　液压阀的安装连接方式

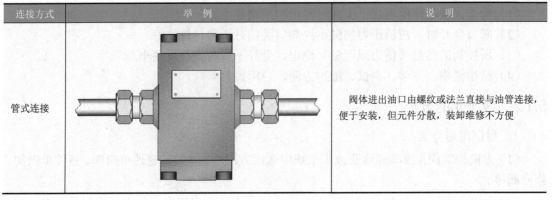

连接方式	举　例	说　明
管式连接		阀体进出油口由螺纹或法兰直接与油管连接，便于安装，但元件分散，装卸维修不方便

续表

连接方式	举　例	说　明
板式连接		阀体进出油口通过连接板与油管连接，或安装在集成块侧面由集成块沟通阀与阀之间的油路，并外接液压泵、液压缸、油箱。元件集中布置，操纵、调整、维修都比较方便
插装阀		根据不同功能将阀芯和阀套单独做成组件，插入专门设计的阀块组成回路，结构紧凑，具有互换性
叠加阀		阀的上、下面为安装面，阀的进出油口分别在这两个面上。使用时，相同通径、功能各异的阀通过螺栓串联叠加安装在底板上，对外连接的进出油口由底板引出

5.2 液压方向控制阀

微课

5.2.1 单向阀

1. 普通单向阀

普通单向阀只允许液流沿一个方向通过，反向则液流被截止。要求其正向液流通过时压力损失小，反向截止时密封性能好。如图 5-4 所示，普通单向阀由阀体、阀芯和弹簧等零件组成。阀的连接形式为螺纹管式连接。

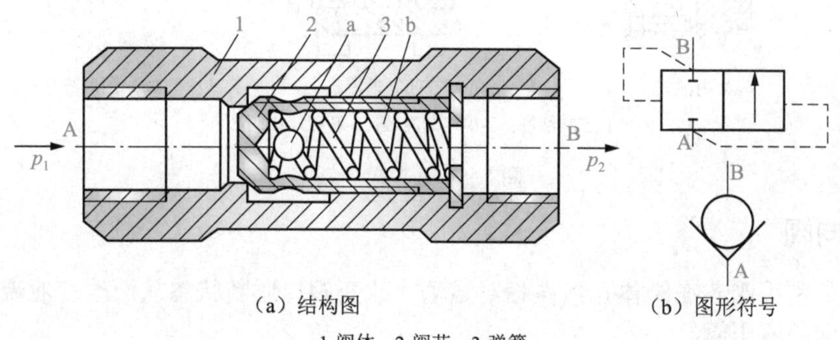

（a）结构图　　（b）图形符号

1-阀体；2-阀芯；3-弹簧

图 5-4　普通单向阀

动画

图 5-4 中普通单向阀的工作过程如下：阀体左端油口为进油 P_1，右端油口为出油 P_2。当进口来油时，压力油 P_1 作用在阀芯左端，克服右端弹簧力使阀芯右移，阀芯锥面离开阀座，阀口开启，油液经阀口、阀芯上的径向孔 a 和轴向孔 b，从右端出口流出。若油液反向，由右端油口进入，则压力油 P_2 弹簧同向作用，将阀芯锥面紧压在阀座孔上，阀口关闭，油液被截止不能通过。正向开启压力只需 0.03～0.05 MPa；反向截止时，因锥阀阀芯与阀座孔为线密封，且密封力随压力的增高而增大，因此密封性能良好。

普通单向阀的功用：①单向阀常被安装在泵的出口，一方面防止系统的压力冲击影响泵的正常工作，另一方面在泵不工作时防止系统的油液经泵倒流回油箱；②单向阀可用来分隔油路以防止干扰；③单向阀与其他阀并联组成复合阀，如单向减压阀、单向节流阀等；④当安装在系统的回油路使回油具有一定背压或安装在泵的卸荷回路使泵维持一定的控制压力时，应更换刚度较大的弹簧，则正向开启压力 $p_{1k} = 0.3 \sim 0.5\text{MPa}$。

2. **液控单向阀**

液控单向阀除进出油口 P_1、P_2 外，还有一个控制油口 **K**（图 **5-5**）。当控制油口不通压力油而通回油箱时，液控单向阀的作用与普通单向阀一样，油液只能从 P_1 到 P_2，不能反向流动。当控制油口 **K** 通压力油时，就有一个向上的液压力作用在控制活塞的下面，推动控制活塞克服单向阀阀芯上端的弹簧力顶开单向阀阀芯使阀口开启，正、反向的液流均可自由通过。液控单向阀既可以对反向液流起截止作用且密封性好，又可以在一定条件下允许正反液流自由通过，因此多用在液压系统的保压或锁紧回路。

液控单向阀根据控制活塞上腔的泄油方式不同分为内泄式（图 5-5（a））和外泄式（图 5-5（b）），前者泄油通单向阀进油口 P_1，后者直接引回油箱。为减少控制压力值，图 5-5（b）所示外泄式结构在单向阀阀芯内装有卸载阀小阀芯。控制活塞上行时先顶开卸载阀小阀芯使主油路卸压，然后再顶开单向阀阀芯，其控制压力仅为工作压力的 4.5%。没有卸载小阀芯的液控单向阀的控制压力为工作压力的 40%～50%。控制压力油油口不工作时，应使其通回油箱，否则控制活塞难以复位，使单向阀反向时不能截止液流。

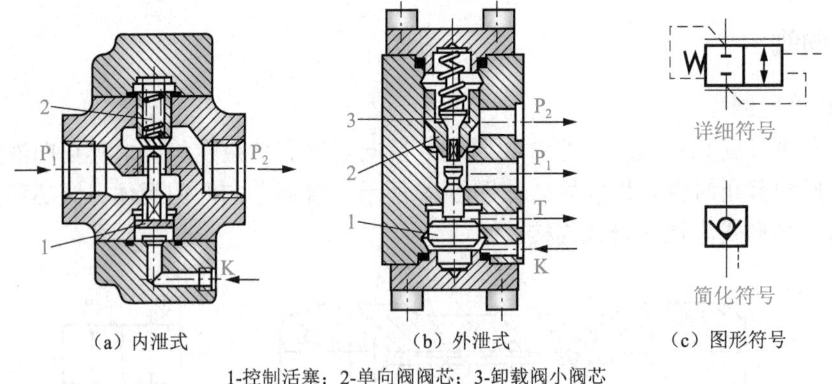

（a）内泄式　（b）外泄式　（c）图形符号

1-控制活塞；2-单向阀阀芯；3-卸载阀小阀芯

图 5-5　液控单向阀

5.2.2 换向阀

换向阀是利用阀芯在阀体孔内做相对运动，改变阀口通断状态从而改变油流方向，实现执行元件换向的液压阀。

按结构类型可分为滑阀式、转阀式和球阀式。按操作阀芯运动的方式可分为手动、机动、电磁动、液动、电液动等。按阀芯的定位方式可分为钢球定位和弹簧复位两种，其中钢球定位式的阀芯在外力撤去后可固定在某一工作位置，适合于一个工作位置须停留较长时间的场合；弹簧复位或对中式的阀芯在外力撤去后将回复到常位，适用于换向频繁且换向阀较多、要求动作可靠的场合。

1. 换向阀的工作原理及性能要求

无论是滑阀式换向阀还是转阀式换向阀，其工作原理均是依靠阀芯与阀体的相对运动而切换液流的方向。

1）滑阀式换向阀的工作原理

图 5-6 为滑阀式换向阀工作原理图，阀芯是具有若干个环槽的圆柱体，阀体孔内开有 5 个沉割槽，每个沉割槽都通过相应的孔道与主油路连通。其中 P 为进油口，T 为回油口，A 和 B 分别与油缸的左右两腔连通。当阀芯处于图 5-6（a）所示位置时，P 与 B、A 与 T 相通，活塞向左运动；当阀芯处于图 5-6（b）所示位置时，P 与 A、B 与 T 相通，活塞向右运动。

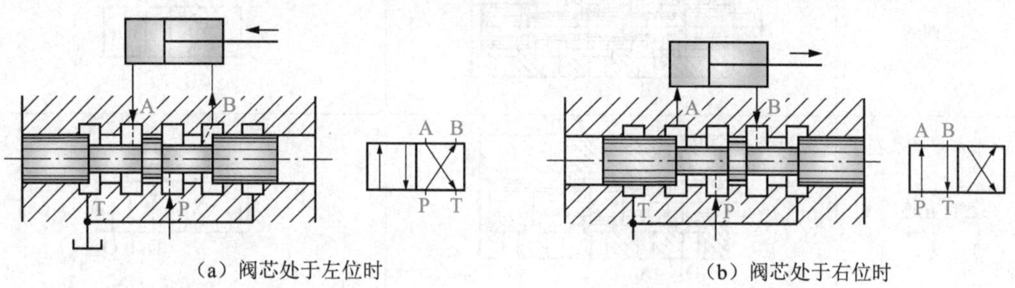

（a）阀芯处于左位时　（b）阀芯处于右位时

图 5-6　滑阀式换向阀工作原理图

动画

2）转阀式换向阀工作原理

图 5-7 为转阀式换向阀工作原理图，阀芯 1 上开有 4 个对称的圆缺，两两对应连通，阀体 2 上开有 4 个油口分别与油泵 P、油箱 T、油缸两腔 A、B 连通。当阀芯处于图 5-7（a）所示位置时，P 与 A 连通、B 与 T 连通，活塞向右运动；当阀芯处于图 5-7（b）所示位置时，P、A、B、T 均不连通，活塞停止运动；当阀芯处于图 5-7（c）所示位置时，P 与 B 连通、A 与 T 连通，活塞向左运动。

3）换向阀的职能符号

换向阀的工作状态和连通方式可用其职能符号形象地表示。由图 5-7 可知，当阀芯处于不同的工作位置时，阀体上的主油路就有不同的连通方式，其职能符号可用图 5-7（d）表示。表 5-2 列出了几种常见换向阀的结构原理及图形符号。

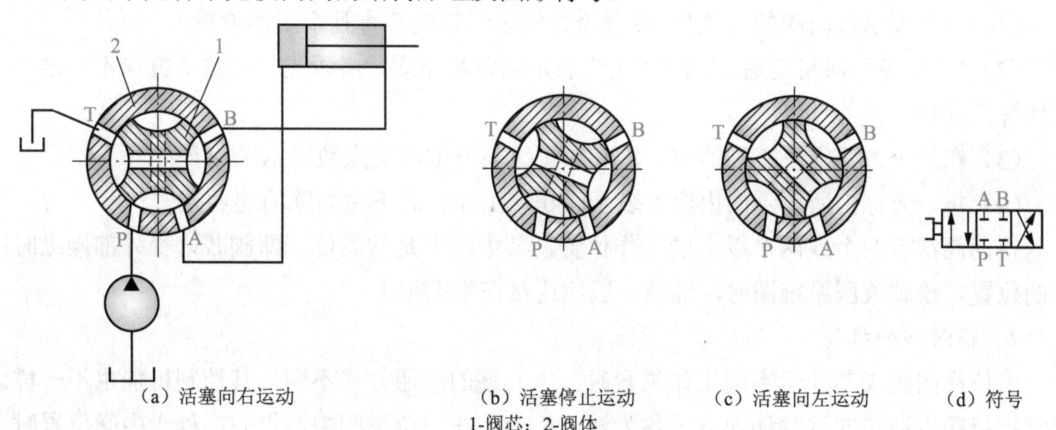

（a）活塞向右运动　（b）活塞停止运动　（c）活塞向左运动　（d）符号

1-阀芯；2-阀体

图 5-7　转阀式换向阀工作原理图

表 5-2　几种常见换向阀的结构原理及图形符号

位和通	结构原理图	图形符号
二位二通	A　B	B A
二位三通	A　P　B	A B P
二位四通	B　P　A　T	A B P T
二位五通	O_1　A　P　B　O_2	A B O_1 P O_2
三位四通	A　P　B　T	A B P T
三位五通	T_1　A　P　B　T_2	A B T_1 P T_2

由上述换向阀的典型结构，归纳其规律可知，换向阀的职能符号含义如下：

（1）方框表示换向阀的“位”，有几个方框表示该阀芯有几个工作位置。

（2）“↑”表示油路连通，“丅”“丄”表示油路被堵塞。必须指出：箭头方向不一定是油液实际的流向。

（3）在一个方框内“↑”的首、尾和“丅”与方框的交点数表示通路数。

（4）每一方框内所表示的内容，表示阀在该工作状态下主油路的连通方式。

换向阀都有两个或两个以上的工作位置，其中一个是常态位，即阀芯未受外部操纵时所处的位置。绘制液压系统图时，油路一般应连接在常态位上。

4）换向阀的机能

多位换向阀阀芯处于不同工作位置时，主油路的连通方式不同，其控制机能也不一样。通常把滑阀主油路的这种连通方式称为滑阀机能。在三位滑阀中，把阀芯处于中间位置时主油路的连通方式称为滑阀的中位机能，把阀芯处于左位（或右位）时主油路的连通方式，称为滑阀的左位（右位）机能。表 5-3 为常见三位换向阀的中位机能，包括机能代号、结构原理图、中位图形符号、机能特点和作用。

表 5-3 三位换向阀的中位机能

机能代号	结构原理图	中位图形符号	机能特点和作用
O	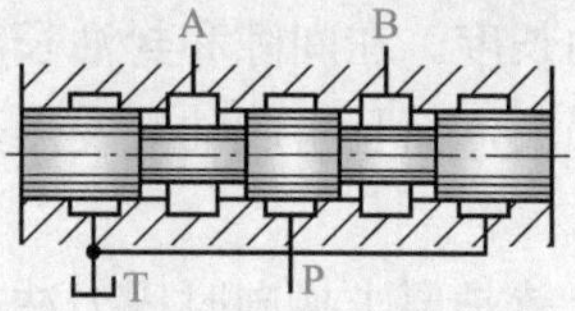		各油口全部封闭，缸两腔封闭，系统不卸荷。液压缸充满油，从静止到启动平稳；制动时运动惯性引起的液压冲击较大；换向位置精度高
H	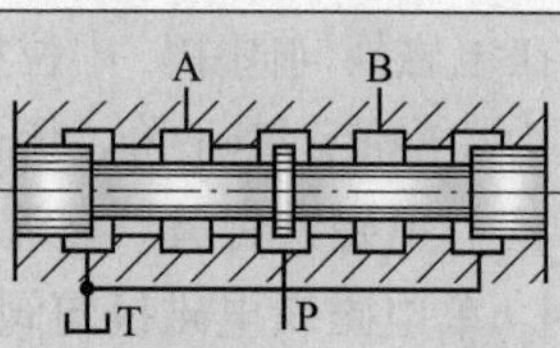		各油口全部连通，系统卸荷、缸呈浮动状态。液压缸两腔接油箱，从静止到启动有冲击；制动时油口互通，故制动比 O 形的平稳，但换向位置变动大
P	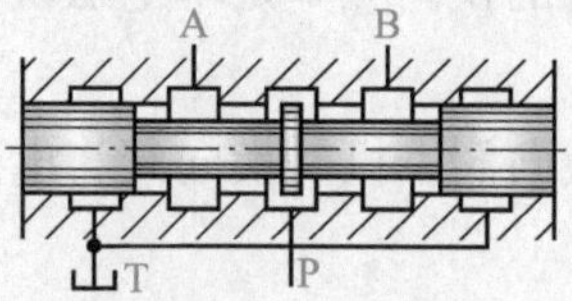	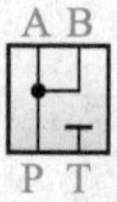	压力油口 P 与缸两腔连通，回油口封闭，可形成差动回路；从静止到启动较平稳；制动时缸两腔均通压力油，故制动平稳；换向位置变动比 H 形的小，应用广泛
Y	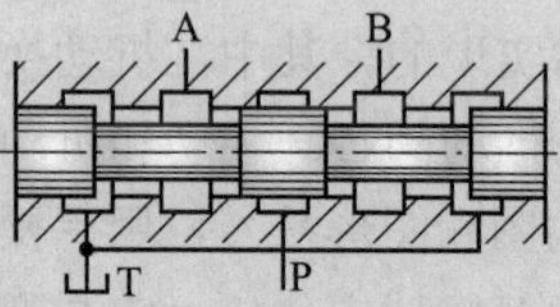	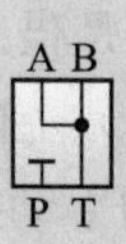	液压泵不卸荷，缸两腔通回油，缸呈浮动状态，由于缸两腔接油箱，从静止到启动有冲击，制动性能介于 O 形与 H 形之间
K	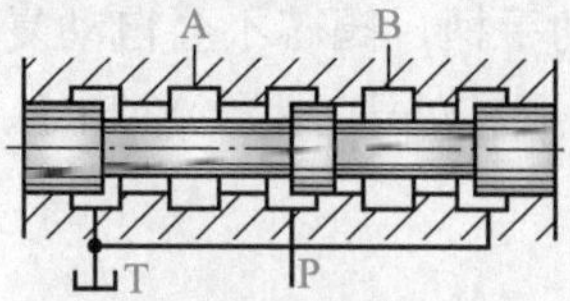		液压泵卸荷、液压缸一腔封闭，一腔接回油。两个方向换向时性能不同
M	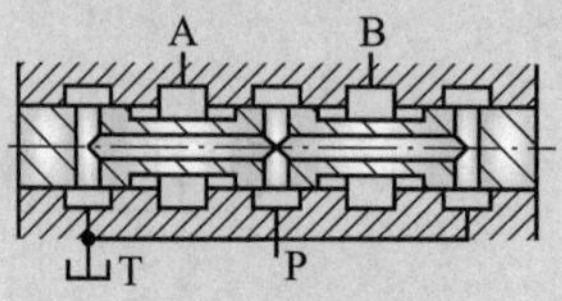		液压泵卸荷，缸两腔封闭。从静止到启动较平稳；制动性能与 O 形相同；可用于液压泵卸荷，液压缸锁紧的液压回路中
X	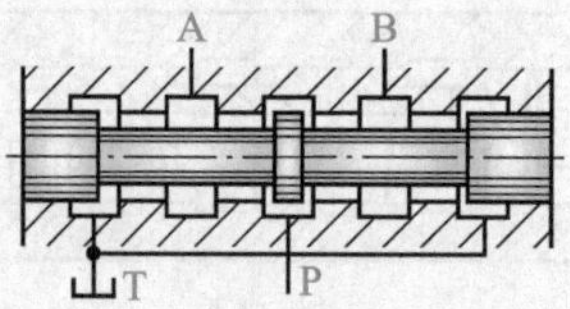		各油口半开启接通，P 口保持一定的压力；换向性能介于 O 形和 H 形之间

5）换向阀的性能

（1）换向可靠性。换向阀的换向可靠性包括两个方面：换向信号发出后，阀芯能灵敏地移到预定的工作位置；换向信号撤出后，阀芯能在弹簧力的作用下自动恢复到常位。

（2）压力损失。换向阀的压力损失包括阀口压力损失和流道压力损失。当阀体采用铸造流道，流道形状接近流线时，流道压力损失可降到很小。对于电磁换向阀，由于电磁铁行程较小，因此阀口开度仅为 1.5～2.0mm，阀口流速较高，阀口压力损失较大。换向阀的压力损失除与通流量有关外，还与阀的机能、阀口流动方向有关，一般不超过1MPa 。

（3）内泄漏量。滑阀式换向阀为间隙密封，一般应尽可能减小阀芯与阀体孔的径向间隙，并保证其同心，同时阀芯台肩与阀体孔有足够的封油长度。在间隙和封油长度一定时，内泄漏量随工作压力的增高而增大。泄漏不仅带来功率损失，而且引起油液发热，影响系统的正常工作。

（4）换向平稳性。要求换向阀换向平稳，实际上就是要求换向时压力冲击要小。手动和电液动换向阀可通过控制换向时间来改变压力冲击。在电磁换向阀中，中位机能为 H、Y、X 形的，因液压缸两腔同时通回油，换向经过中位时压力冲击值迅速下降，因此换向较平稳。

（5）换向时间和换向频率。电磁换向阀的换向时间与电磁铁有关。交流电磁铁的换向时间为 0.03～0.15s，直流电磁铁的换向时间为 0.1～0.3s。单电磁铁电磁换向阀的换向频率一般为 60 次/min，有的高达 240 次/min。双电磁铁电磁阀的换向频率是单电磁铁电磁阀的两倍。

2. 换向阀的操作方式

根据推动换向阀阀芯的移动方式，可分为手动换向阀、机动换向阀、电磁换向阀、液动换向阀、电液换向阀和气动换向阀等。

1）手动（机动）换向阀

手动和机动换向阀的阀芯运动是借助于机械外力实现的。其中，机动换向阀通过安装在液压设备运动部件（如机床工作台）上的撞块或凸轮推动阀芯。手动和机动换向阀的共同特点是工作可靠。图 5-8 为三位四通手动换向阀的结构图和图形符号，用手操纵杠杆即可推动阀芯相对阀体移动，改变工作位置。图 5-8（a）为弹簧钢球定位式，它与弹簧自动复位阀的主要区别为：手柄可在 3 个位置上任意停止，不推动手柄，阀芯不会自动复位。图 5-8（b）为弹簧自动复位式，当松开手柄时，在弹簧作用下，阀芯处于中位，油口 P、A、B、T 全部封闭。

动画

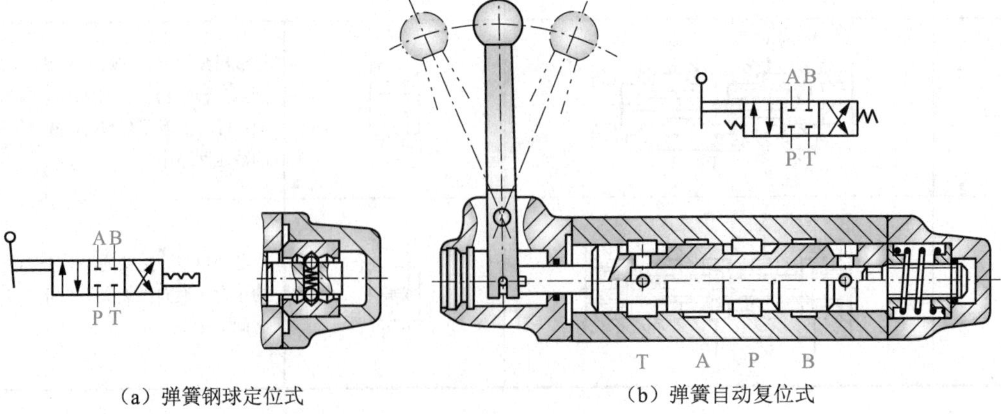

（a）弹簧钢球定位式 （b）弹簧自动复位式

图 5-8 三位四通手动换向阀

如果将多个手动换向滑阀叠加组合，则构成多路换向阀，如图 5-9 所示。多路换向阀在挖掘机等工程机械上广泛使用。多路换向阀根据油路连接方式又分为并联、串联、串并联和复合油路等。

图 5-9 多路换向阀

机动换向阀是用挡铁或凸轮推动阀芯从而实现换向的阀类，常用来控制机械运动部件的行程，故又称行程换向阀。

如图 5-10 所示，行程挡块 1 的运动速度 v 一定时，可通过改变行程挡块 1 的斜面角度来改变换向时阀芯 3 的移动速度，调节换向过程的快慢。机动换向阀结构简单，动作可靠，换向位置准确。常用于机床液压系统的速度换接回路及直接用于执行元件的换向回路中。

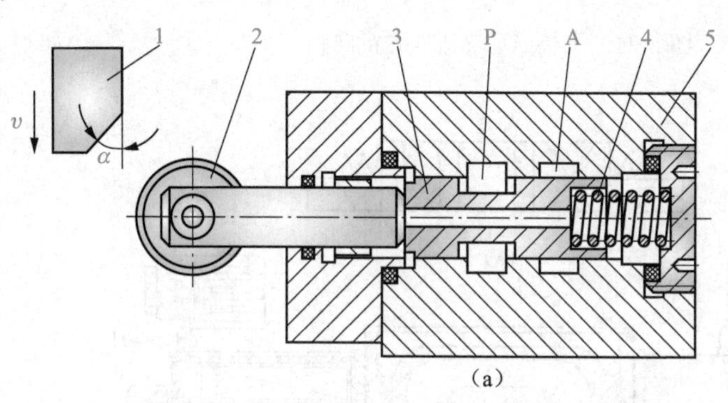

（a）

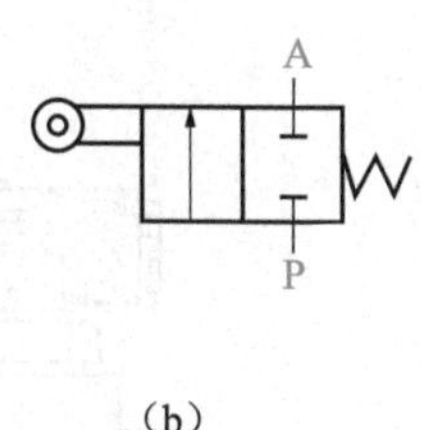

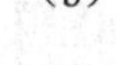
（b）

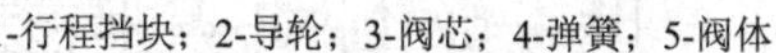
1-行程挡块；2-导轮；3-阀芯；4-弹簧；5-阀体

图 5-10 机动换向阀

动画

2）电磁换向阀

电磁换向阀是利用电磁铁的通电吸合与断电释放而直接推动阀芯来控制液流方向的。它是电气系统与液压系统之间的信号转换元件，它的电气信号由液压设备中的按钮开关、限位开关、行程开关等电气元件发出，从而可以使液压系统方便地实现各种操作及自动顺序动作。

电磁铁按使用电源的不同，可分为交流和直流两种。按衔铁工作腔是否有油液，可分为干式和湿式。交流电磁铁启动力较大，不需要专门的电源，吸合、释放快，动作时间为 0.01～0.03s，其缺点是若电源电压下降 15%以上，则电磁铁吸力明显减小，若衔铁不动作，干式电磁铁会在 1.0～15min 后烧坏线圈（湿式电磁铁为 1～1.5h），且冲击及噪声较大，寿命低，因而在实际使用中交流电磁铁允许的切换频率一般为 10 次/min，不得超过 30 次/min。直流电磁铁工作较可靠，吸合、释放动作时间为 0.05～0.08s，允许使用的切换频率较高，一般可达 120 次/min，最高可达 300 次/min，且冲击小、体积小、寿命长。但需有专门的直流电源，成本较高。此外，还有一种本整形电磁铁，其电磁铁是直流的，但电磁铁本身带有整流器，通入的交流电经整流后再供给直流电磁铁。

图 5-11（a）所示为二位三通交流电磁换向阀结构，在图示位置，油口 P 和 A 相通，油口 B 断开；当电磁铁通电时，推杆 1 将阀芯 2 推向右端，这时油口 P 和 A 断开，而与 B 相通。当电磁铁断电释放时，弹簧 3 推动阀芯复位。图 5-11（b）为其图形符号。图 5-12 为三位四通电磁换向阀的结构和图形符号。

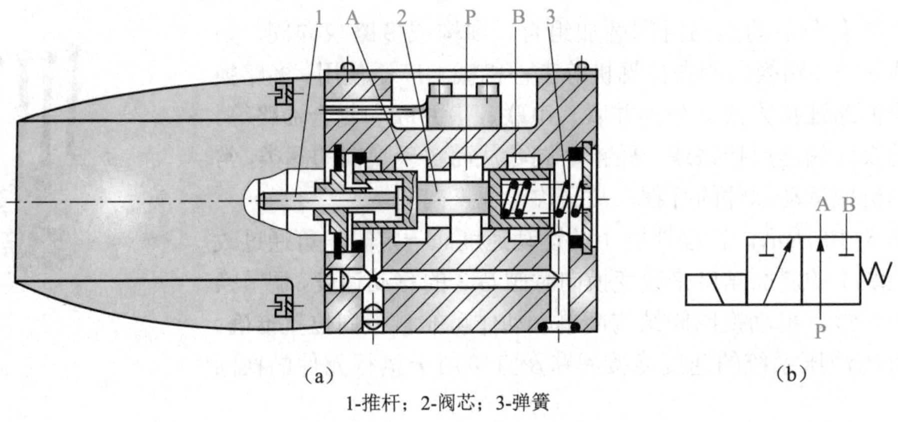

1-推杆；2-阀芯；3-弹簧

图 5-11　二位三通交流电磁换向阀

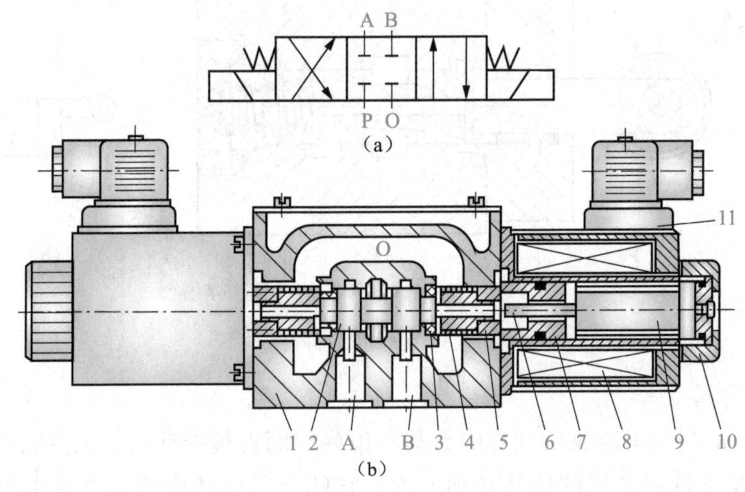

1-阀体；2-阀芯；3-定位套；4-对中弹簧；5-挡圈；6-推杆；7-环；8-线圈；9-衔铁；10-导套；11-插头组件

图 5-12　三位四通电磁换向阀

3）液动换向阀

液动换向阀是利用控制油路的压力油推动阀芯移动来实现换向的。

图 5-13（a）所示为三位四通液动换向阀的结构及其图形符号。当控制油口 K_1、K_2 都未接通压力油时，阀芯在弹簧力的作用下处于图示位置，油口都不连通，当 K_1 通入控制压力油时，阀芯在油压作用下右移，P 与 A 接通，B 与 T 接通。当 K_2 通入控制压力油时，阀芯左移，P 与 B 接通，A 与 T 接通。控制压力还可调节，液压驱动力大，可用于流量大、压力高、阀芯行程长的液压系统中，但没有电磁换向阀控制方便。如果在换向阀的控制油路上装有单向节流阀（称为阻尼器），如图 5-13（b）所示，则能使阀芯的移动速度得到调节，改善换向性能。

液动换向阀结构简单、动作可靠平稳，由于液压操纵可以给予阀芯很大的操纵力，因此适用于压力高、流量大、阀芯移动行程长的场合。

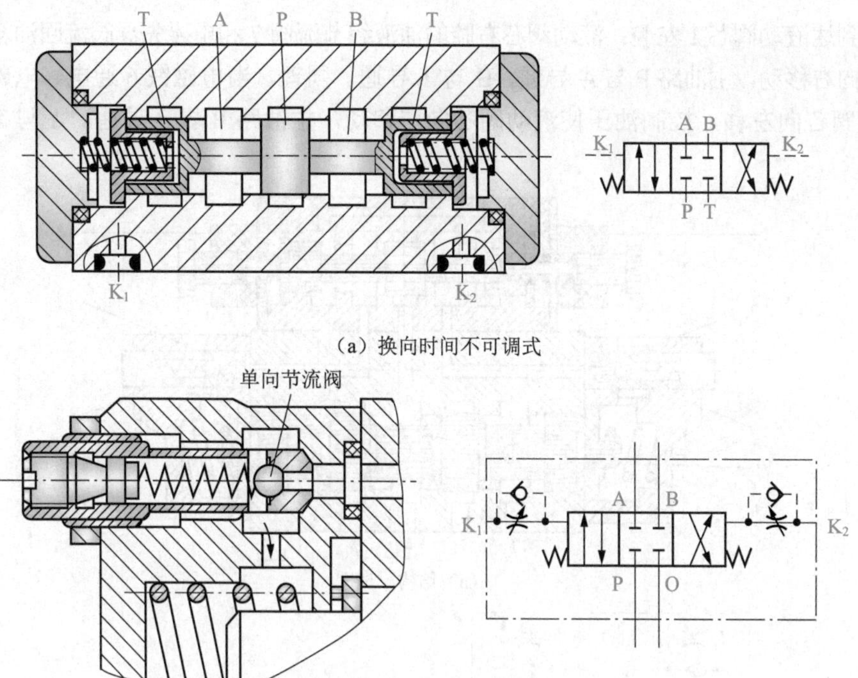

（a）换向时间不可调式

（b）换向时间可调式

图 5-13　三位四通液动换向阀

4）电液换向阀

电磁换向阀布置灵活，易于实现自动化，但电磁吸力有限，在液压传动系统处于高压和大流量的情况下难于切换。因此，当阀的通径大于 10mm 时，常用控制压力油操纵阀芯换位，即上述的液动换向阀。但液动换向阀较少单独使用，因其阀芯换位首先要用另一个小换向阀来改变控制油的流向。小换向阀可以是手动阀、机动阀或电磁阀。标准元件通常采用灵活方便的电磁阀，并将大小两阀组合在一起，即电液换向阀。在电液换向阀中，其中电磁换向阀起先导作用，用来改变控制流体的方向，从而改变起主阀作用的液动换向阀的工作位置。由于操纵主阀的液压推力可以很大，所以主阀芯的尺寸可以做得很大，允许大流量通过。这样，用较小的电磁铁就可控制较大的阀。

电液动换向阀简称电液换向阀，由电磁换向阀和液动换向阀组成，电磁换向阀为 Y 形中位机能的先导阀，用于控制液动换向阀换向；液动换向阀为 O 形中位机能的主换向阀，用于控制主油路换向。图 5-14（a）为三位四通电液换向阀结构原理图，图 5-14（b）为该阀的职能符号，图 5-14（c）为该阀的简化职能符号。在电液换向阀中，控制主油路的主阀芯不是靠电磁铁的吸力直接推动的，而是靠电磁铁操纵控制油路上的压力油液推动的，因此推力可以很大，操纵也很方便。此外，主阀芯向左或向右的移动速度可分别由节流阀 3 或 7 来调节，这就使系统中的执行元件能够得到平稳无冲击的换向，这种操纵形式的换向既可方便地换向，也可控制较大的液流流量，性能较好，适用于高压、大流量的场合。

由图 5-14（a）可知，电液换向阀的工作原理如下：当电磁铁 4、6 均不通电时，电磁阀芯 5 处于中位，控制油进口 P′ 被关闭，液动阀芯 1 两端均不通压力油，在弹簧作用下液动阀芯处于中位，主油路 P、A、B、T 互不导通；当电磁铁 4 通电时，电磁阀芯 5 处于右位，控制油 P′ 通过单向阀 2 到达液动阀芯 1 左腔；液动阀芯右腔的油液经节流阀 7 和电磁先导阀流回油箱T′，此时液动阀芯向右移动，主油路 P 与 A 导通，B 与 T 导通。同理，当电磁铁 6 通电、电磁铁 4 断电时，先导阀芯向左移，控制油压使液动阀芯向左移动，主油路 P 与 B 导通，A 与 T 导通。

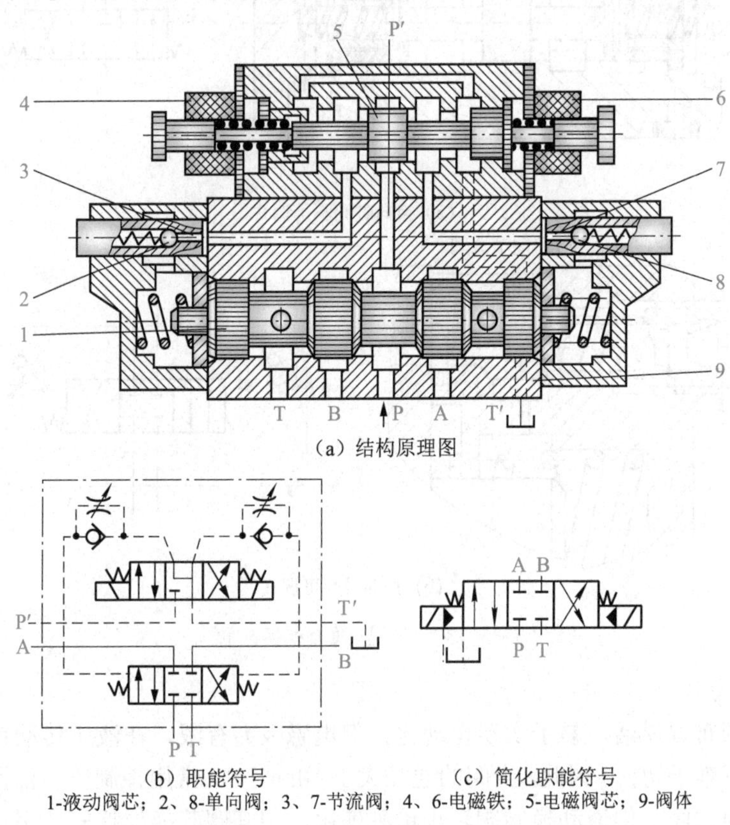

（a）结构原理图

（b）职能符号　　（c）简化职能符号

1-液动阀芯；2、8-单向阀；3、7-节流阀；4、6-电磁铁；5-电磁阀芯；9-阀体

图 5-14　三位四通电液换向阀

电液换向阀内的节流阀可以调节主阀芯的移动速度，从而使主油路的换向平稳性得到控制。有的电液换向阀无此调节装置。

5.3　压力控制阀

普通的压力控制阀包括溢流阀、减压阀、顺序阀和压力继电器，用来控制液压系统中的油液压力或通过压力信号实现控制。它们都是利用流体的压力与阀内的弹簧力相平衡的原理来工作的。

5.3.1　溢流阀

微课

溢流阀按结构分为直动型和先导型，它通常旁接在液压泵的出口保证系统压力恒定或限制其最高压力，有时也旁接在执行元件的进口，对执行元件起安全保护作用。

1. 直动型溢流阀

直动型溢流阀的阀芯有锥阀式、球阀式和滑阀式三种形式。

图 5-15 所示为用于液压系统中的低压滑阀式直动型溢流阀。其滑阀式阀芯的下端有轴向

孔，压力油经阀芯下端的径向孔、轴向阻尼孔 a 进入滑阀的底部，形成一个向上的油压作用力。当进口压力较低时，阀芯在弹簧力的作用下被压在图示的最低位置。阀口(即进油口 P 和回油口 O 之间阀内通道)被阀心封闭，阀不溢流。当阀进口压力升高，使阀芯下端的油压作用力足以克服弹簧力时，阀芯向上移动，使 P 口与 O 口相通。弹簧对阀芯的作用力可通过调节螺母 2 调节，即调节溢流阀的入口压力。

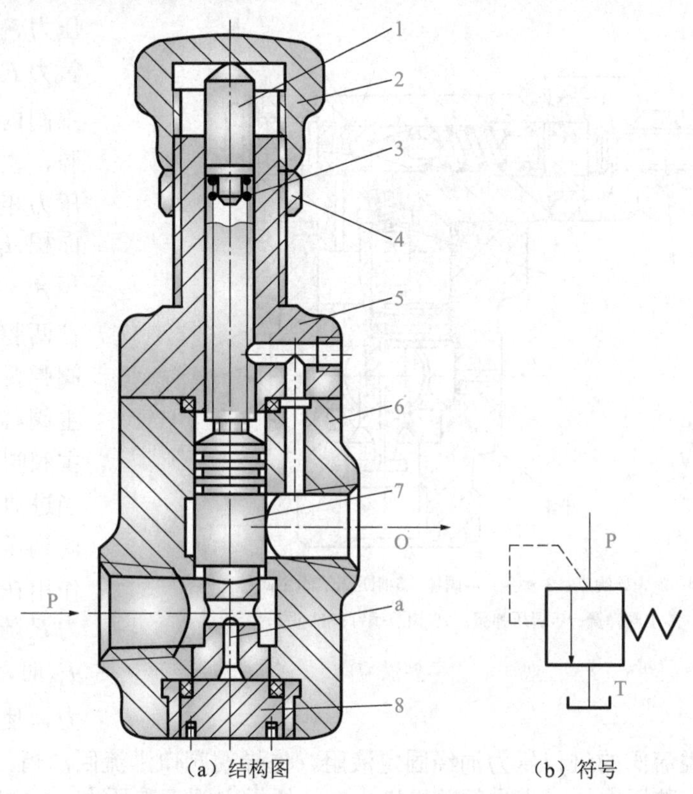

（a）结构图　（b）符号

1-推杆；2-调节螺母；3-调压弹簧；4-锁紧螺母；5-阀盖；6-阀体；7-阀芯；8-螺塞

图 5-15　滑阀式直动型溢流阀

这种溢流阀因压力油直接作用于阀芯，故称直动型溢流阀。其特点是结构简单，反应灵敏，但在工作时易产生振动和噪声，压力波动大，一般用于小流量、压力较低的场合。因控制较高压力或较大流量时，需要使用刚度较大的硬弹簧，不但手动调节困难，而且阀口开度（弹簧压缩量）略有变化便会引起较大的压力波动，因而不易稳定。

图 5-16 所示为锥阀式直动型溢流阀，针对阀口大小改变时阀口液动力和附加弹簧力变化的影响，采取对应的结构措施，节流口密封性能好，不需重叠量，可直接用于高压大流量场合，额定压力可达 40MPa，最大通流量为 330L/min。

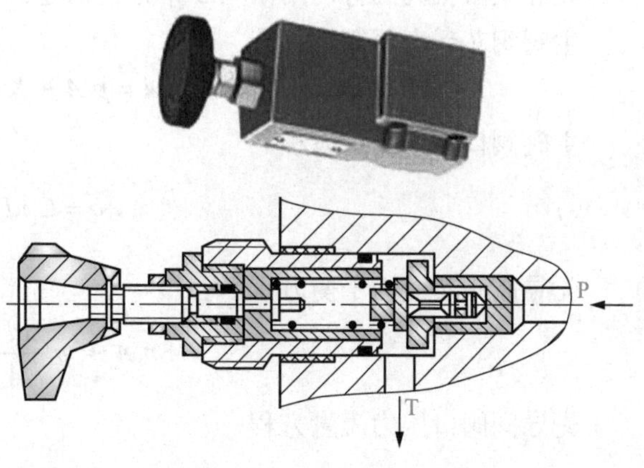

图 5-16　锥阀式直动型溢流阀

2. 先导型溢流阀

先导型溢流阀，由先导调压阀和溢流

主阀两部分组成。先导调压阀为一锥阀，起调压作用，实际上是一个小流量的直动型溢流阀；溢流主阀亦为锥阀，图 5-17 所示为三级同心结构，即主阀芯的大直径与阀体孔、锥面与阀座孔、上端直径与阀盖孔三处同心。图示位置主阀芯及先导锥阀均被弹簧压靠在阀座上，阀口处于关闭状态。压力油自阀体中部的进油口 P 进入主阀芯大直径下腔，并通过主阀芯上的阻尼孔（固定液阻）5 进入主阀芯上腔、先导锥阀前腔，对先导阀芯形成一个液压力 F_x。若液压力 F_x 小于阀芯左端弹簧力 F_{t2}，先导阀关闭，主阀内腔为密闭静止容腔，主阀芯上下两腔的压力相等。而上腔作用面积 A_1 大于下腔作用面积 A_2（一般 A_1=1.05A_2）。在两腔的液压力差及主阀弹簧力共同作用下，主阀芯紧压在阀座孔上，主阀阀口关闭，不溢流。当进油压力 p 超过先导阀调压弹簧的调定值时，作用在先导阀上的液压力 F_x 随之增大。当 $F_x \geqslant F_{t2}$ 时，液压力克服弹簧力，使先导阀芯左移，

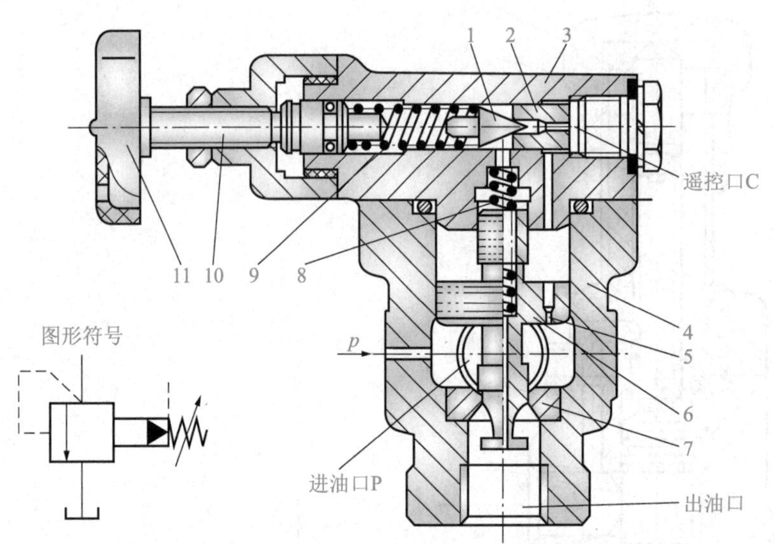

1-先导锥阀；2-先导阀座；3-阀盖；4-阀体；5-阻尼孔；6-主阀芯；7-主阀座；8-主阀弹簧；9-调压弹簧；10-调节螺钉；11-调节手轮

图 5-17 三级同心先导型溢流阀

动画

阀口开启，于是溢流阀的进口压力油经固定液阻、先导阀阀口溢流回油箱。因为固定液阻的阻尼作用，主阀上腔压力 p_1（先导阀前腔压力）将低于主阀下腔压力 p（主阀进口压力）。当压力差（$p-p_1$）足够大时，因压力差形成的向上液压力克服主阀弹簧力推动阀芯上移，主阀阀口开启，溢流阀进口压力油经主阀阀口溢流回油箱。主阀阀口开度一定时，先导阀阀芯和主阀阀芯分别处于受力平衡状态，阀口满足压力-流量方程，主阀进口压力为一个确定值。

先导型溢流阀的特性用下列 5 个方程描述。

主阀阀芯受力平衡方程：

$$pA = p_1A_1 + K_1(y_0 + y) + C_1\pi Dy\sin 2\alpha p \tag{5-1}$$

主阀阀口压力流量方程：

$$q = C_1\pi Dy\sqrt{\frac{2}{\rho}p} \tag{5-2}$$

先导阀阀芯受力平衡方程：

$$p_1A_x = p_1\frac{\pi d^2}{4} = K_2(x_0 + x) \tag{5-3}$$

先导阀阀口压力流量方程：

$$q_x = C_2 \pi dx \sin\varphi \sqrt{\frac{2}{\rho} P_1} \tag{5-4}$$

流经阻尼孔的压力流量方程：

$$q_1 = q_x = \frac{\pi \phi^4}{128 \mu l}(p - p_1) \tag{5-5}$$

式中，K_1、K_2 为主阀弹簧、先导阀弹簧刚度；y_0、x_0 为主阀弹簧、先导阀弹簧预压缩量；y、x 为主阀和先导阀开口长度；q、q_x 为流经主阀阀口和先导阀口的流量；q_1 为流经阻尼孔的流量，$q_1 = q_x$；A_1、A 为主阀上、下腔作用面积；D、d 为主阀和先导阀阀座孔直径；α、φ 为主阀芯和先导阀芯锥角；ϕ、l 为阻尼孔直径和长度；μ 为油液动力黏度；ρ 为油液密度；A_x 为先导阀座孔面积，$A_x = \frac{\pi d^2}{4}$。

与直动型溢流阀相比，先导型溢流阀具有以下特点：

（1）阀的进口控制压力是通过先导阀芯和主阀阀芯两次比较得来的，压力值主要由先导阀弹簧的预压缩量确定，流经先导阀的流量很小，溢流流量的大部分经主阀阀口流回油箱，主阀弹簧只在阀口关闭时起复位作用，弹簧力很小，有时又称为弱弹簧。

（2）因先导阀的流量很小，一般仅占主阀额定流量的 1%，即 1～5L/min，因此先导阀阀座孔直径 d 很小，即使是高压阀，先导阀弹簧的刚度也不大，因此阀的调节性能有了很大改善。

（3）主阀芯的开启利用的是阀芯压力差。该压力差即液流流经阻尼孔的压力损失。由于流经阻尼孔的流量很小，为形成足够开启阀芯的压力差，阻尼孔一般为细长小孔。

（4）先导阀前腔有一卸载和远程调压口，又称遥控口。在遥控口接电磁换向阀可共同组成电磁溢流阀，接远程调压阀则可以实现远控或多级调压。

3. 溢流阀的功用与性能

溢流阀按其作用性质不同可分为两种：一种是常开式的，其作用是调节进入系统的流量，保持系统的压力基本稳定，习惯称为溢流阀（图 5-18（a）中的 A 阀）；另一种是常闭式的，其作用是当系统的压力达到它的调定压力时，阀口就打开，使压力油直接流入油箱，以保证系统的安全，所以也称溢流安全阀（图 5-18（b））。此外用先导型溢流阀可对系统实现远程调压（图 5-18（c）），使系统卸荷（图 5-18（d））。溢流阀（一般为直动型）装在系统的回油路上，作背压用（图 5-18（a）中的 B 阀），产生一定的回油阻力，以改善执行元件的活动平稳性。

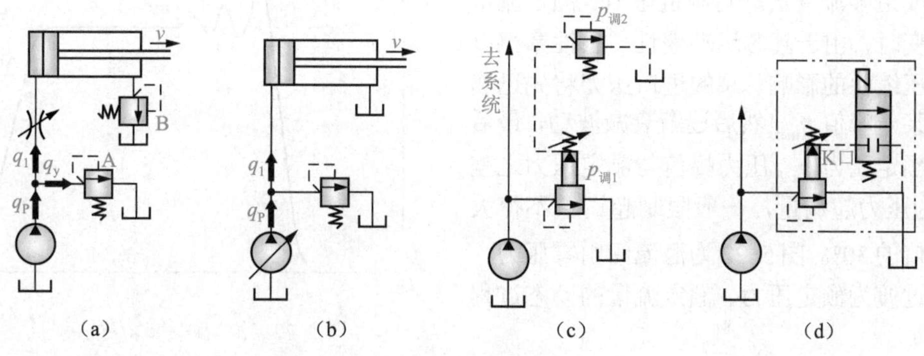

图 5-18 溢流阀的功用

溢流阀的基本性能主要如下。

1）调压范围

压力调节范围是指调压弹簧在规定的范围内调节时，系统压力平稳上升或下降的最大和最小调定压力的差值（图 5-19）。

2）压力流量特性

在溢流阀调压弹簧的预压缩量调定之后，溢流阀的开启压力 p_k 即已确定；阀口开启后溢流阀的进口压力随溢流量的增加而略为升高，流量为额定值时的压力 p_s 最高；随着流量减少阀口则反向趋于关闭，阀的进口压力降低，阀口关闭时的压力为 p_b。因摩擦力的方向不同，$p_b < p_k$。溢流阀的进口压力随流量变化而波动的性能称为压力-流量特性或启闭特性，如图 5-20 所示。压力流量特性的好坏用调压偏差 $p_s - p_k$、 $p_s - p_b$ 或开启压力比 $n_k = p_k / p_s$、闭合压力比 $n_b = p_b / p_s$ 评价。显然调压偏差小为好，n_k、n_b 大为好，一般先导型溢流阀的 $n_k = 0.9 \sim 0.95$。图 5-21 反映了先导型溢流阀比直动型溢流阀具有更小的调压偏差。

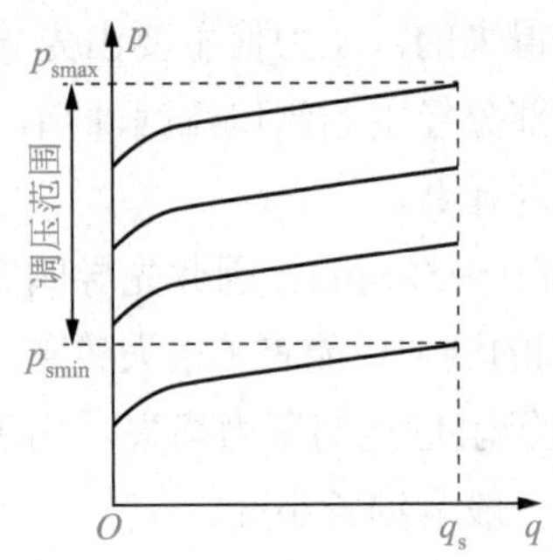

图 5-19　溢流阀的调压范围

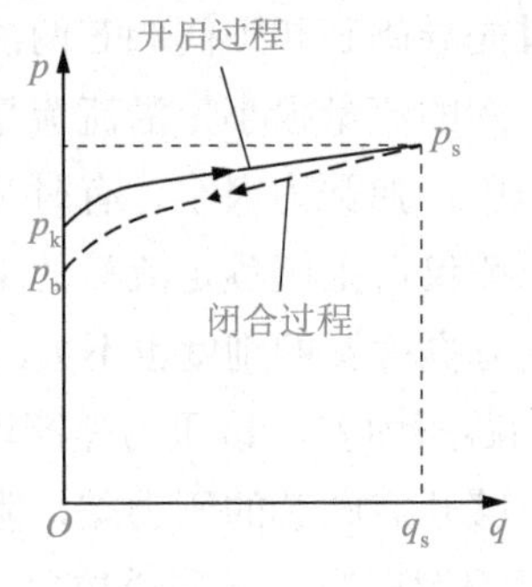

图 5-20　溢流阀的启闭特性

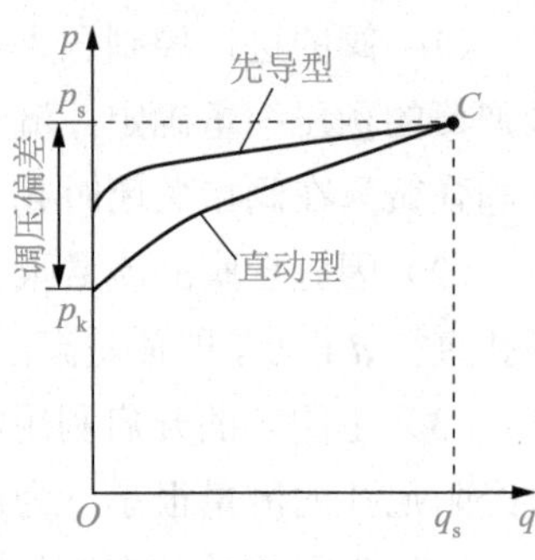

图 5-21　溢流阀的调压偏差

3）压力损失和卸载压力

当调压弹簧的预压缩量等于零，流经阀的流量为额定值时，溢流阀的进口压力称为压力损失；当先导型溢流阀的主阀芯上腔的油液经遥控口直接回油箱，主阀上腔压力 $p_1 = 0$，流经阀的流量为额定值时，溢流阀的进口压力称为卸载压力。这两种工况下，溢流阀进口压力因只需克服主阀复位弹簧力和阀口液动力，其值很小，一般小于 0.5MPa。其中“压力损失”因主阀上腔油液流回油箱需要经过先导阀，液流阻力稍大，因此压力损失略高于卸载压力。

4）压力超调量

当溢流阀由卸载状态突然向额定压力工况转变或由零流量状态向额定压力、额定流量工况转变时，由于阀芯运动惯性、黏性摩擦以及油液压缩性的影响，阀的进口压力将先迅速升高到某一峰值 p_{max} 然后逐渐衰减波动，最后稳定为额定压力 p_s。压力峰值与额定压力之差 Δp 称为压力超调量，一般限制超调量不得大于额定值的 30%。图 5-22 为溢流阀由零压力、零流量过渡为额定压力、额定流量的动态过程曲线。

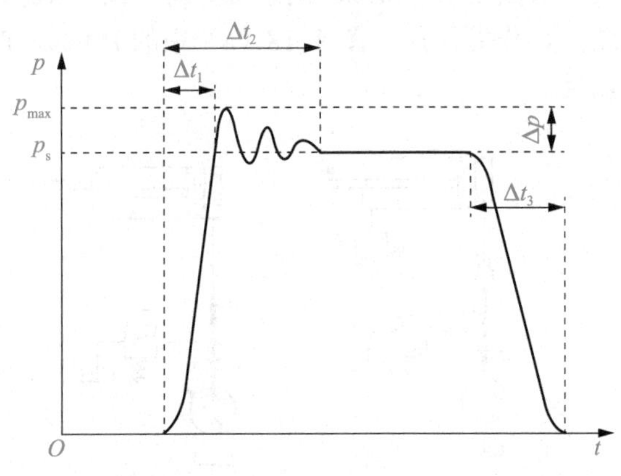

图 5-22　溢流阀的动态过程曲线

5.3.2 减压阀

微课

减压阀主要是用来减小液压系统中某一油路的压力，使这一回路得到比主系统低的稳定压力。它是一种利用液流流过缝隙时液阻产生的压力损失，使其出口压力低于进口压力的压力控制阀。按调节要求不同分为：用于保证出口压力为定值的定值减压阀；用于保证进出口压力差不变的定差减压阀；用于保证进出口压力成比例的定比减压阀。其中定值减压阀应用最广，又简称为减压阀。

减压阀的主要组成部分与溢流阀相同，外形也相似，其不同点如下：

（1）主阀芯结构不同，溢流阀主阀芯有两个台肩，而减压阀主阀芯有 3 个台肩。

（2）在常态下，溢流阀进、出口是常闭的，减压阀是常开的。

（3）控制阀口开启的油液：溢流阀来自进口油压 p_1，保证进口压力恒定；减压阀来自出口油压 p_2，保证出口压力恒定。

（4）溢流阀导阀弹簧腔的油液在阀体内引至回油口（内泄式）；减压阀的出口油液通向执行元件，因此泄漏油需单独引回油箱（外泄式）。

1. 定值减压阀

案例 5-1

减压阀与溢流阀都属于压力控制阀。

问题：

减压阀与溢流阀两者有何异同？

减压阀是利用压力油流过缝隙产生压力降这一原理工作的。图 5-23 为先导型减压阀的结构图。它由先导阀调定压力、主阀减压两个部分组成。当压力值为 p_1 的压力油进入主阀后，经减压口减压后压力降为 p_2，并从出油口流出。出口压力油又通过阀体 6 的底部和端盖上的通道 a_2 进入主阀的下腔，再经主阀上的阻尼孔 9 进入主阀上腔和先导阀右腔，作用在锥阀的阀芯上。当出油压力 p_2 低于先导阀调定压力时，先导阀关闭，阻尼孔中没有压力油通过，主阀上下两端的压力相等，在弹簧力的作用下，处于最下端，减压口全开，这时不起减压作用。当出油压力 p_2 超过先导阀的调定压力时，出油口部分液压油就会经阻尼孔9、先导阀右腔 a_1、

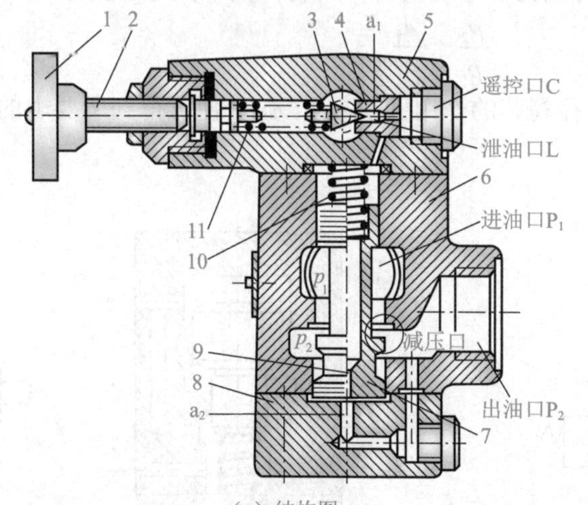

（a）结构图

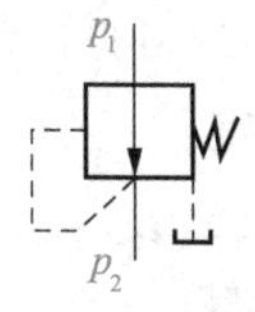

（b）直动型图形符号

动画

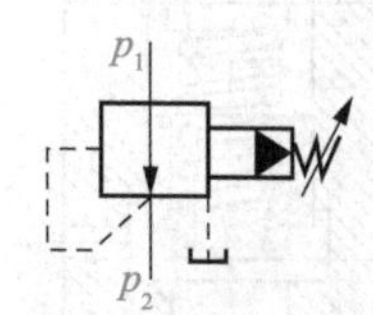

（c）先导型图形符号

1-调压手轮；2-调节螺钉；3-锥阀；4-锥阀座；5-阀盖；6-阀体；7-主阀；8-端盖；9-阻尼孔；10-主阀弹簧；11-调压弹簧

图 5-23　先导型减压阀

先导阀、阀盖上的泄油孔流回油箱，由于液压油流经阻尼孔时会产生压力降，使主阀上腔的压力低于下腔的压力，这一压力差大于弹簧力时，就促使主阀阀芯向上移动，减压口变小，这样又使压力油流经减压口时的压力降增加，从而降低了出油压力 p_2，直到作用在锥阀上的压力和调定弹簧力重新平衡，即出油压力等于调定压力为止。减压阀的出口压力大小可由先导阀进行调节。先导阀压力一旦调定，压力油经过减压阀后的压力就等于这一调定压力。

当减压阀出口不需要液压油时，即在阀出口油路的油液不再流动的情况下（如所连的夹紧支路油缸运动到终点后），由于先导阀泄油仍未停止，减压口仍有油液流动，阀就仍然处于工作状态，出口压力也保持调定数值不变。

由此可以看出，减压阀与溢流阀相比，其结构、原理相似，但阀芯形状及油口连通情况有明显的差别。安装前溢流阀的进、出油口完全不通，而减压阀的进、出油口是相通的；溢流阀是利用进油压力来控制阀芯移动的，而减压阀则是利用出油压力来控制的。

2. **定差减压阀**

定差减压阀可以保证阀进、出口压力差保持为恒定值，其工作原理如图 5-24 所示。高压油经节流口后以低压流出，同时低压油又经阀芯中心孔传至阀芯上腔，使进出压力油在阀芯有效作用面积上的压力差与弹簧力相平衡。

$$\Delta p = p_1 - p_2 = \frac{k_s(x_c + x)}{\frac{\pi}{4}(D^2 - d^2)}$$

式中，x_c 为当阀芯开口 $x = 0$ 时弹簧（其弹簧刚度为 k_s）的预压缩量，其余符号如图 5-24 所示。由上式可知，只要尽量减小阀芯开口 x 的变化量，便可使压力差阀芯开口 Δp 近似地保持为定值。

定差减压阀通常与节流阀组合构成调速阀，可使其节流阀两端压差保持恒定，使通过节流阀的流量基本不受外界负荷变动的影响。

3. **定比减压阀**

定比减压阀可使进、出口压力的比值保持恒定，如图 5-25 所示。在稳态时，忽略阀芯所受到的稳态液动力、阀芯的自重、弹簧力和摩擦力时，可得到阀芯受力平衡方程式，即

$$\frac{p_2}{p_1} = \frac{A_1}{A_2} \tag{5-6}$$

由式（5-6）可见，只要适当选择阀芯的作用面积 A_1 和 A_2，便可得到所要求的压力比，且比值近似恒定。

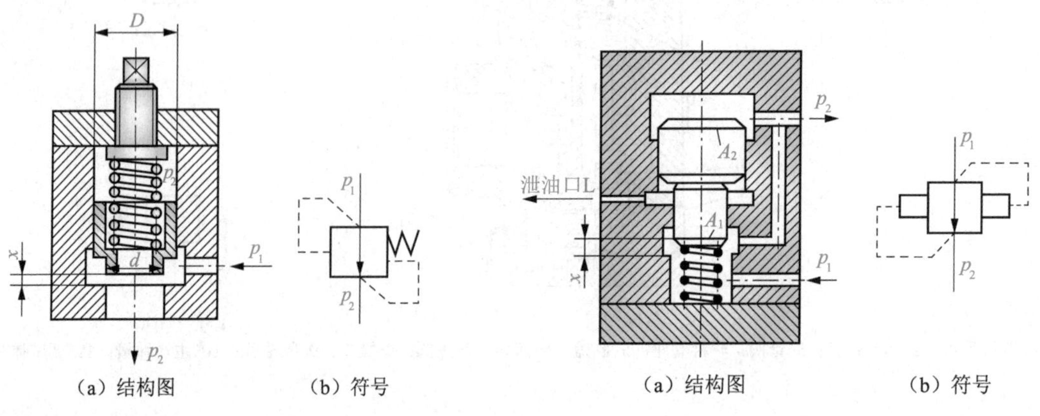

（a）结构图　（b）符号

图 5-24　定差减压阀

（a）结构图　（b）符号

图 5-25　定比减压阀

4. **减压阀的应用**

减压阀用于液压中系统某支油路的减压、调压和稳压。

(1) 减压回路：减压阀用在液压系统中获得压力低于系统压力的二次油路，如夹紧油路、润滑油路和控制油路。图 5-26 为减压回路，在主系统的支路上串联一个减压阀，用以降低和调节支路液压缸的最大推力。必须说明的是，减压阀的出口压力还与出口的负载有关，若因负载建立的压力低于调定压力，则出口压力由负载决定，此时减压阀不起减压作用，进、出口压力相等，即减压阀保证出口压力恒定的条件是先导阀开启。

(2) 稳压回路（图 5-27）：当系统压力波动较大，液压缸 2 需要有较稳定的输入压力时，在液压缸 2 进油路上串联一个减压阀，在减压阀处于工作状态下，可使液压缸2的压力不受溢流阀压力波动的影响。

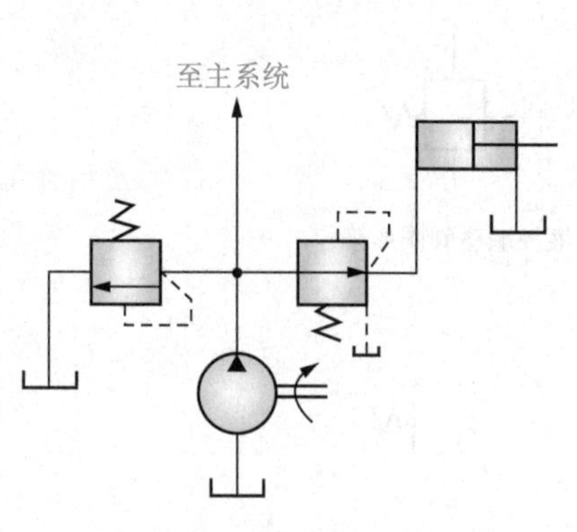

图 5-26　减压回路

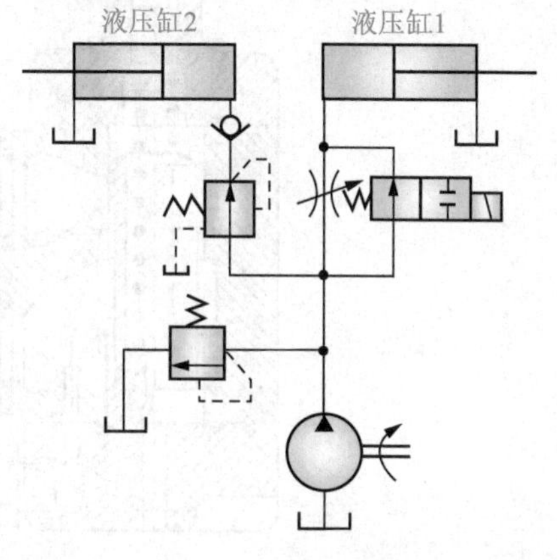

图 5-27　稳压回路

5.3.3　顺序阀

顺序阀在液压系统中犹如压力自动开关，用来控制多个执行元件的顺序动作。它以进口压力（内控式）或外来压力（外控式）为信号，当信号压力达到调定值时，阀口开启，使所在通道自动接通。实际上，除用来实现顺序动作内控外泄式外，还可以通过改变上盖或底盖的装配位置得到内控内泄、外控外泄、外控内泄等三种类型。通过改变控制方式、泄漏方式和二次通道的接法，顺序阀还可以构成其他功能的阀，如作为背压阀、平衡阀或卸荷阀等用。顺序阀按控制方式，可分为内控式顺序阀（简称顺序阀）、外控式顺序阀（称液控式顺序阀）；按结构形式，可分直动式和先导式，直动式用于低压系统，先导式用于中、高压系统。

> **案例 5-1 分析**
>
> 1. 减压阀与溢流阀的不同之处：
>
> (1) 减压阀为出口压力控制，保证出口压力为定值；溢流阀为进口压力控制，保证进口压力恒定。
>
> (2) 减压阀阀口常开，进、出油口相通；溢流阀阀口常闭，进、出油口不通。
>
> (3) 减压阀出口压力油去工作，压力不等于零，先导阀弹簧腔的泄漏油需单独引回油箱；溢流阀的出口直接接回油箱，因此先导阀弹簧腔的泄漏油经阀体内流道泄至出口。
>
> 2. 减压阀与溢流相同之处：
>
> 减压阀也可以在先导阀的远程调压口接远程调压阀实现远控或多级调压。

1. **顺序阀的结构和工作原理**

顺序阀的结构原理与溢流阀相似，不同之处在于顺序阀的出油口不是接通油箱，而是通向系统中的某一压力油路，所以顺序阀的内泄漏要从阀的外部单独直接回油箱。

图 5-28 和图 5-29 分别为直动式和先导式顺序阀的结构和图形符号。当进口压力低于调定压力时，阀口关闭；当进口压力超过调定压力时，进、出油口接通，出口的压力油使其后面的执行元件动作。出口油路的压力由负载决定，因此它的泄油口需要单独接回油箱。调节弹簧的预紧力，即能调节打开顺序阀所需的压力。

动画

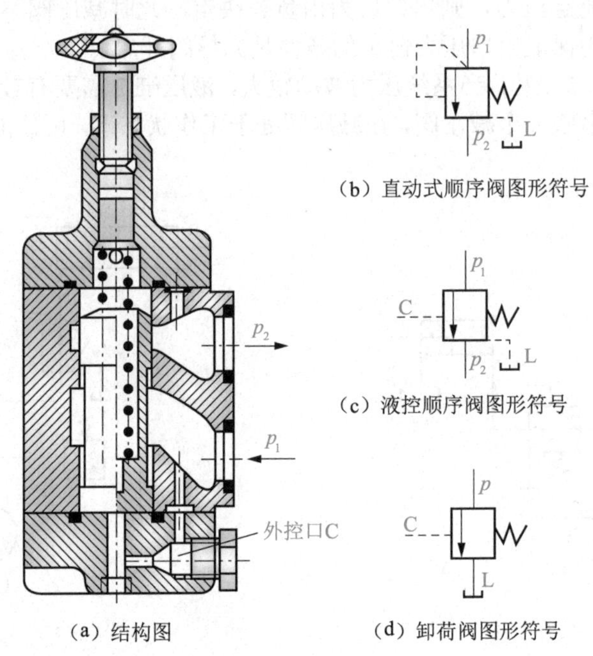

（a）结构图 （b）直动式顺序阀图形符号 （c）液控顺序阀图形符号 （d）卸荷阀图形符号

图 5-28 直动式顺序阀

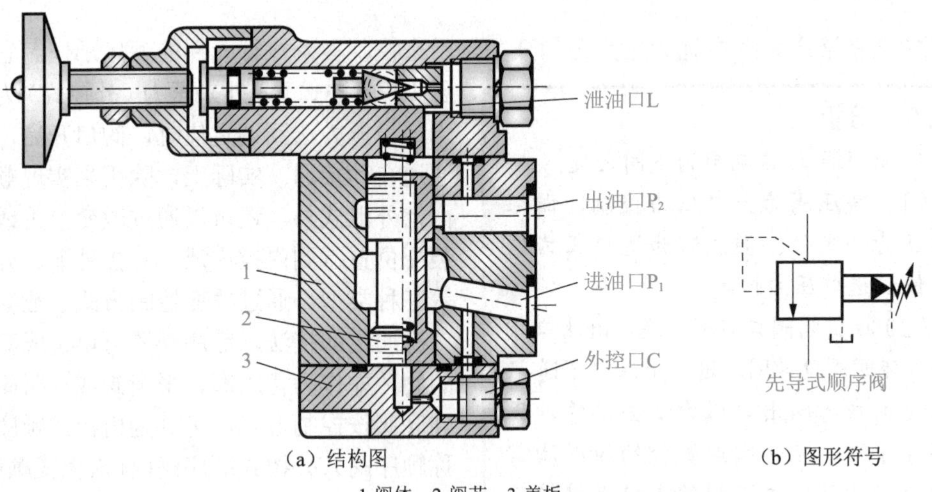

（a）结构图 （b）图形符号

1-阀体；2-阀芯；3-盖板

图 5-29 先导式顺序阀

2. 用顺序阀的顺序动作回路

图 5-30 所示为一定位夹紧回路，它是一种用单向顺序阀控制的顺序动作回路。要求先定位后夹紧，其工作过程为：液压泵输出的油，一路至主油路，另一路经减压阀、单向阀、二位四通换向阀至定位夹紧油路。当电磁换向阀如图示位置时，液压油首先进入 A 缸上腔，推

动活塞下行完成定位动作，定位完成后，油压升高达到顺序阀的调定压力时，顺序阀打开，压力油进入 B 缸上腔，推动活塞下行，完成夹紧动作。当电磁铁通电换向阀换向后，两个液压缸可同时返回。用顺序阀控制的顺序动作回路的可靠性，在很大程度上取决于顺序阀的性能及其压力调整值。顺序阀的调整压力应比先动作的液压缸的工作压力高 10%～15%，以免系统压力波动时产生误动作。

3. 顺序阀与溢流阀的不同之处

（1）内控外泄顺序阀与溢流阀的相同之处是：阀口常闭，由进口压力控制阀口的开启。区别是：内控外泄顺序阀的出口压力油需要驱负载工作，当因负载建立的出口压力高于阀的调定压力时，阀的进口压力等于出口压力，作用在阀芯上的液压力大于弹簧力和液动力，阀口全开；当负载所建立的出口压力低于阀的调定压力时，阀的进口压力等于调定压力，作用在阀芯上的液压力、弹簧力、液动力平衡，阀的开口一定，满足压力流量方程。由于阀的出口压力不等于零，因此弹簧腔的泄漏油需单独引回油箱，即外泄。

（2）内控内泄顺序阀的图形符号和动作原理与溢流阀相同，但实际使用时，内控内泄顺序阀串联在液压系统的回油路使回油具有一定的压力，而溢流阀则旁接在主油路，如泵出口与液压缸进口的位置。因性能要求上的差异，二者不能混同使用。

（3）外控内泄顺序阀在功能上等同于液动二位二通阀，且出口接回油箱，因作用在阀芯上的液压力为外力，而且大于阀芯的弹簧力，因此工作时阀口全开，用于双泵供油回路使大泵卸载，如图 5-31 所示。

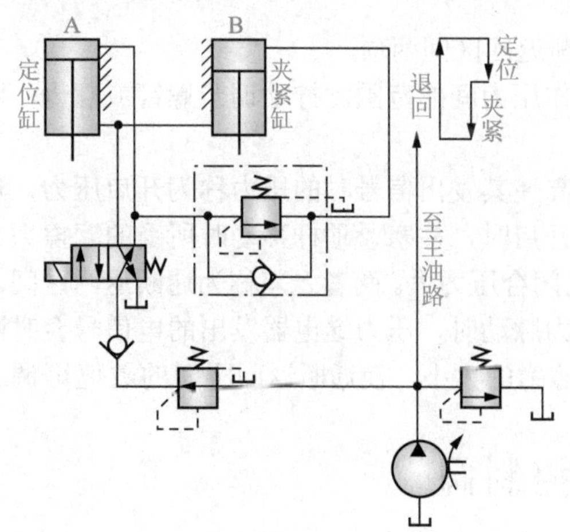

图 5-30　用单向顺序阀控制的顺序动作回路

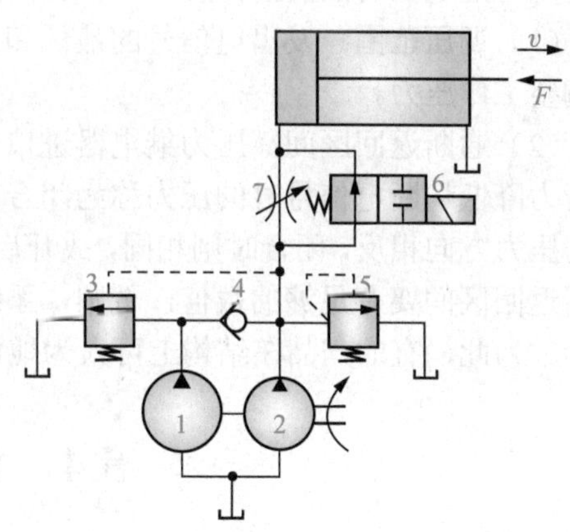

图 5-31　外控内泄顺序阀的应用

（4）外控外泄顺序阀除作为液动开关阀外，类似的结构还用在变重力负载系统，称为限速锁。

5.3.4　压力继电器

压力继电器是一种将液压系统的压力信号转换为电信号输出的元件。其作用是，根据液压系统压力的变化，通过压力继电器内的微动开关，自动接通或断开电气线路，实现执行元件的顺序控制或安全保护。

压力继电器按结构特点可分为柱塞式、弹簧管式和膜片式等。图 5-32 为单触点柱塞式压力继电器，主要零件包括柱塞 1、调节螺母 2 和微动开关 3。当压力油作用在柱塞的下端，液压力直接与上端弹簧力相比较。当液压力大于或等于弹簧力时，柱塞上移压微动开关触头，接通或断开电气线路。当液压力小于弹簧力时，微动开关触头复位。显然，柱塞上移将引起弹簧的压缩量增加，因此压下微动开关触头的压力（开启压力）与微动开关复位的压力（闭合压力）存在一个差值，此差值对压力继电器的正常工作是必要的，但不宜过大。

动画

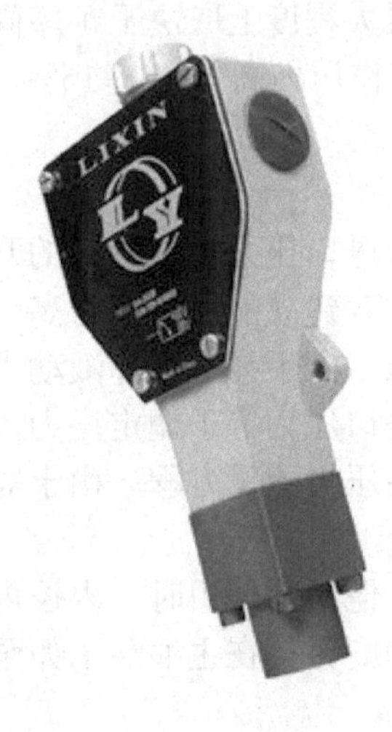

（a）产品外形

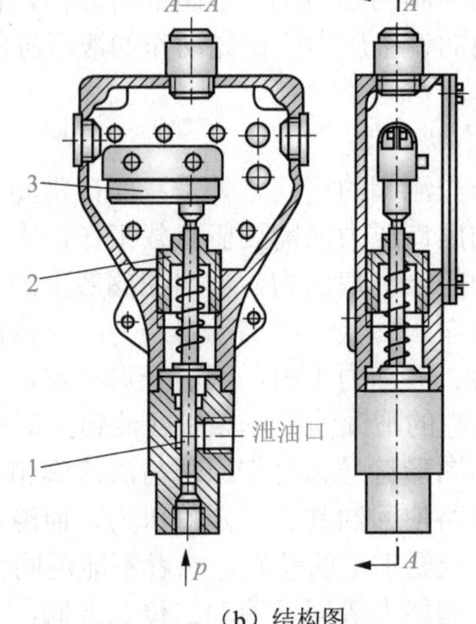

（b）结构图
1-柱塞；2-调节螺母；3-微动开关

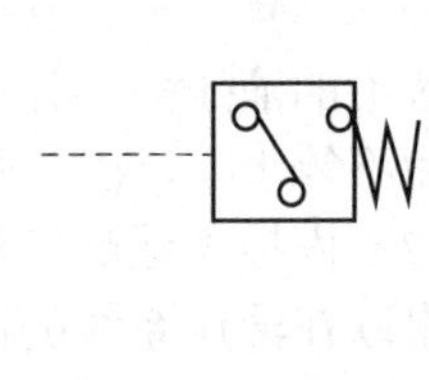

（c）图形符号

图 5-32　单触点柱塞式压力继电器

压力继电器的性能指标主要有调压范围和通断返回区间两项。

（1）调压范围：发出电信号的最低和最高工作压力间的范围。拧动调节螺钉或螺母，即可调整工作压力。

（2）通断返回区间：压力继电器进口压力升高使其发出信号时的压力称为开启压力，进口压力降低切断电信号时的压力称为闭合压力。开启时，柱塞、顶杆移动时所受的摩擦力方向与压力方向相反，闭合时则相同，故开启压力比闭合压力大。两者之差称为通断返回区间。通断返回区间要有足够的数值，否则，系统有压力脉动时，压力继电器发出的电信号会时断时续。为此，有的产品在结构上可人为地调整摩擦力的大小，使通断返回区间的数值可调。

5.4　流量控制阀

液压系统中执行元件的运动速度取决于流量。流量控制阀是利用压力油流经小孔或狭缝时会遇到阻力引起流量变化这一原理工作的。改变节流口的大小，通过阀口的流量就会发生变化，从而改变执行元件的运动速度。常用的流量控制阀有节流阀、调速阀、溢流节流阀，以及这些和单向阀、行程阀组合成的各种组合阀等。

5.4.1　流量控制原理

由流体力学知识可知，孔口及缝隙作为液阻，其通用压力流量方程为

$$q = K_L A(\Delta p)^m \tag{5-7}$$

式中，K_L 为节流系数，一般视为常数；A 为孔口或缝隙的通流截面积；Δp 为孔口或缝隙的前后压力差；m 为指数，$0.5 \leqslant m \leqslant 1$。

在 K_L、Δp 一定时，改变通流截面积 A，即改变液阻的大小，可以调节通流量，这就是

流量控制阀的控制原理。因此，称这些孔口及缝隙为节流口，式（5-7）又称为节流方程。

5.4.2 节流阀

节流阀是一种最简单又最基本的流量控制阀，其实质相当于一个可变节流口，即一种借助于控制机构使阀芯相对于阀体孔运动改变阀口通流截面积的阀，常与其他形式的阀相组合，形成单向节流阀或行程节流阀。在此介绍普通节流阀和单向节流阀的典型结构。

1. 普通节流阀

图 5-33（a）为普通节流阀的结构图及其图形符号。压力油从进油口 P_1 流入，经阀芯 2 下部的节流口，从出油口 P_2 流出。调节手轮 3，阀芯 2 随之轴向移动，阀芯下端的环形通流面积改变，通过阀的流量随之改变。由图 5-33（a）可见，此阀属于针状节流口，当压力较高时，阀芯 2 会受到较大的轴向力，调节手轮困难，因此，这种节流阀需卸载调节，应用于要求不高的系统。

2. 单向节流阀

图 5-33（b）为单向节流阀的结构图及其图形符号。当压力油从 P_1 口流入时，压力油经阀芯 2 上的轴向角槽的节流口，从 P_2 口流出。此时调节螺母 5，可调节杆 4 的轴向位置，弹簧 1 推动阀芯 2 随之轴向移动，节流口的通流面积得到了改变。当压力油从 P_2 口流入时，压力油推动阀芯 2 压缩弹簧 1，从 P_1 口流出。此时节流口没有起节流作用，油路畅通。

3. 流量特性与刚性

在节流阀用在系统起调速作用时，往往会因外负载的波动引起阀前后压力差 Δp 的变化。此时即使阀开口面积 A 不变，也会导致流经阀口的流量 q 变化，即流量不稳定。一般定义节流阀开口面积 A 一定时，节流阀前后压力差 Δp 的变化量与流经阀的流量变化量之比为节流阀的刚性 T，用公式表示为

$$T = \frac{\partial \Delta p}{\Delta q} = \frac{\Delta p^{1-m}}{K_L A m} \tag{5-8}$$

显然，刚性 T 越大，节流阀的性能越好。因薄壁孔型的 $m = 0.5$，故多作为节流阀的阀口，另外，Δp 大有利于提高节流阀的刚性，但 Δp 过大，不仅造成压力损失的增大，而且可能导致阀口因面积太小而堵塞，因此一般取 $\Delta p = 0.15 \sim 0.4\text{MPa}$。

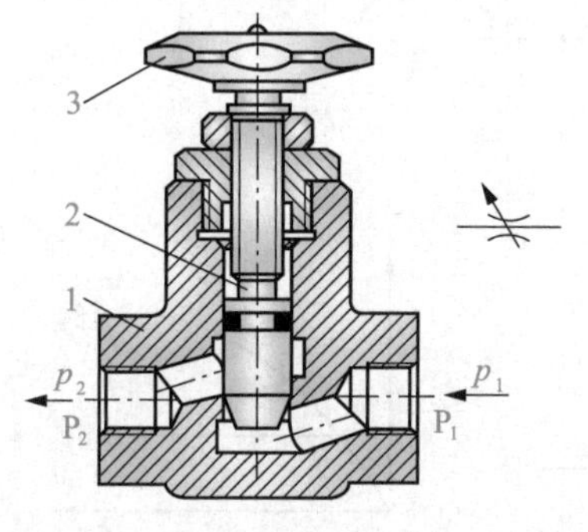

（a）普通节流阀结构图
1-阀体；2-阀芯；3-调节手轮

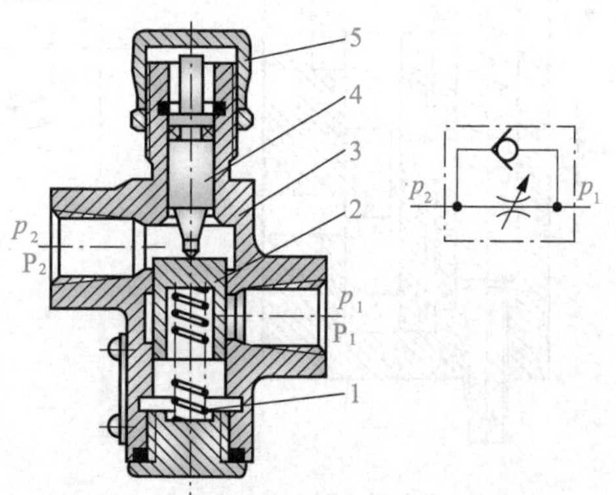

（b）单向节流阀结构图
1-弹簧；2-阀芯；3-阀体；4-调节杆；5-调节螺母

动画

图 5-33 节流阀

4. 最小稳定流量

实验表明，当节流阀在小开口面积下工作时，虽然阀的前后压力差 Δp 和油液黏度 μ 均不变，但流经阀的流量 q 会出现时多时少的周期性脉动现象。随着开口继续减小，流量脉动现象加剧，甚至出现间歇式断流，使节流阀完全丧失工作能力。上述这种现象称为节流阀的堵塞现象。造成堵塞现象的主要原因是油液中的污物堵塞节流口，即污物时而堵塞时而冲走造成流量脉动；另一个原因是油液中的极化分子和金属表面的吸附作用导致节流缝隙表面形成吸附层，使节流口的大小和形状受到破坏。

节流阀的堵塞现象使节流阀在很小流量下工作时流量不稳定，以致执行元件出现爬行现象。因此，对于节流阀，有一个能正常工作的最小流量限制。这个限制称为节流阀的最小稳定流量，用于系统时则限制了执行元件的最低稳定速度。

5.4.3 调速阀

节流阀因为刚性差，通过阀口的流量因阀口前后压力差变化而波动，因此仅适用于执行元件工作负载不大且对速度稳定性要求不高的场合。为解决负载变化大的执行元件的速度稳定性问题，应采取措施保证负载变化时，节流阀的前后压力差不变。具体结构有节流阀与定差减压阀串联组成的调速阀（又称为普通调速阀）和节流阀与差压式溢流阀并联组成的溢流节流阀（又称为旁通型调速阀）。

1. 调速阀的工作原理

图 5-34 所示为调速阀的工作原理图及图形符号等。压力油 p_1 进入调速阀，先经过定差减压阀 3 的阀口 x，压力由 p_1 减至 p_2，然后经节流阀 2 的阀口 y 流出，出口压力减为 p_3。节流阀前的压力油 p_2 经孔 a 和 b 作用在定差减压阀的右（下）腔，节流阀后的压力油 p_3 经孔 c 作用在定差减压阀左（上）腔 1。因此，作用在定差减压阀阀芯上的油液压力、弹簧力和液动力。

调速阀稳定工作时的静态方程如下。

动画

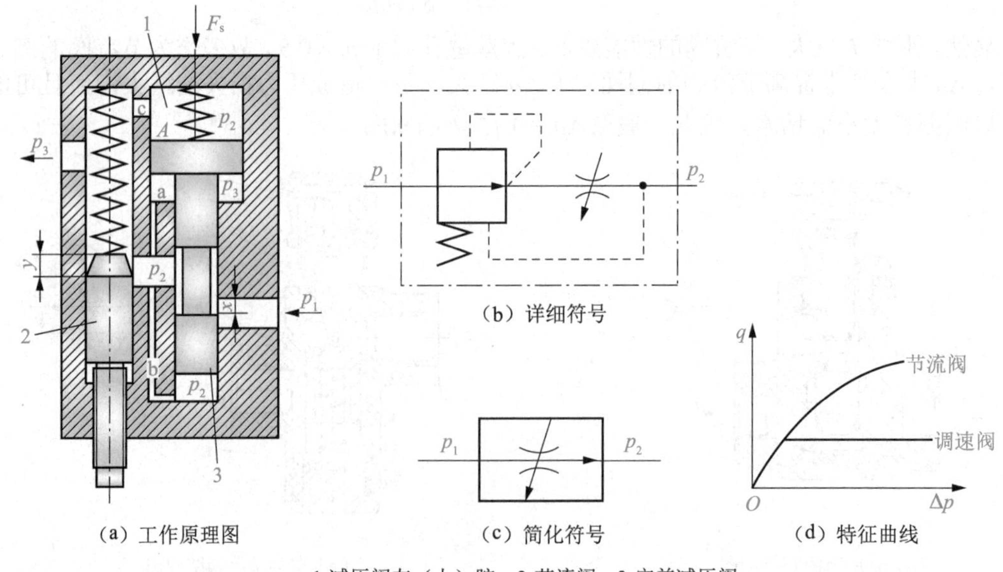

(a) 工作原理图　(b) 详细符号　(c) 简化符号　(d) 特征曲线

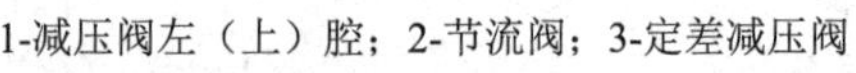

1-减压阀左（上）腔；2-节流阀；3-定差减压阀

图 5-34　调速阀工作原理及图形符号

案例 5-2

液压机是工业生产中常用的机械装备，如汽车车身覆盖件的生产，就需要用液压机滑块驱动冲压模具来完成工作，而且工作过程中对滑块的移动速度、作用力都有严格的要求。

问题：

（1）滑块移动方向的改变是如何实现的？

（2）如何控制工作过程中作用在工件上的作用力？

（3）滑块的移动速度如何调节？

（1）定差减压阀阀芯受力平衡方程为

$$p_2A = p_3A + F_t - F_s$$

（2）流经定差减压阀阀口的流量为

$$q_1 = C_{d1}\pi dx\sqrt{\frac{2(p_1 - p_2)}{\rho}}$$

（3）流经节流阀阀口的流量为

$$q_2 = C_{d2}A(y)\sqrt{\frac{2(p_2 - p_3)}{\rho}}$$

（4）流量连续方程为

$$q_1 = q_2 = q$$

式中，A 为定差减压阀阀芯作用面积；F_t 为作用在定差减压阀阀芯上的弹簧力，$F_t = K(x_0 + x_{max} - x)$，$K$ 为弹簧刚度，x_0 为弹簧预压缩量（阀开口 $x = x_{max}$ 时），x_{max} 为定差减压阀最大开口长度；x 为定差减压阀工作开口长度；F_s 为作用在定差减压阀阀芯上的液动力，$F_s = 2C_{d1}\pi dx\cos\theta(p_1 - p_2)$，$\theta$ 为定差减压阀阀口处液流速度方向角，$\theta = 69°$；d 为定差减压阀阀口处的阀芯直径；C_{d1}、C_{d2} 为定差减压阀和节流阀阀口的流量系数；q_1、q_2、q 为流经定差减压阀、节流阀和调速阀的流量；$A(y)$为节流阀开口面积。

在上述方程成立时，对应于一定的节流阀开口面积 $A(y)$，流经阀的流量 q 一定。此时节流阀的进出口压力差 $(p_2 - p_3)$ 由定差减压阀阀芯受力平衡方程确定为一定值，即 $p_2 - p_3 = \dfrac{F_t - F_s}{A}$ = 常量。

若结构上采用液动力平衡措施，则

$$F_s = 0,\quad p_2 - p_3 = \frac{F_t}{A}$$

假定调速阀的进口压力 p_1 为定值，当出口压力 p_3 因负载增大而增加导致调速阀的进出口压力差 $(p_2 - p_3)$ 突然减小时，因 p_3 的增大势必破坏定差减压阀阀芯原有的受力平衡，于是阀芯向阀口增大方向运动，定差减压阀的减压作用削弱，节流阀进口压力 p_2 随之增大，当 $p_2 - p_3 = \dfrac{F_t}{A}$ 时，定差减压阀阀芯在新的位置平衡。由此可知，因定差减压阀的压力补偿作用，可保证节流阀前后压力差 $(p_2 - p_3)$ 不受负载的干扰而基本保持不变。

调速阀的结构可以是定差减压阀在前，节流阀在后，也可以是节流阀在前，定差减压阀在后，二者在工作原理和性能上完全相同。

2. 调速阀的流量稳定性分析

在调速阀中，节流阀是一个调节元件。当阀的开口面积调定之后，它一方面控制流量的大小，一方面检测流量信号并转换为阀口前后压力差反馈作用到定差减压阀阀芯的两端与弹簧力相比较。当检测的压力差值偏离预定值时，定差减压阀阀芯产生相应的位移，改变减压缝隙大小进行压力补偿，保证节流阀前后的压力差基本不变。然而，定差减压阀阀芯的位移势必引起弹簧力和液动力波动，因此，节流阀前后压力差只能是基本不变，即流经调速阀的流量基本稳定。另外，为保证定差减压阀能够起压力补偿作用，调速阀进、出口压力差应大于由弹簧力和波动力所确定的最小压力差，否则仅相当于普通节流阀，无法保证流量稳定。

5.4.4 温度补偿调速阀

调速阀消除了负载变化对流量的影响，但温度变化的影响依然存在。对速度稳定性要求高的系统，需用温度补偿调速阀。

温度补偿调速阀与普通调速阀的结构基本相似，主要区别在于前者的节流阀阀芯 4 上连接着一根温度补偿杆 2，如图 5-35 所示。温度变化时，流量会有变化，但由于温度补偿杆 2 的材料为温度膨胀系数大的聚氯乙烯塑料，温度高时长度增加，使阀口减小，反之则开大，故能维持流量基本不变（在 20～60℃内流量的变化不超过 1%）。节流阀阀芯 4 的节流口 3 采用薄壁小孔形式，它能减少温度变化对流量稳定性的影响。

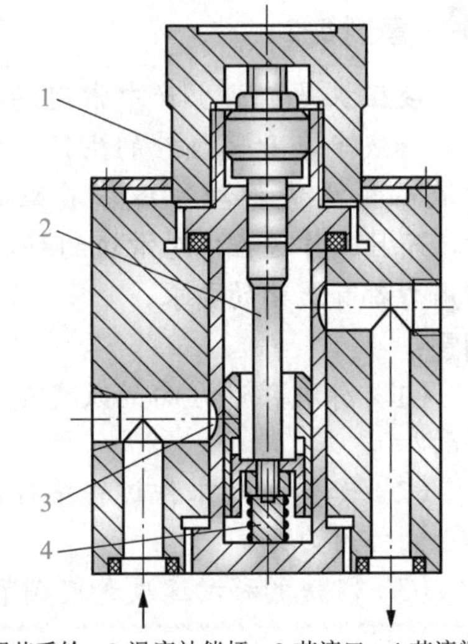

1-调节手轮；2-温度补偿杆；3-节流口；4-节流阀阀芯

图 5-35 温度补偿调速阀

5.4.5 分流集流阀

分流集流阀是分流阀、集流阀和分流集流阀的总称。分流阀是使液压系统中由同一油源向两个执行元件供应相同的流量（等量分流），或按一定比例供应流量（比例分流），以实现两个执行元件的速度保持同步或定比关系。集流阀是从两个执行元件收集等流量或按比例的回油量，以实现其相互之间的速度同步或定比关系。分流集流阀则具有分流阀和集流阀的功能。

1. 分流集流阀

图 5-36（a）所示为分流集流阀的结构原理图，5-36（b）为其图形符号。左右两个阀芯在各自弹簧力的作用下处于中间位置的平衡状态。若负载压力 $p_3 \neq p_4$，如果阀芯仍留在中间位置，必然使 $p_1 \neq p_2$，这时连成一体的阀芯将向压力小的一侧移动，相应地可变节流口减小，使压力上升，直至 $p_1 = p_2$，阀芯停止运动，由于两个固定节流孔 1 和 2 的面积相等，所以通过两个固定节流孔的流量 $q_1 = q_2$，而不受出口压力 p_3 及 p_4 变化的影响。

> **案例 5-2 分析**
>
> （1）液压机滑块移动方向是由与滑块相连的液压缸的活塞杆运动方向决定的，而液压缸活塞杆的运动方向的改变是依靠一个方向控制阀实现的。
>
> （2）通过压力控制阀（溢流阀）控制调节液压系统的工作压力，改变进入液压缸上腔的液压油的压力来控制工作过程中作用在工件上的作用。
>
> （3）滑块的移动速度是依靠液压系统中流量控制元件来调节的，在速度稳定性要求高时，用调速阀代替节流阀构成进油调速回路实现移动速度调节。

在分流工况时，如图 5-36（c）所示，由于 p_0 大于 p_1 和 p_2，所以左右两个阀芯处于相互分离状态，互相钩住。若负载压力 $p_3 < p_4$，如果阀芯仍留在中间位置，必然使 $p_1 < p_2$。这时连成一体的阀芯将左移，可变节流孔 3 减小，使 p_1 上升，直至 $p_1 = p_2$，阀芯停止运动，由于两个固定节流孔 1 和 2 的面积相等，所以通过两个固定节流孔的流量 $q_1 = q_2$，而不受出口压力 p_3 及 p_4 变化的影响。

在集流工况时，如图 5-36（d）所示，由于 p_0 小于 p_1 和 p_2，所以阀芯 5、阀体 6 处于相互压紧状态。设负载压力 $p_3 < p_4$，如果阀芯仍留在中间位置，必然使 $p_1 < p_2$，这时压紧成一体的阀芯将左移，可变节流孔 4 减小，使 p_2 下降，直至 $p_1 = p_2$ 时阀芯停止运动，故 $q_1 = q_2$，而不受出口压力 p_3 及 p_4 变化的影响。

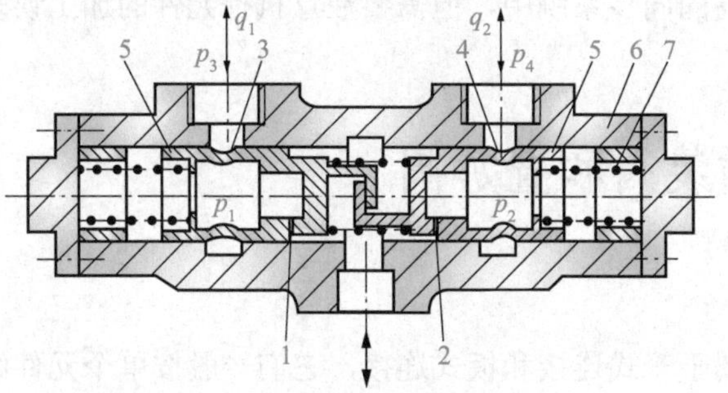

（a）分流集流阀结构图 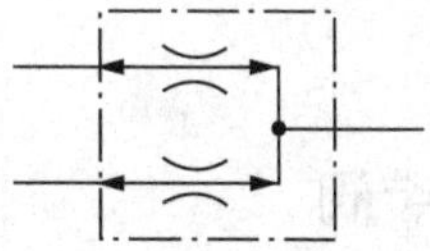　（b）分流集流阀图形符号

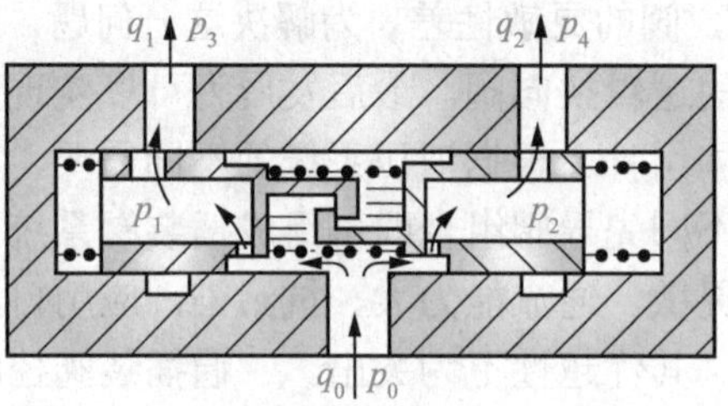

（c）分流集流阀分流的工作原理 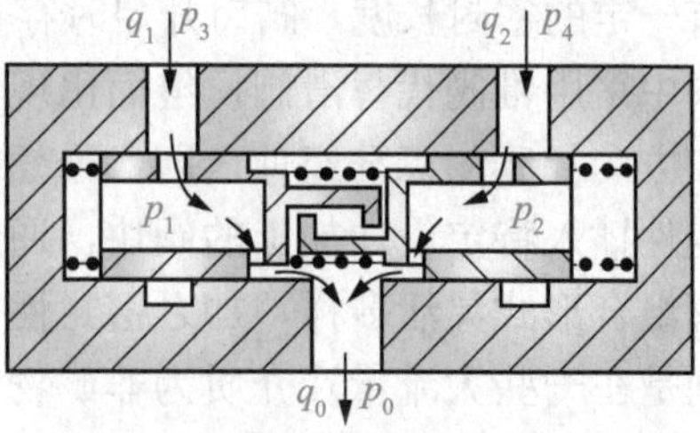　（d）分流集流阀集流的工作原理

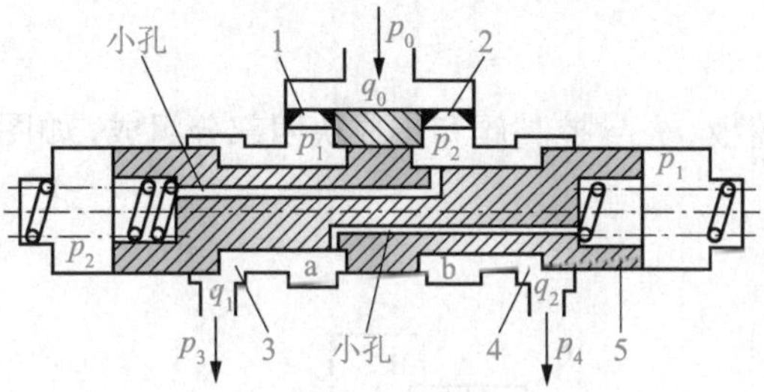

（e）分流阀结构原理图 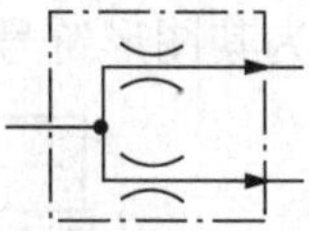　（f）分流阀图形符号 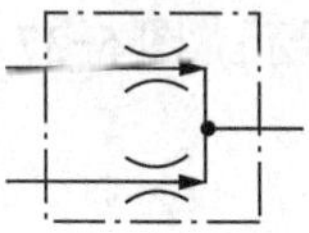　（g）集流阀图形符号

1、2-固定节流孔；3、4-可变节流孔；5-阀芯；6-阀体；7-弹簧

图 5-36　分流集流阀

2. 分流阀的工作原理

图 5-36（e）为分流阀的结构原理图，图 5-36（f）为分流阀的图形符号。进口压力为 p_0，流量为 q_0，进入阀后分为两路分别通过两个面积相等的固定节流孔 1、2，并且分别进入油室 a 腔和 b 腔，然后由可变节流孔 3、4 经出口通往两个执行元件。两个执行元件负载相等则分流阀的出口压力 $p_3 = p_4$，因为阀中两支流通道的尺寸完全对称，所以输出的流量也对称，$q_1 = q_2 = q_0/2$，且 $p_1 = p_2$。当由于负载不对称而出现 $p_3 \neq p_4$，且设 $p_3 > p_4$ 时，阀芯来不及运动而处于中间位置，必定使 $q_1 < q_2$，进而有 $p_0 - p_1 < p_0 - p_2$，则使 $p_1 > p_2$。此时阀芯在不对称压力的作用下左移，使可变节流孔 3 增大，可变节流孔 4 减小，从而使 q_1 增大，q_2 减小，直至 $q_1 = q_2$，$p_1 = p_2$，阀芯才在一个新的平衡位置上稳定下来，输往两个执行元件中的流量

相等，速度保持同步。

3. 集流阀的工作原理

集流阀是按固定比例将两股液流自动合成单一液流的流量控制阀。图 5-38（g）所示为集流阀的图形符号。其工作原理类同于分流集流阀的集流工况，这里不再叙述。

分流阀通常用于同步精度要求不太高的同步系统中，但需要注意执行元件的加工误差及泄漏对其同步精度的影响。

5.5 插装阀和叠加阀

5.5.1 插装阀

前面介绍的液压控制阀按安装形式属于管式连接和板式连接，它们一般按单个元件组织生产。早期，它们多是滑阀型结构，阀口关闭时为间隙密封，不仅密封性能不好，而且因为具有一定的密封长度，阀口开启时存在“死区”，阀的灵敏性差。为解决这一问题，首先在压力阀中采用锥阀代替滑阀，继而出现了锥阀型的逻辑换向阀，最后发展为可以实现压力、流量和方向控制的标准组件，即二通插装阀的基本组件。根据液压系统的不同需要，将这些基本组件插入特定设计加工的阀块，通过盖板和不同先导阀组合即可组成插装阀系统。由于插装阀组合形式灵活多样，加之密封性好、动作灵敏、通流能力大、抗污染，应用日益广泛，特别是在一些大流量及介质为非矿物油的场合，其优越性更为突出。二通插装阀控制技术在锻压机械、塑料机械、冶金机械、铸造机械、船舶、矿山以及其他工程领域得到了广泛的应用。

1. 插装阀的基本结构及工作原理

二通插装阀的主要结构由插装件、控制盖板、先导控制阀和集成块四部分组成，如图 5-37（a）所示，图 5-37（b）为其图形符号。

动画

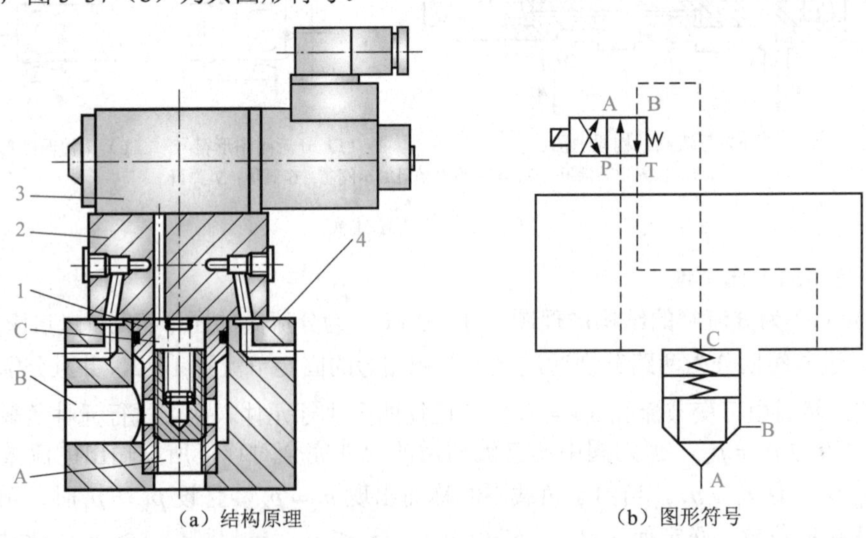

（a）结构原理　　（b）图形符号

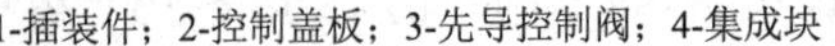

1-插装件；2-控制盖板；3-先导控制阀；4-集成块

图 5-37 插装阀结构原理图和图形符号

（1）插装件：由阀芯、阀体、弹簧和密封件等组成，可以是锥阀式结构，也可以是滑阀式结构。插装件是插装阀的主体，插装元件为中空的圆柱形，前端为圆锥形密封面的组合体，性能不同的插装阀的阀芯结构也不同，如插装阀芯的圆锥端可为封堵的锥面，也有带阻尼孔或开三角槽的圆锥面。插装元件安装在插装块体内，可自由轴向移动。控制插装阀芯的启闭和开启量的大小，可控制主油路液体的流动方向、压力和流量。

（2）控制盖板：由盖板内嵌装各种微型先导控制元件（如梭阀、单向阀、插式调压阀等）以及其他元件组成。内嵌的各种微型先导控制元件与先导控制阀结合可以控制插装件的工作状态；在控制盖板上还可以安装各种检测插装件工作状态的传感器等。根据控制功能的不同，控制盖板可以分为方向控制盖板、压力控制盖板和流量控制盖板三大类。当具有两种以上功能时，称为复合控制盖板。控制盖板的主要功能是固定插装件、沟通控制油路与主阀控制腔之间的联系等。

（3）先导控制阀：安装在控制盖板上（或集成块上），对插装件动作进行控制的小通径控制阀。主要有 6mm 和 10mm 通径的电磁换向阀、电磁球阀、压力阀、比例阀、可调阻尼器、缓冲器以及液控先导阀等。当主插件通径较大时，为了改善其动态特性，也可以用较小通径的插装件进行两级控制。先导控制元件用于控制插装件阀芯的动作，以实现插装阀的各种功能。

（4）集成块：用来安装插装件、控制盖板和其他控制阀，沟通主要油路。

由图 5-37（a）可见，插装件的工作状态由作用在阀芯上的合力 $\sum F$ 的大小及方向决定。通常状况下，阀芯的重量和摩擦力可以忽略不计。

$$\sum F = p_C A_C - p_B A_B - p_A A_A + F_s + F_Y$$

式中，p_C 为控制腔 C 腔的压力；A_C 为控制腔 C 的控制面积；p_B 为主油路 B 口的压力；A_B 为主油路 B 口的控制面积；p_A 为主油路 A 口的压力；A_A 为主油路 A 口的控制面积；F_s 为弹簧力；F_Y 为液动力（一般可忽略不计）。

当 $\sum F > 0$ 时，阀芯处于关闭状态，A 口与 B 口不通；当 $\sum F < 0$ 时，阀芯开启，A 口与 B 口连通；$\sum F = 0$ 时，阀芯处于平衡位置。由上式可以看出，采取适当的方式控制 C 腔的压力 p_C 就可以控制主油路中 A 口与 B 口的油流方向和压力。由图 5-37 还可以看出，如果采取措施控制阀芯的开启高度（也就是阀口的开度），就可以控制主油路中的流量。

以上所述即为二通插装阀的基本工作原理。特别要强调的一点是：二通插装阀 A 口控制面积与 C 腔控制面积之比（$\alpha = A_A / A_C$）称为面积比，它是一个十分重要的参数，对二通插装阀的工作性能有重要的影响。

2. 插装阀的应用

1）插装方向阀

图 5-38 所示为单向阀插装阀，将方向阀组件的控制油口 X 通过盖板上的通道与油口 A 或 B 直接沟通，可组成单向阀。其中图 5-38（b）所示结构，反向（$A \rightarrow B$）关闭时，控制腔的压力油可能经阀芯上端与阀套孔之间的环形间隙，向油口 B 泄漏，密封性能不及图 5-38（a）所示的连接形式。

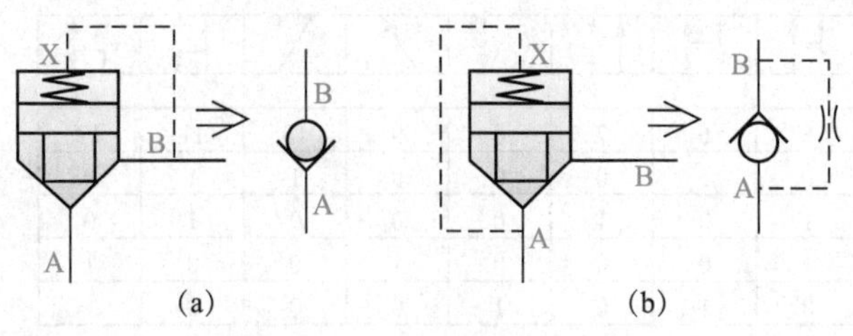

图 5-38　单向阀插装阀

图 5-39 所示的二通阀由二位三通先导电磁滑阀控制方向阀组件控制腔的通油方式。电磁铁不得电时，二位三通阀左位工作，控制腔 X 通过二位三通阀的常位通油箱，$p_x=0$，因此，无论 A 口来油，还是 B 口来油均可将阀口开启通油。电磁铁得电，二位三通阀右位工作，图 5-39（a）中的控制腔 X 与油口 A 通，从 B 口来油可顶开阀芯通油，而 A 口来油则阀口关闭，相当于 B→A 的单向阀。图 5-39（b）所示结构在二位三通阀（详见第 5.8.1 节）处于右位工作时，因梭阀的作用，控制腔 X 的压力始终为 A、B 两油口中的压力较高者。因此，无论是 A 口来油，还是 B 口来油，阀口均处于关闭状态，油口 A 与 B 不通。

图 5-40 所示为插装三通阀，由两个插装阀组件并联而成，对外形成一个压力油口 P，一个工作油口 A 和一个回油口 T。两组件的控制腔的通油方式由一个二位四通电磁滑阀（先导阀）控制。在电磁铁 Y 不得电时，二位四通阀左位（常位）工作，阀 1 的控制腔接回油箱，阀口开启；阀 2 的控制腔接压力油 p，阀口关闭。于是油口 A 与 T 通，油口 P 不通。

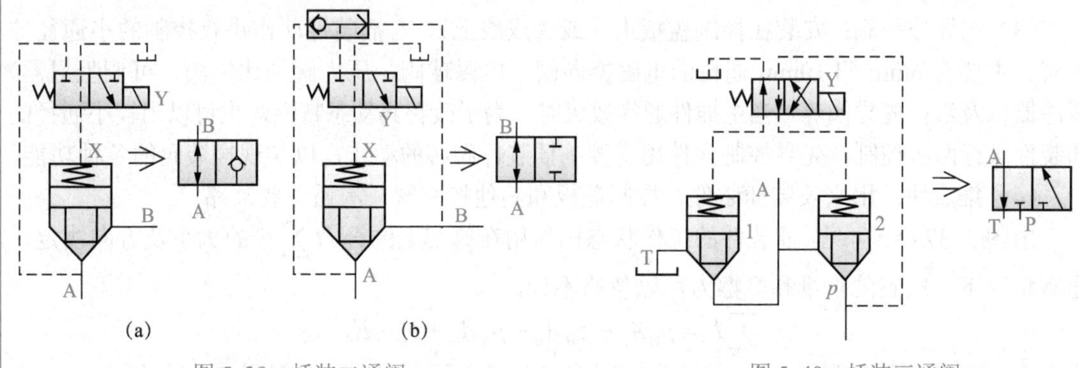

图 5-39 插装二通阀　　图 5-40 插装三通阀

若电磁铁 Y 得电，二位四通阀换至右位工作，阀 1 的控制腔接压力油 p，阀口关闭；阀 2 的控制腔接回油箱，阀口开启，油口 P 与 A 通、油口 T 不通。

四通插装阀由两个插装三通阀并联而成如图 5-41 所示，用 4 个二位三通电磁滑阀分别控制 4 个方向阀组件的开启和关闭，可以得到图示 12 种机能。实际应用最多的是一个三位四通电磁滑阀成组控制阀 1、阀 3 和阀 2、阀 4 的开启和关闭的三位四通阀。

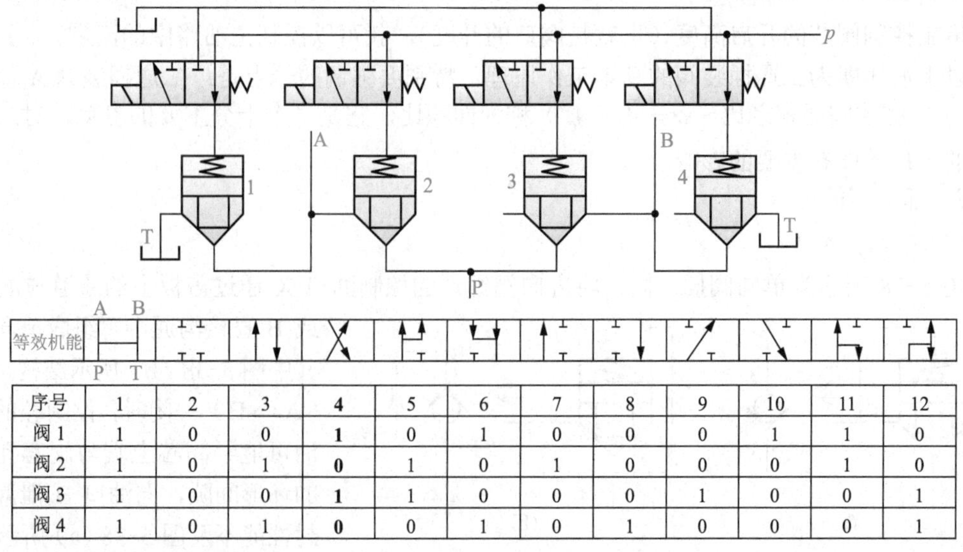

序号	1	2	3	4	5	6	7	8	9	10	11	12
阀 1	1	0	0	1	0	1	0	0	0	1	1	0
阀 2	1	0	1	0	1	0	1	0	0	0	1	0
阀 3	1	0	0	1	1	0	0	0	1	0	0	1
阀 4	1	0	1	0	0	1	0	1	0	0	0	1

图 5-41 插装四通阀

2）插装压力阀

用直动式溢流阀作为先导阀来控制插装主阀，在不同的油路连接下便构成不同的压力阀。

图5-42(a)所示为插装溢流阀。当B口通油箱，A口的压力油经节流小孔进入控制腔X，并与溢流阀连通，便成为先导式溢流阀；若B口不通油箱而接负载，便成为先导式顺序阀。

图5-42（b）为插装卸荷阀。在插装溢流阀的控制腔X上再接一个二位二通电磁换向阀，当电磁铁断电时，具有溢流阀功能；当电磁铁通电时，即为卸荷阀。

图5-42（c）为插装减压阀。将插装单元作为常开式滑阀结构，B为一次压力p_1的进口，A为出口，A口的压力油经节流小孔与控制腔X相通，并与先导阀进口通，由于控制油取自A口，因此能得到恒定的二次压力p_2，相当于定压输出减压阀。

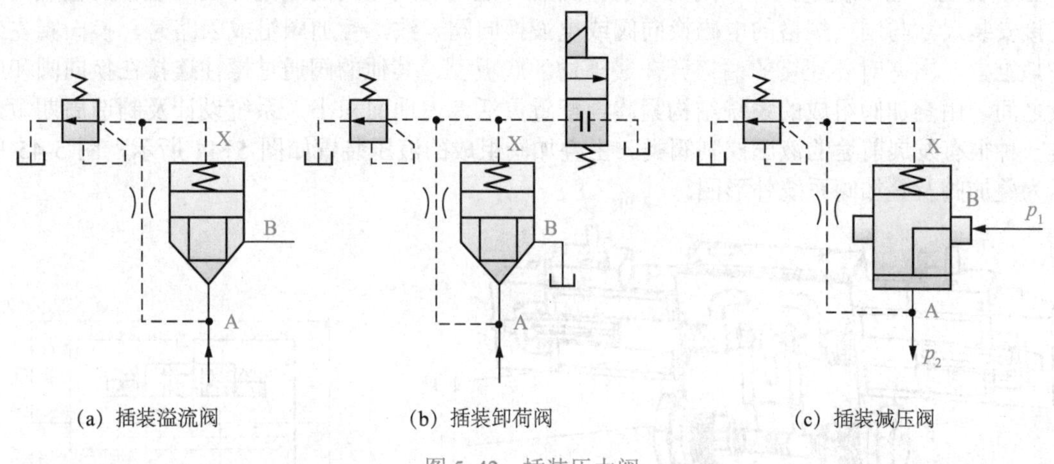

(a) 插装溢流阀　(b) 插装卸荷阀　(c) 插装减压阀

图5-42　插装压力阀

3）插装流量阀

图5-43（a）所示为插装节流阀结构图，单元的锥阀尾部带节流口，锥阀的开启高度由行程调节器（或螺杆）来控制，从而控制流量，成为插装节流阀。其图形符号如图 5 43（b）所示。

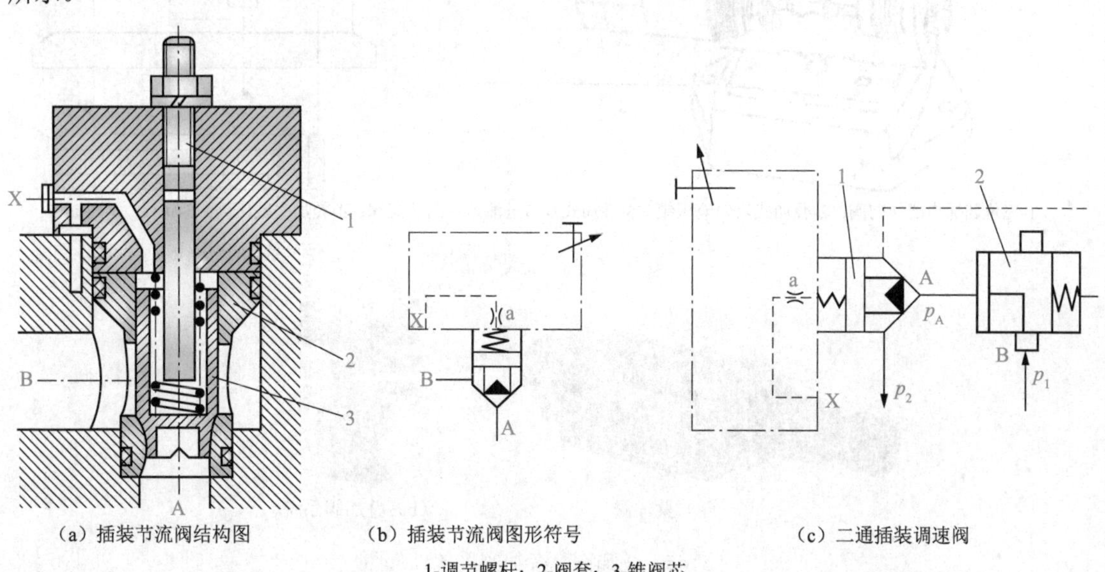

(a) 插装节流阀结构图　(b) 插装节流阀图形符号　(c) 二通插装调速阀

1-调节螺杆；2-阀套；3-锥阀芯

图5-43　插装流量阀

在插装方向控制阀的盖板上增加阀芯行程调节器，以调节阀芯的开度，这个方向阀就兼具了可调节流阀的功能。阀芯上开有三角槽，以便使流量阀具有较低的最小稳定输出流量。若用比例电磁铁取代节流阀手调装置，则可组成二通插装电液比例节流阀。若在二通插装节流阀前串联一个定差减压阀，就可组成二通插装调速阀，如图 5-43（c）所示。

5.5.2 叠加阀

叠加阀早期用来作为插装阀的先导阀，后发展成为一种全新的阀类。它以板式阀为基础，单个叠加阀的工作原理与普通阀完全相同，所不同的是每个叠加阀都有 4 个油口 P、A、B、T 上下贯通，它不仅起到单个阀的功能，而且沟通阀与阀之间的流道。某一规格的叠加阀的连接安装尺寸与同一规格的电磁换向阀或电液换向阀一致，叠加阀组成回路时，换向阀安装在最上方，所有对外连接的油口开在最下边的底板上，其他的阀通过螺柱连接在换向阀和底板之间。由叠加阀组成的系统结构紧凑，配置灵活，占地面积小，系统设计及制造周期短，是一种很有发展前途的液压控制阀类。由叠加阀组成的液压装置如图 5-44 所示，图 5-45 所示为叠加阀及叠加阀系统外形图。

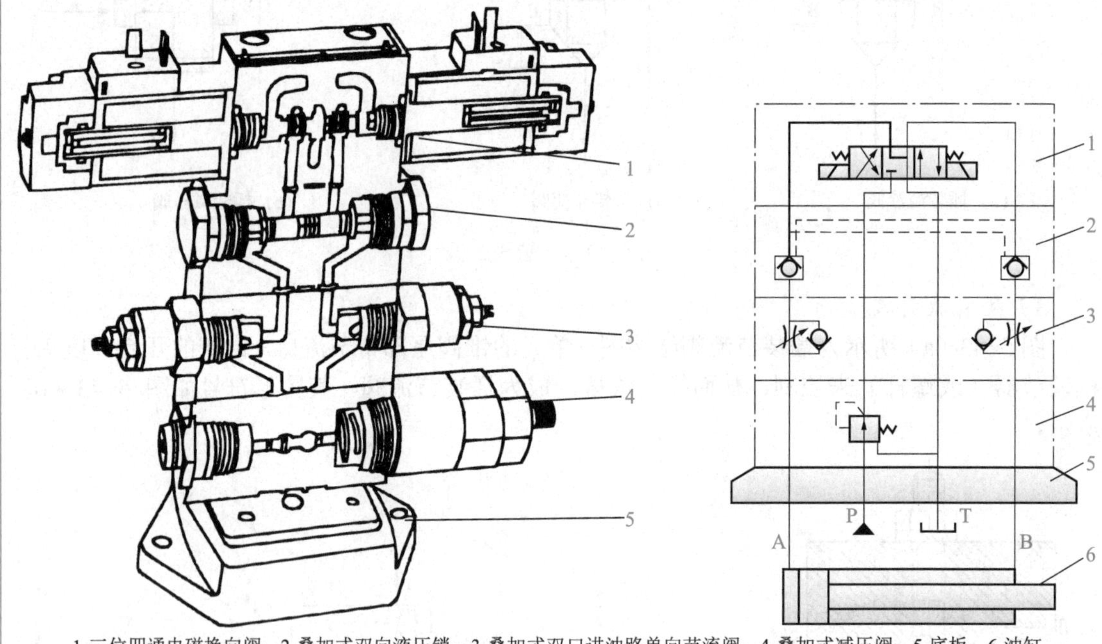

1-三位四通电磁换向阀；2-叠加式双向液压锁；3-叠加式双口进油路单向节流阀；4-叠加式减压阀；5-底板；6-油缸

图 5-44 叠加阀装置图

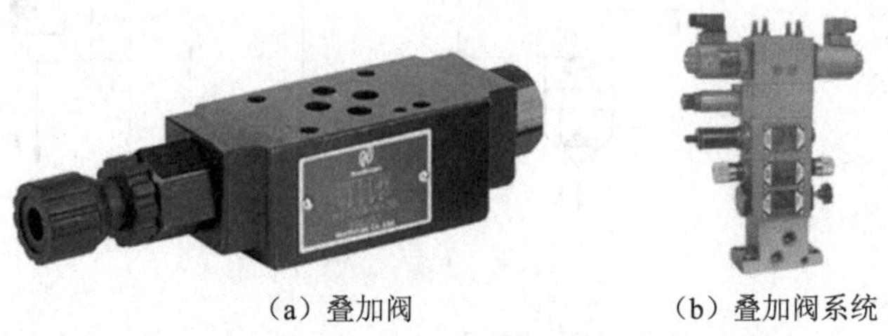

（a）叠加阀　　（b）叠加阀系统

图 5-45 叠加阀及叠加阀系统外形图

5.6　比例控制阀和伺服控制阀

前述各种阀类大都是手动调节和开关式控制。开关控制阀的输出参数，在阀处于工作状态下是不可调节的。但随着技术的进步，许多液压传动系统要求流量和压力能连续地或按比例地随输入信号的变化而变化。已有的液压伺服系统虽能满足要求，而且精度很高，但系统复杂，成本高，对污染敏感，维修困难，因而不宜普遍使用。20 世纪 60 年代末出现的电液比例阀（简称比例阀）较好地解决了这种需求。比例阀是一种输出量与输入信号（电压或电流）成比例的液压阀或气压阀，它可按给定的输入信号连续地按比例控制流体的方向、压力和流量。

现在的比例阀，一类是由电液伺服阀简化结构、降低精度发展起来的；另一类是用比例电磁铁取代普通液压阀的手调装置或电磁铁发展起来的。它们是当今比例阀的主流，与普通控制阀可以互换。按其输出信号和用途的不同，可进一步分为比例压力阀、比例流量阀和比例方向阀三大类。近年来又出现了功能复合化的趋势，即比例阀之间或比例阀与其他元件之间的复合。例如，比例阀与变量泵组成的比例复合泵能按比例输出流量；比例方向阀与液压缸组成的比例复合缸能实现位移或速度的比例控制。

比例电磁铁的外形与普通电磁铁相似，但功能不同，比例电磁铁的吸力与通过其线圈的电流强度成正比。输入信号在通入比例电磁铁前，要先经放大电路处理和放大。放大电路多制成插接式装置与比例阀配套供应。

5.6.1　比例控制阀

比例控制阀是一种廉价的、抗污染性较好的电液控制阀。

1. 比例电磁铁

比例电磁铁是一种直流电磁铁，但和普通电磁阀用的电磁铁不同，它要求吸力（或位移）与输入电流成比例，并在衔铁的全部工作位置上，磁路中保持一定的气隙。按其输出位移的形式不同，可分为单向移动式和双向移动式两种。

1）单向移动式

图 5-46（a）所示为单向移动式比例电磁铁的结构。线圈 2 通电后形成的磁路经壳体 5、导向套 12 的右段、衔铁 10 后，分成两路：一路由导向套左段的锥端到轭铁 1 而产生斜面吸力；另一路直接由衔铁的左段端面到轭铁而产生表面吸力。其合力即为比例电磁铁的输出力（吸力）。

当线圈内的电流一定时，吸力的大小与极靴和衔铁之间的气隙 y_M 有关，两者之间的特性如图 5-46（b）所示。可以将比例电磁铁的吸力特性分为三段：区段 I 为气隙很小时，此时吸力 F 很大，但吸力 F 随气隙 y_M 的改变而急剧变化，此区段不易作为比例阀的工作段；区段 II 为当气隙 y_M 变化时，吸力 F 变化不大，此时比较符合比例阀的工作要求，将此区段作为比例电磁铁的工作区段；区段是 III 当气隙 y_M 变化时，吸力 F 急剧减小，此部分也不宜作为比例阀的工作区段。

图 5-46（b）所示区段 II 为吸力随位置变化较小的区段，是比例电磁铁的工作区段。由于在此区段内具有基本水平的位移-力特性，所以改变线圈中的电流，即可在衔铁上得到与其成比例的吸力。若在衔铁右侧加一弹簧 9，便可得到与电流成正比的位移。

2）双向移动式

图 5-47 所示为双向移动式比例电磁铁，由两单向直流比例电磁铁相对组合而成。在壳体

内对称安放着两对线圈：一对为励磁线圈，它们极性相反，互相串联或并联，由一恒流电源供给恒定的励磁电流，在磁路内形成初始磁通；另一对为控制线圈，它们极性相同，互相串联。仅有励磁电流时，左右两端电磁吸力大小相等，方向相反，衔铁处于平衡状态，输出力为零。当有控制电流通过时，两控制线圈分别在左右两半环形磁路内产生极性相同、大小相等的控制磁通，它们与原有初始磁通叠加，在左右工作气隙内产生差动效应，形成了与控制电流方向和大小相对应的输出力。由于采用了初始磁通，避开了铁磁材料磁化曲线起始段的影响，它不仅具有良好的位移-力水平特性，而且无零位“死区”，线性好，滞环小，动态响应较快。

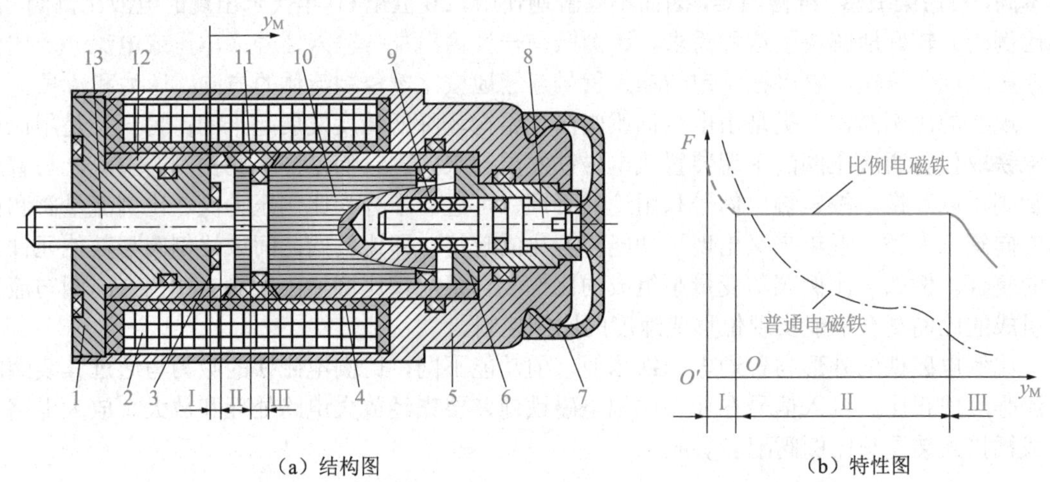

（a）结构图　　（b）特性图

1-轭铁；2-线圈；3-限位阀；4-隔磁环；5-壳体；6-内盖；7-外盖；8-调节螺钉；9-弹簧；10-衔铁；11-（隔磁）支承环；12-导向套；13-推杆

图 5-46　比例电磁铁结构及吸力特性

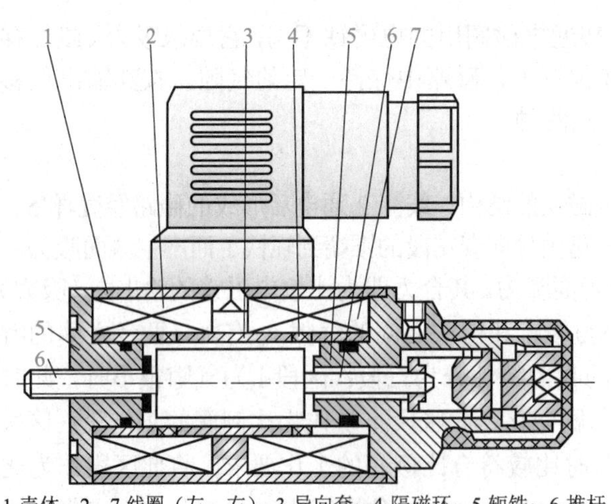

1-壳体；2、7-线圈（左、右）；3-导向套；4-隔磁环；5-轭铁；6-推杆

图 5-47　双向移动式比例电磁铁

2. 比例压力阀

比例压力阀按用途不同，可分为比例溢流阀、比例减压阀、比例顺序阀。按结构特点不同，可分为直动式和先导式比例压力阀。

将溢流阀、减压阀、顺序阀等压力控制阀的先导阀或调压部分换成比例电磁铁调节方式，就可形成相应的比例压力阀。比例压力阀可以很方便地实现多级调压，因此在多级调压回路中，使用比例阀可大大简化回路，使系统简洁紧凑，效率提高。

图 5-48 所示为带力控制型比例电磁铁的直动式比例溢流阀，主要用来限制系统压力或作为先导式压力阀的导阀，或作为比例泵的控制元件。锥阀芯的尾部有一段开有通油槽的导向圆柱，衔铁腔充满油液，实现了静压力平衡。

直动式比例溢流阀的衔铁推杆和锥阀芯之间无弹簧，推杆输出比例电磁铁的电磁力作为指令力，直接作用在锥阀芯上，电流增加使电磁铁输出的电磁力按比例相应增加。

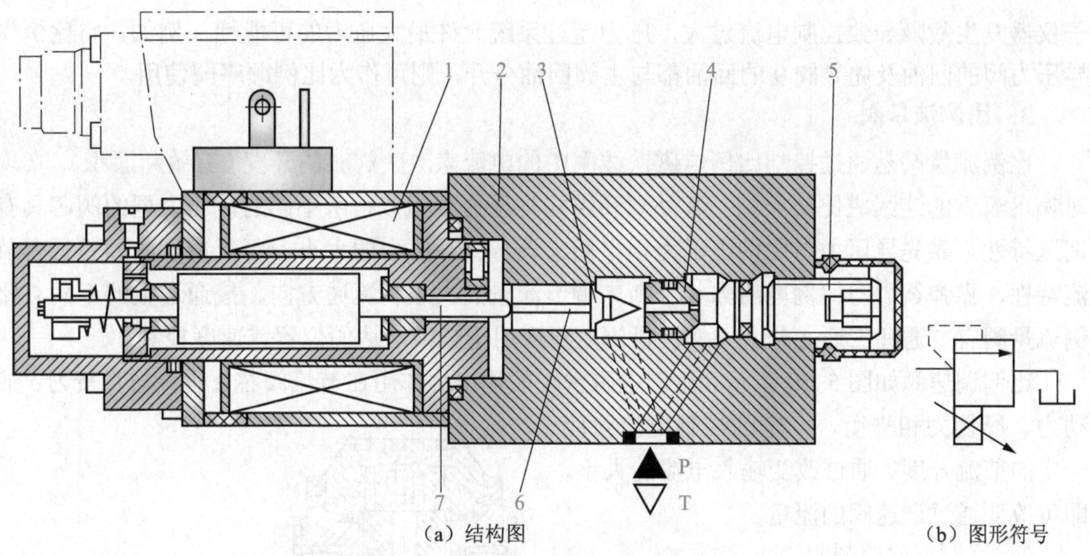

（a）结构图　　（b）图形符号

1-比例电磁铁；2-阀体；3-锥阀芯；4-阀座；5-调节螺钉；6-导向圆柱；7-推杆

图 5-48　直动式比例溢流阀

P 口压力根据给定电压值设定，推杆输出的指令力推动锥阀芯压紧阀座 4。如果锥阀芯 3 上的液压力大于电磁力，则液压力推开锥阀芯使其脱离阀座，油液将从 P 口流到 T 口，并限制液压力提高。零输入情况下，放大器输出的最小控制电流将锥阀芯压紧到阀座上，P 口输出最小开启压力。

图 5-49 所示为先导式比例溢流阀结构图，其下部主阀与普通溢流阀相同，上部为先导压力阀。该阀还附有一个手动调整的先导阀 9，用于限制比例溢流阀的最高压力，以避免因电

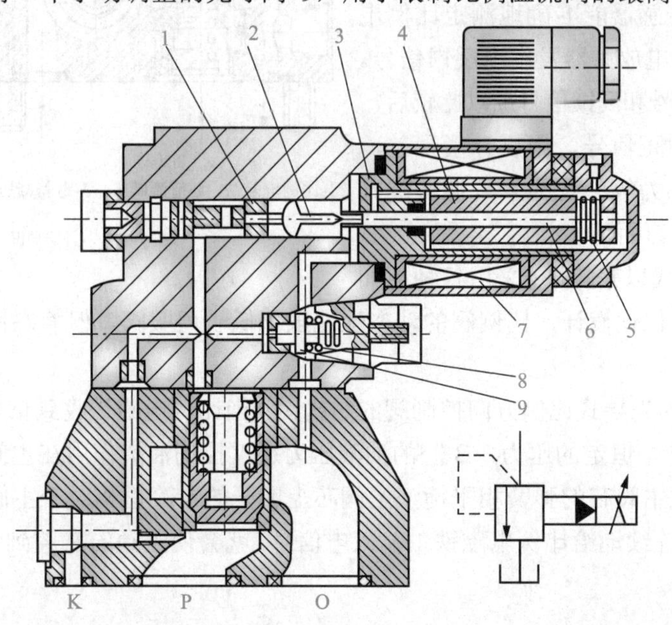

（a）结构图　　（b）图形符号

1-阀座；2-先导锥阀；3-轭铁；4-衔铁；5、8-弹簧；6-推杆；7-线圈；9-先导阀

图 5-49　先导式比例溢流阀

子仪器发生故障导致控制电流过大，压力超过系统允许最大压力的可能性。例如，将比例先导压力阀的回油及先导阀 9 的回油都与主阀回油分开，则可作为比例顺序阀使用。

3. 比例流量阀

比例流量阀是通过控制比例电磁铁线圈中的电流来改变阀芯的开度（有效断面积），实现对输出流量的连续成比例控制。其外观和结构与压力型相似。所不同的是压力型的阀芯具有调压特性，靠先导压力与比例电磁力相平衡来调节先导压力的大小；而流量型的阀芯具有节流特性，靠弹簧力与比例电磁力相平衡来调节流量的大小和流通方向。按通道数的不同，比例流量阀有二通和三通之分。比例流量阀主要应用于缸或马达的位置或速度控制。

比例调速阀如图 5-50 所示。比例电磁铁 1 的输出力作用在节流阀芯 2 上，与弹簧力、液动力、摩擦力相平衡，一定的控制电流对应一定的节流开度。通过改变输入电流的大小，即可改变通过调速阀的流量。

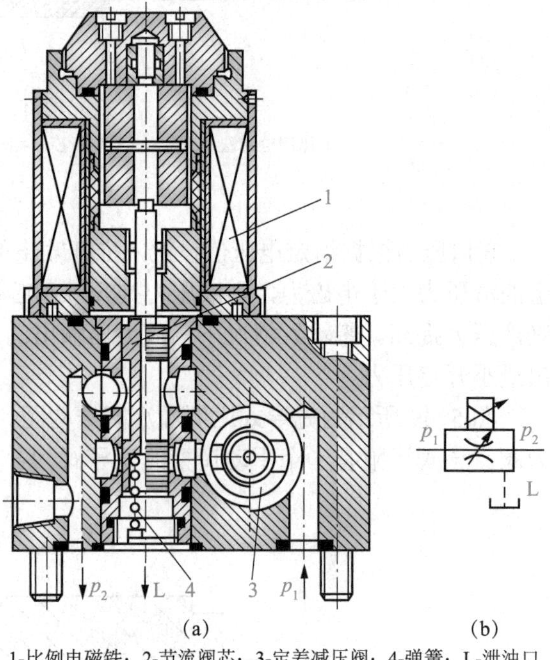

1-比例电磁铁；2-节流阀芯；3-定差减压阀；4-弹簧；L-泄油口

图 5-50 比例调速阀

4. 比例方向控制阀

把插装方向阀中的电磁铁换成比例电磁铁即构成比例方向控制阀。比例方向控制阀不仅用来改变液流方向，还可以控制流量的大小。它和普通换向阀的外形相似，但阀的结构有所区别，它可以实现不同的中位机能。在比例电磁铁的前端可附有位移传感器（或称差动变压器），这种电磁铁称为行程控制比例电磁铁。位移传感器能准确地测定比例电磁铁的行程，并向电放大器发出电反馈信号。电放大器将输入信号和反馈信号加以比较后，再向电磁铁发出纠正信号，用以补偿误差，这样便能消除液动力等干扰因素，保持准确的阀芯位置或节流口面积。

20 世纪 80 年代以来，由于采用各种更加完善的反馈装置和优化设计，比例阀的动态性能虽仍低于伺服阀，但静态性能已大致相同，而价格却低廉得多。

图 5-51 所示为先导式比例方向控制阀的结构图；当比例电磁铁收到信号时，在先导阀的工作油口 B 产生一个恒定的压力，B 腔的油液压力通过控制油道作用在主阀芯的右端，推动主阀芯左移直至与主阀芯的弹簧相平衡，主阀芯上所开的节流槽相对于主阀体上的控制台阶有一定的开口量，连续地给比例电磁铁 1 输入电信号，就会使主阀的 P 腔到 A 腔、B 腔到 T 腔成比例地输出流量。

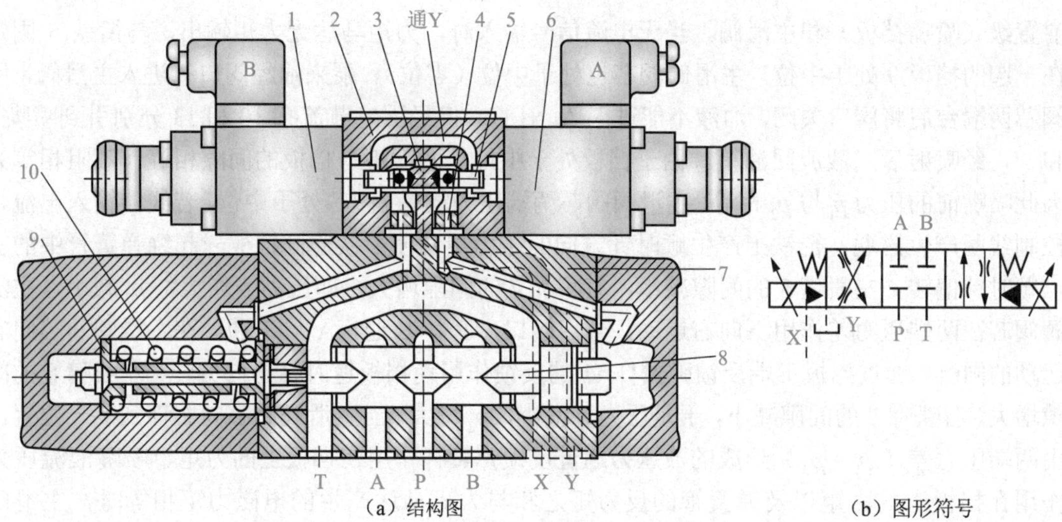

(a) 结构图　　(b) 图形符号

1、6-比例电磁铁；2-先导阀体；3-先导阀芯；4-控制油道；5-反馈活塞；7-主阀体；8-主阀芯；9-弹簧座；10-主阀对中弹簧

图 5-51　先导式比例方向阀

5.6.2　伺服控制阀

伺服控制阀是一种通过改变输入信号，连续、成比例的控制流量和压力的液压控制阀。根据输入信号的方式不同，可分为电液伺服阀和机液伺服阀，本节主要介绍电液伺服阀。

电液伺服阀既是电液转换元件，又是功率放大元件，它将小功率的电信号输入转换为大功率的液压能（压力和流量）输出，实现执行元件的位移、速度、加速度及力控制。

1. 电液伺服阀的组成

电液伺服阀通常由电气-机械转换装置、液压放大器和反馈（平衡）机构三部分组成。

电气-机械转换装置用来将输入的电信号转换为转角或直线位移输出，输出转角的装置称为力矩马达，输出直线位移的装置称为力马达。

液压放大器接收小功率的电气-机械转换装置输入的转角或直线位移信号，对大功率的压力油进行调节和分配，实现控制功率的转换和放大。

反馈和平衡机构使电液伺服阀输出的流量或压力获得与输入电信号成比例的特性。

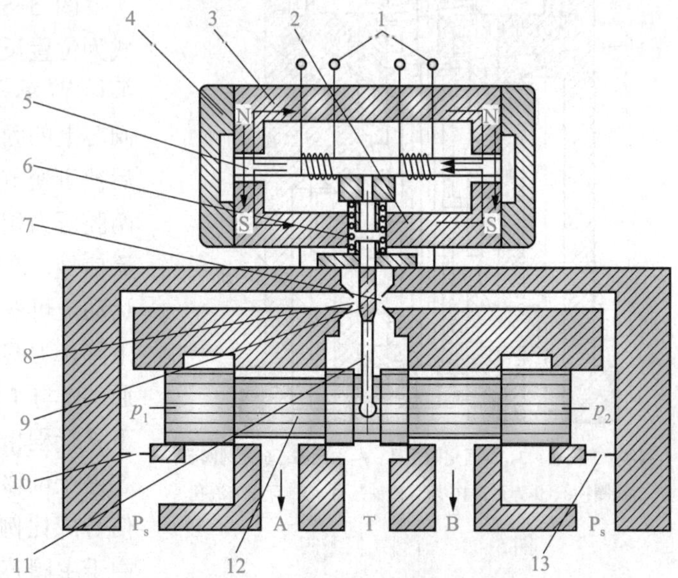

1-线圈；2、3-导磁体极掌；4-永久磁铁；5-衔铁；6-弹簧；7、8-喷嘴；9-挡板；10、13-固定节流孔；11-反馈弹簧杆；12-主滑阀

图 5-52　喷嘴挡板式电液伺服阀的工作原理图

动画

2. 电液伺服阀的工作原理

图 5-52 所示为喷嘴挡板式电液伺服阀的工作原理图。图中上半部分为力矩马达，下半部分为

前置级（喷嘴挡板）和主滑阀。当无电流信号输入时，力矩马达无力矩输出，与衔铁 5 固定在一起的挡板 9 处于中位，主滑阀阀芯也处于中位（零位）。泵来油经阀口 P_s 进入主滑阀，因阀芯两端台肩将阀口关闭，油液不能进入 A、B 口，但经固定节流孔 10 和 13 分别引到喷嘴 8 和 7，经喷射后，液流回油箱。由于挡板处于中位，两喷嘴与挡板的间隙相等（液阻相等），因此喷嘴前的压力 p_1 与 p_2 相等，主滑阀阀芯两端压力相等，阀芯处于中位。若线圈输入电流，控制线圈产生磁通，衔铁上产生顺时针方向的磁力矩，使衔铁连同挡板一起绕弹簧管中的支点顺时针偏转，左喷嘴 8 的间隙减小，右喷嘴 7 的间隙增大，即压力 p_1 增大，p_2 减小，主滑阀阀芯在两端压力差作用下向右运动，开启阀口，P_s 与 B 通，A 与 T 通。在主滑阀阀芯向右运动的同时，通过挡板下端反馈弹簧杆 11 的反馈作用使挡板逆时针方向偏转，左喷嘴 8 的间隙增大，右喷嘴 7 的间隙减小，于是压力 p_1 减小，p_2 增大。当主滑阀阀芯向右移到某一位置，由两端压力差（$p_1 - p_2$）形成的液压力通过反馈弹簧杆作用在挡板上的力矩、喷嘴液流压力作用在挡板上的力矩以及弹簧管的反力矩之和与力矩马达产生的电磁力矩相等时，主滑阀阀芯受力平衡，稳定在一定的开口下工作。

显然，改变输入电流的大小，可成比例地调节电磁力矩，从而得到不同的主阀开口大小。

若改变输入电流的方向，主滑阀阀芯反向位移，实现液流的反向控制。

由于图 5-52 所示电液伺服阀的主滑阀阀芯的最终工作位置是通过挡板弹性反力反馈作用达到平衡的，因此称为力反馈式。除力反馈式外，还有位置反馈、负载流量反馈、负载压力反馈等。

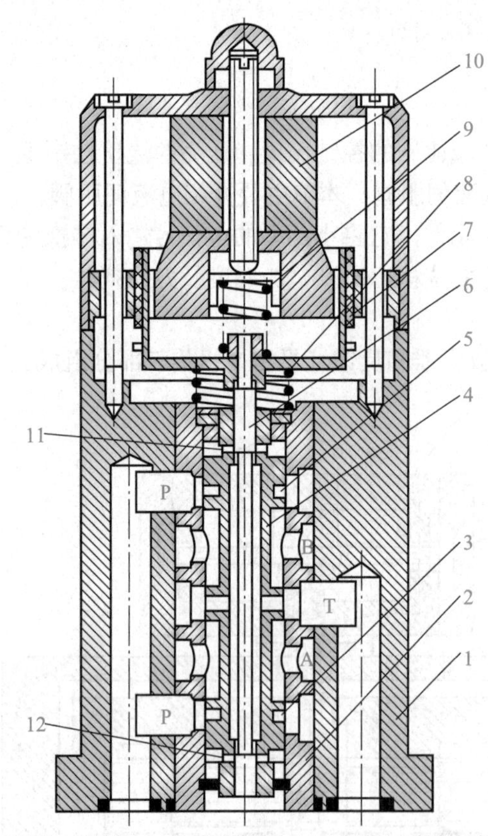

1-阀体；2-阀套；3、5-固定阻尼孔；4-主阀芯；6-控制阀芯；7-线圈；8、9-弹簧；10-永久磁铁；11、12-可变节流孔

图 5-53　滑阀式伺服阀

图 5-53 所示为滑阀式伺服阀，其反馈形式为位置反馈。当主阀芯 4 处于中位时，4 个油口 P、A、B、T 均不通，进口压力油 p 经主阀芯上的固定阻尼孔 3、5 引到上、下控制腔后被可变节流孔 11、12 封闭，主阀芯上、下两腔压力相等。若力矩马达的线圈输入一个电流信号，产生一个向下的力使控制阀芯 6 向下运动，可变节流孔 12 开启，主阀芯下端压力下降，主阀芯跟随控制阀芯下移，油口 P 与 A 通、B 与 T 通。在主阀芯下移行程与控制阀芯下移行程相等时，可变节流孔 12 封闭，主阀芯停止位移。此时，主阀开口大小与输入电流信号成比例，输入一定电流，阀的开口一定。由于主阀芯同时又是控制阀的阀体，因此主阀芯的位移对控制阀的位移起位置反馈作用。在这里，动圈式力马达只需很小的力带动控制阀芯移动零点几毫米，而控制阀芯起力放大作用驱动主阀芯运动。

5.7　电液数字控制阀

用计算机对液压或气压系统进行控制是技术发展的必然趋向。但电液比例阀或伺服控制阀能接收的信号是连续变化的电压或电流，而计算机的指令是“开”或“关”的数字信息，要用计算机控制必须进行数/模转换，其结果是使设备复杂、成本提高、可靠性降低。在这种技术要求下，20 世纪 80 年代初期出现了电液数字控制阀。

用数字信息直接控制的阀称为电液数字控制阀，简称数字阀。它可直接与计算机接口，不需数/模转换板。与电液伺服阀、电液比例阀相比，数字阀的结构简单，工艺性好，价廉，抗污染能力强，重复性好，工作稳定可靠，功耗小。

接收计算机数字控制的方法有多种，目前常用的有增量控制法和脉宽调制法，相应地，数字阀也分为增量式数字阀和脉宽调制式数字阀两类。当今技术较成熟的是增量式数字阀，即用步进电机驱动液压阀，已有数字流量阀、数字压力阀和数字方向流量阀等系列产品。

现有的电液数字阀主要有增量式数字阀和高速开关型数字阀两大类。

5.7.1　增量式数字阀

增量式数字阀采用由脉冲数字调制演变而成的增量控制方式，以步进电机作为电-机械转换器，驱动液压阀芯工作。图 5-54 所示为增量式数字阀控制系统工作原理图。微机的输出脉冲序列经驱动电源放大，作用于步进电机。步进电机是一个数字元件，根据增量控制方式工作。增量控制方式是由脉冲数字调制法演变而成的一种数字控制方法，是在脉冲数字信号的基础上，使每个采样周期的步数在前一采样周期的步数上，增加或减少一些步数，从而达到需要的幅值。步进电机转角 $\Delta\theta$ 与输入的脉冲数成比例，步进电机每得到一个脉冲信号，便沿着控制信号给定的方向转动一个固定的步距角。步进电机转角通过凸轮或螺纹等机械式转换器变成直线运动（Δx），控制液压阀阀口的开度（Δq），从而得到与输入脉冲数成比例的压力、流量。

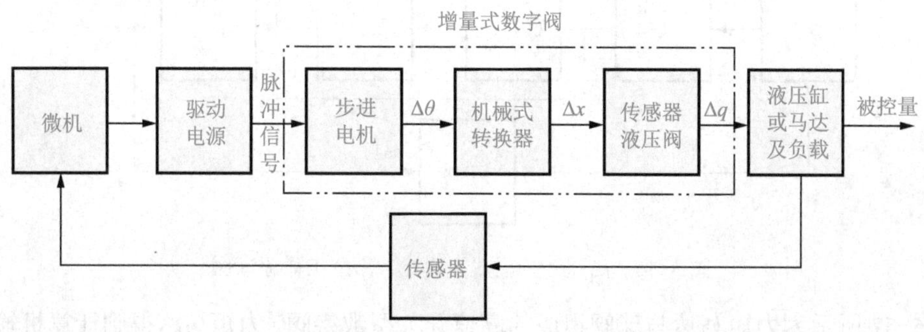

图 5-54　增量式数字阀控制系统工作原理图

增量式数字阀按其用途不同，分为流量阀、压力阀和方向流量阀。

图 5-55 所示为步进电动机直接驱动的数字式流量控制阀的结构图。当计算机给出脉冲信

号后，步进电动机 1 转过一个角度 $\Delta\theta$，作为机械转换装置的滚珠丝杠 2 将旋转角度 $\Delta\theta$ 转换为轴向位移 Δx 直接驱动节流阀阀芯 3，开启阀口。步进电动机转过一定的步数，可控制阀口的一定开度，从而实现流量控制。开在阀套 4 上的节流口有两个，其中左节流口为非圆周通流，右节流口为全圆周通流。阀芯向右移时先开启左节流口，阀开口较小，移动一段距离后右节流口打开，两节流口同时通油，阀的开口增大。这种节流开口的大小分两段调节，可改善小流量时的调节性能。

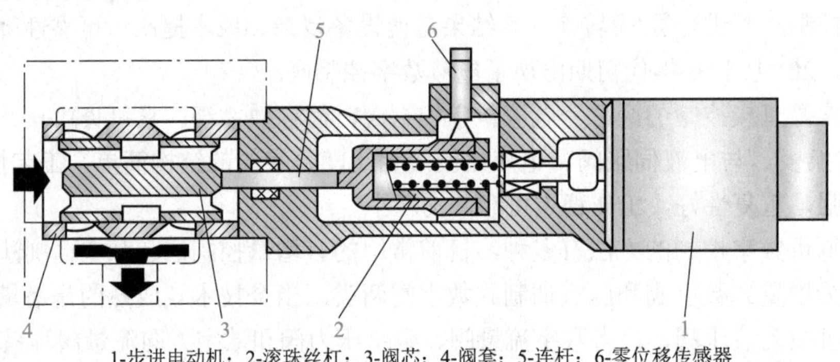

图 5-55　数字式流量控制阀的结构图

5.7.2　高速开关型数字阀

高速开关型数字阀又称脉宽调制式数字阀，其数字信号控制方式为脉宽调制式，即控制液压阀的信号是一系列幅值相等而在每一周期内宽度不同的脉冲信号。图 5-56 所示为高速开关型数字阀控制系统工作原理图。微机输出的数字信号通过脉宽调制放大器调制放大，作用于电-机械转换器，电-机械转换器驱动液压阀工作。图中双点画线框住的为高速开关型数字阀。由于作用于阀上的信号是一系列脉冲，所以液压阀也只有与之相对应的快速切换的“开”和“关”两种状态，以开启时间的长短来控制流量或压力。高速开关型数字阀中液压阀的结构与其他阀不同，它是一个快速切换的开关，只有全开、全闭两种工作状态。

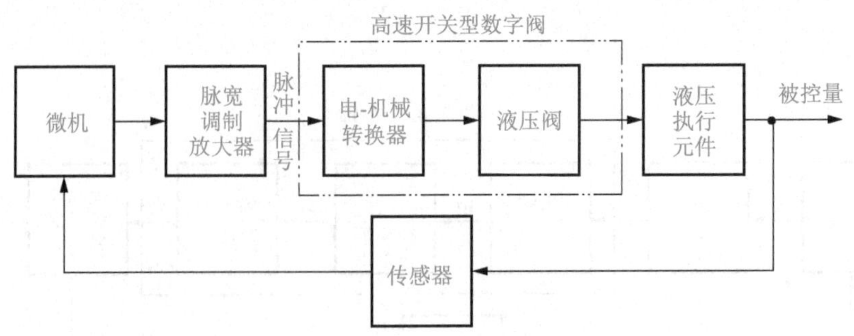

图 5-56　高速开关型数字阀控制系统工作原理图

图 5-57 所示为力矩马达与球阀组成的高速开关型数字阀。力矩马达得到计算机输入的脉冲信号后衔铁偏转（图示为顺时针方向），推动球阀 2 向下运动，关闭压力油 p_p，油腔 L_2 通回油 p_R，球阀 4 在下端压力油 p_p 的作用下向上运动，开启 p_p 和 p_A。与此同时，球阀 1 因压力油 p_p 的作用而处在上边位置，油腔 L_1 与 p_p 沟通，球阀 3 向下关闭，切断 p_p 与 p_R 的通路。

如果，力矩马达衔铁反向偏转，则压力油腔 p_p 与回油腔 p_R 沟通，油口 p_A 被切断。由此可知，此阀为二位三通换向阀。其工作压力可达 20MPa，额定流量 1.2L/min，切换时间为 0.8ms。

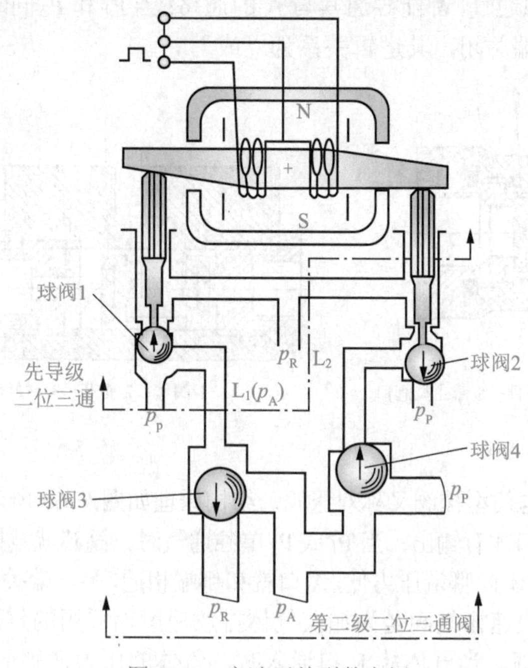

图 5-57　高速开关型数字阀

5.8　气动控制阀

气动控制阀是控制、调节压缩空气的流动方向、压力和流量的气动元件，利用它们可以组成各种气动回路，使气动执行元件按设计要求正常工作。和液压控制阀类似，常用的基本气动控制阀分为气动方向控制阀、气动压力控制阀和气动流量控制阀。此外，还有通过改变气流方向和通断以实现各种逻辑功能的气动逻辑元件。

5.8.1　气动方向控制阀

气动方向控制阀是用来控制压缩空气的流动方向和气流通、断的气动元件。

1. 气动方向控制阀的分类

气动方向控制阀和液压系统的方向控制阀类似，其分类方法也基本相同。但由于气压传动具有自己独有的特点，气动方向控制阀可按阀芯结构、控制方式等进行分类。按阀芯结构不同，可分为滑阀式、截止式（又称提动式）、平面式（又称滑块式）、旋塞式和膜片式等，其中以截止式和滑阀式应用较多；按控制方式不同，可分为电磁控制式、气压控制式、机械控制式、人力控制式和时间控制式；按作用特点，可分为单向型和换向型；按通口数和阀芯工作位置数，可分为二位三通、三位五通等多种形式；按阀的密封形式，可分为硬质密封和软质密封，其中软质密封因具有制造容易、泄漏少、对介质污染不敏感等优点，而在气动方向控制阀中广泛采用。

2. 单向型方向控制阀

单向型方向控制阀包括气动单向阀、或门型梭阀、与门型梭阀、快速排气阀。

（1）气动单向阀：单向阀的结构原理及其图形符号如图 5-58 所示，其工作原理和图形符号与液压单向阀一致，不同的是气动单向阀的阀芯和阀座之间是靠密封垫密封的。

（2）或门型梭阀：图 5-59 所示为或门型梭阀的结构原理及其图形符号。其工作特点是不论 P_1 和 P_2 哪条通路单独通气，都能导通其与 A 的通路；当 P_1 和 P_2 同时通气时，哪端压力高，A 就和哪端相通，另一端关闭，其逻辑关系为“或”。

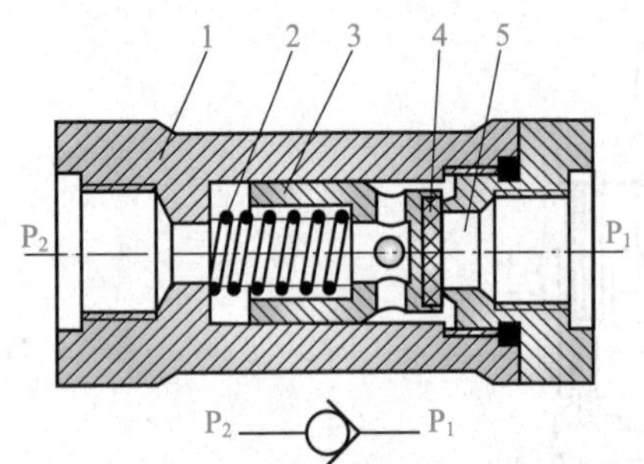

1-阀体；2-弹簧；3-阀芯；4-密封件；5-截止型阀口

图 5-58 气动单向阀

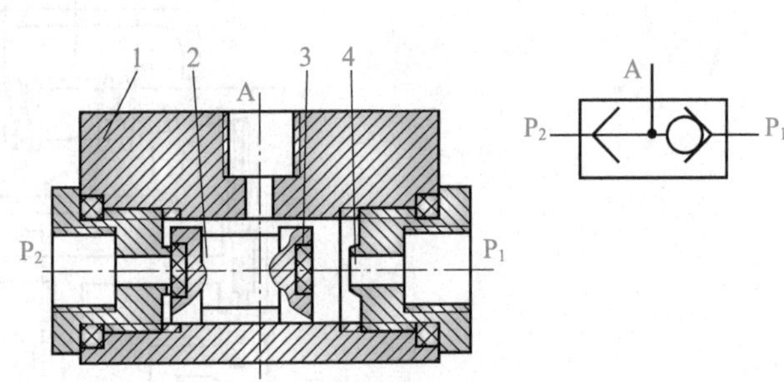

1-阀体；2-阀芯；3-密封件；4-截止型阀口

图 5-59 或门型梭阀

（3）与门型梭阀：与门型梭阀又称双压阀，结构原理如图 5-60 所示。其工作特点是，只有 P_1 和 P_2 同时供气时，A 口才有输出；当 P_1 或 P_2 单独通气时，阀芯就被推至相对端，封闭截止型阀口；当 P_1 和 P_2 同时通气时，哪端压力低，A 口就和哪端相通，另一端关闭，其逻辑关系为“与”。

（4）快速排气阀：快速排气阀是为加快气体排放速度而采用的气压控制阀。图 5-61 所示为快速排气阀的结构原理。当气体从 P 口通入时，气体的压力使唇形密封圈右移封闭快速排气口 e，并压缩密封圈的唇边，导通 P 口和 A 口，当 P 口没有压缩空气时，密封圈的唇边张开，封闭 A 和 P 通道，A 口气体的压力使唇形密封圈左移，A、T 通过排气通道 e 连通而快速排气（一般排到大气中）。

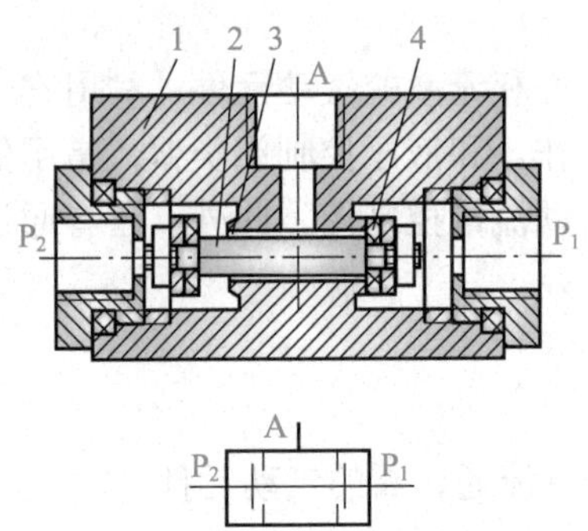

1-阀体；2-阀芯；3-截止型阀口；4-密封件

图 5-60 与门型梭阀

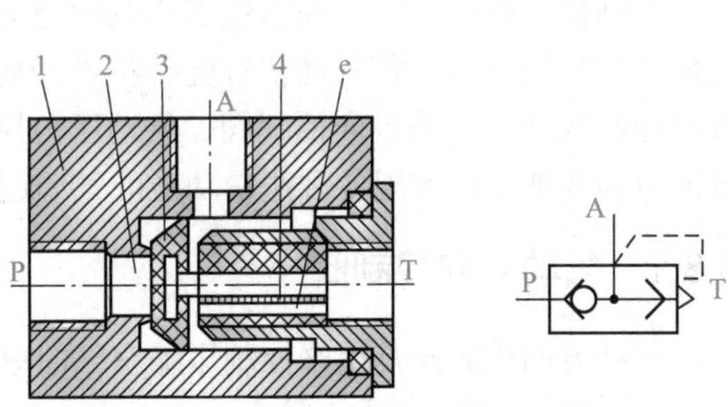

1-阀体；2-截止型阀口；3-密封件；4-阀芯

图 5-61 快速排气阀

3. 换向型方向控制阀

换向型方向控制阀（简称换向阀），是通过改变气流通道来使气体流动方向发生变化，从而达到改变气动执行元件运动方向的目的。它包括气压控制换向阀、电磁控制换向阀、机械控制换向阀、人力控制换向阀和时间控制换向阀等。

1）气压控制换向阀

气压控制换向阀是利用气体压力使主阀芯和阀体发生相对运动而改变气体流向的元件。按控制方式不同，可分为加压控制、卸压控制和差压控制三种。加压控制是指所加的控制信号压力是逐渐上升的，当气压增加到阀芯的动作压力时，主阀便换向；卸压控制是指所加的气控信号压力是逐渐减小的，当减小到某一压力值时，主阀换向；差压控制是使主阀芯在两端压力差的作用下换向。按主阀结构不同，又可分为截止式和滑阀式两种。滑阀式气控换向阀的结构和工作原理与液动换向阀基本相同。在此只介绍截止式换向阀。

图 5-62 所示为二位三通单气控截止式换向阀的结构原理及其图形符号。图示为 K 口没有控制信号时的状态，阀芯 3 在弹簧 2 与 P 腔气压作用下右移，使 P 与 A 断开，A 与 T 导通；当 K 口有控制信号时，推动控制活塞 5 通过阀芯压缩弹簧打开 P 与 A 通道，封闭 A 与 T 通道。图示为常断型阀，如果 P、T 换接则成为常通型。这里，换向阀芯换位采用的是加压的方法，称为加压控制换向阀。相反情况则为减压控制换向阀。

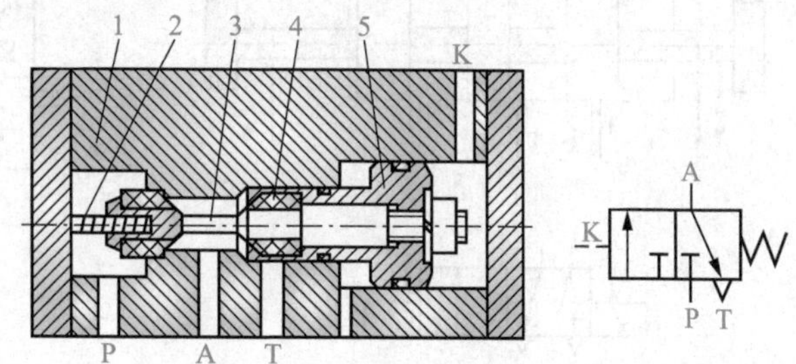

1-阀体；2-弹簧；3-阀芯；4-密封件；5-控制活塞

图 5-62　二位三通单气控截止式换向阀

2）电磁控制换向阀

（1）单电控电磁换向阀：由一个电磁铁的衔铁推动换向阀阀芯移位的阀称为单电控电磁换向阀，可分单电控直动式换向阀和单电控先导式换向阀两种。如图 5-63（a）所示为单电控直动式电磁换向阀的工作原理及其图形符号。靠电磁铁和弹簧的相互作用使阀芯换位实现换向。图示为电磁铁断电状态，弹簧的作用导通 A、T 通道，封闭 P 口通道；电磁铁通电时，压缩弹簧导通 P、A 通道，封闭 T 口通道。图 5-63（b）为单电控先导式换向阀的工作原理及其图形符号。它是用单电控直动换向阀作为气控主换向阀的先导式阀来工作的。图示为断电状态，气控主换向阀在弹簧力的作用下，封闭 P 口，导通 A、T 通道；当先导阀带电时，电磁力推动先导阀芯下移，控制压力 p_1 推动主阀芯右移，导通 P、A 通道，封闭 T 通道。类似于电液换向阀，电控先导换向阀适用于较大通径的场合。

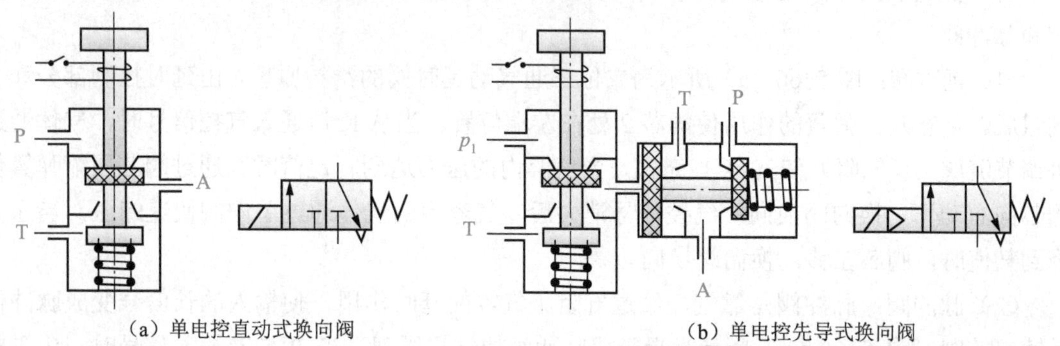

（a）单电控直动式换向阀　　（b）单电控先导式换向阀

图 5-63　单电控电磁换向阀

（2）双电控电磁换向阀：由两个电磁铁的衔铁推动换向阀阀芯移位的阀称为双电控换向阀。双电控换向阀有双电控直动式换向阀和双电控先导式换向阀两种。图 5-64（a）为双电控直动式二位五通换向阀的工作原理。图示为左侧电磁铁通电的工作状态。其工作原理显而易见，不再说明。注意，这里的两个电磁铁不能同时通电。这种换向阀具有记忆功能，即当左侧的电磁铁通电后，换向阀芯处在右端位置，当左侧电磁铁断电而右侧电磁铁没有通电前阀芯仍然保持在右端位置。图 5-64（b）所示为双电控先导式换向阀的工作原理，图示为左侧先导式阀电磁铁通电状态。工作原理与单电控先导式换向阀类似。

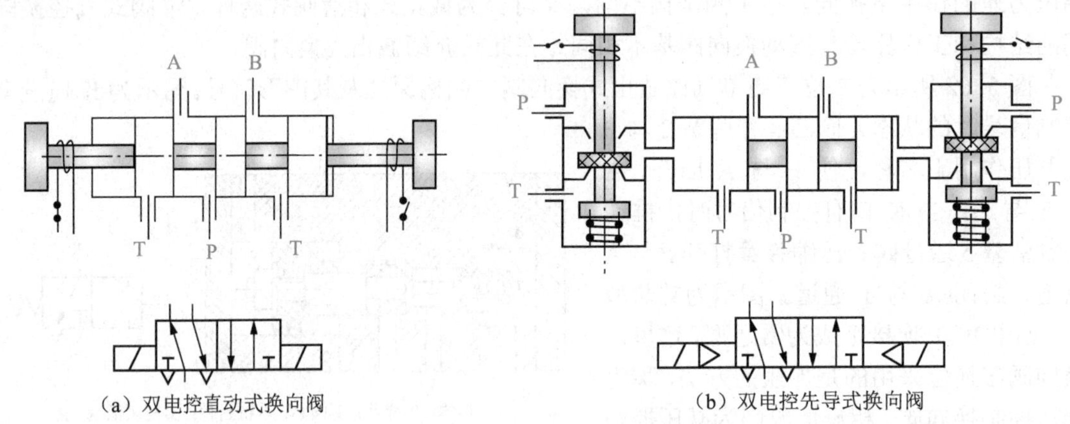

（a）双电控直动式换向阀　　（b）双电控先导式换向阀

图 5-64　双电控换向阀

3）机械控制或人力控制换向阀

通过机械控制或人力控制使换向阀芯换位的换向阀有机动换向阀和手动（脚踏）换向阀等。

它们的换向原理很简单。图 5-65（a）所示为通过推杆工作的行程换向阀。图 5-65（b）所示为通过杠杆和滚轮作用推动推杆的行程换向阀。图 5-65（c）所示为可通过式杠杆滚轮控制的行程换向阀，当机械撞块向右运动时，压下滚轮，实现换向动作；当撞块通过滚轮后，阀芯在弹簧力的作用下回复；撞块回程时，由于滚轮的头部可弯折，阀芯不换向。此阀由 A 口输出脉冲信号，常被用来排除回路中的障碍信号，简化设计回路。

4）时间控制换向阀

时间控制换向阀是通过气容或气阻的作用对阀的换向时间进行控制的换向阀，包括延时阀和脉冲阀。

（1）延时阀：图 5-66（a）所示为二位三通气动延时阀的结构原理。由延时控制部分和主阀组成。常态时，弹簧的作用使阀芯 2 处在左端位置。当从 K 口通入气控信号时，气体通过可调节流阀 4（气阻）使气容 1 充气，当气容内的压力达到一定值时，通过阀芯压缩弹簧使阀芯向右动作，换向阀换向；气控信号消失后，气容中的气体通过单向阀快速卸压，当压力降到某值时，阀芯左移，换向阀换向。

（2）脉冲阀：脉冲阀是靠气流经过气阻、气容的延时作用，使输入的长信号变成脉冲信号输出的阀。图 5-66（b）所示为滑阀式脉冲阀的结构原理。当 P 口有输入信号时，由于阀芯上腔气容中压力较低，并且阀芯中心阻尼孔很小，所以阀芯向上移动，使 P、A 相通，A 口有信号输出，同时从阀芯中心阻尼孔不断给上部气容充气，因为阀芯的上、下端作用面积不等，气容中的压力上升达到某值时，阀芯下降封闭 P、A 通道，A、T 相通，A 口没有信号输出。这样，P 口的连续信号就变成 A 口输出的脉冲信号。

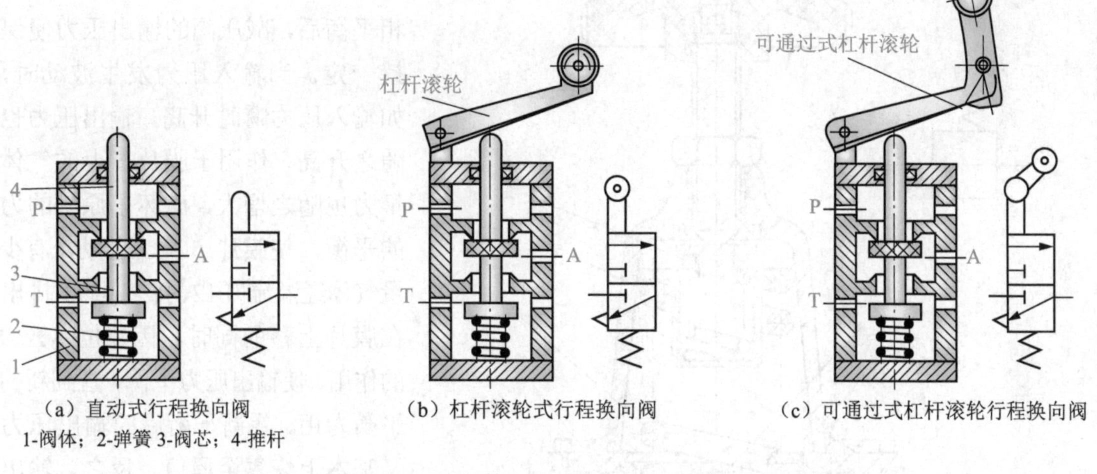

（a）直动式行程换向阀
1-阀体；2-弹簧 3-阀芯；4-推杆

（b）杠杆滚轮式行程换向阀

（c）可通过式杠杆滚轮行程换向阀

图 5-65 机械控制或人力控制方向换向阀

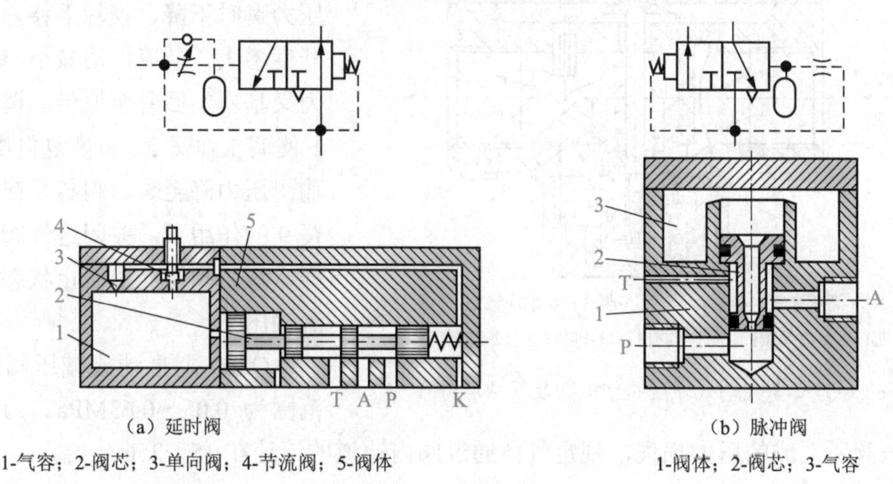

（a）延时阀
1-气容；2-阀芯；3-单向阀；4-节流阀；5-阀体

（b）脉冲阀
1-阀体；2-阀芯；3-气容

图 5-66 时间控制换向阀

5.8.2 气动压力控制阀

气动压力控制阀在气动系统中主要起调节、降低或稳定气源压力、控制执行元件动作顺序、保证系统工作安全等作用。气动压力控制阀分为减压阀（调压阀）、顺序阀、安全阀等。

1. 减压阀

减压阀是气动系统中的压力调节元件。气动系统的压缩空气一般是由压缩机将空气压缩，储存在储气罐内，然后经管路输送给气动装置使用，储气罐的压力一般比设备实际需要的压力高，并且压力波动也较大。在一般情况下，需采用减压阀来得到压力较低并且稳定的供气。减压阀按调节压力的方式分，可分为直动式和先导式两种。

图 5-67 为 QTY 型直动式减压阀结构图及其图形符号。其工作原理：当阀处于工作状态时，调节手柄 1、调压弹簧 2 和 3 及膜片 5，使阀芯 8 下移，进气阀口被打开，有压气流从左端输入，经阀口节流减压后从右端输出。输出气流的一部分由阻尼管 7 进入膜片气室，在膜片 5 的下方产生一个向上的推力，这个推力总是企图把阀口开度关小，使其输出压力下降。

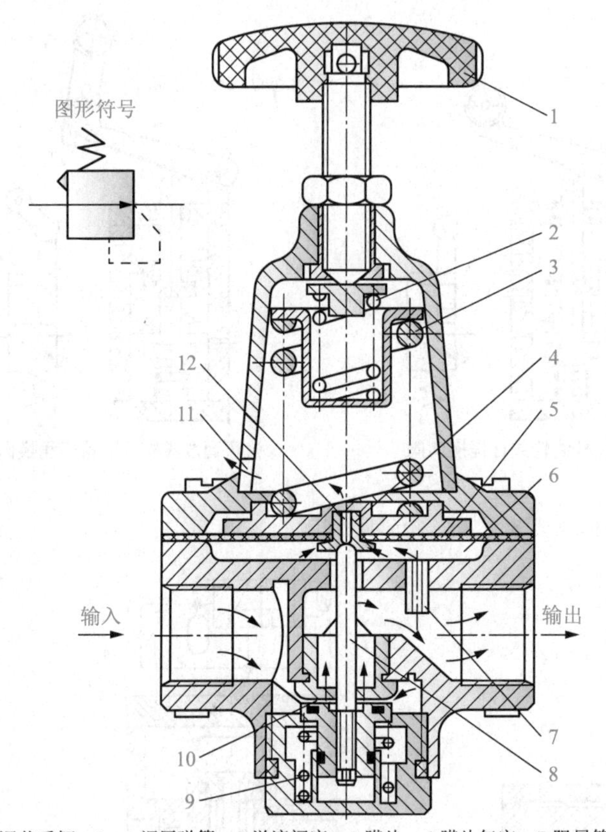

1-调节手柄；2、3-调压弹簧；4-溢流阀座；5-膜片；6-膜片气室；7-阻尼管；8-阀芯；9-复位弹簧；10-进气阀口；11-排气孔；12-溢流口

图 5-67　QTY 型直动式减压阀结构图及其图形符号

当作用于膜片上的推力与弹簧力相平衡后，减压阀的输出压力便保持一定。当输入压力发生波动时，如输入压力瞬时升高，输出压力也随之升高，作用于膜片 5 上的气体推力也随之增大，破坏了原来的力的平衡，使膜片 5 向上移动，有少量气体经溢流口 12、排气孔 11 排出。在膜片上移的同时，因复位弹簧 9 的作用，使输出压力下降，直到新的平衡为止。重新平衡后的输出压力又基本上恢复至原值。反之，输出压力瞬时下降，膜片下移，进气口开度增大，节流作用减小，输出压力又基本上回升至原值。调节手柄 1 使调压弹簧 2、3 恢复自由状态，输出压力降至零，阀芯 8 在复位弹簧 9 的作用下，关闭进气阀口，这样，减压阀便处于截止状态，无气流输出。

QTY 型直动式减压阀的调压范围为 0.05～0.63MPa。为限制气体流过减压阀所造成的压力损失，规定气体通过阀内通道的流速在 15～25m/s 内。

2. 顺序阀

顺序阀是根据入口处压力的大小控制阀口启闭的阀。目前应用较多的是单向顺序阀。图 5-68 所示为单向顺序阀的结构原理及其图形符号。当气流从 P_1 口进入时，单向阀反向关闭，压力达到顺序阀调压弹簧 6 调定值时，阀芯上移，打开 P_1、P_2 通道，实现顺序打开；当气流从 P_2 口流入时，气流顶开弹簧刚度很小的单向阀，打开 P_2、P_1 通道，实现单向阀的功能。

3. 安全阀

气动安全阀在系统中起安全保护作用。当系统压力超过规定值时，打开安全阀保证系统的安全。安全阀在气动系统中又称溢流阀。其结构形式很多，图 5-69（a）所示为直动截止式安全阀结构原理，当压力超过调压弹簧的调定值时顶开截止阀口。

图 5-69（b）所示为直动膜片式安全阀结构原理。图 5-69（c）所示为气动控制先导式安全阀的结构原理图。它是靠作用在膜片上的控制口气体的压力和进气口作用在截止阀口的压力进行比较来工作的。

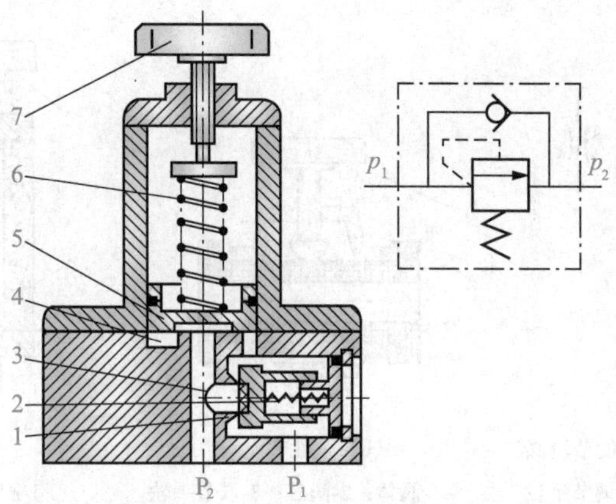

1-单向阀芯；2-弹簧；3-单向阀口；4-顺序阀口；5-顺序阀芯；6-调压弹簧；7-调压手轮

图 5-68　单向顺序阀

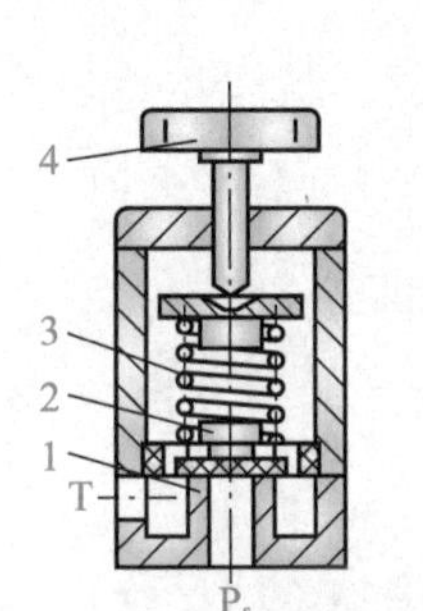

（a）直动截止式安全阀

1-阀座；2-阀芯；3-调压弹簧；4-调压手轮

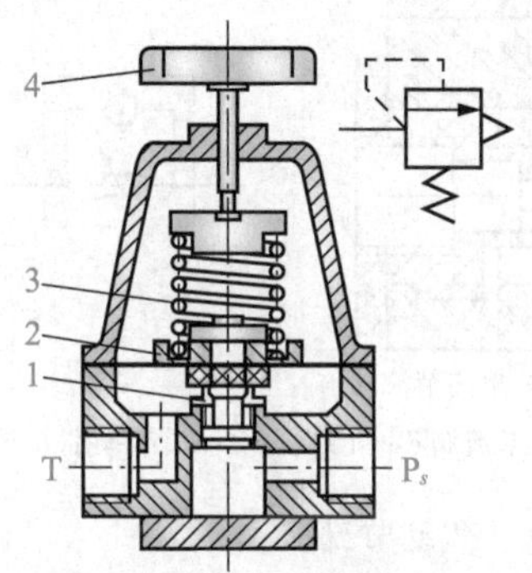

（b）直动膜片式安全阀

1-阀座；2-阀芯；3-调压弹簧；4-调压手轮

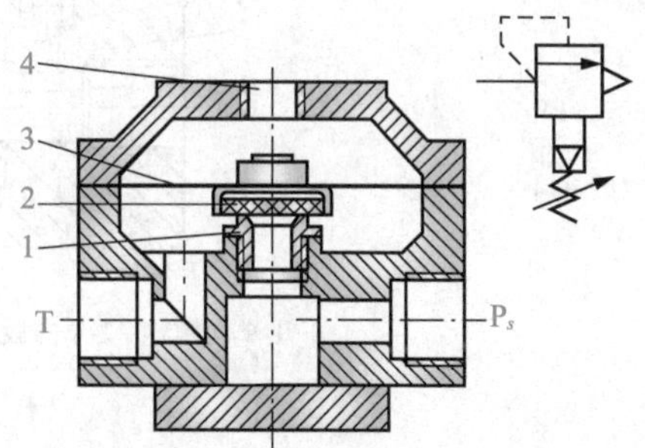

（c）气动控制先导式安全阀

1-阀座；2-阀芯；3-膜片；4-先导压力控制口

图 5-69　安全阀

5.8.3　气动流量控制阀

气动流量控制阀是通过改变阀的通流面积来实现流量控制的元件。流量控制阀包括节流阀、单向节流阀、排气节流阀、柔性节流阀等。

节流阀依靠节流口控制流量，节流口的形式有多种。常用的有针阀型、三角沟槽型和圆柱削边型等。图 5-70（a）所示为圆柱削边型阀口的节流阀。P 为进气口，A 为出气口。

柔性节流阀的结构原理如图 5-70（b）所示。其工作原理是依靠阀杆夹紧阀芯 2（柔韧的橡胶管）产生变形来减小通道的口径实现节流调速作用的。

排气节流阀安装在系统的排气口处限制气流的流量，一般情况下还具有减小排气噪声的作用，所以常称排气消声节流阀。图 5-70（c）所示为排气节流阀的结构原理及其图形符号。节流口的排气经过由消声材料制成的消声套 T，在节流的同时减少排气噪声，排出的气体一般通入大气。

单向节流阀的结构原理如图 5-70（d）所示，其节流阀口为针型结构。气流从 P_1 口流入时，顶开单向阀芯 1，气流从阀座 6 的周边槽口流向 P_2，实现单向阀功能；当气流从 P_2 流入时，单向阀芯 1 受力向左运动紧抵单向截止阀 2，气流经过节流口流向 P_1，实现反向节流功能。

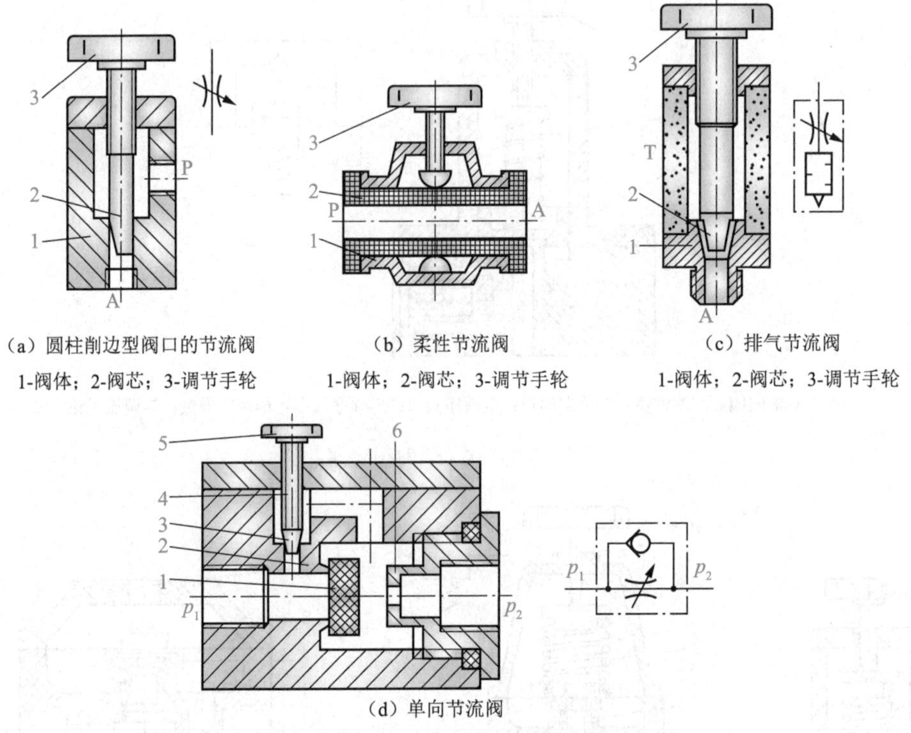

（a）圆柱削边型阀口的节流阀
1-阀体；2-阀芯；3-调节手轮

（b）柔性节流阀
1-阀体；2-阀芯；3-调节手轮

（c）排气节流阀
1-阀体；2-阀芯；3-调节手轮

（d）单向节流阀
1-单向阀芯；2-单向截止阀；3-节流阀芯；4-螺杆；5-调节手轮；6-阀座

图 5-70 气动节流阀

5.9 工程应用案例：汽车防抱制动系统

通过下面的分析可以明白液压阀在汽车防抱制动系统中的应用。

汽车防抱制动系统（Anti-lock Braking System，ABS）是在普通制动系统基础上，采用电控技术，增加一套防止车轮制动过程中抱死的机电液一体化装置。汽车制动过程中，当制动力达到一定大小时，车轮会发生边滚边滑，将汽车制动过程中车辆速度中的滑动速度与行车速度的比值定义为制动过程中的滑移率。试验表明，当滑动率处于 15%～20%时，汽车能保持较高的纵向和横向附着力，可以实现最短的制动距离，提高安全性。汽车 ABS 就是为了实现制动过程中，使滑移率处于 15%～20%的装置。

汽车 ABS 主要由电子控制单元（Electronic Control Unit，ECU）、车轮转速传感器、液压控制阀等组成。汽车 ABS 液压原理如图 5-76 所示。液压控制阀在汽车 ABS 中起关键的作用。ABS 是根据电子控制单元的指令进行工作的，靠电磁阀和液压泵共同作用控制油液的压力，从而控制车轮制动力的大小来控制车轮的转速，保证理想的滑移率。

图 5-71 中 ABS 有两个二位二通电磁换向阀，一个常闭（图中元件 1），连接在低压蓄能器 6 与制动轮缸 8 之间的管路上，用来减小制动轮缸 8 中油液的压力；一个常开（图中元件 2），连接在制动主缸 7 与制动轮缸 8 的管路上，用来增加制动轮缸 8 中油液的压力。如果使用比例电磁换向阀，那么增大或减小制动压力的速度，可以通过控制电磁换向阀的开口大小来实现。ABS 的工作过程如下：

（1）常规制动时，ABS不工作，两个二位二通电磁换向阀1、2都不通电，制动主缸7与制动轮缸8相通，制动主缸7可随时控制制动压力的增加，回流泵3不工作。

（2）当滑移率高于理想范围上限时，ECU发出控制指令，使起减压作用的二位二通电磁换向阀1的电磁铁得电，该阀换向，制动轮缸8中的油液通过电磁换向阀1流入低压蓄能器6，从而降低制动压力，使滑移率降低到理想范围。同时，ABS回流泵电机5带动回流泵3工作，将低压蓄能器6的制动液加压送回制动主缸7。

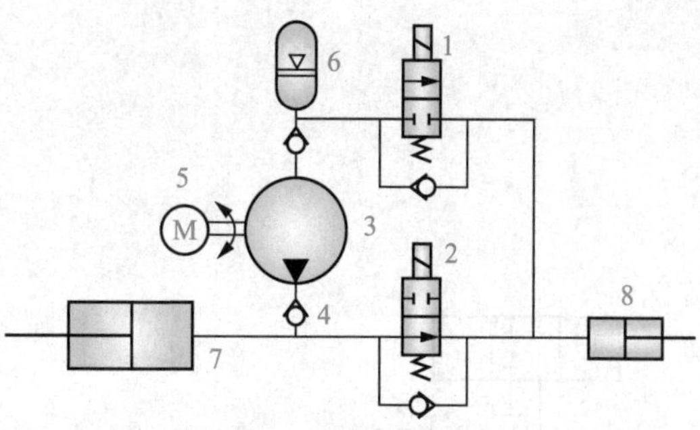

1、2-二位二通电磁阀；3-回流泵；4-单向阀；5-电动机；6-蓄能器；7,8-液压缸

图5-71　汽车ABS液压原理图

（3）当滑移率处于理想范围时，ECU发出控制指令，使两个二位二通电磁换向阀1、2都处于关闭状态，制动轮缸8中的制动压力不变，保持现有的滑移率。

（4）当滑移率低于理想范围的下限时，ECU发出控制指令，使起增压作用的二位二通电磁换向阀2开启，使起减压作用的二位二通电磁换向阀1关闭，制动主缸7与制动轮缸8再次接通，制动主缸7的高压制动液再次进入制动轮缸8，增加制动压力从而提高滑移率，使滑移率上升到理想范围。

练　习　题

5-1　画出下列方向阀的图形符号：二位四通电磁换向阀、三位四通Y形机能的电液换向阀、双向液压锁、二位五通电控气阀和三位五通电气控气阀。

5-2　分别说明O形、M形、P形和H形三位四通换向阀在中间位置时的性能特点及其应用。

5-3　现有一个二位三通阀和一个二位四通阀，通过堵塞阀口的办法将它们改为二位二通阀。

（1）改为常开型的；

（2）改为常闭型的，用图形符号表示。（应该指出：由于结构上的原因，一般二位四通阀的回油口O不可堵塞，改作二通阀后，原回油口O应作为泄油口单独接管引回油箱。）

5-4　气压换向阀与液压换向阀的区别有哪几个主要方面？

5-5　球阀式换向阀与滑阀式换向阀相比，有哪些优点？

5-6　用先导式溢流阀调节液压泵的压力，但不论如何调节手轮，压力表显示的泵压都很低。把阀拆下检查，看到各零件都完好无损，试分析液压泵压力低的原因。如果压力表显示的泵压都很高，试分析液压泵压力高的原因。（分析时参见先导式溢流阀的工作原理图）

5-7　如题5-7图中溢流阀的调定压力为5MPa，减压阀的调定压力为2.5MPa，设液压缸的无杆腔面积 $A=50\text{cm}^2$，液流通过单向阀和非工作状态下的减压阀时，其压力损失分别为0.2MPa和0.3MPa。试问当负载分别为0kN、7.5kN和30kN时：

（1）液压缸能否移动？

（2）A、B和C三处压力数值各为多少？

5-8　如题5-8图所示液压系统中，试分析在下面的调压回路中各溢流阀的调整压力应如何设置，能实现几级调压？

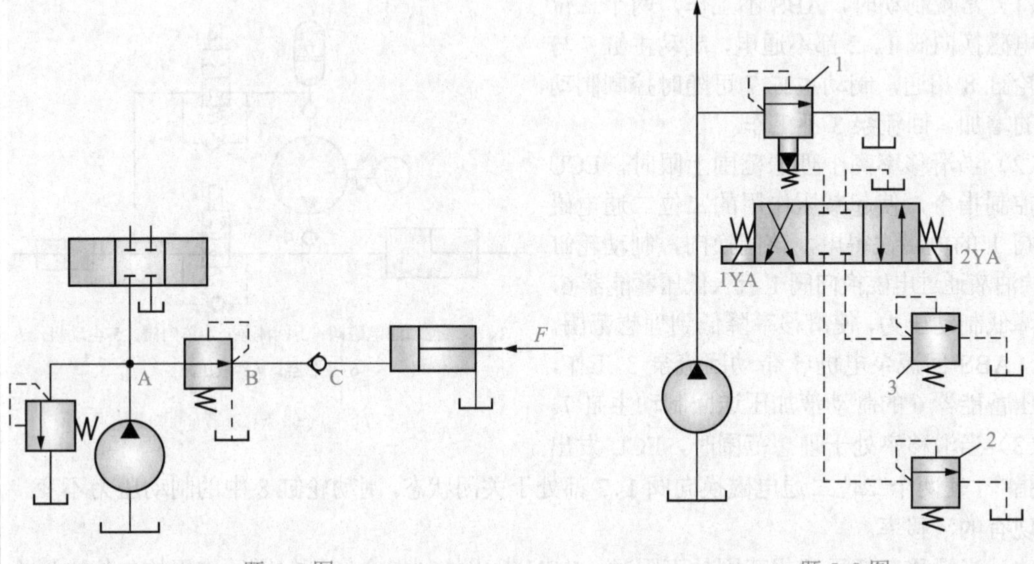

题 5-7 图　　　　题 5-8 图

5-9　如题 5-9 图所示回路中，各溢流阀的调定压力分别为 $P_{Y1}=3MPa$，$P_{Y2}=2MPa$，$P_{Y3}=4MPa$，问外负载无穷大时，泵的出口压力各为多少？

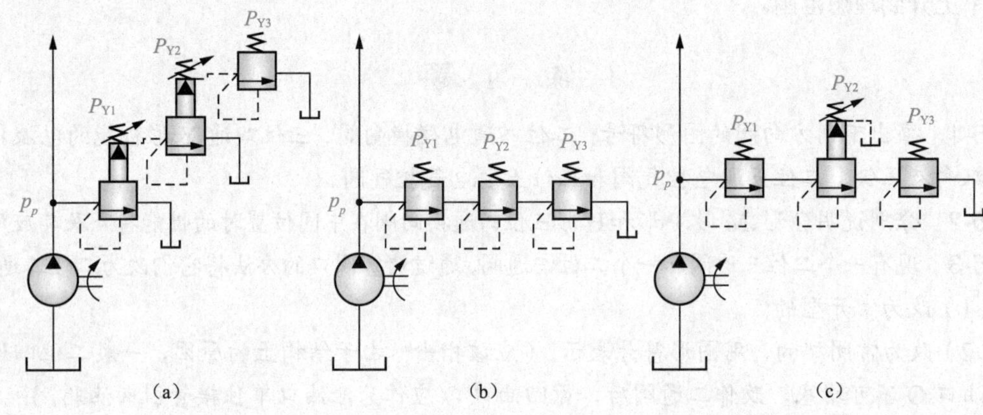

题 5-9 图

5-10　如题 5-10 图所示回路，溢流阀的调整压力为 5MPa，减压阀的调整压力为 1.5MPa，活塞运动时负载压力为 1MPa，其他损失不计，试分析：

（1）活塞在运动期间 A、B 处的压力值。

（2）活塞碰到死挡铁后 A、B 处的压力值。

（3）活塞空载运动时 A、B 两处压力各为多少？

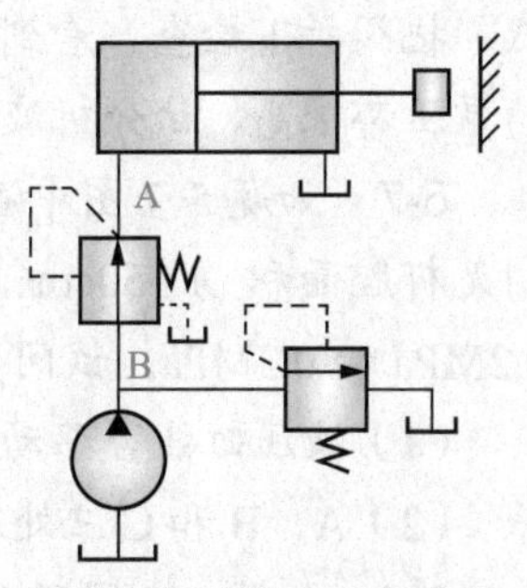

题 5-10 图

5-11　如题 5-11 图所示回路，溢流阀的调整压力为 5MPa，顺序阀的调整压力为 3MPa，问下列情况时 A、B 处的压力各为多少？

（1）液压缸运动时，负载压力 $p_L=4MPa$；

（2）$p_L=1MPa$ 时；

（3）活塞运动到终点时。

5-12　夹紧回路如题 5-12 图所示，若溢流阀的调整压力 $p_1 = 3\text{MPa}$、减压阀的调整压力 $p_2 = 2\text{MPa}$，试分析：

（1）活塞空载运动时 A、B 两处的压力各为多少？减压阀的阀芯处于什么状态？

（2）工件夹紧活塞停止运动后，A、B 两处的压力又各为多少？此时，减压阀芯又处于什么状态？

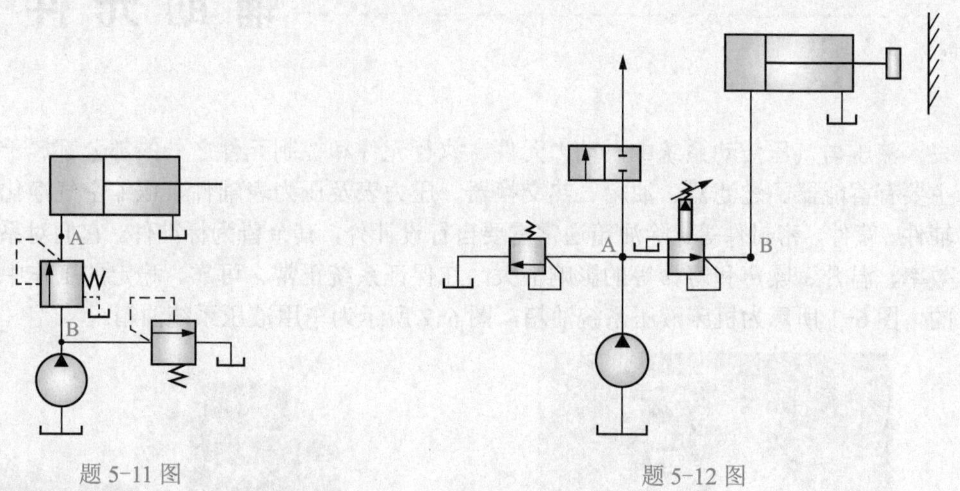

题 5-11 图　　题 5-12 图

5-13　如题 5-13 图所示两阀组中，设两减压阀调定压力一大一小 p_A、p_B，并且所在支路有足够的负载。说明支路的出口压力取决于哪个减压阀？为什么？

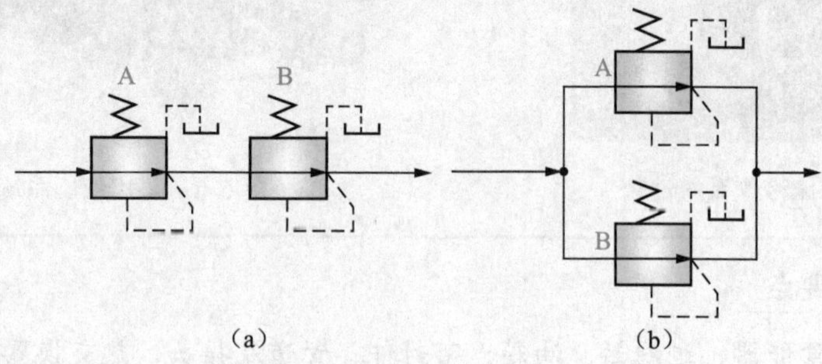

题 5-13 图

5-14　节流阀前后压力差 $\Delta p = 0.3\text{MPa}$，通过的流量为 $q = 25\text{L/min}$，假设节流孔为薄壁小孔，流量系数 $C_d = 0.62$，油液密度为 $\rho = 900\text{kg/m}^3$，试求节流阀口的通流截面的面积 A。

5-15　简述气动控制元件的类型、结构组成和工作原理。

第6章 辅助元件

液压与气压传动系统中，动力元件、执行元件和控制元件之外的部分都属于辅助元件，主要有蓄能器、过滤器、油箱、热交换器、压力表及压力表辅件、压缩空气净化设备、气压辅件、管件、密封件等。除油箱通常需要自行设计外，其余皆为标准件。它们对系统的性能、效率、温升、噪声和寿命等的影响很大，在保证系统正常、可靠、稳定的工作中是不可缺少的。图6-1所示为机床液压系统油箱，图6-2所示为车用液压系统油箱。

图6-1 机床液压系统油箱

图6-2 车用液压系统油箱

本章知识要点

（1）掌握蓄能器、过滤器、油箱、密封件、管道及接头、热交换器和消声器、排气洁净器、传感器、真空元件等常用液压与气压辅助元件的工作原理及作用。

（2）根据不同系统工况要求，正确合理地选用各种辅助元件。

兴趣实践

认真观察生活中看到的各种相关物品和现象，如高层建筑的储水箱、化学实验中用的过滤网或滤纸、汽车用的油箱、自来水水管及管接头、密封用的生料带、烧水用的“热得快”、水空调等，并思考与所学知识的联系。

探索思考

为了减少液压与气动系统的泄漏，在密封方面如何体现？其发展前景如何？

预习准备

预习各辅助元件的结构及其工作原理，学会正确选择各类辅助元件。

6.1 液压辅助元件

液压辅助元件是液压系统的一个重要组成部分，包括蓄能器、过滤器、油箱、密封件、管道及管接头、热交换器等。这些元件结构比较简单，功能也单一，但对液压系统的工作性能、噪声、温升、可靠性等，都有直接的影响。因此需对液压辅助元件引起足够的重视。在液压辅助元件中，大部分都已标准化，并由专业厂家生产，设计时选用即可。只有油箱等少量非标准件，品种较少，要求也有较大的差异，有时需要根据液压设备的要求自行设计。

案例 6-1

在高层建筑顶部，常会设置储水箱。当水压高时将储水箱储满水；当水压低时水箱里的水释放出来满足高楼层用水的需要。

问题：

（1）生活中还有哪些相似的例子？

（2）这里储水箱相当于蓄能器的什么作用？

6.1.1 蓄能器

在液压系统中，蓄能器是存储和释放油液压力能的装置。

1. 蓄能器的作用

蓄能器的主要作用体现在以下几个方面。

1）作为辅助动力源

某些液压系统的执行元件是间歇性动作，与停顿时间相比工作时间较短；有些液压系统的执行元件是周期性工作，在一个工作循环内（或一次行程内）运动速度相差较大。在这两种情况下，可在系统中采用一个功率较小的液压泵，并设置蓄能器作为辅助动力源。当系统不需要大流量时，把液压泵输出的多余的压力油储存在蓄能器内；当执行元件需要大流量时，再由蓄能器快速向系统释放能量。这样就可以减小液压泵的容量以及电动机的功率消耗。

2）补充泄漏和保持恒压

对于执行元件需要长时间保持某一工作状态（如夹紧工件或举升重物）保持恒定压力的系统，可在执行元件的进口处并联蓄能器来补偿泄漏，从而使压力恒定，保证执行元件的工作可靠性。另外，在液压泵停止向系统提供油液的情况下，蓄能器所存储的压力油液向系统补充，使系统在一段时间内维持系统提供压力，避免系统在油源中断时所造成的机件损坏。

3）作为紧急动力源

某些液压系统要求在液压泵发生故障、或停电、或在停止工作后，执行元件仍需完成必要的动作或供应必要的压力油，例如，为了安全起见，液压缸的活塞缸必须内缩到缸体内。这种场合需要有适当容量的蓄能器作为紧急动力源，如果停止供油，就会引起事故。

小思考 6-1

液压与气压传动中的辅助元件，虽然其名曰“辅助”，在系统中可以缺少吗？在系统中仅仅是“辅助”作用吗？

4）吸收液压冲击、消除脉动、降低噪声

液压系统在运行过程中，在换向阀突然换向、液压泵突然停车、执行元件的运动突然停止，甚至人为的需要执行元件紧急制动等情况下，都会使管路内液体流动发生急剧变化，从而产生冲击压力。虽然系统设有安全阀，但仍然难免产生压力的短时剧增和冲击，这种冲击压力往往引起系统中的仪表、元件和密封装置发生故障甚至损坏或者管道破裂，还会使系统产生明显的振动。若在控制阀或液压缸冲击源之前设置蓄能器，就可以吸收和缓和这种液压冲击。

液压泵，尤其是柱塞泵和齿轮泵，当其柱塞或齿轮数较少时，其液压系统中的流量或压力脉动很大，以致影响执行机构运动速度不均匀。严重的压力脉动会引起振动、噪声和事故。若在泵出口安装蓄能器，则可使脉动降低到最小限度，从而使对振动敏感的仪表、管路接头、控制阀的事故减少，并降低噪声。

5）输送异性液体、有毒气体等

利用蓄能器内的隔离件（隔膜、气囊或活塞）将被输送的异性液体隔开，通过隔离件的往复动作传递给异性液体。

2. 蓄能器的分类

蓄能器可分为充气式蓄能器、弹簧式蓄能器和重力式蓄能器三类。充气式蓄能器应用广泛，而重力式蓄能器已很少应用。

1）充气式蓄能器

充气式蓄能器又分为活塞式蓄能器、气囊式蓄能器两种。

（1）活塞式蓄能器：活塞式蓄能器结构如图 6-3 所示，缸筒内浮动的活塞 2 将气体和油液隔开。气体（一般为惰性气体或氮气）由充气阀 1 进入上腔，活塞 2 随下部油液的储存和释放而在缸筒内来回滑动。这种蓄能器结构简单、寿命长，它主要用于大体积和大流量。但因活塞有一定的惯性和密封件存在较大的摩擦力，所以反应不够灵敏。活塞式蓄能器适用于压力低于 20MPa 的系统储能或吸收压力脉动。

> **小思考 6-2**
>
> 蓄能器在安装使用中其位置与用途有何联系？

（2）气囊式蓄能器：气囊式蓄能器中气体和油液用气囊隔开，其结构如图 6-4 所示。采用耐油橡胶制成的气囊 3 固定在耐高压的壳体 2 的上部，其内充入一定压力的惰性气体，气囊外部压力油经壳体 2 底部的限位阀 4 通入，限位阀还保护气囊不被挤出容器之外。这种结构使气、液完全隔开，密封可靠，并且因气囊惯性小而克服了活塞式蓄能器响应慢的弱点，它的应用范围非常广泛。其缺点是工艺性较差。气囊式蓄能器适用于储能和吸收压力冲击，工作压力可达 32MPa。

2）弹簧式蓄能器

图 6-5 所示为弹簧式蓄能器的结构原理图，它是利用弹簧的伸缩来储存和释放能量的。弹簧 1 的力通过活塞 2 作用于液压油 3 上。液压油的压力取决于弹簧的预紧力和活塞的面积。弹簧伸缩时弹簧力会发生变化，所形成的油压也会发生变化。为减少这种变化，一般弹簧的刚度不可太大，弹簧的行程也不能过大，从而限定了这种蓄能器的工作压力。这种蓄能器用于低压、小容量的系统，常用于液压系统的缓冲。弹簧式蓄能器具有结构简单、反应较灵敏等特点，但容量较小、承压较低。

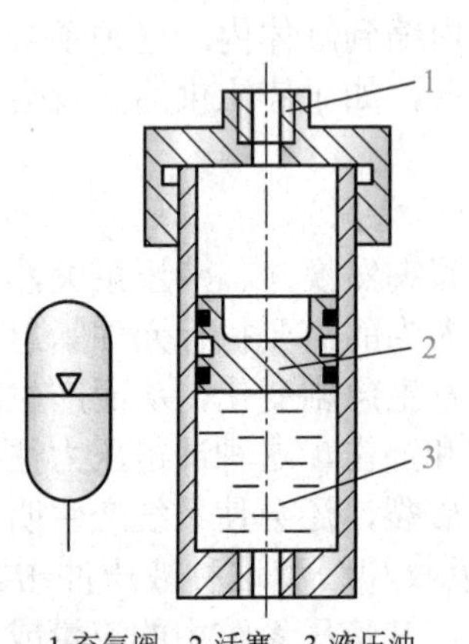

1-充气阀；2-活塞；3-液压油

图 6-3 活塞式蓄能器

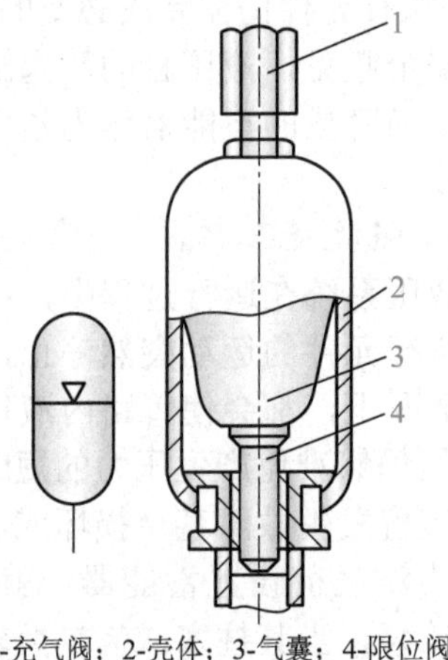

1-充气阀；2-壳体；3-气囊；4-限位阀

图 6-4 气囊式蓄能器

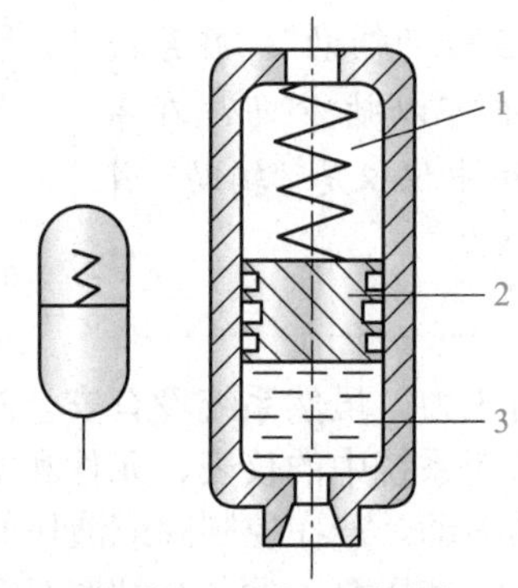

1-弹簧；2-活塞；3-液压油

图 6-5 弹簧式蓄能器

3）重力式蓄能器

重力式蓄能器是利用重物的位置变化来储存和释放能量的。这种蓄能器结构简单、压力稳定，但容量小、体积大、反应不灵活、易产生泄漏。重力式蓄能器现在已很少应用，主要用于冶金等大型液压系统的恒压供油。

案例 6-1 分析

在液压系统中，蓄能器是存储和释放油液压力能的装置。高楼储水箱的作用和蓄能器类似。

3. **蓄能器的容量计算**

容量是选用蓄能器的依据，其大小视用途而异，现以气囊式蓄能器为例加以说明。

1）作为辅助动力源时的容量计算

当蓄能器作为动力源时，蓄能器储存和释放的压力油容量和气囊中气体体积的变化量相等，而气体状态的变化遵守玻意耳定律，即

$$p_0V_0^K = p_1V_1^K = p_2V_2^K = \text{常量} \tag{6-1}$$

式中，p_0为气囊的充气压力；V_0为气囊充气的体积，由于此时皮囊充满壳体内腔，故V_0亦即蓄能器容量；p_1为系统最高工作压力，即泵对蓄能器充油结束时的压力；V_1为气囊被压缩后相应于p_1时的气体体积；p_2为系统最低工作压力，即蓄能器向系统供油结束时的压力；V_2为气体膨胀后相应于p_2时的气体体积。

体积差$\Delta V = V_2 - V_1$为供给系统油液的有效体积，将它代入式（6-1），可求得蓄能器容量V_0，即

$$V_0 = \left(\frac{p_2}{p_0}\right)^{\frac{1}{K}} V_2 = \left(\frac{p_2}{p_0}\right)^{\frac{1}{K}} (V_1 + \Delta V) = \left(\frac{p_2}{p_0}\right)^{\frac{1}{K}} \left[\left(\frac{p_0}{p_1}\right)^{\frac{1}{K}} V_0 + \Delta V\right] \tag{6-2}$$

由式（6-2）得

$$V_0 = \frac{\Delta V \left(\dfrac{p_2}{p_0}\right)^{\frac{1}{K}}}{1 - \left(\dfrac{p_2}{p_1}\right)^{\frac{1}{K}}} \tag{6-3}$$

充气压力p_0在理论上可与p_2相等，但是为保证在p_2时蓄能器仍有能力补偿系统泄漏，则应使$p_0 < p_2$，一般取p_0=（0.8～0.85）p_2，如已知V_0，也可反过来求出储能时的供油体积，即

$$\Delta V = V_0 p_0^{\frac{1}{K}} \left[\left(\frac{1}{p_2}\right)^{\frac{1}{K}} - \left(\frac{1}{p_1}\right)^{\frac{1}{K}}\right] \tag{6-4}$$

在以上各式中，K是与气体变化过程有关的指数。当蓄能器用于保压和补充泄漏时，气体压缩过程缓慢，与外界的热交换得以充分进行，可认为是等温变化过程，这时取K=1；而当蓄能器作为辅助或应急动力源时，释放液体的时间短，气体快速膨胀，热交换不充分，这时可视为绝热过程，取K=1.4。在实际工作中，气体状态的变化在绝热过程和等温过程之间，因此，K=1～1.4。

2）用来吸收冲击时的容量计算

当蓄能器用于吸收冲击时，其容量的计算与管路布置、液体流态、阻尼及泄漏大小等因素有关，准确计算比较困难。一般按经验公式计算缓冲最大冲击力时所需要的蓄能器最小容量，即

$$V_0 = \frac{0.004qp_1\left(0.0164L - t\right)}{p_1 - p_2} \tag{6-5}$$

式中，p_1为允许的最大冲击（$\mathrm{kgf/cm^2}$）；p_2为阀口关闭前管内压力（$\mathrm{kgf/cm^2}$）；V_0为用于冲击的蓄能器的最小容量（L）；L为发生冲击的管长，即压力油源到阀口的管道长度（m）；t为阀口关闭的时间（s），突然关闭时取$t=0$。

4. 蓄能器的安装使用

蓄能器在液压系统中安装的位置由蓄能器的功能来确定。在使用和安装蓄能器时应注意以下问题：

（1）气囊式蓄能器应当垂直安装，倾斜安装或水平安装会使蓄能器的气囊与壳体磨损，影响蓄能器的使用寿命。

（2）吸收压力脉动或冲击的蓄能器应该安装在振源附近。

（3）安装在管路中的蓄能器必须用支架或挡板固定，以承受因蓄能器蓄能或释放能量时所产生的动量反作用力。

（4）蓄能器与管道之间应安装止回阀，以用于充气或检修。蓄能器与液压泵间应安装单向阀，以防止停泵时压力油倒流。

6.1.2 过滤器

液体介质在液压系统中除传递动力外，还对液压元件中的运动件起润滑作用。此外，为了保证元件的密封性能，组成工作腔的运动件之间的配合间隙很小，而液压件内部的控制又常常通过阻尼小孔来实现。因此，液压介质的清洁度对液压元件和系统的工作可靠性与使用寿命有着很大的影响。统计资料表明，75%以上的液压系统故障是由液压介质的污染造成的，因此在系统中安装过滤器是保证液压系统正常工作的必要手段。过滤器的主要作用是消除液体介质中的杂质防止液体污染，保证液压系统正常工作。

1. 对过滤器的要求

过滤器的过滤精度是指滤芯能够滤除的最小杂质颗粒的大小，以直径d作为公称尺寸表示，按精度可分为粗过滤器（d＜100μm）、普通过滤器（d＜10μm）、精过滤器（d＜5μm）和特精过滤器（d＜1μm）。表6-1所示为各种液压系统的过滤精度要求。对过滤器的基本要求如下：

（1）能满足液压系统对过滤精度的要求，即能阻挡一定尺寸的杂质进入系统。

（2）滤芯应有足够的强度，不会因压力而损坏。

（3）通流能力大，压力损失小。

（4）易于清洗或更换滤芯。

案例 6-2

做化学实验时，经常用到过滤网或滤纸，通过它们可以将反应中的生成物滤出，或将用于实验的溶液滤除异物。

问题：

（1）液压系统中的过滤器与化学实验中的过滤网或滤纸相似吗？

（2）它们是不是和打渔的渔网有点相似？

表 6-1 各种液压系统的过滤精度要求

系统类别	润滑系统	传动系统			伺服系统
工作压力/MPa	0～2.5	＜14	14～32	＞32	≤21
精度 d/μm	≤100	25～50	≤25	≤10	≤5

2. 过滤器的分类

过滤器按滤芯的过滤机理不同，可分为表面型滤芯过滤器、深度型滤芯过滤器和磁性滤芯过滤器三种。按过滤器安放位置的不同，可分为吸滤器、压滤器和回油过滤器。考虑到泵的自吸性能，吸油过滤器多为粗滤器。

1）表面型滤芯过滤器

在表面型滤芯过滤器中，被滤除的颗粒污染物几乎全部阻截在过滤元件表面上游的一侧。滤芯材料上具有均匀的标定小孔，可以滤除大于标定小孔的固体颗粒，此种过滤器极易堵塞。这一类最常用的过滤器有网式过滤器和线隙式过滤器两种。

图6-6（a）所示为网式过滤器，它是用细铜丝网1作为过滤材料，包在周围开有很多孔的塑料或金属筒形骨架2上而形成的，其过滤精度取决于铜网层数和网孔的大小。网式过滤器一般能滤去 $d>0.08\sim0.18$mm 的杂质颗粒，压力损失低于0.01MPa。这种过滤器结构简单，通流能力大，清洗方便，但过滤精度低，一般用于液压泵的吸油口。

图6-6（b）所示为线隙式过滤器，壳体1用铜线或铝线3绕在筒形骨架2的外圆上形成滤芯，依靠线间的微小缝隙滤除混入液体中的杂质。线隙式过滤器能滤去 $d>0.03\sim0.1$mm 的杂质颗粒，压力损失 $0.07\sim0.35$MPa，其结构简单，通流能力大，过滤精度比网式过滤器高，但不易清洗，常用于低压管道中，多为回油过滤器。

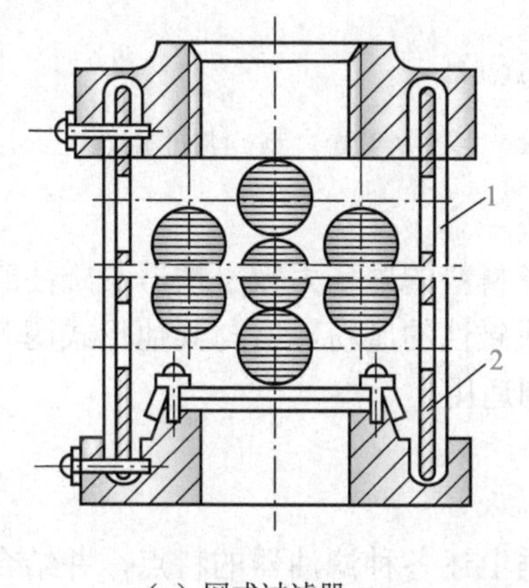

（a）网式过滤器

1-细铜丝网；2-筒形骨架

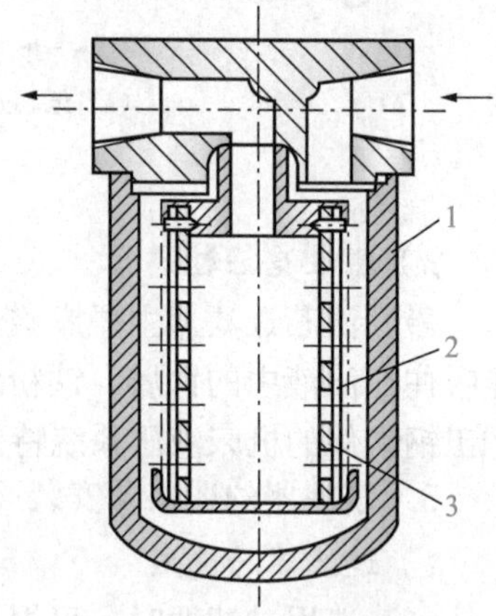

（b）线隙式过滤器

1-壳体；2-筒形骨架；3-铜线或铝线

图6-6 表面型滤芯过滤器

动画

2）深度型滤芯过滤器

深度型滤芯过滤器的滤芯为多孔可透性材料，内部具有曲折迂回的通道。大于孔径的污染颗粒直接被阻截在靠油液上游的外表面，而较小的颗粒进入滤芯内部通道时，由于受表面张力（分子吸附力、静电力等）的作用偏离流束，而被吸附在过滤通道的内壁上，故深度型滤芯过滤器的过滤原理既有直接阻截，又有吸附作用。这种滤芯材料有纸芯、烧结金属、毛毡和各种纤维等。

> **小思考 6-3**
>
> 结合前面所学关于液压油液的污染，谈谈你对过滤器的认识，如何选用及安装过滤器？何时换油？何时换滤芯？

图6-7（a）所示为纸芯式过滤器，它是由做成平纹或波纹的酚醛树脂或木浆微孔滤纸制成的滤芯包裹在带孔的镀锡铁做成的骨架上而形成的。为增加过滤面积，纸芯一般做成折叠形。油液从外进入滤芯后流出，纸芯式过滤器能滤去 $d>0.03\sim0.05$mm 的杂质颗粒，压力损失 $0.08\sim0.4$MPa。纸芯式过滤器的特点是过滤精度高，用于对油液精度要求较高的场合，一般用于油液的精

过滤。缺点是滤芯堵塞后无法清洗，必须更换纸芯，所以其为一次性滤芯。

图 6-7（b）所示为烧结式过滤器，其滤芯是用金属粉末烧结而成的，利用颗粒间的微孔来挡住油液中的杂质通过。改变金属粉末的颗粒大小，就可以制出不同过滤精度的滤芯。烧结式过滤器能滤去 d>0.01～0.1mm 杂质颗粒，压力损失 0.03～0.2MPa。其特点是制造简单，滤芯能承受高压，抗腐蚀性好，过滤精度高，适用于要求精滤的高温、高压液压系统，常用在压力油路或回油路上，但金属颗粒易脱落，堵塞后不易清洗。

动画

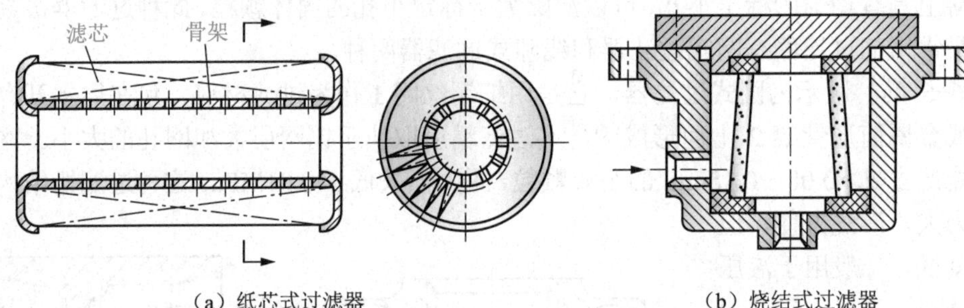

（a）纸芯式过滤器　　（b）烧结式过滤器

图 6-7　深度型滤芯过滤器

3）磁性滤芯过滤器

磁性滤芯过滤器主要靠磁性材料的磁场力吸引铁屑及磁性磨料等。滤芯由永久磁铁制成，能吸住在油液中的铁屑、铁粉或磁性的磨粉，常与其他形式滤芯一起制成复合式过滤器，对加工钢铁件的机床液压系统特别适用。

3. 过滤器的选用及安装

1）过滤器的选用

（1）选用过滤器时，可根据上述各种滤油器的特点，并结合各种典型液压元件及系统对污染度等级的要求或过滤精度的要求，系统的工作压力、油温及油液黏度等来选定过滤器的型号。

（2）过滤器要有足够的通流能力。通流能力是指在一定压降下允许通过过滤器的最大流量，应结合过滤器在系统中的安装位置，根据过滤器样本来选取。

（3）过滤器要有一定的机械强度，不因液压力而破坏。

（4）对于不能停机的液压系统，必须选择切换式结构的过滤器。可以不停机更换滤芯，对于需要滤芯堵塞报警的场合，则可选择带发信装置的过滤器。

> **案例 6-2 分析**
>
> 油液中存在或多或少的杂质，其中颗粒较大的杂质会影响液压系统的正常工作。过滤器的作用是过滤混在油液中的杂质，把杂质颗粒大小控制在能保证液压系统正常工作的范围内。
>
> 液压过滤器与化学实验时经常用到的过滤网或滤纸的作用类似。

2）过滤器的安装

过滤器在系统中有以下几种安装位置。

（1）安装在泵的吸油口，如图 6-8（a）所示。要求过滤器有较大的通流能力和较小的阻力（阻力不大于 0.01～0.02MPa），其通油能力应是泵流量的两倍，以防空穴现象的产生。主要用来保护液压泵，但液压泵中产生的磨损生成物仍将进入系统。一般采用过滤精度较低的网式过滤器。

（2）安装在泵的出油口，如图 6-8（b）所示。此种方式常用于过滤精度要求高的系统及伺服阀和调速阀前，以确保它们的正常工作。可以保护除液压泵以外的其他液压元件；过滤器应能承受油路上的工作压力和冲击压力；过滤阻力不应超过 0.35MPa，以减小因过滤引起的压力损失和滤芯所受的液压力；为了防止过滤器堵塞时引起液压泵过载或使滤芯损坏，压力油路上宜并联一个旁通阀或串联一个指示装置；必须能够通过液压泵的全部流量。

（3）安装在系统的回油路上，如图 6-8（c）所示。可以滤掉液压元件磨损后生成的金属屑和橡胶颗粒，保护液压系统；允许采用滤芯强度和刚度较低的过滤器；为防止滤芯堵塞等引起的系统压力升高，需要与过滤器并联一个起旁通阀作用的单向阀。

（4）安装在独立的过滤系统中，如图 6-8（d）所示。大型机械的液压系统中，可专设由液压泵和过滤器组成的独立的过滤系统，可以不间断地清除系统中的杂质，提高油液的清洁度。

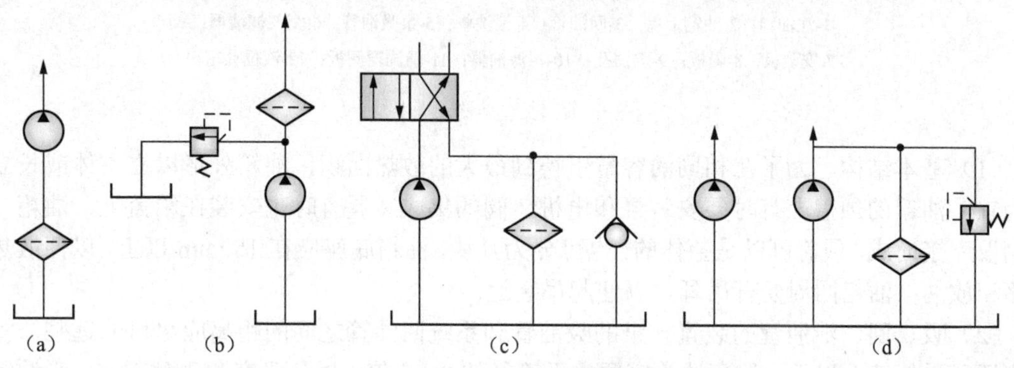

图 6-8 过滤器的安装位置

6.1.3 油箱

油箱在液压系统中的主要功用是储存供系统循环所需的油液，散发系统工作中产生的热量，释出油液中混入的气体，沉淀油液中的污物以及作为安装平台等。油箱设计的好坏直接影响液压系统的工作可靠性，尤其对液压泵的寿命有重要影响。

按油面是否与大气相通，可分为开式油箱和闭式油箱。开式油箱广泛用于一般的液压系统；闭式油箱用于水下和高空无稳定气压的场合，这里仅介绍开式油箱。

1. 油箱的容积计算

油箱的有效容积应根据液压系统发热、散热平衡的原则来计算，这项计算在系统负载较大、长期连续工作时是必不可少的。但对于一般情况来说，油箱的有效容积可以按液压泵的额定流量 q_P（L/min）的 3～8 倍进行估算，油面高度一般不超过油箱高度的 80%。

在初步设计时，油箱的有效容量可按下述公式确定：

$$V = mq_P \tag{6-6}$$

式中，V 为油箱的有效容量；q_P 为液压泵的流量；m 为经验系数，低压系统为 m=2～4，中压系统为 m=5～7，中高压或高压系统为 m=6～12。

而对于功率较大且连续工作的液压系统，还要进行热平衡计算，以此确定油箱容量。

为什么油箱的有效容积应根据液压系统发热、散热平衡的原则来计算？

2. 油箱的结构设计

根据图 6-9 所示的油箱结构示意图，油箱的结构设计要点如下。

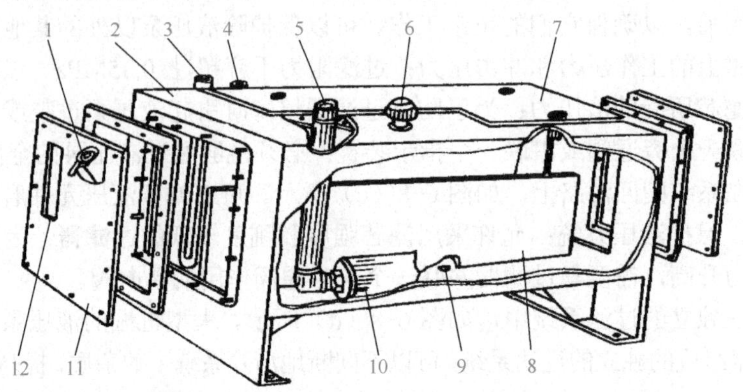

1-注油口；2-油箱上盖；3-回油管；4-泄油管；5-泵吸油管；6-空气滤清器；
7-安装板；8-隔板；9-放油孔；10-粗滤油器；11-清洗窗侧板；12-液位计窗口

图 6-9 油箱结构示意图

（1）基本结构。为了在相同的容量下得到最大的散热面积，油箱外形以立方体或长立方体为宜，油箱的顶盖上有时要安装泵和电机，阀的集成装置有时也安装在箱盖上，油箱一般用钢板焊接而成，顶盖可以是整体的，也可分为几块，油箱底座应在 150mm 以上，以便散热、搬移和放油；油箱四周要有吊耳，以便起吊装运。

（2）吸、回、泄油管的装置。泵的吸油管和系统回油管之间的距离应尽可能远些，管口都应插于最低液面以下，但离油箱底要大于管径的 2～4 倍，以免吸空和飞溅起泡。吸油管端部所安装的滤油器，离箱壁要有 3 倍管径的距离，以便四面进油。回油管应截成 45°斜角，以增大回流截面，并使斜面对着箱壁，以利于散热和沉淀杂质，阀的泄油管口应在液面以上，以免产生背压；液压马达和泵的泄油管应引入液面以下，以免吸入空气；为防止油箱表面泄油落地，必要时在油箱下面或四周设泄油回收盘。

（3）隔板的设置。在油箱中设置隔板的目的是将吸、回油隔开，迫使油液循环流动，利于散热和沉淀。一般设置 1 或 2 个隔板，高度可接近最大液面高度。为了使散热效果好，应使液流在油箱中有较长的流程，如果与四壁都接触，效果更佳。

（4）空气滤清器与液位计的设置。空气滤清器的作用是使油箱与大气相通，保证泵的自吸能力，滤除空气中的灰尘杂质，有时兼做加油口，它一般布置在顶盖上靠近油箱边缘处；液位计用于检测油面高度，其安装位置应使液位计窗口满足对油箱吸油区最高、最低液位的观察。两者皆为标准件，可按需要选用。

（5）放油口和清洗窗口的设置。图 6-9 中，油箱底面做成斜面，在最低处设放油口，平时用螺塞或放油阀堵住，换油时将其打开放走油污。为了便于换油时清洗油箱，大容量的油箱一般均在侧壁设清洗窗口。

（6）密封装置。油箱盖板和窗口连接处均需加密封垫，各进、出油管通过的孔都需要装有密封垫，确保连接处严格密封。

（7）油温控制。油箱的正常工作温度应为 15～66℃，必要时应安装温度控制系统，并设置热交换器。

（8）油箱内壁加工。新油箱经酸洗和表面清洗后，四壁可涂一层与工作液相容的耐油油漆。

6.1.4 密封件

实践表明，在许多情况下，液压系统的损坏或故障的第一个迹象显示为密封处的泄漏。密封是解决液压系统泄漏问题的最重要、最有效的手段。密封件的作用就是防止液压系统油液的内外泄漏及外界灰尘和异物的侵入，并保证系统建立必要的压力。

密封件一般用于接触式密封的装置。密封件依靠装配时的预压缩力和工作时的油液压力的作用产生弹性变形，通过弹性力紧压密封表面实现接触密封。密封能力随压力的升高而提高，在磨损后具有一定的补偿能力。

1. 密封件的要求

液压系统如果密封不良，可能出现不允许的外泄漏，外泄漏的油液将弄脏设备、污染环境；可能使空气进入吸油腔，影响液压泵的气密性和液压马达、缸的运动平稳性（爬行）；可能使液压元件的内泄漏过大，导致液压系统的容积效率过低。液压系统如果密封过度，虽可防止泄漏，但会造成密封部分的剧烈摩擦，缩短密封件的寿命，增大液压元件内的运动摩擦阻力，降低系统的机械效率。因此，必须合理地选用和设计密封装置，即在保证液压系统工作可靠的前提下，具有较高的效率和较长的寿命。

对密封件的要求如下：

（1）在一定的工作压力和温度范围内具有良好的密封性能。

（2）密封件和运动件之间的摩擦系数小，并且摩擦力稳定。

（3）耐磨性好，寿命长，不易老化，抗腐蚀能力强，不损坏被密封零件表面，磨损后在一定程度上能自动补偿。

（4）制造容易，维护、使用方便，价格低廉。

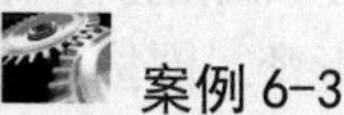

案例 6-3

家里的自来水龙头在安装时，为了防止漏水，采用将生料带缠绕在连接螺纹上的方法；对于支承旋转轴的轴承，为了保证轴承内的良好润滑，用挡油环将润滑脂密封在内。

问题：

对照水龙头和轴承，想想液压传动最突出的缺点是什么？如何解决？

2. 密封件的分类及特点

按密封面之间有无相对运动，可分为静密封件（O形橡胶密封圈、纸垫、石棉橡胶垫等）和动密封件（唇形密封圈、活塞环等）两大类。

密封件的材料一般要求与所选用的工作介质有很好的“相容性”；弹性好，永久变形小，具有适当的机械强度；耐热性好；耐磨损，摩擦系数小。目前常用的材料有丁腈橡胶、聚氨酯橡胶、聚氯橡胶、聚四氟乙烯等。其中，以丁腈橡胶为代表的橡胶密封材料用来制作成形密封圈，如O形、Y形、U形、J形、L形等；以聚四氟乙烯为代表的塑料密封材料用来制作成形密封圈的辅件，与成形密封圈组成组合式密封圈。

1）O形密封圈

O 形密封圈是应用最为广泛的压紧型密封件，由耐油橡胶压制而成，其截面通常为圆形，如图 6-10（a）所示。O 形密封圈是安装在密封沟槽中使用的，在工作介质有压力或微压时，依

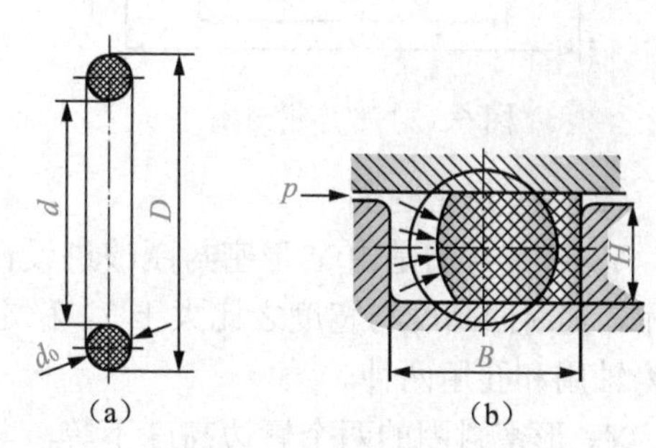

图 6-10 O形密封圈

靠预压缩变形后的弹性力对密封接触面施以一定的压力，从而达到密封的目的，如图 6-10（b）所示；若工作介质压力升高，在液体压力作用下，O 形密封圈有可能被压力油挤入间隙而损坏，如图 6-11（a）所示。为此，在 O 形密封圈低压侧安置聚四氟乙烯挡圈，如图 6-11（b）所示。当双向受压力油作用时，两侧都要加挡圈，如图 6-11（c）所示。

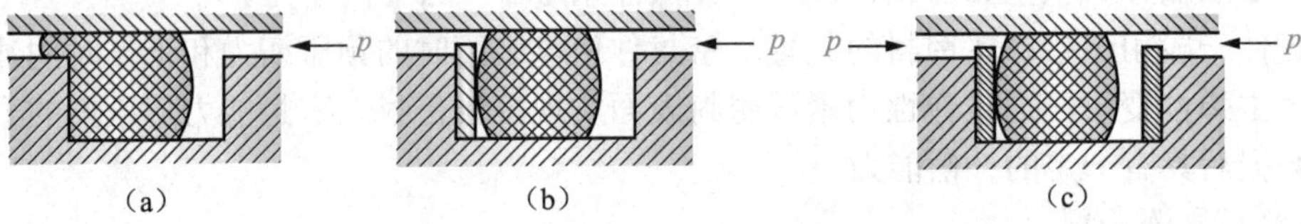

图 6-11 O 形密封圈的挡圈安置

O 形密封圈大量应用于静密封；也可用于往复运动的动密封，但由于动密封使用时，静摩擦系数大，启动阻力大，寿命短，仅在一般工况及成本要求低的场合应用；还可作为新型同轴组合式密封件中的弹性组合件。

2）唇形密封圈

唇形密封圈是将密封圈的受压面制成某种唇形的密封件。安装时唇口对着有压力的一边，当介质压力等于零或很低时，靠预压缩密封；压力高时由液压力的作用将唇边紧贴密封面密封，压力越高贴得越紧。唇形密封圈按其断面形状又分为 Y 形、Y_X 形、V 形、J 形、L 形等，主要用于往复运动密封。

（1）Y 形密封圈

如图 6-12 所示，Y 形密封圈的断面形状呈 Y 形，用于往复运动密封，工作压力可达 14MPa。当压力波动大时，要加支承环固定密封圈以防止“翻转”现象。支承环上有小孔，使压力油经小孔作用到密封圈唇边上，以保证良好密封，如图 6-13 所示。当工作压力超过 14MPa 时，为防止密封圈挤入密封面间隙，应加保护垫圈。

Y 形密封圈由于内外唇边对称，因此原则上对孔用密封和轴用密封均使用。孔用时按内径直径选取密封圈的规格；轴用时按轴的外径选取密封圈的大小。

由于一个 Y 形密封圈只能对一个方向的高压液体起密封作用，因此当两个方向交替出现高压时，应安装两个 Y 形密封圈，它们的唇边分别对着各自的高压来油，如图 6-13（b）所示。

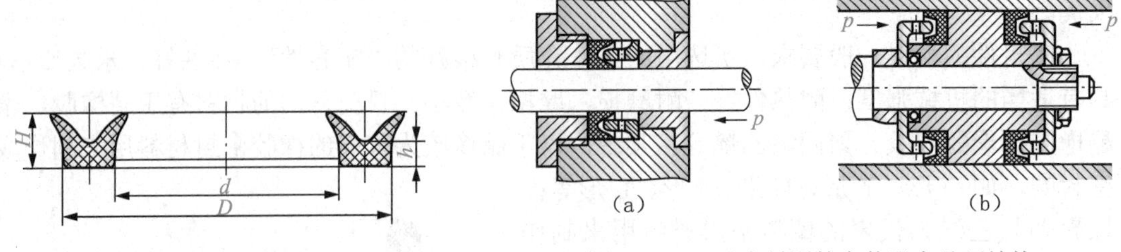

图 6-12 Y 形密封圈

图 6-13 Y 形密封圈的安装及支承环结构

（2）Y_X 形密封圈

Y_X 形密封圈是由 Y 形密封圈改进设计而成的，通常是用聚氨酯材料压制而成，如图 6-14 所示，其断面高度与宽度之比大于 2，稳定性好，克服了普通 Y 形密封圈易“翻转”的缺点，分为轴用和孔用两种。

Y_X 形密封圈的两个唇边高度不等，其短边为密封边，与密封面接触，滑动摩擦阻力小；长边与非滑动表面相接触，增加了压缩量，使摩擦阻力增大，工作时不易窜动。

Y_X形密封圈一般用于工作压力≤32MPa，用于温度为-30～+100℃的场合。

（3）V形密封圈

V形密封圈分为V形橡胶密封圈和V形夹织物密封圈两种，V形夹织物密封圈由多层涂胶织物压制而成，由支承环、密封环和压环三部分组成一套使用，如图6-15所示。当工作压力p>10MPa时，可以根据压力大小，适当增加密封环的数量，以满足密封要求。安装时，V形密封圈的V形口一定要面向压力高的一侧。

V形密封圈可用于内径或外径密封，不适用于快速运动，可用于往复运动和缓慢运动。适宜在工作压力≤50MPa，温度为-40～+80℃的条件下工作。

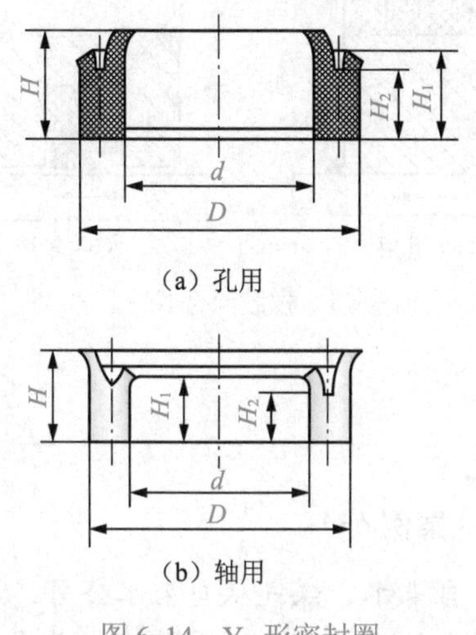

（a）孔用

（b）轴用

图6-14 Y_X形密封圈

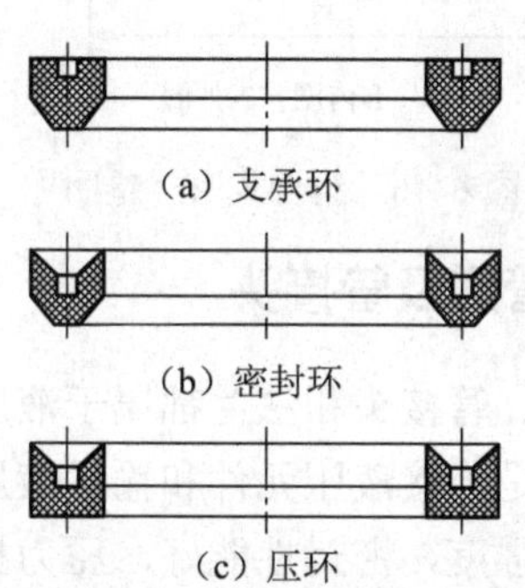

（a）支承环

（b）密封环

（c）压环

图6-15 V形密封圈

（4）J形密封圈和L形密封圈

J形密封圈和L形密封圈均由耐油橡胶制成，工作压力不大于10MPa，一般用于防尘和低压密封。

（5）组合式密封件

随着液压技术的应用日渐广泛，系统对密封的要求越来越高，普通密封圈（O形、唇形等）单独使用已不能很好地满足密封性能，特别是使用寿命和可靠性方面的要求。因此，开发和研制了组合式密封件，具有耐高压、耐高温、承高速、低摩擦、长寿命等性能特点。

组合式密封件是由包括密封圈在内的两个以上元件组成的密封装置。最简单的是由钢和耐油橡胶压制成的组合式密封件。比较典型的组合式密封件有滑环式O形组合密封件（由O形密封圈和截面为矩形的聚四氟乙烯塑料滑环组成）、支持环式O形组合密封件（由支持环和O形密封圈组成）等。

图6-16所示的组合式密封垫圈外圈2由Q235钢制成，内圈1为耐油橡胶，主要用在管接头或油塞的端面密封。安装时外圈紧贴两密封面，内圈厚度h与外圈厚度s之差为橡胶的压缩量。该组合式密封垫圈安装方便，密封可靠，因此应用非常广泛。

如图6-17所示的组合式密封件由O形密封圈和聚四氟乙烯做成的格来圈或斯特圈组

案例6-3分析

实践表明，在许多情况下，液压系统的损坏或故障的第一个迹象显示为漏油，即密封处的泄漏。密封是解决液压系统泄漏问题最重要、最有效的手段。

合而成。图 6-17（a）所示为方形断面格来圈和 O 形密封圈组合的装置，用于孔密封；图 6-17（b）所示为阶梯形断面斯特圈和 O 形密封圈组合的装置，用于轴密封。这种组合式密封件是利用 O 形密封圈的良好弹性变形性能，通过预压缩所产生的预压力将格来圈或斯特圈紧贴在密封面上而起到密封作用的。橡胶组合式密封件由于充分发挥了橡胶密封圈和滑环（支持环）的长处，综合了橡胶和塑料各自的优点，不仅工作可靠，摩擦力低且稳定，而且使用寿命比普通橡胶密封圈提高近百倍，因此在工程上应用日益广泛。

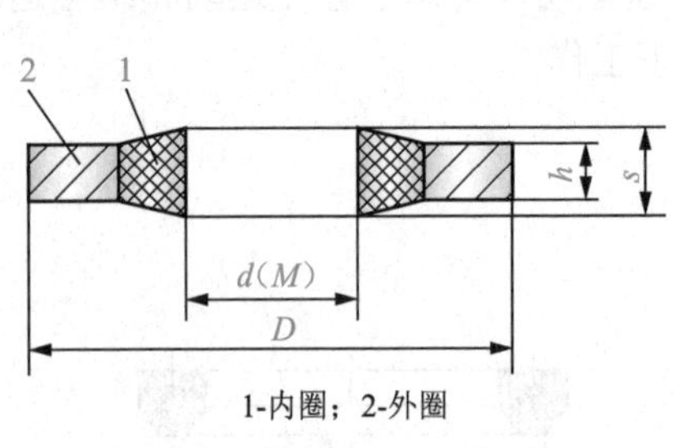

图 6-16　组合式密封垫圈图

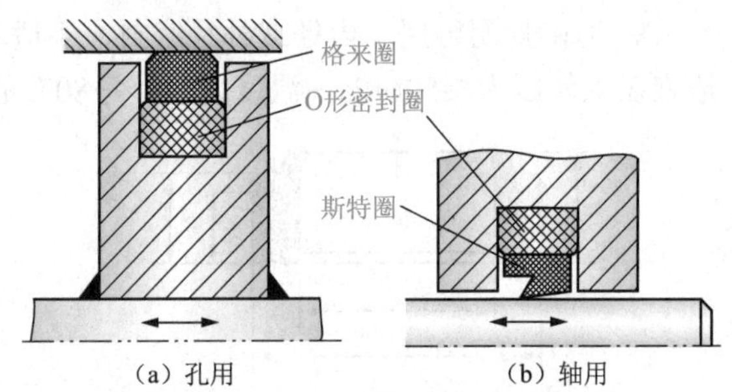

图 6-17　橡胶组合式密封件

6.1.5　管道及管接头

管道、管接头和法兰都属于液压管件，其主要功用是连接液压元件和输送液压油。要求有足够的强度，密封性能好，压力损失小，便于装拆。使用中，根据工作压力、安装位置来确定管件的连接结构；而与泵、阀等连接的管件应由其接口尺寸决定管径大小。

> **案例 6-4**
>
> 自来水、煤气从自来水公司、煤气公司到达千家万户，需要将管道作为通道。而通道的连接，又离不开各种接头。
>
> **问题：**
>
> 液压系统要将各个组成部分有机连接起来才能使液压油形成通道，才能构成所需功能的回路，如何实现呢？

1. 管道

液压系统中使用的管道有钢管、紫铜管、尼龙管、塑料管和橡胶管等，必须按照安装位置、工作条件和工作压力来正确选用。各种管道的特点及适用场合见表 6-2。

表 6-2　管道的种类、特点和适用场合

种类		特点和适用范围
硬管	钢管	价廉、耐油、抗腐、刚性好，但装配不易弯曲成形，常在拆装方便处用作压力管道，中压以上用无缝钢管，低压用焊接钢管
	紫铜管	价格高，抗振能力差，易使油液氧化，但易弯曲成形，用于仪表和装配不便处
软管	尼龙管	半透明材料，可观察流动情况，加热后可任意弯曲成形和扩口，冷却后即定形，承压能力较低，一般为 2.8～8MPa
	塑料管	耐油、价廉、装配方便，长期使用会老化，只用于压力低于 0.5MPa 的回油或泄油管路
	橡胶管	用耐油橡胶和钢丝编织层制成，价格高，多用于高压管路；还有一种用耐油橡胶和帆布制成，用于回油管路

管道的规格尺寸是指它的内径 d 和壁厚 δ，可根据式（6-7）、式（6-8）计算后，查阅有关的标准选定，即

$$d = 2\sqrt{\frac{q}{\pi v}} \tag{6-7}$$

$$\delta = \frac{pdn}{2\sigma} \tag{6-8}$$

式中，d 为管道的内径（mm）；q 为管道内的流量（m^3/s）；v 为管道中油液的允许流速（m/s），推荐值为吸油管取 0.5～1.5m/s，回油管取 1.5～2m/s，压力油管取 2.5～5m/s，控制油管取 2～3m/s，橡胶软管应小于 4m/s；δ 为管道的壁厚（mm）；p 为管道内工作压力（Pa）；n 为安全系数，对于钢管，当 $p \leqslant 7\text{MPa}$ 时取 $n=8$，当 $7\text{MPa} < p \leqslant 17.5\text{MPa}$ 时取 $n=6$，当 $p > 17.5\text{MPa}$ 时取 $n=4$；σ 为管道材料的抗拉强度（Pa），由材料手册查出。

在安装时，管道应尽量短，最好横平竖直，拐弯少。为避免管道皱折，减少压力损失，管道装配的弯曲半径要足够大，管道悬伸较长时要适当设置管夹及支架。管道尽量避免交叉，平行管距要大于 100mm，以防接触振动，并便于安装管接头。软管直线安装时要有 30%左右的余量，以适应油温变化、受拉和振动的需要。弯曲半径要大于 9 倍的软管外径，弯曲处到管接头的距离至少等于 6 倍的外径。

2. 管接头

管接头是管道和管道之间、管道和其他元件之间的可拆式连接件。在强度足够的前提下，管接头还应当满足装拆方便，连接牢固，密封性好，外形尺寸小，压力损失小，以及工艺性好等方面的要求。

管接头的种类很多，包括硬管接头、橡胶软管接头和快速管接头等。管接头的连接螺纹采用国家标准米制锥螺纹（ZM）和普通细牙螺纹（M）。锥螺纹可依靠自身的锥体旋紧和采用聚四氟乙烯生料带进行密封，广泛用于中、低压液压系统中；细牙螺纹常采用组合垫圈或 O 形圈，有时也采用紫铜垫圈进行端面密封后用于高压系统。

1）硬管接头

按管接头和管道的连接方式分，可分为扩口式管接头、卡套式管接头和焊接式管接头三种。

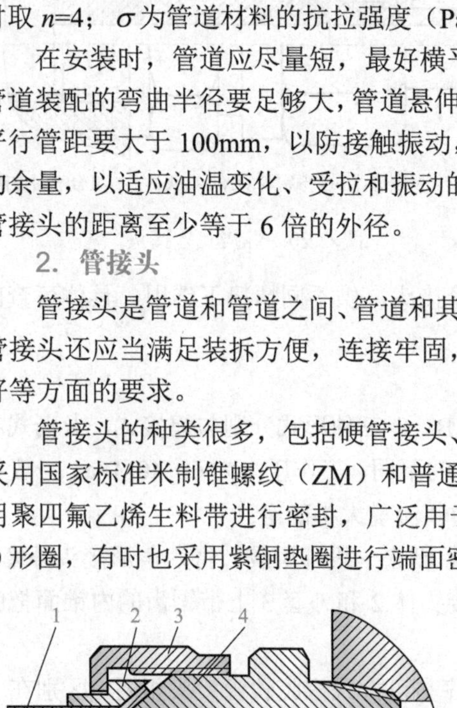

图 6-18 所示为扩口式管接头。先将接管 1 的端部用扩口工具扩成一定角度的喇叭口，拧紧螺母 3，通过导套 2 压紧接管 1 扩口和接头体 4 相应锥面连接与密封。扩口式管接头结构简单，可重复使用，适用于紫铜管、薄钢管、尼龙管和塑料管等一般不超过 8MPa 的中低压系统中。

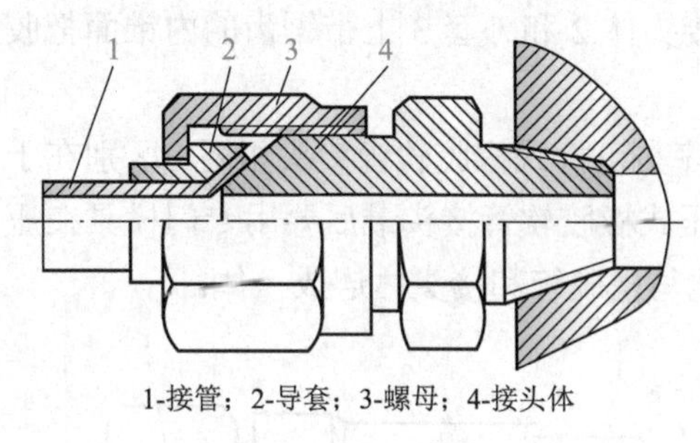

1-接管；2-导套；3-螺母；4-接头体

图 6-18 扩口式管接头

图 6-19 所示为卡套式管接头，它由接头体 4、螺母 3 和卡套 2 组成。卡套 2 内表面与接头体 4 内锥面配合形成球面接触密封，拧紧螺母 3 后，卡套 2 发生弹性变形便将管子夹紧。卡套式管接头对轴向尺寸要求不严，连接装拆方便，密封性好，工作压力可达 32MPa，但对连接用管道的直径尺寸精度要求较高；对卡套的制造工艺要求高，必须按力进行预装配，一般要用冷拔无缝钢管，而不适用热轧管。

> **案例 6-4 分析**
>
> 管道、管接头和法兰都属于液压管件，其功用是连接液压元件和输送液压油。液压系统通过管道、管接头和法兰等将各组成部分有机连接起来，使液压油形成通道，构成所需功能的回路。

图 6-20 所示为焊接式管接头。螺母 2 套在

接管 1 上，把油管端部焊上接管 1，旋转螺母 2 将接管 1 与接头体 4 连接在一起。接管 1 与接头体 4 结合处可采用 O 形密封圈 3 密封。接头体 4 和被连接本体若用圆柱螺纹连接，为提高密封性能，要加组合密封垫圈 5 进行密封。若采用锥螺纹密封，在螺纹表面包一层聚四氟乙烯生料带，旋入后形成密封。焊接式管接头装拆方便，工作可靠，工作压力可达 32MPa 或更高，但焊接质量要求高。

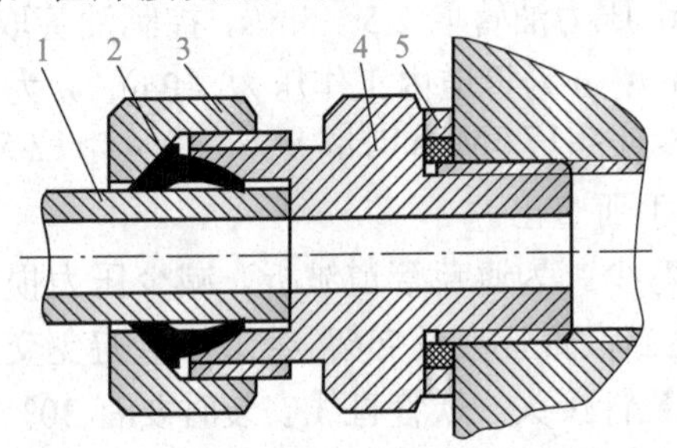

1-接管；2-卡套；3-螺母；4-接头体；5-组合密封垫圈

图 6-19　卡套式管接头

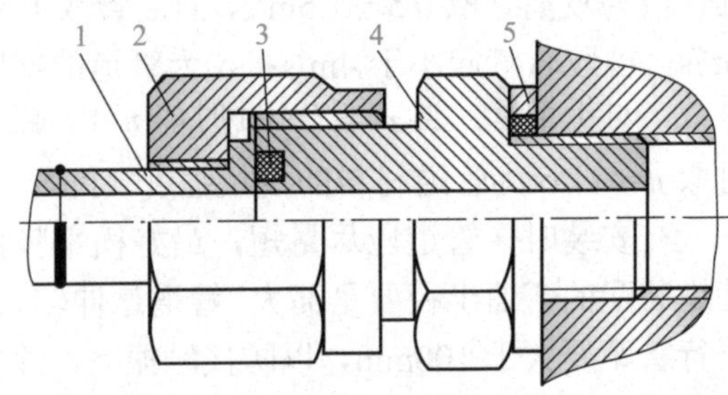

1-接管；2-螺母；3-O 形密封圈；4-接头体；5-组合密封垫圈

图 6-20　焊接式管接头

此外，还有二通、三通、四通、铰接等形式的管接头，供不同情况下选用，具体可查阅有关手册。

2）胶管软管接头

胶管软管接头有可拆式和扣压式两种，各有 A、B、C 三种形式分别与焊接式、卡套式和扩口式管接头连接使用。随管径和所用胶管钢丝层数的不同，工作压力为 6～40MPa。一般橡胶软管与接头集成供应，橡胶管的选用根据使用压力和流量大小确定。

图 6-21 所示为可拆式橡胶软管接头。在胶管 4 上剥去一段外层胶，将六角形接头外套 3 套装在胶管 4 上，再将锥形接头体 2 拧入，由锥形接头体 2 和外套 3 上带锯齿的内锥面把胶管 4 夹紧。

图 6-22 所示为扣压式橡胶软管接头，其装配工序与可拆式橡胶软管接头相同，区别在于扣压式橡胶软管接头的外套 3 为圆柱形。另外，扣压式橡胶软管接头最后要用专门模具在压力机上将外套 3 进行挤压收缩，使外套变形后紧紧地与橡胶管和接头体连成一体。

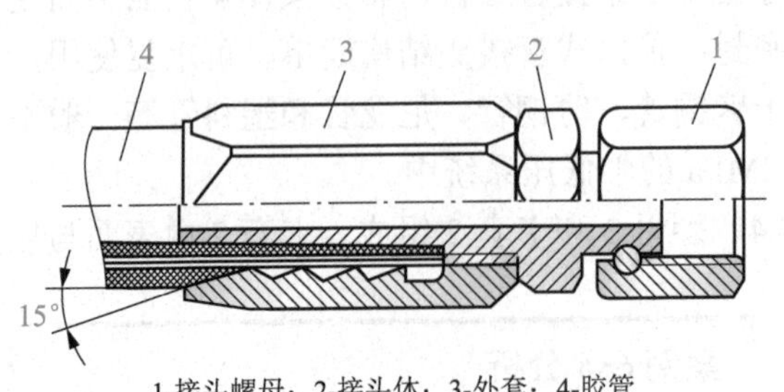

1-接头螺母；2-接头体；3-外套；4-胶管

图 6-21　可拆式橡胶软管接头

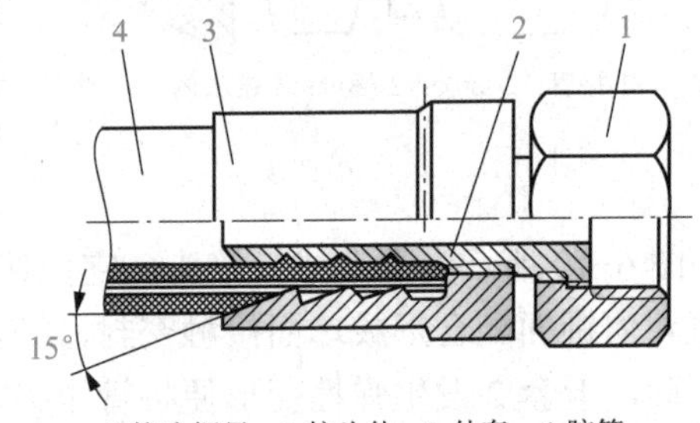

1-接头螺母；2-接头体；3-外套；4-胶管

图 6-22　扣压式橡胶软管接头

3）快速管接头

快速管接头为一种快速装拆的接头，适用于需要经常接通和断开的软管连接管路系统中。图 6-23 所示为快速管接头，它用橡胶软管连接。图示的是油路接通的工作位置，当需要断开油路时，可用力将外套 6 向左移，钢球 8 从槽中滑出，拉出接头体 10，同时单向阀阀芯 4 和 11 分别在弹簧 3 和 12 作用下封闭阀口，油路断开。此种管接头结构复杂，压力损失大。

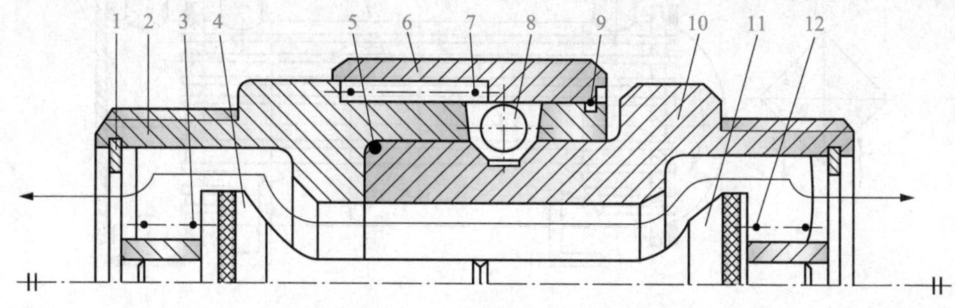

1-挡圈；2、10-接头体；3、7、12-弹簧；4、11-单向阀阀芯；5- O 形密封圈；6-外套；8-钢球；9-弹簧圈

图 6-23 快速管接头

液压系统的泄漏问题大部分出现在管路的接头处，因此对接头形式、管路的设计及管路的安装都要重视，以免影响整个液压系统的性能。

6.1.6 热交换器

液压系统的工作温度一般希望保持为 25～50℃，最高不超过 65℃，最低不低于 15℃。如果液压系统依靠自然冷却不能使油温控制在上述范围内，就需要安装冷却器；反之，如环境温度太低，无法使液压泵启动或正常运转，则必须安装加热器。冷却器和加热器总称为热交换器。

1. 冷却器

冷却器除管道散热面积直接吸收油液中的热量外，还使油液产生紊流，通过破坏边界层来增加油液的传热系数。对冷却器的基本要求是：在保证散热面积足够大、散热效率高和压力损失小的前提下，要求结构紧凑、坚固、体积小、重量轻，最好有自动控制油温装置，以保证油温控制的准确性。

根据冷却介质的不同，冷却器有风冷式、冷媒式和水冷式三种。风冷式冷却器利用自然通风来冷却，适用于缺水或不便使用水冷却的液压设备(如工程机械等)，常用在行走设备上。冷媒式冷却器是利用冷媒介质（如氟利昂）在压缩机中进行绝热压缩，根据散热器发热，蒸发器中吸热的原理，把热油的热量带走，使油冷却，此种方式的冷却效果最好，但价格昂贵，常用于精密机床等设备上。水冷式冷却器是一般液压系统常用的冷却方式。

水冷式冷却器利用水进行冷却，分为蛇形管式冷却器和多管式冷却器。图 6-24 所示为常用的多管式冷却器。油液从壳体 1 左端进油口流入，从右端出油口流出，冷却水从进水口流入，通过多根散热钢管 3 后，从出水口流出，将油液中的热量带出。油液在水管外流动时，它的行进路线因设置的隔板 4 而加长，因而增加了散热效果。水冷式冷却器由于采用强制对流（油与水同时反向流动）的方式，散热效率高、冷却效果好，被广泛应用于液压系统中。

一般冷却器的最高工作压力为 1.6MPa 以内，使用时应安装在回油管路或低压管路上，所造成的压力损失一般为 0.01～0.1MPa。

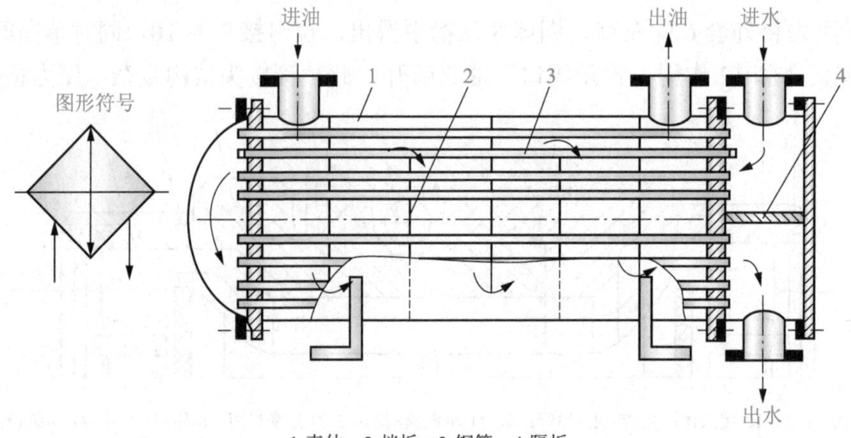

1-壳体；2-挡板；3-钢管；4-隔板

图 6-24　多管式冷却器

2. 加热器

液压系统油液加热的方法有热水（或蒸汽）加热和电加热两种方式。由于电加热器结构简单，使用方便，易于按需要调节最高或最低温度，其应用较为广泛。图 6-25 所示为电加热器及其安装示意图，电加热器 2 用法兰盘水平安装在油箱 1 的侧壁上，发热部分全部浸入油液内。加热器应安装在油液流动处，以利于热量的交换。

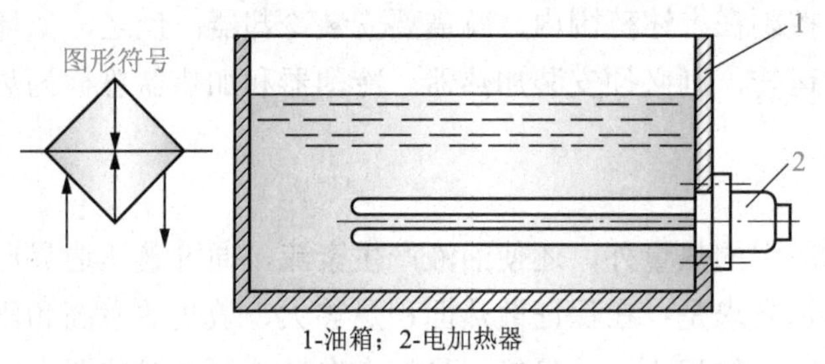

1-油箱；2-电加热器

图 6-25　电加热器及其安装示意图

由于油液是热的不良导体，单个加热器的功率不能太大，一般其表面功率密度不得超过 $3W/cm^2$，以防止其周围的油液因温度过高而变质。为此，应设置相应的保护装置，在没有足够的油液经过加热循环时，或者在加热元件没有被系统油液完全包围时，要阻止加热器工作。

6.2　气动辅助元件

与液压系统一样，气压传动系统中也离不开各种各样的气动辅助元件，这些气动辅助元件对气动系统的性能好坏起着举足轻重的作用，不可忽视。

6.2.1　消声器和排气洁净器

气缸排气侧的压缩空气，通常是经换向阀的排气口排入大气的。由于余压较高，排气速度高，空气急剧膨胀，引起气体的振动，便产生了强烈的排气噪声，需要采取措施降低噪声。在气压传动系统的排气口，尤其是在换向阀的排气口，要装设消声装置。

1. 消声器

消声器是通过增大对气流的阻尼或增加排气面积等方法来降低排气速度和排气功率，从而达到降低噪声的目的。常见的消声器有吸收型和膨胀干涉型。吸收型消声器让压缩空气通过多孔的吸声材料，靠气流流动摩擦生热，使气体的压力能部分转化为热能，从而减少排气噪声，吸收型消声器具有良好的消除中、高频噪声的性能，吸声材料大多使用聚氯乙烯纤维、玻璃纤维、烧结铜珠等。膨胀干涉型消声器直径比排气孔大，气流在里面扩散、碰撞反射，互相干涉，减弱了噪声强度，最后从孔径较大的多孔外壳排入大气，主要用于消除中、低频噪声。图 6-26 所示为几种阀用消声器的结构原理图。

(a) 侧面排气

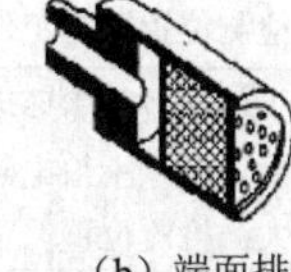
(b) 端面排气

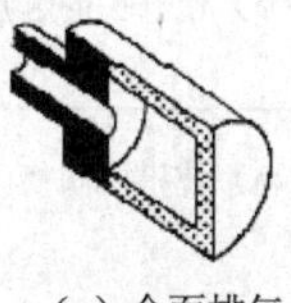
(c) 全面排气

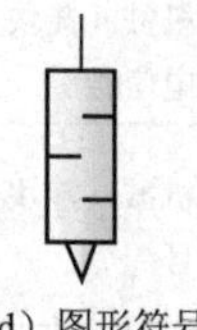
(d) 图形符号

图 6-26　阀用消声器的结构原理图

消声器的选用应根据防火、防潮、防腐、洁净度要求、安装的空间位置、允许噪声级、允许压力损失、设备价格等诸多因素综合考虑并根据实际情况有所偏重。一般的情况是，排气管径及排放压力越大，价格越高，消声器体积也越大。消声器安装时必须有独立的承重吊杆或底座。对于高温、高湿、有油雾、水汽的环境系统，一般选用微穿孔消声器，可更好地满足降噪需要。

2. **排气洁净器**

排气洁净器的作用是用来吸收排气噪声，并分离和集中排放空气中的油雾与冷凝水，以得到清洁宁静的工作环境。图 6-27 所示为某公司的排气洁净器。

图 6-27　排气洁净器

排气洁净器选用：计算通过集中排气管同时排气的气缸的最大空气耗气量，加上配管耗气量，二者之和应小于排气洁净器的最大处理流量，进而选定排气洁净器的型号。

排气洁净器安装：排气洁净器必须垂直安装，排水口向下，在其一侧可安装截止阀和压力表。在不点检时，关闭截止阀，以保护压力表。

排气洁净器使用注意事项：排气洁净器通常装在集中排气管道的出口，当排气洁净器排气时，进口压力达 0.1MPa 或已使用超过 1 年，应更换器内的滤芯元件；或者由于孔眼堵塞，造成排气速度减小，导致执行元件动作不良时，也应更换滤芯元件；吸声材料破损时，消声效果及油雾分离能力都变差，必须更换；多个排气洁净器同时将油污排放至一个油桶时，应使用接管排出方式；洁净器外壳是合成树脂，故不能接触有机溶剂。

案例 6-5

当你到银行办理业务时，或到商场购买物品时，有没有注意到那些门“看”到你以后会自动打开？人体能感受到外界的冷热、痛、触摸等各种信息，你想过是因为什么吗？

问题：

蝙蝠、海豚等动物靠什么定位？倒车预警系统如何工作的？

6.2.2　传感器

传感器是一种将被测量（如物体的位置、尺寸、液位、力、压力、流量、速度、加速度、转速、温度等）转换为与之有确定对应关系的、易于精确测量和处理的某种物理量（如电压、电流、压力等）的测量部件或装置。通常传感器是将非电量转换成电量输出。

在气动技术中，遇到最多的是位置检测。常用的位置检测传感器及其特点见表 6-3。

表 6-3 几种位置检测传感器及其特点

名称	工作原理	特点
行程开关	靠外部机械（撞块、凸轮等）使开关的触点动作，发出电信号	不受磁场的影响；安装件、挡块要设计、制作；安装空间大；检测位置调整工作量大；检测占用空间大；是接触式传感器
限位阀	靠外部机械（撞块、凸轮等）使机控阀换向，发出气信号	能在较恶劣环境中工作，因不存在电火花，可用于防爆、防燃的场合，不怕电磁干扰；安装件、挡块要设计、制作；安装空间大；检测位置调整工作量大；检测占用空间大；是接触式传感器
气动位置传感器	将位移的变化转变为压力的变化，再转变为电量的变化	检测探头与被测物体不接触，是一种非接触式传感器；适合在高温、振动、电磁干扰、化学腐蚀、易燃、易爆等恶劣环境中工作；安装件要设计、制作；检测位置调整工作量大；价格较高
磁性开关	利用磁场的变化来检测物体的位置，并输出电信号	不需设计、制作安装件；安装空间小；检测位置易调整；不受污染的影响；价格低；易受外磁场的干扰
光电开关	利用光的变化检出物体的有无或是否接近	是非接触式传感器，检测距离长；不受磁场的影响；安装件要设计、制作；安装空间大；检测位置调整（光轴的调整）工作量大；怕污染；价格较高
接近开关	当工件接近开关时，根据开关的某种物理量（如电感、电容量、电频率、磁感应电势、超声波声学参数）的变化来进行开关的动作	不怕污染；不受磁场的影响；安装件要设计、制作；安装空间大；检测位置调整（光轴的调整）工作量大；怕污染；价格较高

（a）实物图　（b）符号

图 6-28　气电转换器

压力开关用于检测压力的大小和有无，并能发出电信号，反馈给控制电路，有时也称压力继电器，包括有触点式压力开关、无触点式压力开关。其中的气电转换器是将气压信号转换成电信号的压力开关，如图 6-28 所示。

流量开关可用于流体流量的确认和检测，当流体（如水、空气等）的流量达到一定值时，其电触点便接通或断开，有数字式流量开关（图 6-29）和机械式流量开关（图 6-30）两种。

数字式流量开关又包括多种形式，其中空气式流量开关（图 6-29（a））是将一个热敏电阻装在流道内，通过其电阻值的增大率与空气流速的关系来检测空气的流速。水用式流量开关（图 6-29（b））是在流场中，放置一个细长体，在一定雷诺数范围内，在细长体的下游会产生一对交替出现的漩涡，此漩涡的频率与流体流速成比例，通过测量漩涡的频率便可测量出流体的流量。

（a）空气式

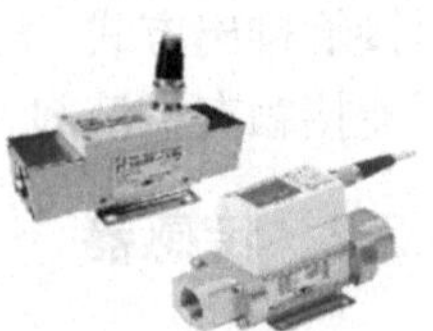

（b）水用式

图 6-29　数字式流量开关

（a）膜片式

（b）桨叶式

图 6-30　机械式流量开关

机械式流量开关有两种形式：膜片式和浆叶式。膜片式流量开关（图 6-30（a））的设定流量范围较小，用于一般工业机械的冷却水设备等各种装置上。浆叶式流量开关（图 6-30（b））的设定流量范围很宽，适用于水及不腐蚀不锈钢的多种液体流量的确认和检测，且防水等级有开放型、防滴防雨型和防沫防喷流型。

案例 6-5 分析

海豚、蝙蝠通过口腔或鼻腔把从喉部产生的超声波发射出去，利用折回的声音来定向，称为回声定位。倒车预警系统中传感器的工作原理与之相似。

传感器的种类繁多，这里不再一一赘述，根据实际工作需要选用，并参阅有关使用手册或说明书。

6.2.3 真空元件

气动系统中的大多数气动元件，包括气源发生装置、执行元件、控制元件及各种辅件，都是在高于大气压力的气压作用下工作的。用这些元件组成的气动系统称为正压系统。另有一类元件可在低于大气压力下工作。这类元件组成的系统称为负压系统（或称为真空系统）。利用真空技术使气动系统产生负压进行传动的元件称为真空元件。真空元件主要有真空泵、真空吸盘、真空开关、真空过滤器、真空阀、真空气缸等。

以真空吸附为动力源，作为实现自动化的一种手段，已在电子、半导体元件组装、汽车组装、自动搬运机械、轻工机械、食品机械、医疗机械、印刷机械、塑料制品机械、包装机械、锻压机械、机器人等许多方面得到广泛的应用。例如，真空包装机械中，包装纸的吸附、送标、贴标，包装袋的开启；电视机的显像管，电子枪的加工、运输、装配及电视机的组装；印刷机械中的双张折面的检测、印刷纸张的运输；玻璃的搬运和装箱；机器人抓起重物，搬运和装配；真空成形、真空卡盘等。总之，对任何具有较光滑表面的物体，特别对于非铁、非金属且不适合夹紧的物体，如薄柔的纸张、塑料膜、铝箔、易碎的玻璃及其制品、集成电路等微型精密零件，都可使用真空吸附，完成各种作业。

1. 真空发生装置

要形成真空状态，气压传动系统中需要真空发生装置。真空发生装置有真空泵和真空发生器两种。真空泵是吸入口形成负压、排气口直接通大气，两端压力比很大的抽除气体的装置。真空发生器是利用压缩空气的流动而形成一定真空度的气压传动装置。

表 6-4 给出了两种真空发生装置的特点及其应用场合，以便选用参考。

表 6-4 两种真空发生装置的特点及其应用场合

项目＼品种	真空泵		真空发生器	
最大真空度	可达 101.3kPa	能同时获得最大值	可达 88kPa	不能同时获得最大值
吸入流量	可很大		不大	
结构	复杂		简单	
体积	大		很小	
重量	重		很轻	
寿命	有可动件，寿命较长		无可动件，寿命长	
消耗功率	较大		较大	
价格	高		低	
安装	不便		方便	

续表

项目 \ 品种	真空泵	真空发生器
维护	需要	不需要
与配套件复合化	困难	容易
真空的产生及解除	慢	快
真空压力脉动	有脉动，需设真空罐	无脉动，不需真空罐
应用场合	适合连续、大流量工作，不宜频繁启停，适合集中使用	需供应压缩空气，宜从事流量不大的间歇工作，适合分散使用。改变材质，可实现耐热、耐腐蚀

图 6-31 所示为真空发生器的工作原理图及其图形符号，它是由先收缩后扩张的拉瓦尔喷管、负压腔和接收管等组成。有供气口、排气口和真空口。当供气口的供气压力高于一定值后，拉瓦尔喷管射出超声速射流。由于气体的黏性，高速射流卷吸走负压腔内的气体，使该腔形成很低的真空度。在真空口处接上真空吸盘，靠真空压力便可吸起吸吊物。

2. 真空吸盘

吸盘是直接吸吊物体的元件，通常是由橡胶材料与金属骨架制成。橡胶材料如果长时间在高温下工作，则使用寿命变短；硅橡胶的使用温度范围较宽，但在湿热条件下工作则性能变差。吸盘的橡胶出现脆裂，是橡胶老化的表现，除过度使用的原因外，大多由受热或日光照射所致，故吸盘宜保管在冷暗的地方。

图 6-32 所示为各种形式的吸盘。常用品种有：平型吸盘，用于表面平整不变形的工件；带肋平型吸盘，用于易变形的工件；深凹型吸盘，用于呈曲面形状的工件；风琴型吸盘，用于没有安装缓冲的空间、工件吸着面倾斜的场合；薄型吸盘，采用薄型唇部，最适合吸着薄型工件；带肋薄型吸盘，用于纸、胶片等薄工件；重载型吸盘，适用于显像管、汽车主体等大型重物；重载风琴型吸盘，用于吸着面是弯曲的、斜面的重物及瓦楞板纸箱等的搬运；头可摆动型吸盘，适合倾斜（±15°）的工件。特殊情况下需要订制特殊结构形式的吸盘来满足需要。

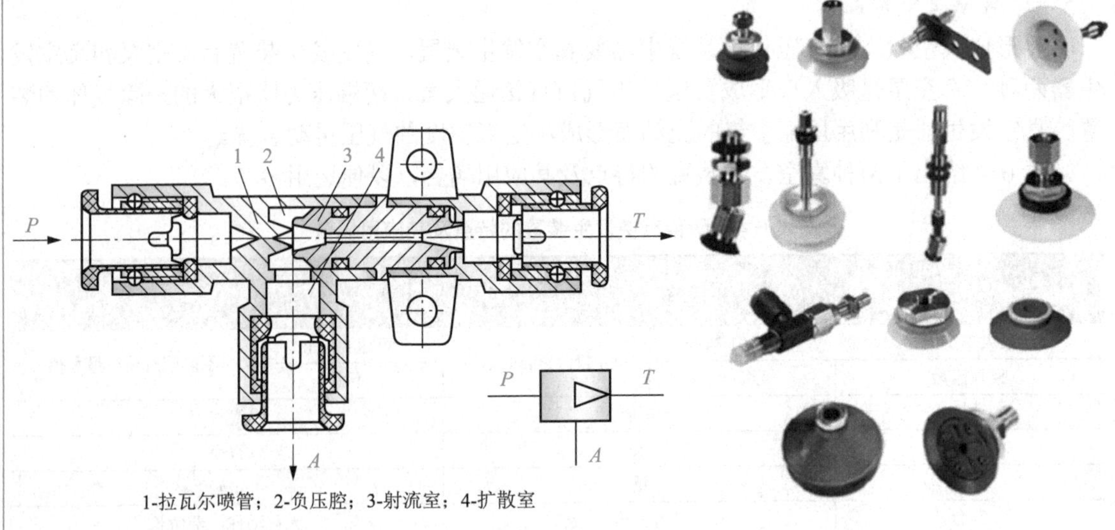

1-拉瓦尔喷管；2-负压腔；3-射流室；4-扩散室

图 6-31　真空发生器工作原理与符号

图 6-32　各种形式的吸盘

6.3　工程应用案例：油管的设计与流量开关

6.3.1　油管的设计计算

有一个轴向柱塞泵，额定流量 q_s=100L/min，额定压力为 32MPa。试确定泵的吸油管与压油管的内径和壁厚。

【解答】因轴向柱塞泵的额定压力为 32MPa，故选用钢管。由液压设计手册查得钢管公称通径、钢管外径、壁厚及推荐流量见表 6-5。

表 6-5　钢管公称通径、外径、壁厚及推荐流量

公称通径/mm	钢管外径/mm	额定压力/MPa					推荐管路通过流量/L/min
		≤5	≤8	≤16	≤25	≤32	
		管壁厚/mm					
3	6	1	1	1	1	1.4	0.63
4	8	1	1	1	1.4	1.4	2.5
5、6	10	1	1	1	1.6	1.6	6.3
8	14	1	1	1.6	2	2	25
10、12	18	1	1.6	1.6	2	2.5	40
15	22	1.6	1.6	2	2.5	3	63
20	28	1.6	2	2.5	3.5	4	100
25	34	2	2	3	4.5	5	160
32	42	2	2.5	4	5	6	250
40	50	2.5	3	4.5	5.5	7	400
50	63	3	3.5	5	6.5	8.5	630
65	75	3.5	4	6	8	10	1000
80	90	4	5	7	10	12	1250
100	120	5	6	8.5			2500

因轴向柱塞泵的额定流量 q_s=100L/min，由表 6-6 可知，该泵的压油管的公称通径为 20mm，钢管外径为 28mm，壁厚为 4mm，内径为 20mm。为避免在泵的吸油口产生气穴现象，吸油管内流速一般限制在 1～1.5m/s，由此可求得

$$d = 2\sqrt{\frac{q}{\pi\upsilon}} = 2\sqrt{\frac{100\times10^{-3}}{3.14\times(1\sim1.5)\times60}} = 0.038\sim0.046(\mathrm{m}) = 38\sim46(\mathrm{mm})$$

查表 6-6，可选该泵的吸油管通径为 40mm，外径为 50mm，壁厚为 2.5mm，内径为 45mm 的钢管。

6.3.2　流量开关的应用实例

图 6-33 列出了流量开关的一些应用实例。

图 6-33（a）是对主管路及各个装置的支管路进行流量控制。利用流量开关，掌握每台装置流过的流量状况，便可分析如何减少流量，采取必要的改善对策，达到节省气的目的。利用脉冲计数器的累计脉冲输出功能，便可远距离检测累计流量。

图 6-33（b）是利用焊机进行焊接时，对加压冷却水进行流量管理。用流量开关测定冷

却水的流量。若在冷却水进口侧设置二位二通阀，不焊接时切断该阀停止冷却水供应，则可大大节省冷却水。

图 6-33（c）是利用流量开关对氮气（N_2）进行流量控制，可防止半导体印制线路被氧化，也可防止由于空气扰动造成照相机成像的失真。在流量开关二次侧的配管途中应设置洁净气体过滤器，以提高氮气的洁净度。

图 6-33（d）是利用流量开关的累计流量功能，确认氮气等气瓶中已使用掉的气量和瓶内残存气量。

图 6-33（e）是利用流量开关上的流量控制阀，控制氩气（Ar）和二氧化碳（CO_2）达到不同的配比，利用这种混合气体进行焊接工作。

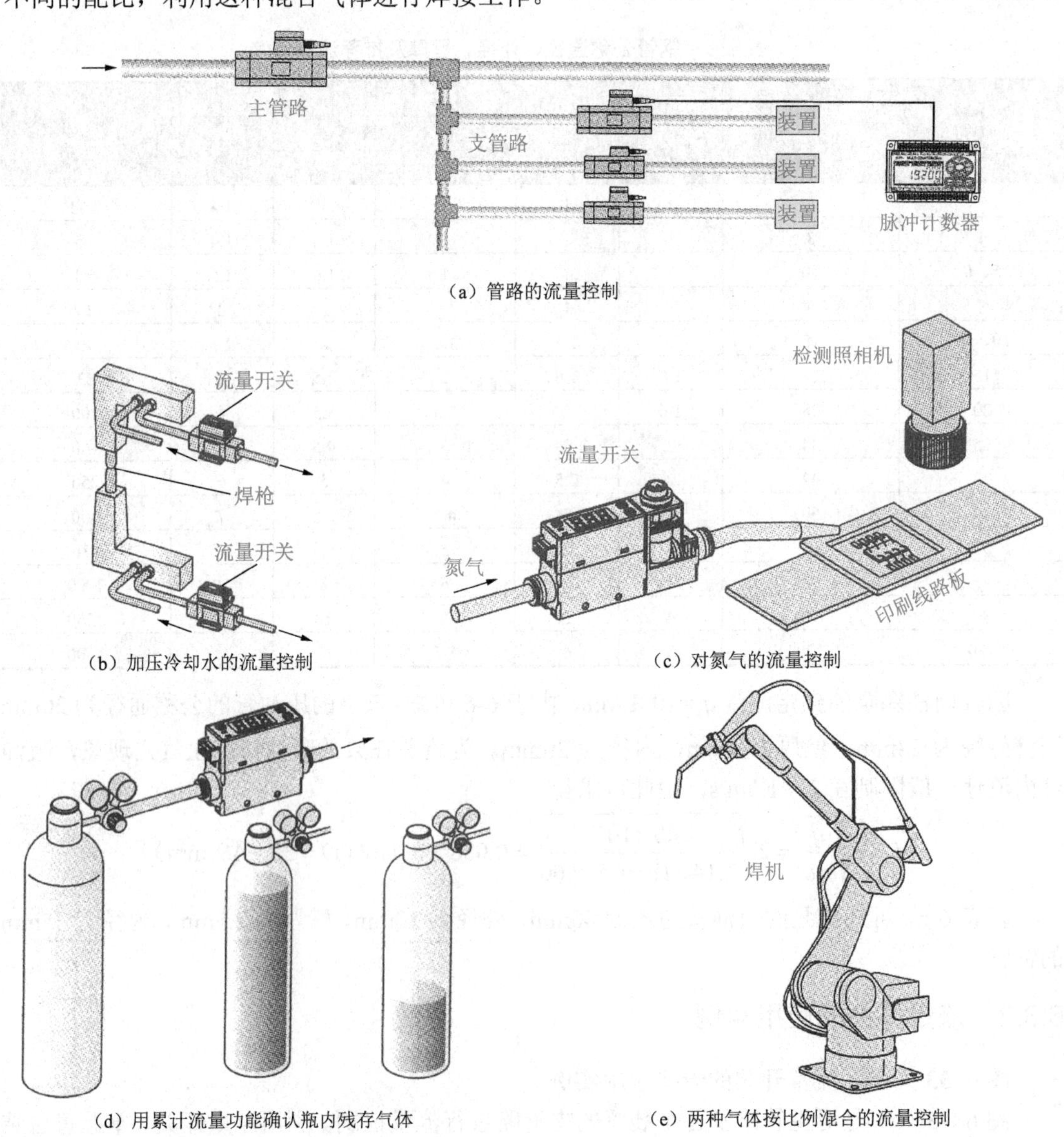

图 6-33 流量开关的应用实例

练 习 题

6-1 蓄能器有哪些功用？常用的蓄能器有哪些类型？

6-2 蓄能器在安装中要注意哪些问题？

6-3 过滤器有哪些类型？各用在什么场合？如何选用及安装？

6-4 如何确定油管的尺寸？简述各种油管的特点及适用场合。

6-5 液压系统对密封装置有哪些要求？常用的密封装置有哪些？如何选用？

6-6 试述油箱的结构及功用。如何确定油箱的容量？

6-7 为什么有些液压系统要安装冷却器或加热器？安装加热器要注意哪些问题？

6-8 试述气动真空吸盘在使用上有什么特点。

第7章 液压与气压传动基本回路

任何机械设备的液压与气压传动系统，都是由一些基本回路组成的。所谓基本回路，就是由相关元件组成的用来完成特定功能的典型管路结构。它是液压与气压传动系统的基本组成单元。液压传动系统，不论其复杂程度如何，其总是由数个或更多液压基本回路组成。

图 7-1 所示为汽车起重机，在起吊重物时，因汽车轮胎承载能力有限，须由支腿液压缸承载使轮胎架空，可防止起吊时汽车整机前倾或颠覆。每个支腿液压缸都设计成由两个液控单向阀组成的双向液压锁紧回路，以保证支腿可靠地锁住，防止在起重作业过程中发生“软胆”现象（由液压缸上腔油路泄漏引起）或行车过程中液压支腿自行下落现象（由液压缸下腔油路泄漏引起）。图 7-2 所示为汽车起重机的液压支腿伸出状态。

图 7-1　汽车起重机

图 7-2　汽车起重机液压支腿

本章知识要点

（1）掌握液压与气压传动基本回路的组成、工作原理、性能和应用。

（2）初步掌握基本液压气动原理图的识读和分析方法。

兴趣实践

观察飞机起落架收放、挖掘机或其他常见液压设备工作时液压系统的工作情况。

探索思考

液压系统基本回路的工作原理和性能是众所周知的，为什么同样功能的液压设备在性能和质量上会有很大差别，应该如何提高液压设备的质量？

预习准备

液压基本回路可以说是承上启下的一部分内容，是前面介绍的液压基本元件为实现特定功能的有机组合，又是后续更复杂系统的基础，所以要求对液压基本元件的结构、原理和功用要非常熟悉。

7.1　方向控制回路

方向控制回路的作用是利用各种方向控制阀来控制液压系统中各油路油液的通、断及变向，实现执行元件的启动、停止或改变运动方向。方向控制回路主要有换向回路和锁紧回路两类。

小思考 7-1

请查找一份具体型号液压挖掘机的资料进行研究。试分析常见挖掘机的液压系统包含哪些基本液压回路？

7.1.1　换向回路

换向回路的作用是变换执行元件的运动方向。系统对换向回路的基本要求是换向可靠、灵敏、平稳、换向精度合适。执行元件的换向过程一般包括执行元件的制动、停留和启动三个阶段。

1. 简单换向回路

采用普通二位或三位换向阀均可使执行元件换向，如图 7-3 和图 7-4 所示。三位换向阀除了能使执行元件正反两个方向运动外，还有不同的中位滑阀机能可使系统得到不同的性能。一般液压缸在换向过程中的制动和启动，由液压缸的缓冲装置来调节；液压马达在换向过程中的制动则需要设置制动阀等。换向过程中停留时间的长短取决于换向阀的切换时间，也可以通过电路来控制。在闭式系统中，可采用双向变量泵控制液流的方向来实现执行元件的换向，如图 7-5 所示。液压缸 5 的活塞向右运动时，其进油流量大于排油流量，双向变量泵 1 的吸油侧流量不足，补油泵 2 通过单向阀 3 来补充；改变双向变量泵 1 的供油方向，活塞向左运动，排油流量大于进油流量，双向变量泵 1 吸油侧多余的油液通过由液压缸 5 进油侧压力控制的二位二通阀 4 和溢流阀 6 排回油箱。溢流阀 6 和 8 既可使活塞向左或向右运动时泵吸油侧有一定的吸入压力，又可使活塞运动平稳。溢流阀 7 是防止系统过载的安全阀。这种回路适用于压力较高、流量较大的场合。

 案例 7-1

挖掘机，又称挖掘机械（Excavating Machinery），是用铲斗挖掘高于或低于承机面的物料，并装入运输车辆或卸至堆料场的土方机械。挖掘机已经成为工程建设中最主要的工程机械之一。

问题：

（1）挖掘机工作过程需要实现哪些动作？

（2）挖掘机液压系统包含哪些基本回路？

2. 复杂方向控制回路

当需要频繁连续往复运动，并对换向过程有很多附加要求时，需采用复杂换向回路。

1）时间控制制动式连续换向回路

图 7-6 所示为时间控制制动式换向回路，其主油路受液动换向阀 3 控制，当先导阀 2 在左端位置时，控制油路中的压力油经单向阀 I_2 通向液动换向阀 3 右端，换向阀左端的油经节流阀 J_1 流回油箱，换向阀芯向左移动，阀芯上的制动锥面逐渐关小回油通道，活塞速度逐渐减慢，并在液动换向阀 3 的阀芯移过 l 距离后将通道闭死，使活塞停止运动。换向阀阀芯上的制动锥半锥角一般取＝1.5°～3.5°，在换

向要求不高的地方还可以取大一些。制动锥长度可根据试验确定，一般取 l=3mm～12mm。当节流阀 J_1 和 J_2 的开口大小调定之后，换向阀阀芯移过距离 l 所需的时间（即活塞制动所经历的时间）也就确定不变（不考虑油液黏度变化的影响）。这种制动方式称为时间控制制动式。

该回路的主要优点是：制动时间可根据主机部件运动速度的快慢、惯性的大小，通过节流阀 J_1 和 J_2 调节，以便控制换向冲击，提高工作效率；换向阀中位机能为 H 形，对减小冲击和提高换向平稳性有利。其主要缺点是：换向中的冲击量受运动部件的速度和其他一些因素的影响，换向精度不高。该回路主要用于工作部件运动速度较高，要求换向平稳，无冲击，但换向精度要求不高的场合，如平面磨床、插床、拉床和刨床等液压系统中。

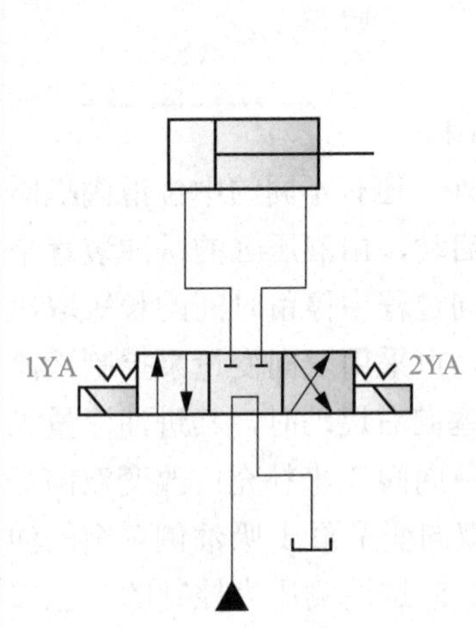

图 7-3 双作用液压缸换向回路

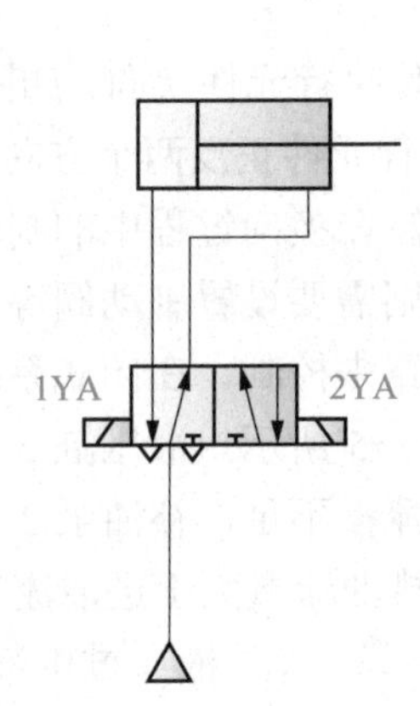

图 7-4 双作用气缸换向回路

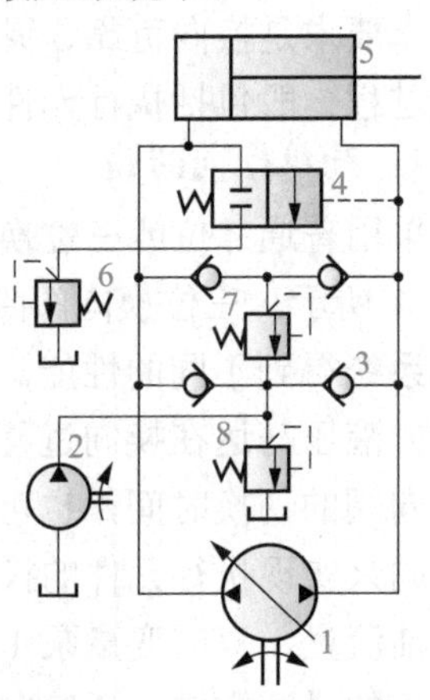

1-双向变量泵；2-补油泵；3-单向阀；4-二位两通液控阀；5-液压缸；6、7、8-溢流阀

图 7-5 采用双向变量泵的换向回路

2）行程控制制动式换向回路

动画

行程控制制动式换向回路如图 7-7 所示，主油路除受液动换向阀 3 控制外，还受先导阀 2 控制。当先导阀 2 在换向过程中向左移动时，先导阀阀芯的右制动锥将液压缸右腔的回油通道逐渐关小，使活塞速度逐渐减慢，对活塞进行预制动。当回油通道被关得很小（轴向开

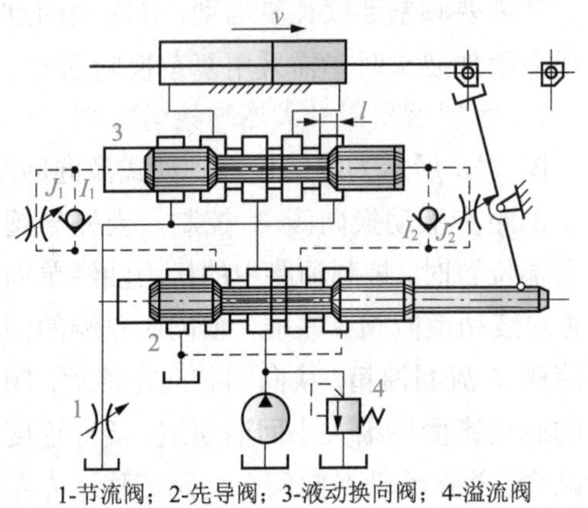

1-节流阀；2-先导阀；3-液动换向阀；4-溢流阀

图 7-6 时间控制制动式换向回路

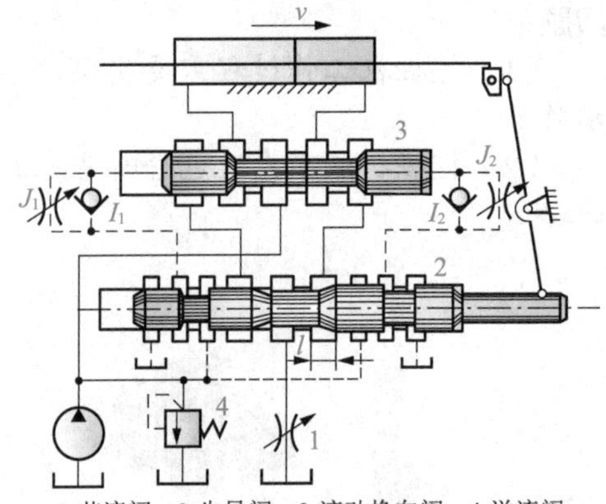

1-节流阀；2-先导阀；3-液动换向阀；4-溢流阀

图 7-7 行程控制制动式换向回路

口量留 0.2～0.5mm），活塞速度变得很慢时，液动换向阀 3 的控制油路才开始切换，换向阀芯向左移动，切断主油路通道，使活塞停止运动，并随即使它在相反的方向启动。不论运动部件原来的速度快慢如何，先导阀总是要先移动一段固定的行程 l，将工作部件先进行预制动后，再由换向阀来使它换向。这种制动方式称为行程控制制动式。先导阀制动锥半锥角一般取 $\alpha=1.5°\sim3.5°$，长度 $l=5\sim12$mm，合理选择制动锥度能使制动平稳（而换向阀上没有必要采用较长的制动锥，一般制动锥长度只有 2mm，半锥角也较大，$\alpha=5°$）。

这种换向回路的换向精度较高，冲击量较小；但由于先导阀的制动行程恒定不变，制动时间的长短和换向冲击的大小将受运动部件速度的影响。这种换向回路主要用在主机工作部件运动速度不大，但换向精度要求较高的场合，如内、外圆磨床的液压系统中。

7.1.2　锁紧回路

锁紧回路的作用是在液压执行元件不工作时，切断其进、出油路，使之不因外力的作用而发生位移或窜动，能准确地停留在原定位置上。

采用三位换向阀的 O 形或 M 形中位机能可以构成锁紧回路。这种回路结构简单，由于换向滑阀的环形间隙泄漏较大，故一般只用于锁紧要求不太高或只需短暂锁紧的场合。

图 7-8 所示为用液控单向阀构成的锁紧回路。在液压缸的两油路上串接液控单向阀，它能在缸不工作时，使活塞在两个方向的任意位置上迅速、平稳、可靠且长时间地锁紧。其锁紧精度主要取决于液压缸的泄漏，而液控单向阀本身的密封性很好。两个液控单向阀做成一体时，称为双向液压锁。该回路换向阀中位机能采用 H 形，换向阀中位时能使两控制油口 K 直接通油箱，液控单向阀立即关闭，活塞停止运动。这种回路广泛应用于工程机械、起重运输机械等有较高锁紧要求的场合。

动画

在用液压马达作为执行元件的场合，利用制动器锁紧可解决因执行元件内泄漏影响锁紧精度的问题，实现安全可靠锁紧的目的。为防止突然断电发生事故，制动器一般都采用弹簧上闸制动，液压松闸的结构。

图 7-9 所示为采用单作用液压缸的制动回路，其中制动液压缸 4 为单作用缸，它与起升液压马达 3 的进油路相连接。当系统有压力油时，制动器松开；当系统无压力油时，制动器在弹簧力的作用下上闸锁紧。起升回路需放在串联油路的末端，即起升液压马达的回油直接

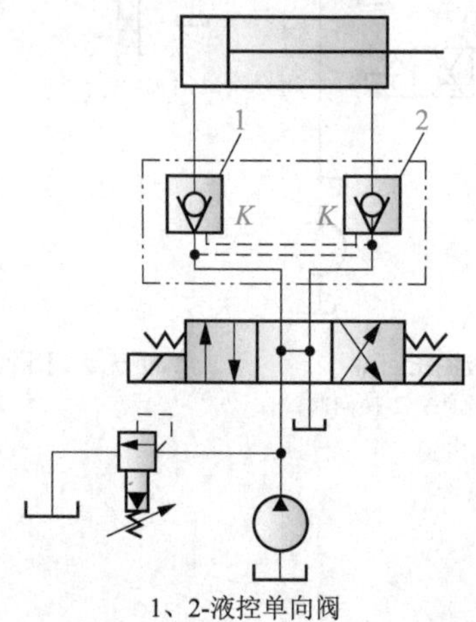

1、2-液控单向阀

图 7-8　用液控单向阀构成的锁紧回路

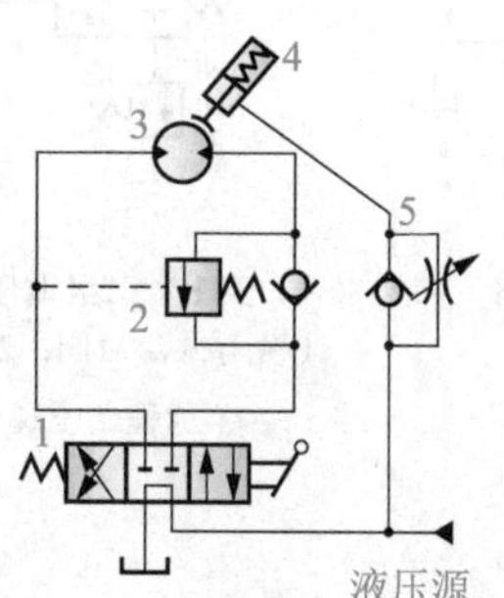

1-换向阀；2-卸荷阀；3-起升液压马达；4-制动液压缸；5-节流阀

图 7-9　采用单作用液压缸的制动回路

通回油箱。若将该回路置于其他回路之前，则当其他回路工作而起升回路不工作时，起升液压马达的制动器也会被打开而容易发生事故。制动回路中单向节流阀的作用是：制动时快速，松闸时滞后，以防止开始起升时，负载因松闸过快而造成负载先下滑，再上升的现象。

7.2 压力控制回路

微课

压力控制回路就是利用各种压力控制阀来控制系统中液体的压力，以满足执行元件对力或转矩的要求。这类回路主要包括调压、减压、增压、保压、背压、卸荷、平衡等回路。

7.2.1 调压回路

调压回路的功用是使液压系统整体或某一部分的压力保持恒定或不超过某个限定值。在定量泵系统中，液压泵的供油压力可以通过溢流阀来调节。在变量泵系统中，用安全阀来限定系统的最高压力，防止系统过载。若系统中需要两种以上的压力，则采用多级调压回路。

在图 7-10（a）所示的单级调压回路中，调速阀、溢流阀与定量泵组合构成单级调压系统。调节溢流阀的开启压力，可调整系统的工作压力。

在图 7-10（b）所示的二级调压回路中，先导式溢流阀 1 的外控口串接二位二通换向阀 2 和远程调压阀 3 构成了二级调压回路。当两个压力阀的调定压力 $p_3 < p_1$ 时，系统可通过换向阀的左位和右位分别获得 p_3 和 p_1 两种压力。

动画

如果在溢流阀的外控口，通过多位换向阀的不同通油口，并联多个调压阀，即可构成多级调压回路。图 7-10（c）所示为三级调压回路。先导式溢流阀 1 的远程控制口通过换向阀 2 分别接调压阀 3 和 4，通过换向阀的切换可以得到三种不同的压力值。调压阀的调定压力值必须小于主溢流阀 1 的调定压力值。

无级调压回路如图 7-10（d）所示，通过改变比例溢流阀的输入电流可实现无级调压，这种调压方式容易实现远程控制和计算机控制，且压力切换平稳。

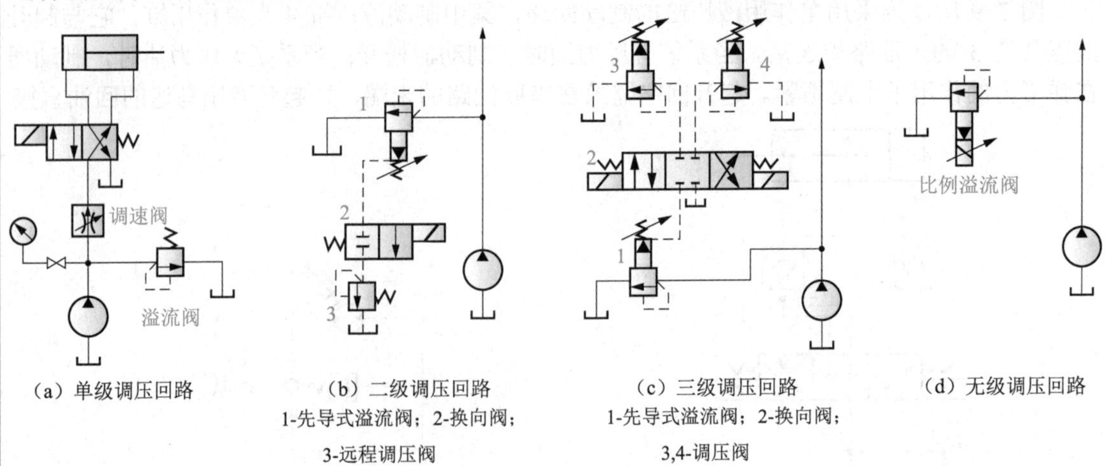

（a）单级调压回路

（b）二级调压回路
1-先导式溢流阀；2-换向阀；
3-远程调压阀

（c）三级调压回路
1-先导式溢流阀；2-换向阀；
3,4-调压阀

（d）无级调压回路

图 7-10 调压回路

7.2.2 减压回路

减压回路的作用是使系统中的某一部分油路或某个执行元件获得比系统压力低的稳定压

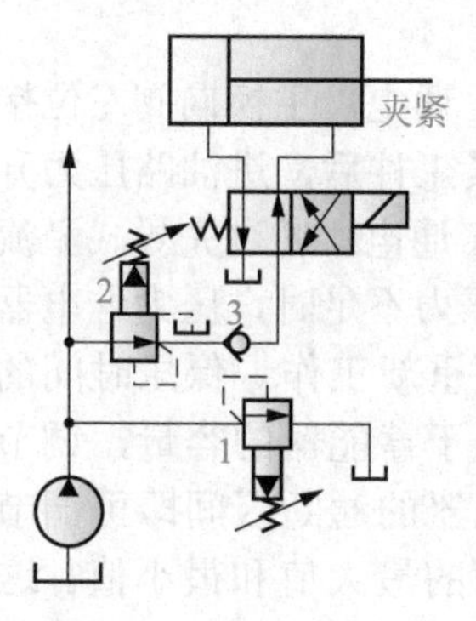

1-溢流阀；2-减压阀；3-单向阀

图 7-11　减压夹紧回路

力。图 7-11 所示为机床液压系统中的减压夹紧回路，泵的供油压力由主油路的溢流阀 1 调定。夹紧油缸的工作压力据它所需夹紧力由减压阀 2 调定。单向阀 3 的作用是在主油路压力降低且低于减压阀调定压力时，防止夹紧缸的高压油倒流，起短时保压作用。为了保证减压回路工作的可靠性，减压阀的最低调整压力不应小于 0.5MPa，最高调整压力至少比系统调整压力小 0.5MPa。必须指出的是，负载在减压阀出口处所产生的压力应不低于减压阀的调定压力，否则减压阀不能起到减压、稳压作用。

两级或多级压力的获得也可以采用类似多级调压回路的方法，将先导式减压阀的外控口通过二位或三位换向阀与调压阀相连。当然，调压阀的调定压力必须小于减压阀的调定压力值。另外，可采用比例减压阀来实现无级减压。

7.2.3　增压回路

增压回路用以提高系统中局部油路的压力，它能使局部压力远高于油源的压力。当系统中局部油路需要较高压力而流量较小时，采用低压大流量泵加上增压回路比选用高压大流量泵要经济得多。

图 7-12(a)所示为单作用增压回路，当压力为 p_1 的油液进入增压缸的大活塞腔时，在小活塞腔即可得到压力为 p_2 的高压油液，增压的倍数等于增压缸大小活塞的工作面积之比。当二位四通电磁换向阀右位接入系统时，增压缸的活塞返回，补油箱中的油液经单向阀补入小活塞腔。这种回路只能间断增压。

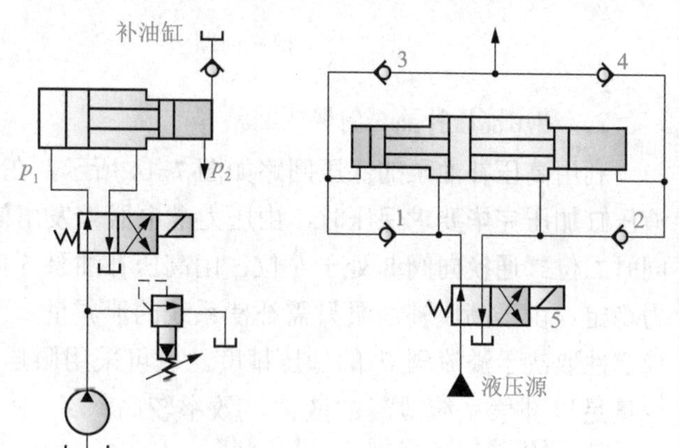

（a）单作用增压回路　（b）双作用增压回路

1、2、3、4-单向阀；5-换向阀

图 7-12　增压回路

动画

图 7-12(b)所示为双作用增压回路，泵输出的压力油经换向阀 5 左位和单向阀 1 进入增压缸左端大、小活塞腔，右端大活塞腔的回油通油箱，小活塞腔增压后的高压油经单向阀 4 输出，此时单向阀 2、3 被关闭；当活塞移到右端时，换向阀 5 得电换向，活塞向左移动，左端小活塞腔输出的高压液体经单向阀 3 输出。这样增压缸的活塞不断往复运动，两端交替输出高压油，实现连续增压。

7.2.4　保压回路

有些机械设备在工作过程中，常常要求液压执行机构在其行程终止时，保持用力一段时间，这时需要采用保压回路。所谓保压回路，就是在执行元件停止工作或仅有工件变形所产生微小位移的情况下使系统压力基本上保持不变。最简单的保压回路是使用密封性能较好的液控单向阀的回路，但是阀类元件的泄漏使得这种回路的保压时间不能维持太久。常用的保压回路有以下几种。

1. 利用蓄能器的保压回路

图 7-13（a）所示为利用蓄能器的保压回路。系统工作时，1YA 通电，主换向阀左位接入系统，液压泵向蓄能器和液压缸左腔供油，并推动活塞右移，压紧工件后，进油路压力升高，当升至压力继电器调定值时，压力继电器发出信号使二通阀 3YA 通电，通过先导式溢流阀使泵卸荷，单向阀自动关闭，液压缸则由蓄能器保压。当蓄能器压力不足时，压力继电器复位使泵重新工作。保压时间的长短取决于蓄能器的容量，调节压力继电器的通断区间即可调节缸中压力的最大值和最小值。这种回路既能满足保压工作需要，又能节省功率，减少系统发热。

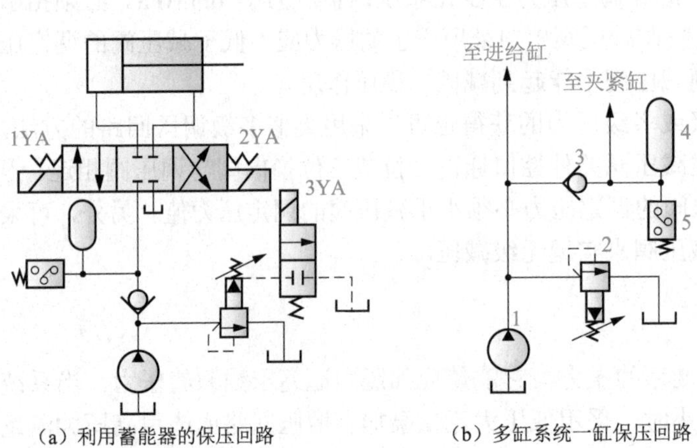

（a）利用蓄能器的保压回路　（b）多缸系统一缸保压回路

图 7-13　保压回路

图 7-13（b）所示为多缸系统一缸保压回路。进给缸快进时，泵 1 油压下降，溢流阀 2 和单向阀 3 关闭，把夹紧油路和进给油路隔开。蓄能器 4 用来给夹紧缸保压并补偿泄漏，压力继电器 5 的作用是夹紧缸压力达到预定值时发出信号，使进给缸动作。

2. 利用高压补油泵的保压回路

利用高压补油泵的保压回路如图 7-14 所示，在回路中增设一台小流量高压补油泵 5。当液压缸加压完毕要求保压时，由压力继电器 4 发出信号，换向阀 2 处于中位，主泵 1 卸载，同时二位二通换向阀 8 处于左位，由高压补油泵 5 向封闭的保压系统 a 点供油，维持系统压力稳定。由于高压补油泵只需补偿系统的泄漏量，可选用小流量泵，这样功率损失小。压力稳定性取决于溢流阀 7 的稳压精度。也可采用限压式变量泵来保压，它在保压期间仅输出少量足以补偿系统泄漏的液体，效率较高。

3. 利用液控单向阀的保压回路

图 7-15 所示为利用液控单向阀的保压回路，采用电接触式压力表自动补油。当 1YA 通

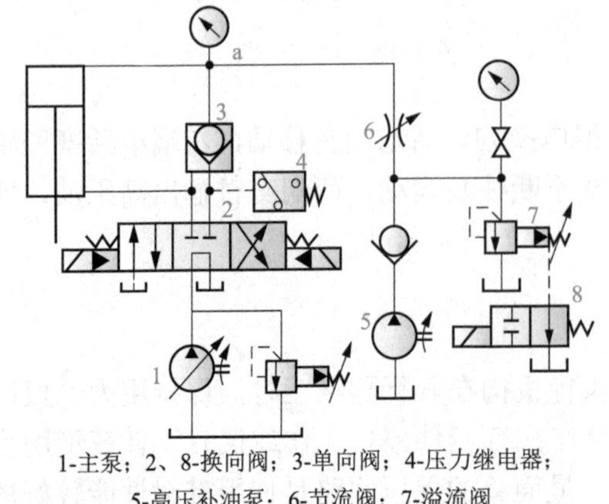

1-主泵；2、8-换向阀；3-单向阀；4-压力继电器；5-高压补油泵；6-节流阀；7-溢流阀

图 7-14　利用高压补油泵的保压回路

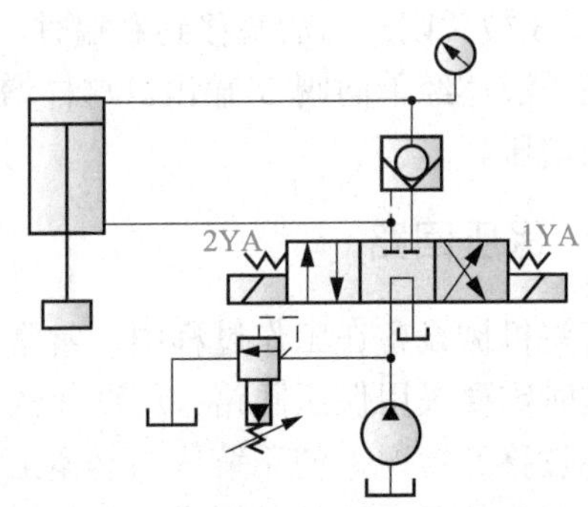

图 7-15　采用液控单向阀的保压回路

电时，换向阀右位，液压缸上腔压力升至电接触式压力表上触点调定压力值，上触点接通，1YA 断电，换向阀切换成中位，泵卸荷，液压缸由液控单向阀保压。当缸上腔压力下降至下触头调定的压力值时，压力表又发出信号使 1YA 通电，换向阀右位，泵向液压缸上腔补油使压力上升，直至上触点调定值。这种回路用于保压精度要求不高的场合。

7.2.5　背压回路

在液压系统中设置背压回路，可提高执行元件运动平稳性或减少爬行现象。背压是作用在压力作用面反方向上的压力或回油路中的压力。背压回路就是在回油路上设置背压阀，以形成一定的回油阻力，用以产生背压，一般背压为 0.3～0.8MPa。采用溢流阀、顺序阀作为背压阀可产生恒定的背压；而采用节流阀、调速阀等作为背压阀只能获得随负载减小而增大的背压。另外，也可采用硬弹簧单向阀作为背压阀。图 7-16 所示为采用溢流阀的背压回路，液压缸往复运动的回油均经背压阀回油箱，在两个方向上都能获得背压，使活塞运动平稳。

> **案例 7-1 分析**
>
> （1）挖掘机液压系统的典型动作包括：①挖掘；②满斗举升回转；③卸载；④空斗返回。
>
> （2）液压挖掘机液压系统主要由泵至阀油路、行走回路、回转回路、动臂油缸回路、斗杆油缸回路、铲斗油缸回路等组成。
>
> 这些回路由一些基本回路构成，每个工作回路中都包含以下典型回路：压力控制回路、防冲击回路、节流回路、平衡阀回路、合流回路、锁定回路等。

7.2.6　卸荷回路

在工作中执行元件时常需要停歇，此时不需要供油或只需要少量的油液，为避免功率浪费就需要卸荷回路。所谓卸荷，就是使液压泵在输出压力接近零状态下工作。卸荷回路的功用是使执行元件在短时停止工作时，减小功率损失和发热，避免液压泵频繁启停，损坏油泵和驱动电机，以延长泵和电机的使用寿命。

这里介绍两种常见的压力卸荷回路。

1. 利用主换向阀机能的卸荷回路

利用三位换向阀的 M 形、H 形、K 形等中位机能可构成卸荷回路。图 7-17（a）所示为采用 M 形中位机能电磁换向阀的卸荷回路。当执行元件停止工作时，换向阀处于中位，液压泵出油直接回油箱实现卸荷。这种卸荷回路的卸荷效果较好，一般用于液压泵小于 63L/min 的系统，但选用换向阀的规格应与泵的额定流量相适应。图 7-17（b）所示为采用 M 形中位机能电液换向阀的卸荷回路。该回路中，在泵的出口处设置了一个单向阀，其作用是在泵卸荷时仍能提供一定的控制油压（0.3MPa 左右），以保证电液换向阀能够正常进行换向。

2. 先导式溢流阀卸荷回路

图 7-17（c）所示为最常用的采用先导式溢流阀的卸荷回路。先导式溢流阀的外控口处接一个二位二通常闭型电磁换向阀。当电磁阀通电时，溢流阀的外控口与油箱相通，即先导式溢流阀主阀上腔直通油箱，液压泵输出的液压油将以很低的压力开启溢流阀的溢流口而流

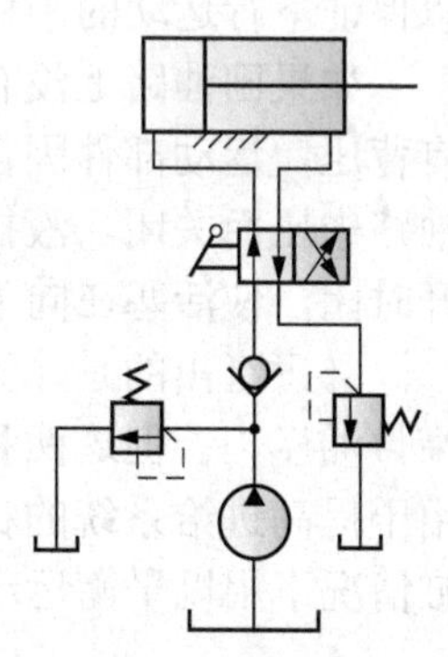

图 7-16　背压回路

回油箱，实现卸荷，此时溢流阀处于全开状态。卸荷压力的高低取决于溢流阀主阀弹簧刚度的大小。通过换向阀的流量只是溢流阀控制油路中的流量，只需采用小流量阀来进行控制。因此，当停止卸荷使系统重新开始工作时，不会产生压力冲击现象。这种卸荷方式适用于高压大流量系统。但电磁阀连接溢流阀的外控口后，溢流阀上腔的控制容积增大，使溢流阀的动态性能下降，易出现不稳定现象。为此，需要在两阀间的连接油路上设置阻尼装置，以改善溢流阀的动态性能。选用这种卸荷回路时，可以直接选用电磁溢流阀。

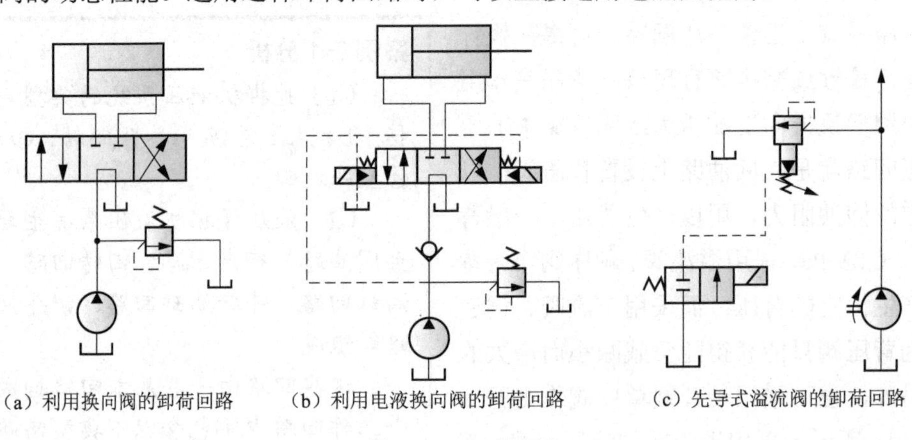

（a）利用换向阀的卸荷回路
（b）利用电液换向阀的卸荷回路
（c）先导式溢流阀的卸荷回路

图 7-17　卸荷回路

7.2.7　平衡回路

为了防止立式液压缸及其工作部件因自重而自行下落，或在下行运动中由于自重而造成失控失速的不稳定运动，应使执行元件的回油路上保持一定的背压值，以平衡重力负载。这种回路称为平衡回路。

动画

图 7-18（a）所示为采用单向顺序阀的平衡回路。调整顺序阀的开启压力，使液压缸向上的液压作用力稍大于垂直运动部件的重力，即可防止活塞部件因自重而下滑。活塞下行时，由于回油路上存在背压支撑重力负载，运动平稳。当工作负载变小时，系统的功率损失将增大。由于顺序阀存在泄漏，液压缸不能长时间停留在某一位置上，活塞会缓慢下降。若在单向顺序阀和液压缸之间增加一个液控单向阀，由于液控单向阀密封性很好，可防止活塞因单向顺序阀泄漏而下降。

图 7-18（b）所示为采用液控单向阀和单向节流阀的平衡回路。由于液控单向阀是锥面密封，泄漏量小，故其闭锁性能好，活塞能够较长时间停止不动。回油路上串联单向节流阀，以保证下行运动的平稳。

如果回油路上没有节流阀，活塞下滑时液控单向阀被进油路上的控制油打开，回油腔没有背压，运动部件因自重而加速下降，造成液压缸上腔供油不足而失压，液控单向阀因控制油路失压而关闭。液控单向阀关闭后控制油路又产生压力，该阀再次被打开。液控单向阀时开时闭，使活塞在向下运动过程中时走时停，从而会导致系统产生振动和冲击。

必须指出的是，无论是平衡回路还是背压回路，在回油管路上都存在背压，故都需要提高供油压力。但这两种基本回路也有区别，主要表现在功用和背压的大小上。背压回路主要用于提高进给系统的稳定性，提高加工精度，具有的背压不大。平衡回路通常是在立式液压缸情况下用以平衡运动部件的自重，以防下滑发生事故，其背压应根据运动部件重力而定。

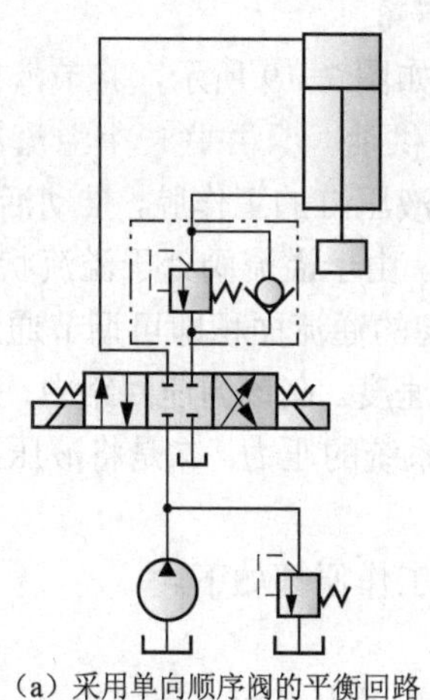

(a) 采用单向顺序阀的平衡回路

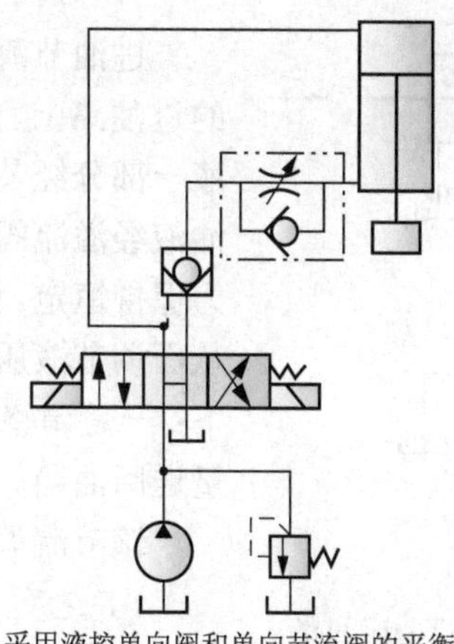

(b) 采用液控单向阀和单向节流阀的平衡回路

图 7-18　平衡回路

7.3　速度控制回路

微课

在液压与气压传动系统中，调速回路占有重要地位。例如，在机床液压传动系统中，用于主运动和进给运动的调速回路对机床加工质量有着重要的影响，而且它对其他液压回路的选择起着决定性的作用。

在不考虑泄漏的情况下，缸的运动速度 v 由进入（或流出）缸的流量 q 及其有效作用面积 A 决定，即

$$v=\frac{q}{A} \tag{7-1}$$

同样，马达的转速 n 由进入马达的流量 q 和马达的单转排量 V 决定，即

$$n=\frac{q}{V} \tag{7-2}$$

由式（7-1）和式（7-2）可知，改变流入（或流出）执行元件的流量 q ，或改变缸的有效面积 A 、马达的排量 V ，均可调节执行元件的运动速度。通常改变缸的有效面积比较困难，用改变流量 q 或改变变量马达的排量 V 来控制执行元件的速度，且以此为基点可构成不同方式的调速回路。改变流量有两种办法：其一是在定量泵和流量阀组成的系统中用流量控制阀调节，其二是在变量泵组成的系统中用控制变量泵的排量调节。综合上述分析，调速回路按改变流量的方法不同可分为三类：节流调速回路、容积调速回路和容积节流调速回路。

7.3.1　节流调速回路

节流调速回路是靠节流原理工作的，根据所用流量控制阀的不同，可分为采用节流阀的节流调速回路和采用调速阀的节流调速回路；根据流量阀在回路中的位置不同，可分为进油节流调速、回油节流调速和旁路节流调速三种回路。此外，根据在工作中供油压力是否随负载变化，可分为定压式节流调速回路（进油节流、回油节流）和变压式节流调速回路（旁路节流）。

动画

1. 进油节流调速回路

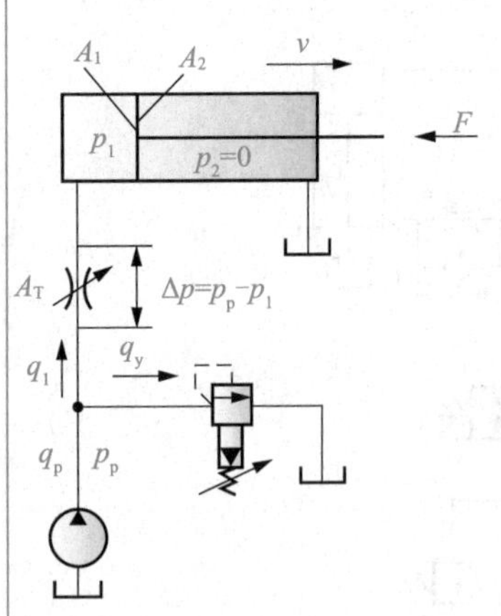

图 7-19　进油节流调速回路

进油节流调速回路如图 7-19 所示，将节流阀串联在液压缸的进油路上，用定量泵供油，且并联一个溢流阀。泵输出的油液一部分经节流阀进入液压缸的工作腔，推动活塞运动，多余的油液经溢流阀流回油箱。由于溢流阀处于溢流状态，泵的出口压力保持恒定。调节节流阀的通流面积即可调节通过节流阀的流量，从而调节液压缸的工作速度。在该调速回路中，溢流阀的作用如下：一是调整基本恒定系统的压力；二是将液压泵输出的多余流量送回油箱。

该节流调速回路的工作原理如下。

1）速度负载特性

缸在稳定工作时，其受力平衡方程式为

$$p_1 A_1 = p_2 A_2 + F \tag{7-3}$$

式中，F 为液压缸的负载；A_1、A_2 分别为液压缸无杆腔和有杆腔有效面积；p_1、p_2 分别为液压缸进油腔、回油腔压力。当回油腔通油箱时，$p_2 \approx 0$，故

$$p_1 = \frac{F}{A_1}$$

因泵供油压力 p_{p} 为定值，故节流阀两端的压力差为

$$\Delta p = p_{\mathrm{p}} - p_1 = p_{\mathrm{p}} - \frac{F}{A_1}$$

流经节流阀进入液压缸的流量为

$$q_1 = KA_{\mathrm{T}}\Delta p^m = KA_{\mathrm{T}}\left(p_{\mathrm{p}} - \frac{F}{A_1}\right)^m$$

式中，A_{T} 为节流阀的通流面积；Δp 为节流阀两端的压力差，$p = p_{\mathrm{p}} - p_1$。

根据上述讨论，液压缸的运动速度为

$$v = \frac{q_1}{A_1} = \frac{KA_{\mathrm{T}}}{A_1}\left(p_{\mathrm{p}} - \frac{F}{A_1}\right)^m \tag{7-4}$$

式（7-4）即为进油节流调速回路的速度-负载特性方程。由此式可知，液压缸的速度是节流阀通流面积 A_{T} 和液压缸负载 F 的函数，当 A_{T} 不变时，活塞的运动速度 v 受负载 F 变化影响；液压缸的运动速度 v 与节流阀的通流面积 A_{T} 成正比，调节 A_{T} 就可调节液压缸的速度。这种回路调速范围比较大，最高速度比可达 100 左右。

据式（7-4）取不同的 A_{T} 作图，可得一组描述进油节流调速回路的速度-负载特性曲线，如图 7-20 所示。这组曲线表示液压缸运动速度随负载变化的规律，曲线越陡，说明负载变化对速度的影响越大，即速度刚度越差。从图中可以看出：当节流阀通流面积 A_{T} 一定时，负载 F 大的区域，曲线陡，速度刚度差，而负载 F 越小，曲线越平缓，速度刚度越好；在相同负载下工作时，A_{T} 越大，速度刚度越小，即速度高时速度刚度差。

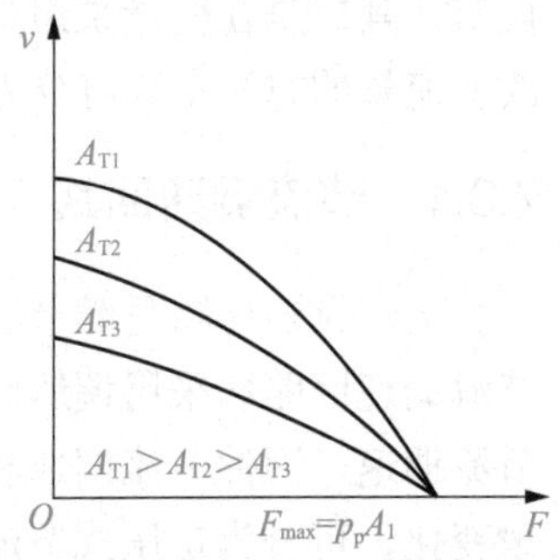

图 7-20　进油节流调速的速度-负载特性曲线

2）最大承载能力

多条特性曲线交汇于横坐标轴上的一点，该点对应的 F 值即为最大负载，这说明速度调节不会改变回路的最大承载能力 F_{max}。因最大负载时缸停止运动，此时

$$F = p_p A_1 (Dp = 0,\ v = 0)$$

由式（7-4）可知，该回路的最大承载能力为 $F_{max} = p_p A_1$。

3）功率特性

进油节流调速回路属于定压式节流调速回路，泵的供油压力 p_p 由溢流阀确定，所以液压泵的输出功率为 $P_p = p_p q_p =$ 常数；液压缸的输出功率为 $P_1 = Fv = p_1 q_1$。所以该回路的功率损失为

$$\Delta P = P_p - P_1 = p_p q_p - p_1 q_1 = p_p(q_1 + q_y) - (p_p - \Delta p) q_1 = p_p q_y + \Delta p q_1$$

式中，q_y 为通过溢流阀的流量，$q_y = q_p - q_1$。

由上式可知，这种调速回路的功率损失由两部分组成，即溢流损失 $\Delta P_y = p_p q_y$ 和节流损失 $\Delta P_T = \Delta p q_1$。

回路的效率为

$$\eta = \frac{P_1}{P_p} = \frac{Fv}{p_p q_p} = \frac{p_1 q_1}{p_p q_p} \tag{7-5}$$

由于回路中存在溢流损失和节流损失，所以回路效率较低，特别是在低速、轻载场合，效率更低。为提高效率，实际工作中应尽量使液压泵的流量 q_p 接近液压缸的流量 q_1。特别是当液压缸需要快速和慢速两种运动时，应采用双泵供油。进油节流调速回路适用于轻载、低速、负载变化不大和对速度稳定性要求不高的小功率场合。

2. 回油节流调速回路

回油节流调速回路如图 7-21 所示，这种调速回路是将节流阀串接在液压缸的回油路上，定量泵的供油压力由溢流阀调定并基本上保持恒定不变。该回路借助节流阀控制液压缸的回油量 q_2，实现速度的调节。由连续性原理可得

$$v = \frac{q_1}{A_1} = \frac{q_2}{A_2} \tag{7-6}$$

由此可知，用节流阀调节流出液压缸的流量 q_2，也就调节了流入液压缸的流量 q_1。定量泵多余的油液经溢流阀流回油箱。溢流阀处于溢流状态，泵的出口压力 p_p 保持恒定，且 $p_1 = p_p$。稳定工作时，活塞的受力平衡方程为

$$p_p A_1 = p_2 A_2 + F \tag{7-7}$$

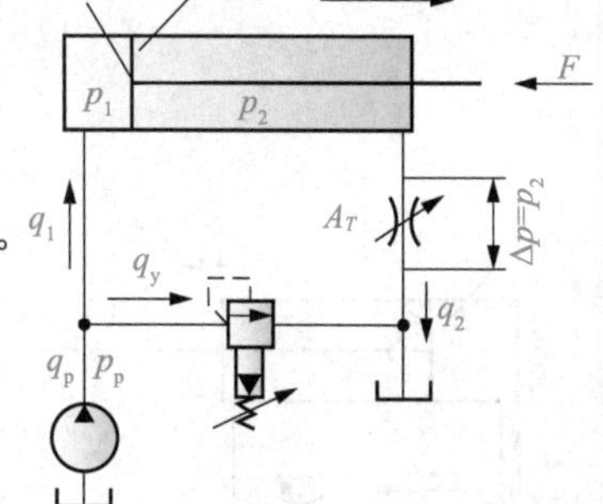

图 7-21 回油节流调速回路

由于节流阀两端存在压差，因此在液压缸有杆腔中形成背压 p_2，由式（7-7）可知，负载 F 越小，背压 p_2 越大。液压缸的运动速度，即速度-负载特性方程为

$$v = \frac{q_2}{A_2} = \frac{KA_T}{A_2}\left(p_p \frac{A_1}{A_2} - \frac{F}{A_2}\right)^m \tag{7-8}$$

式中，q_2 为通过节流阀的流量。

比较式（7-4）和式（7-8）可以发现，回油节流阀调速与进油节流阀调速的速度-负载特性基本相同，若缸两腔的有效面积相同（双出杆缸），则两种节流阀调速回路的速度-负载特

性就完全一样。因此，前面对进油节流阀调速回路的分析和结论都适用于本回路。

上述两种回路在以下特性方面也有不同之处。

（1）承受负值负载的能力：回油节流调速回路的节流阀使液压缸的回油腔形成一定的背压（$p_2 \neq 0$），因而能承受负值负载（即与液压缸运动方向相同的负载），并提高了液压缸的速度平稳性。而进油节流调速回路需要在回油路上设置背压阀后才能承受负值负载。

（2）实现压力控制的方便性：进油节流调速回路容易实现压力控制。当工作部件在行程终点碰到死挡铁后，缸的进油腔压力会上升到等于泵的供油压力，利用这个压力变化，可使并联于此处的压力继电器发出信号，实现对系统的动作控制。回油节流调速时，液压缸进油腔压力没有变化，难以实现压力控制。

（3）调速性能：若回路使用单杆缸，无杆腔进油流量大于有杆腔回油流量。故在缸径、缸速相同的情况下，进油节流调速回路的节流阀开口较大，低速时不易堵塞。因此，进油节流调速回路能获得更低的稳定速度。

（4）停车后的启动性能：长期停车后液压缸内的油液会流回油箱，当液压泵重新向缸供油时，在回油节流阀调速回路中，由于进油路上没有节流阀控制流量，活塞会出现前冲现象；而在进油节流阀调速回路中，活塞前冲很小，甚至没有前冲。

（5）发热及泄漏：发热及泄漏对进油节流调速的影响均大于回油节流调速。在进油节流调速回路中，节流阀产生的能量损失会导致油液发热，发热后的油液进入液压缸的进油腔，使系统发热；而在回油节流调速回路中，经节流阀发热后的油液直接流回油箱冷却。为了提高回路的综合性能，一般常采用进油节流阀调速，并在回油路上加背压阀，使其兼有二者的优点。

3. 旁路节流调速回路

图 7-22（a）所示为旁路节流调速回路，把节流阀接在与执行元件并联的旁油路上，调节节流阀的通流面积 A_T，控制定量泵流回油箱的流量，即可实现调速。溢流阀作为安全阀用，正常工作时关闭，过载时才打开，其调定压力为最大工作压力的 1.1～1.2 倍。在工作过程中，定量泵的压力随负载而变化。设泵的理论流量为 q_t，泵的泄漏系数为 k_1，则缸的运动速度为

$$v=\frac{q_1}{A_1}=\frac{q_t-k_1\dfrac{F}{A_1}-KA_T\left(\dfrac{F}{A_1}\right)^m}{A_1} \tag{7-9}$$

按式（7-9）选取不同的 A_T 值可作出一组速度-负载特性曲线，如图 7-22（b）所示。由曲线可知，当节流阀通流面积一定而负载增加时，速度下降较前两种回路更为严重，即特性很软，速度稳定性很差；在重载高速时，速度刚度较好，这与前两种回路恰好相反。其最大承载能力随节流口 A_T 的增加而减小，即旁路节流调速回路的低速承载能力很差，调速范围也小。这种回路只有节

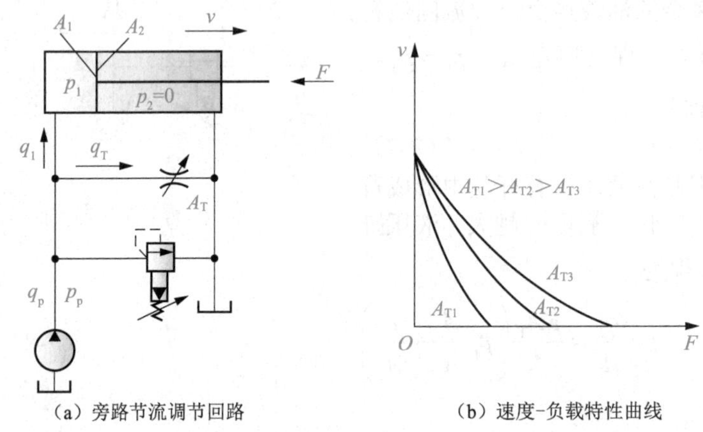
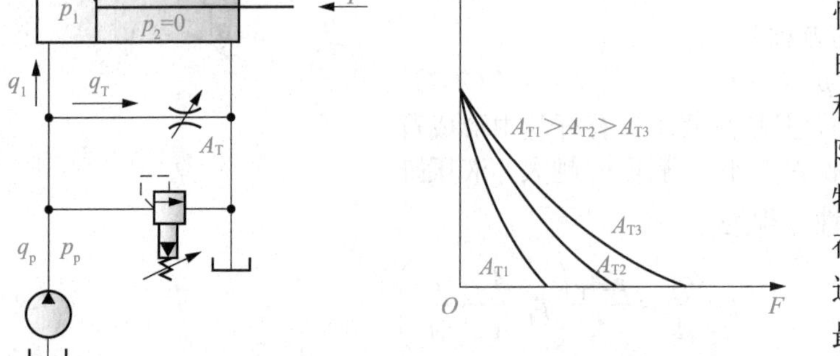

（a）旁路节流调节回路

（b）速度-负载特性曲线

图 7-22　旁路节流调速回路

动画

流损失而无溢流损失。泵的压力随负载的变化而变化，节流损失和输入功率也随负载变化而变化。因此，本回路比前两种回路的效率高。

由于本回路的速度-负载特性很软，低速承载能力差，所以其应用比前两种回路少，只适用于高速、重载、对速度平稳性要求不高的较大功率的系统，如牛头刨床主运动系统、输送机械液压系统等。

4. 采用调速阀的节流调速回路

采用节流阀的节流调速回路，节流阀两端的压差和液压缸工作速度随负载的变化而变化，故速度刚度差，速度平稳性差。若用调速阀代替节流阀，由于调速阀中的定差减压阀能在负载变化的条件下保证节流阀两端的压差基本不变，通过的流量也基本不变，所以回路的速度-负载特性得到很大改善。在图 7-19 中，若将节流阀改为调速阀，其速度-负载特性如图 7-23 所示。所有性能上的改进都是以加大流量控制阀的工作压差，即增加泵的压力为代价的，调速阀的工作压差一般最小为 0.5MPa，调速阀高压工作压差为 1.0MPa 左右。

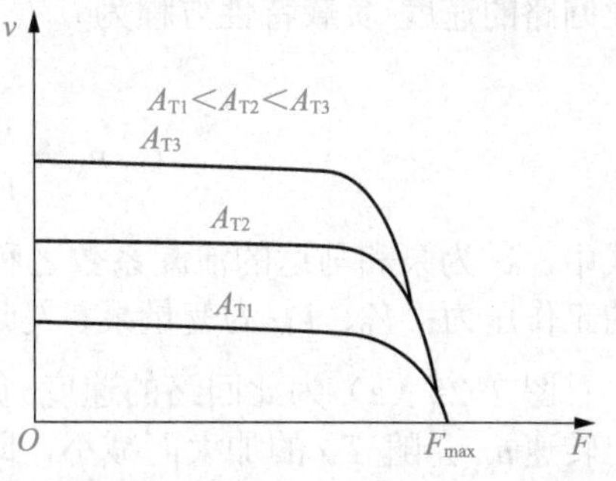

图 7-23　采用调速阀的进油节流调速回路速度-负载特性

7.3.2　容积调速回路

由于节流调速回路有节流损失和溢流损失，所以只适用于小功率系统。通过改变泵或马达的排量来进行调速的方法称为容积调速，其主要优点是没有节流损失和溢流损失，因此效率高，系统温升小，适用于大功率系统。

容积调速回路根据油液循环方式分为开式回路和闭式回路两种。在开式回路中，液压泵从油箱吸油，执行元件的回油直接回油箱，油液冷却性好，便于沉淀杂质和析出气体，但油箱体积大，空气和污染物侵入油液的机会增加，侵入后影响系统正常工作；在闭式回路中，执行元件的回油直接与泵的吸油腔相连，结构紧凑，只需较小的补油箱，空气和脏物不易混入回路，但油液的散热条件差，为了补偿回路中的泄漏并进行换油和冷却，需附设补油泵。补油泵的流量一般为主泵流量的 10%～15%，压力通常为 0.3～1.0MPa。

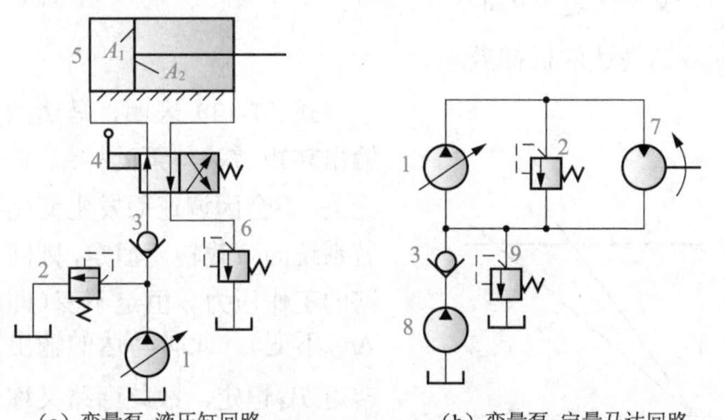

1-变量泵；2、6、9-溢流阀；3-单向阀；4-换向阀；5-液压缸；7-马达；8-补油泵

图 7-24　变量泵及定量执行元件容积调速回路

1. 变量泵及定量执行元件容积调速回路

图 7-24（a）所示为变量泵和液压缸组成的开式回路。图 7-24（b）所示为变量泵和定量马达组成的闭式回路。显然，改变变量泵的排量即可调节液压缸的运动速度和液压马达的转速。两图中的溢流阀 2 均起安全阀作用，用于防止系统过载；单向阀 3 用来防止停机时油液倒流入油箱和空气进入系统。

这里重点讨论变量泵和定量马达容积调速回路。在图 7-24(b)中，为了补偿变量泵 1 和马达 7 的泄漏，增加了补油泵 8。补油泵 8 将冷油送入回路，而从溢流阀 9 溢出回路中多余的热油，进入油箱冷却。辅助泵的工作压力由溢流阀 9 来调节。

1）速度-负载特性

在图 7-24（b）中，引入泵和马达的泄漏系数，不考虑管道的泄漏和压力损失时，可得此回路的速度-负载特性方程为

$$n_M = \frac{q_p}{V_M} = \frac{V_p n_p - k_1 p_p}{V_M} = \frac{V_p n_p - k_1 \dfrac{2\pi T_M}{V_M}}{V_M} \tag{7-10}$$

式中，k_1 为泵和马达的泄漏系数之和；n_p 为变量泵的转速；p_p 为泵的工作压力，即液压马达的工作压力；V_p、V_M 为变量泵、马达的排量；n_M、T_M 为马达的输出转速、输出转矩。

图 7-25（a）为此回路的速度-负载特性曲线，由于变量泵、液压马达有泄漏，马达的输出转速 n_M 会随 T_M 的加大而减小，即速度刚性要受负载变化的影响，该回路在低速下的承载能力很差。当泵的排量 V_p 很小时，负载转矩不太大，马达就停止转动，这说明泵在小排量时（低转速）回路承载能力差。由式（7-10）可以导出回路的速度刚性为

$$k_v = \frac{\partial T_M}{\partial n_M} = \frac{V_M^2}{2\pi k_1} \tag{7-11}$$

2）转速特性

在图 7-25（b）中，若采用容积效率、机械效率表示液压泵和液压马达的损失和泄漏，则马达的输出转速 n_M 与变量泵排量 V_p 的关系为

$$n_M = \frac{q_p}{V_M}\eta_{vM} = \frac{V_p}{V_M} n_p \eta_{vp} \eta_{vM} \tag{7-12}$$

式中，η_{vp}、η_{vM} 分别为泵、马达的容积效率。

式（7-12）表明，改变泵排量 V_p，可使马达的输出转速 n_M 按比例变化。

3）转矩特性

马达的输出转矩 T_M 与马达排量 V_M 的关系为

$$T_M = \frac{\Delta p_M V_M}{2\pi}\eta_{mM} \tag{7-13}$$

式中，Δp_M 为液压马达两端的压差；η_{mM} 为马达的机械效率。

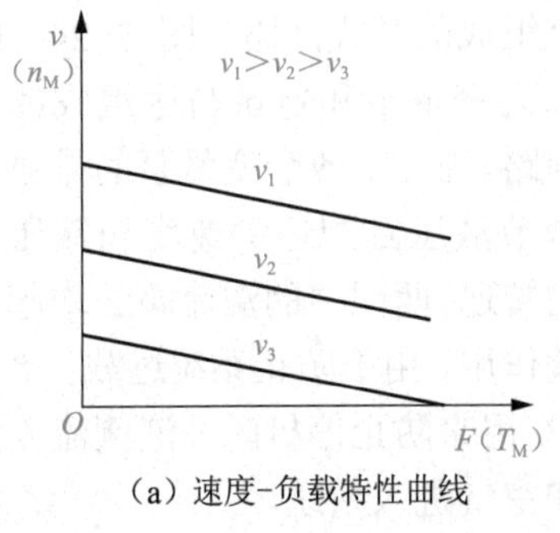

（a）速度-负载特性曲线

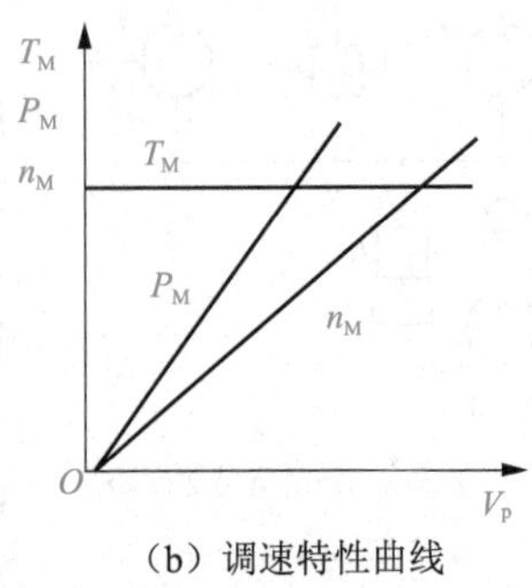

（b）调速特性曲线

图 7-25 变量泵-定量马达调速回路特性

式（7-13）表明，马达的输出转矩 T_M 与泵的排量 V_p 无关，不会因调速而发生变化。若系统的负载转矩恒定，则回路的工作压力 p 恒定不变（即 Δp_M 不变），此时马达的输出转矩 T_M 恒定，故此回路又称为“恒转矩调速回路”。

4）功率特性

马达的输出功率 P_M 与马

达的转速 n_M 的关系为

$$P_M = 2\pi T_M n_M = \Delta p_M V_M n_M \eta_{mM} \tag{7-14}$$

式(7-14)表明，马达的输出功率 P_M 与马达的转速 n_M 成正比，即与泵的排量 V_p 成正比。

转速、转矩、功率特性（调速特性）曲线如图 7-25（b）所示。必须指出的是，由于泵和马达存在泄漏，所以当 V_p 还未调到零值时，n_M、T_M 和 P_M 已都为零值。这种回路若采用高质量的轴向柱塞变量泵，其调速范围 R_p 可达 40，当采用变量叶片泵时 R_p 仅为 5～10。

2. 定量泵和变量马达容积调速回路

图 7-26（a）所示为定量泵-变量马达容积调速回路，在该回路中，泵的排量 V_p 和转速 n_p 均为常数，输出流量不变。补油泵 4 和溢流阀 2、5 的作用同变量泵-定量马达调速回路。该回路通过改变变量马达的排量 V_M 来改变马达的输出转速 n_M。当负载恒定时，回路的工作压力 p 和马达输出功率 P_M 都恒定不变，而马达的输出转矩 T_M 与马达的排量 V_M 按正比变化，马达的转速 n_M 与其排量 V_M 按反比（按双曲线规律）变化，其调速特性曲线如图 7-26（b）所示。从图中可知，输出功率 P_M 不变，故此回路又称“恒功率调速回路”。

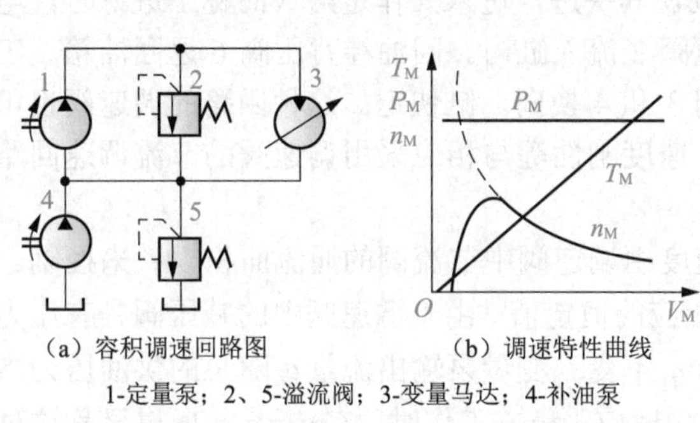

（a）容积调速回路图　（b）调速特性曲线

1-定量泵；2、5-溢流阀；3-变量马达；4-补油泵

图 7-26　定量泵-变量马达容积调速回路

当马达排量 V_M 减小到一定程度，输出转矩 T_M 不足以克服负载时，马达便停止转动，这样不仅不能在运转过程中使马达通过 V_M=0 点的方法来实现平稳反向，且其调速范围 R_M 也很小，即使采用高性能的轴向柱塞马达，R_M 也只有 4 左右。这种调速回路的应用不如上述回路广泛。在造纸、纺织等行业的卷曲装置中得到了应用，它能使卷件在不断加大直径的情况下，基本上保持被卷材料的线速度和拉力恒定不变。

3. 变量泵和变量马达调速回路

图 7-27（a）所示为采用双向变量泵和双向变量马达的容积调速回路。该回路中单向阀 6 和 8 用于使单向定量泵 4 能双向补油，而单向阀 7 和 9 使安全阀 3 在两个方向都能起过载保护作用。这种调速回路实际上是上述两种容积调速回路的组合。由于泵和马达的排量均可改变，故增大了调速范围，其调速特性曲线如图 7-27（b）所示。

在工程中，一般都要求执行元件在启动时有低转速和大的输出转矩，而在正常工作时都希望有较高的转速和较小的输出转矩。因此，这种回路在使用中，先将变量马达的排量调到最大（$V_M = V_{Mmax}$），使马达能获得最大输出转矩，将变量泵的排量调到较小的适当位置上，逐渐增大泵的排量，直到最大值（$V_p = V_{pmax}$），此时液压马达转速随之升高，输

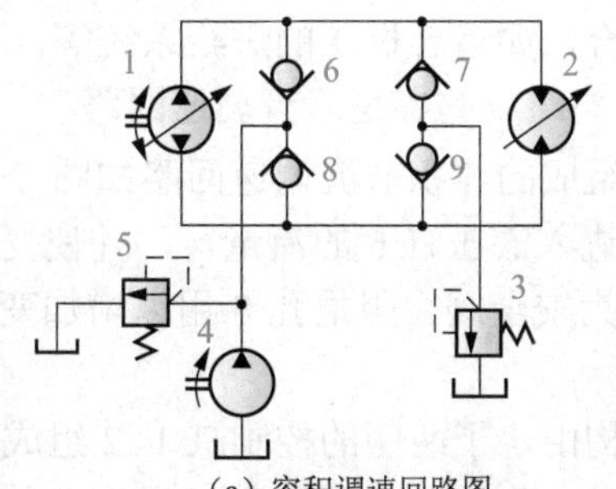

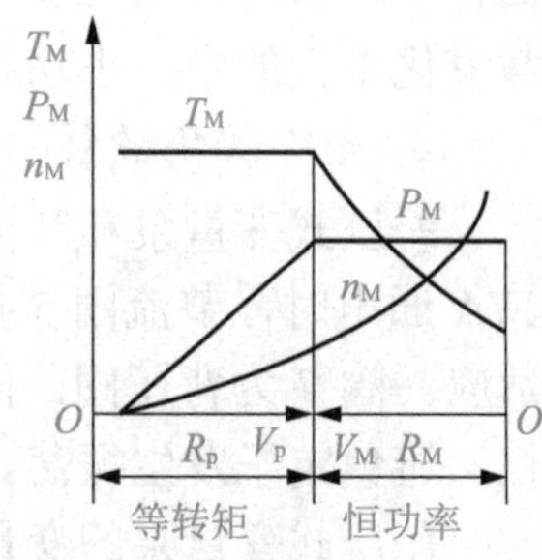

（a）容积调速回路图　（b）调速特性曲线

1-双向变量泵；2-双向变量马达；3-安全阀；4-单向定量泵；5-溢流阀；6、7、8、9-单向阀

图 7-27　变量泵-变量马达容积调速回路

出功率也线性增加，回路处于等转矩输出状态；然后，保持泵在最大排量 $V_p = V_{pmax}$ 下工作，由大到小改变马达的排量，使马达的转速继续升高，但其输出转矩却随之降低，而马达的输出功率恒定不变，这时回路处于恒功率工作状态。

7.3.3 容积节流调速回路

容积节流调速回路采用流量控制阀调定进入或流出液压缸的流量来调节活塞运动速度，并使变量泵的输出流量自动与液压缸所需流量相适应。这种调速回路没有溢流损失，效率较高，速度稳定性也比单纯的容积调速回路好。常用于速度范围大、中小功率的场合，如组合机床的进给系统等。

1. 限压式变量泵与调速阀组成的容积节流调速回路

限压式变量泵与调速阀组成的容积节流调速回路如图 7-28（a）所示，该回路由限压式变量泵 1 供油，空载时泵以最大流量进入液压缸使其快进，进入工作进给（简称工进）时，电磁阀 3 通电使其所在油路断开，压力油经调速阀 2 流入缸内。回油经背压阀 6 返回油箱。工进结束后，压力继电器 5 发出信号，使电磁阀 3 和 4 换向，缸快退。这种回路的调速阀也可装在回油路上，它的承载能力、运动平稳性、速度刚性等与相应采用调速阀的节流调速回路相同。

当回路处于工进阶段时，液压缸的运动速度由调速阀中节流阀的通流面积 A_T 来控制。变量泵的输出流量 q_p 和供油压力 p_p 自动保持相应的恒定值。由于调速阀中的减压阀具有压力补偿机能，当负载变化时，通过调速阀的流量 q_1 不变。变量泵输出流量 q_p 随泵的供油压力增减而自动增减，并始终和液压缸所需的流量 q_1 相适应，稳态工作时，有 $q_p = q_1$，所以又称这种回路为流量匹配回路。

一般地，限压式变量泵的压力-流量曲线（图 7-28（b））在调定后是不变的，因此，当负载 F 变化，p_1 发生变化时，调速阀的自动调节作用使调速阀内节流阀上的压差 Δp 保持不变，流过此节流阀的流量 q_1 也不变，从而使泵的输出压力 p_p 和流量 q_p 也不变，回路就能保持在原工作状态下工作，速度稳定性好。

此种回路低速时，泵的供油流量较小，而对应的供油压力很大，泄漏增加，回路效率严重下降。因此，这种回路不宜用于低速、变载且轻载的场合。并且，一般调速阀稳定工作的最小压差 $\Delta P_{T\,min} = 0.5$MPa 左右，为此应合理调节变量泵的特性曲线，保证调速阀稳定工作，这样不仅液压缸的速度不随负载变化，而且通过调速阀的功率损失最小。这种回路适用于负载变化不大的中、小功率场合，如组合机床的进给系统等。

2. 差压式变量泵和节流阀组成的容积节流调速回路

差压式变量泵和节流阀组成的容积节流调速回路如图 7-29 所示，当电磁阀 4 的电磁铁 1YA 通电时，节流阀 5 控制进入液压缸 6 的流量 q_1，并使变量泵 3 输出的流量 q_p 自动和 q_1 相适应。阀 7 为背压阀，阀 9 为安全阀。阻尼孔 8 用以增加变量泵定子移动阻尼，改善动态特性，避免定子发生振荡。

差压式变量泵的变量机构由定子两侧的控制缸 1、2 组成，配油盘上的油腔对称于垂直轴，定子的移动（即偏心量的调节）靠控制缸两腔的液压力之差与弹簧力的平衡来实现。压力差增大时，偏心量减小，输油量减小。压力差一定时，输油量也一定。调节节流阀的开口量，即改变其两端压力差，也改变了泵的偏心量，使其输油量与通过节流阀进入液压缸的流量相适应。

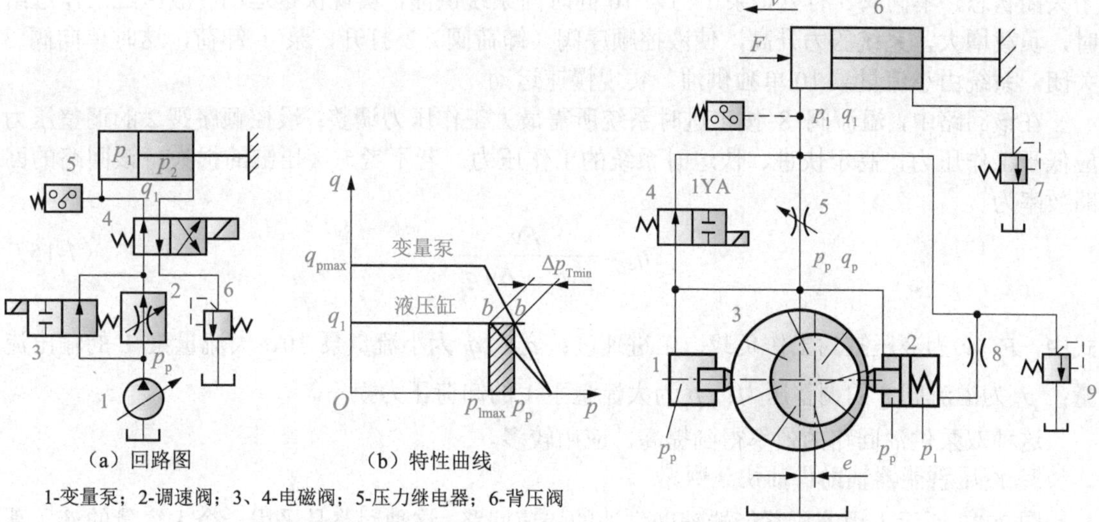

1-变量泵；2-调速阀；3、4-电磁阀；5-压力继电器；6-背压阀

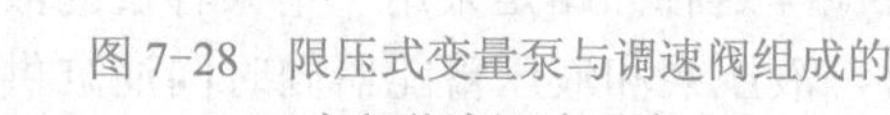

图 7-28　限压式变量泵与调速阀组成的容积节流调速回路

图 7-29　差压式变量泵和节流阀组成的容积节流调速回路

动画

此回路也称为变压式容积节流调速回路。由于泵的供油压力随负载而变化，回路中又只有节流损失，没有溢流损失，因而其效率比限压式变量泵和调速阀组成的调速回路要高。这种回路适用于负载变化大，速度较低的中、小功率场合。

7.3.4　快速运动回路

工作机构在一个工作循环过程中，空行程速度一般较高，常在不同的工作阶段要求有不同的运动速度和承受不同的负载。因此，在液压系统中常根据工作阶段要求的运动速度和承受的负载来决定液压泵的流量和压力，然后在不增加功率消耗的情况下，采用快速运动回路来提高工作机构的空行程速度，快速运动回路的特点是负载小（压力小），流量大。常用的快速回路分述如下。

1. **采用差动连接的快速运动回路**

图 7-30 所示为用差动连接实现快速运动的回路。当电磁阀 3 左位、电磁阀 5 右位时，泵 1 压力油进入油缸左腔，液压缸实现差动连接快速运动，溢流阀 2 关闭；当电磁阀 3 处在左位而电磁阀 5 处在图示位置工作时，液压缸右腔的油液必须通过单向调速阀 4 才能流回油箱，活塞运动速度转变为慢速工进。

在图示位置，压力油经调速阀 4 中的单向阀进入液压缸右腔，活塞快速向左返回。当液压缸无杆腔有效工作面积等于有杆腔有效工作面积的两倍时，差动快进的速度等于非差动快退的速度。这种回路可以选择流量规格小一些的泵，效率得到提高，因此应用较多。

图 7-30　差动连接实现快速运动的回路

2. **采用双泵供油的快速运动回路**

图 7-31 所示为采用双泵供油的快速运动回路，回路中高压小流量泵 10 与低压大流量泵 1 并联构成双泵供油回路。液压缸快速运动时，由于系统压力低，液控顺序阀（卸荷阀）2 处

于关闭状态，单向阀 3 打开，泵 1 与泵 10 同时向系统供油，实现快速运动；液压缸工作进给时，负载增大，系统压力升高，使液控顺序阀（卸荷阀）2 打开，泵 1 卸荷，这时单向阀 3 关闭，系统由小流量泵 10 单独供油，实现慢速运动。

在该回路中，溢流阀 8 按工进时系统所需最大工作压力调整；液控顺序阀 2 的调整压力应低于工作压力，高于快进、快退时系统的工作压力。若不考虑液压缸的损失，该回路的回路效率为

$$\eta_{\mathrm{c}}=\frac{Fv}{p_{\mathrm{T}}q_{\mathrm{p}}+\Delta p_1 q_1} \tag{7-15}$$

式中，F、v 为液压缸的工作负载、工进速度；q_{p}、q_1 为小流量泵 10、大流量泵 1 的输出流量；p_{T} 为溢流阀 8 的调整压力；p_1 为大流量泵 1 的卸荷压力损失。

这种双泵供油回路的效率得到提高，应用较多。

3. 液压蓄能器辅助供油快速回路

图 7-32 所示为用液压蓄能器辅助供油的快速回路。这种回路是采用一个大容量的液压蓄能器使油缸快速运动。当换向阀处于左位或右位时，液压泵和液压蓄能器同时向油缸供油，实现快速运动。当换向阀处于中位时，油缸停止工作，液压泵经单向阀向液压蓄能器充液，随着液压蓄能器内油量的增加，液压蓄能器的压力升高到被控顺序阀的调定压力时，液压泵卸荷。这种回路适用于短时间内需要大流量的场合，并可用小流量的液压泵使油缸获得较大的运动速度。需注意的是，在油缸的一个工作循环内，必须有足够的停歇时间使液压蓄能器充液。

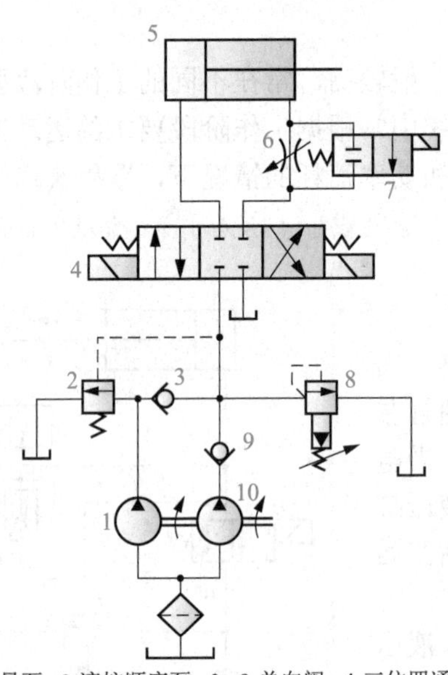

1-低压大流量泵；2-液控顺序泵；3、9-单向阀；4-三位四通电磁换向阀；5-液压缸；6-节流阀；7-二位二通电磁换向阀；8-溢流阀

图 7-31 双泵供油快速运动回路

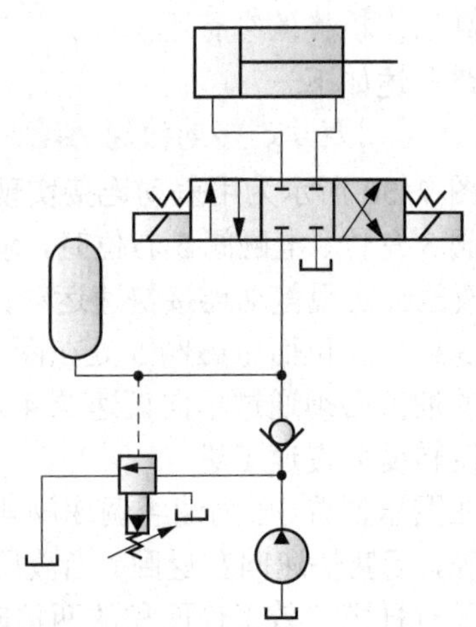

图 7-32 蓄能器辅助供油的快速回路

7.3.5 速度换接回路

机械设备在做自动工作循环的过程中，执行元件往往需要有不同的运动速度。速度换接

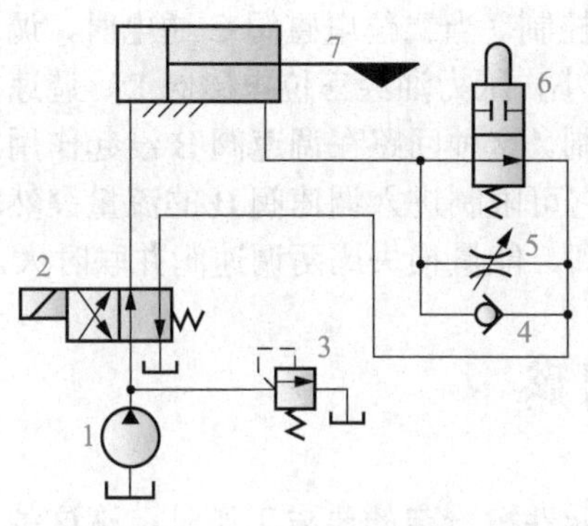

图 7-33　采用行程阀的速度换接回路

回路的功用是使液压执行元件在一个工作循环中，从一种运动速度换成另一种运动速度。例如，快速进给变换到慢速工作进给；从第一种工作进给速度变换到第二种工作进给速度等。

1. 采用行程阀（或电磁换向阀）的速度换接回路

图 7-33 所示为用行程阀实现的速度换接回路。这一回路可使执行元件完成“快进→工进→快退→停止”这一自动工作循环。在图示位置，电磁换向阀 2 右位，液压缸 7 快进，此时，溢流阀 3 处于关闭状态。当活塞所连接的挡块压下行程阀 6 时，行程阀关闭（处在上位），构成回油节流调速回路，液压缸右腔的油液必须通过节流阀 5 才能流回油箱，活塞运动速度转变为慢速工进，此时，溢流阀 3 处于溢流，泵 1 处于恒压状态。当电磁换向阀 2 通电左位时，压力油经单向阀 4 进入液压缸右腔，缸左腔的油液直接流回油箱，活塞快速退回。这种回路快速与慢速的换接过程比较平稳，换接点的位置比较准确。缺点是行程阀必须安装在装备上，管路连接较复杂。若将行程阀改为电磁换向阀，安装比较方便，除行程开关需装在机械设备上，其他液压元件可集中安装在液压站中，但速度换接时平稳性以及换向精度较差。在这种回路中，当快进速度与工进速度相差很大时，回路效率很低。

2. 两种工作速度的换接回路

1）两个调速阀并联的速度换接回路

某些机械设备要求两种工作速度，可用两个调速阀并联或串联，用换向阀进行转换来实现。图 7-34（a）所示为两调速阀并联实现两种工作进给速度的换接回路。液压泵输出的压力油经三位电磁阀 D 左位、调速阀 A 和二位电磁阀 C 进入液压缸，液压缸得到由调速阀 A 所控制的第一种工作速度。电磁阀 C 通电，使调速阀 B 接入回路，压力油经调速阀 B 和电磁阀 C 的右位进入液压缸，这时活塞就得到调速阀 B 所控制的工作速度。这种回路中，调速阀 A、B 各自独立调节流量，互不影响，一个工作时，另一个没有油液通过。不工作调速阀中的减压阀开口处于最大位置。电磁阀 C 换向，由于减压阀瞬时来不及响应，会使调速阀瞬时通过过大的流量，造成执行元件出现突然前冲的现象，速度换接不平稳。因此，它不适合用在工作过程中实现速度换接，只可用在速度预选场合。

2）两个调速阀串联的速度换接回路

图 7-34(b)所示为两调速阀串联的速度换接回路。在图示位置，压力油经三位电磁阀 D、调速阀 A 和二位

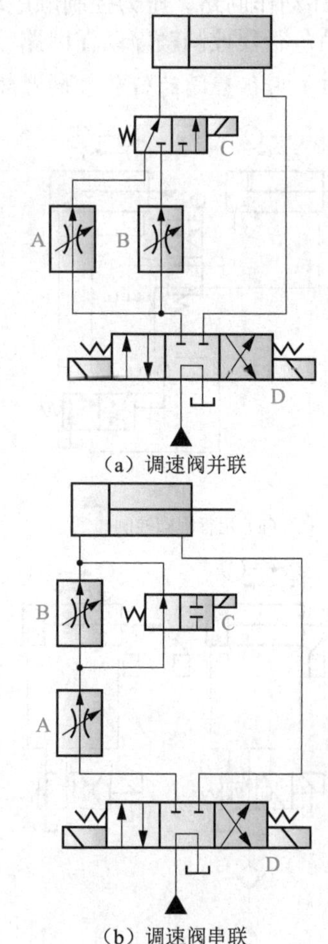

图 7-34　采用两调速阀的速度换接回路

动画

动画

电磁阀 C 进入液压缸，执行元件的运动速度由调速阀 A 控制。当二位电磁阀 C 通电时，调速阀 B 接入回路，由于调速阀 B 的开口量调得比调速阀 A 小，压力油经三位电磁阀 D、调速阀 A 和 B 进入液压缸，执行元件的运动速度由调速阀 B 控制。这种回路在调速阀 B 没起作用之前，调速阀 A 一直处于工作状态，在速度换接的瞬间，它可限制进入调速阀 B 的流量突然增加，所以速度换接比较平稳。但由于油液经过两个调速阀，能量损失比两调速阀并联时大。

7.4 多缸动作回路

微课

在液压系统中，当用一个液压源驱动多个液压执行元件按一定的要求工作时，称这种回路为多缸控制回路。注意，当多个执行元件同时工作时，会因压力和流量的相互影响而在工作上彼此牵制，必须使用一些特殊的回路才能实现预定的动作要求。

7.4.1 顺序动作回路

顺序动作回路的功用是使多个执行元件按预计顺序依次动作。按控制方式可分为行程控制顺序动作回路、压力控制顺序动作回路和时间控制顺序动作回路三种。

1. 行程控制顺序动作回路

1）用行程阀的行程控制顺序动作回路

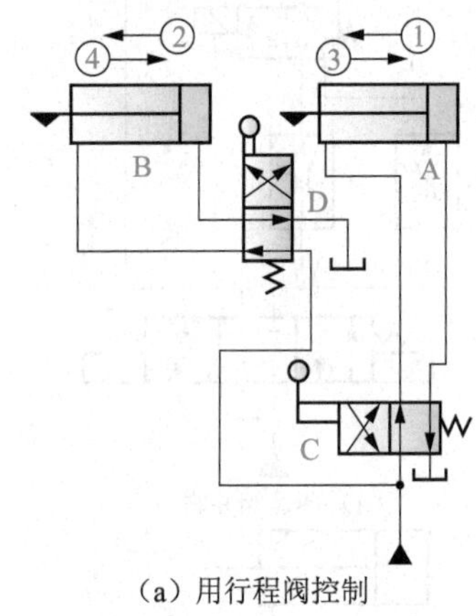
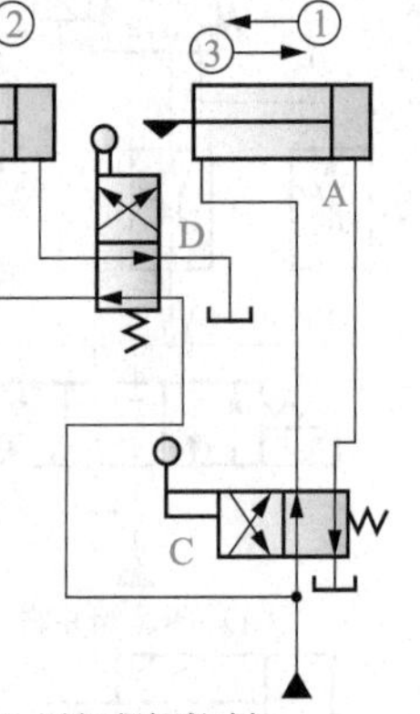

（a）用行程阀控制

动画

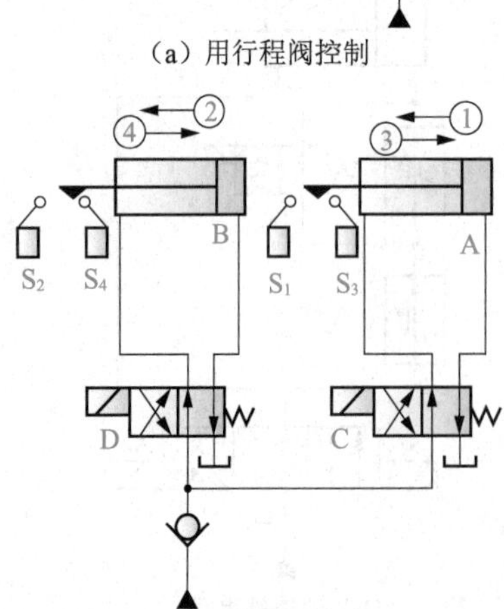
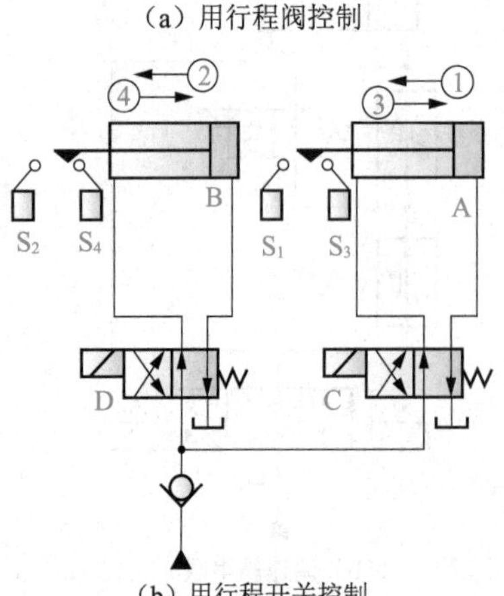

（b）用行程开关控制

图 7-35 行程控制顺序动作回路

动画

如图 7-35（a）所示，A、B 两液压缸的活塞均在右端。当推动手柄，使换向阀 C 左位时，液压缸 A 左行，完成动作①；挡块压下行程阀 D 后，液压缸 B 左行，完成动作②；手动换向阀 C 复位后，液压缸 A 先复位，完成动作③；随着挡块后移，行程阀 D 复位后，液压缸 B 退回实现动作④，完成一个工作循环。

2）用行程开关的行程控制顺序动作回路

如图 7-35（b）所示，当换向阀 C 通电换向时，液压缸 A 左行完成动作①；液压缸 A 触动行程开关 S_1，使换向阀 D 通电换向，控制液压缸 B 左行完成动作②；当液压缸 B 左行至触动行程开关 S_2，使换向阀 C 断电时，液压缸 A 返回，实现动作③；液压缸 A 触动 S_3，使换向阀 D 断电，缸液压 B 完成动作④；液压缸 B 触动开关 S_4，使泵卸荷或引起其他动作，完成一个工作循环。

2. 压力控制顺序动作回路

1）采用顺序阀的压力控制顺序动作回路

如图 7-36（a）所示，液压缸 A 可看作夹紧液压缸，液压缸 B 可看作钻孔液压缸，它们按①→②→③→④的顺序动作。当三位换向阀切换到左位工作且顺序阀 D 的调定压力大于液压缸 A 的最大前进工作压力时，压力油先进入液压缸 A 的无杆腔，回油则经单向顺序阀 C 的单向阀、换向阀左位流回油箱，液压缸 A 向右运动，实现动作①（夹紧工件）。当工件夹紧后，液压缸 A 的活塞不再运动，油液压力升高，压力油打开顺序阀 D 进入液压缸 B 的无杆腔，回油直接流回油箱，液压缸 B 向右运动，实现动作②（进行钻孔）；三位换向阀切换到右位工作、且顺序阀 C 的调定压力大于液压缸 B 的最大返回工作压力时，两液压缸按③和④的顺序返回，完成退刀和松开夹具的动作。

这种顺序动作回路的可靠性主要取决于顺序阀的性能及其压力的调定值。为保证动作顺序可靠，顺序阀的调定压力应比先动作的液压缸的最高工作压力高出 0.8～1MPa，以避免系统压力波动造成顺序阀产生误动作。

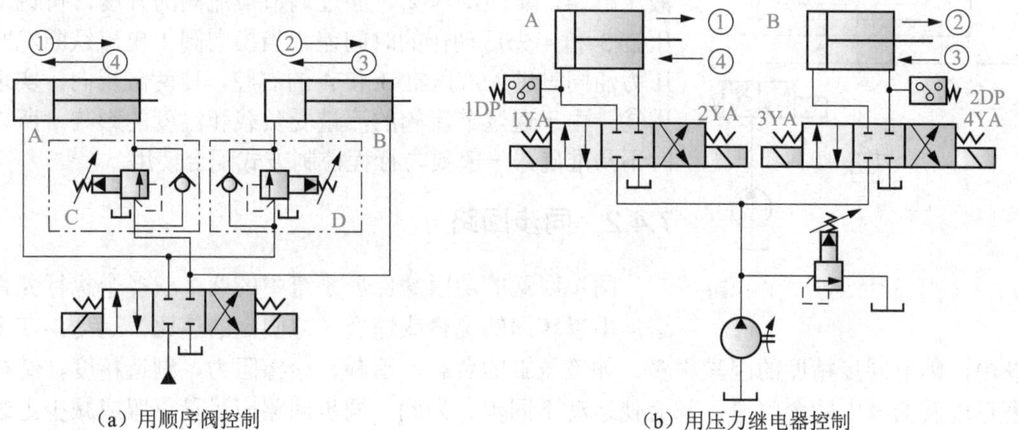

（a）用顺序阀控制　　（b）用压力继电器控制

图 7-36　压力控制顺序动作回路

动画

2）采用压力继电器的压力控制顺序动作回路

图 7-36（b）所示为使用压力继电器的压力控制顺序动作回路。当电磁铁 1YA 通电时，压力油进入液压缸 A 左腔，实现运动①；液压缸 A 活塞运动到预定位置，碰上死挡铁后压力升高，压力继电器 1DP 发出信号，控制电磁铁 3YA 通电，压力油进入液压缸 B 左腔，实现运动②；液压缸 B 活塞运动到预定位置时，控制电磁铁 3YA 断电、4YA 通电，压力油进入液压缸 B 右腔，使液压缸 B 活塞向左退回，实现运动③；当它到达终点后，压力升高，压力继电器 2DP 发出信号，使电磁铁 1YA 断电、2YA 通电，压力油进入液压缸 A 的右腔，推动活塞向左退回，实现运动④。如此，完成①→②→③→④的动作循环。当运动④到终点时，压下行程开关，使 2YA、4YA 断电，所有运动停止。在这种顺序动作回路中，为防止压力继电器误发信号，压力继电器的调整压力也应比先动作的液压缸的最高动作压力高 0.3～0.5MPa。为避免压力继电器失灵造成动作失误，往往采用压力继电器配合行程开关构成“与门”控制电路，要求压力达到调定值，同时行程也到达终点才进入下一个顺序动作。表 7-1 列出图 7-36（b）回路中各电磁铁顺序动作结果，其中“＋”表示电磁铁通电；“－”表示电磁铁断电。

表 7-1　**电磁铁动作顺序表**

动作＼元件	1YA	2YA	3YA	4YA	1DP	2DP
①	＋	－	－	－	－	－
②	＋	－	＋	－	＋	－
③	＋	－	－	＋	－	－
④	－	＋	－	＋	－	＋
复位	－	－	－	－	－	－

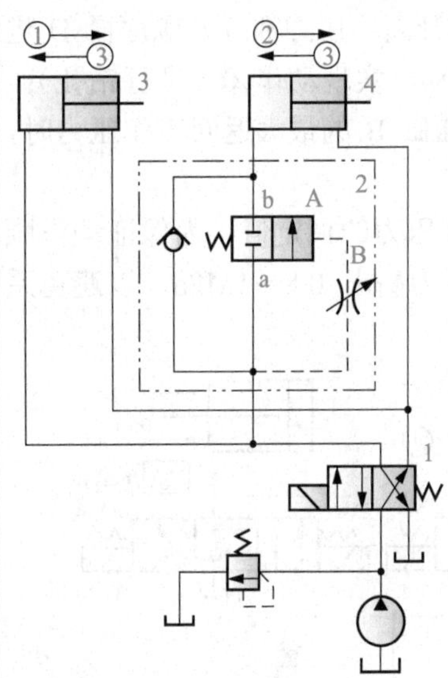

图 7-37　时间控制顺序动作回路

3. 时间控制顺序动作回路

时间控制顺序动作回路是利用延时元件（如延时阀、时间继电器等）使多个缸按时间完成先后动作的回路。图 7-37 所示为用延时阀实现液压缸 3 和液压缸 4 工作行程的顺序动作回路。当阀 1 电磁铁通电时，左位工作，液压缸 3 实现动作①；同时压力油进入延时阀 2 中的节流阀 B，推动液动阀 A 缓慢左移，延续一定时间后，接通油路 a、b，油液才进入液压缸 4，实现动作②。通过调节节流阀的开度，可调节液压缸 3 和 4 先后动作的时间差。当换向阀 1 电磁铁断电时，压力油同时进入液压缸 3 和 4 的右腔，使两缸反向，实现动作③。由于通过节流阀的流量受负载和温度的影响，所以延时不易准确，一般要与行程控制方式配合使用。

7.4.2 同步回路

同步回路的功用是保证系统中的两个或多个执行元件在运动中以相同的位移或速度（或固定的速比）运动。在多缸系统中，影响同步精度的因素很多，如液压缸的负载、泄漏、摩擦阻力、制造精度、结构弹性变形以及油液中的含气量，都会使运动不同步。为此，同步回路应尽量克服或减少上述因素的影响。同步运动分为速度同步和位置同步两类，前者是指各液压缸的运动速度相同，后者是要求各液压缸在运动中和停止时位置处处相同。有的机构仅要求终点位置同步。

1. 采用同步液压缸和同步马达的容积式同步回路

容积式同步回路是将两相等容积的油液分配到尺寸相同的两个执行元件，实现两个执行元件的同步。这种回路允许较大偏载，由偏载造成的压差不影响流量的改变，而只有因油液压缩和泄漏造成的微量偏差，因此同步精度高，系统效率高。

图 7-38（a）所示为采用同步液压马达（分流器）的同步回路。两个等排量的双向马达同

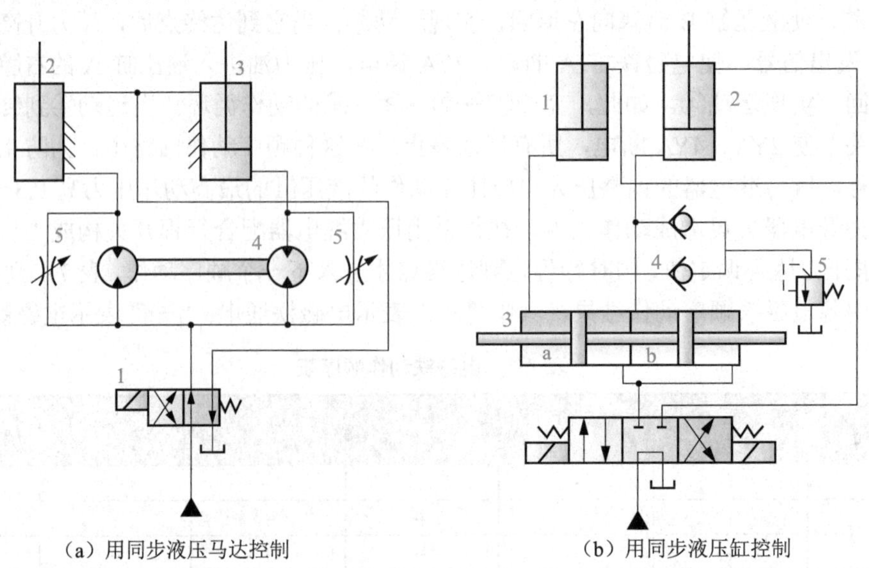

（a）用同步液压马达控制　　（b）用同步液压缸控制

图 7-38　容积式同步回路

轴刚性连接作配流装置（分流器），它们输出相同流量的油液分别送入两个有效工作面积相同的液压缸中，实现两缸同步运动。图中，与马达并联的节流阀 5 用于修正同步误差。本回路常用于重载、大功率同步系统。

图 7-38（b）所示为采用同步液压缸的同步回路。同步液压缸 3 由两个尺寸相同的双杆液压缸连接而成，当同步液压缸的活塞左移时，油腔 a 与 b 中的油液使缸 1 与 2 同步上升。若液压缸 1 的活塞先到达终点，则油腔 a 的余油经单向阀 4 和安全阀 5 排回油箱，油腔 b 的油继续进入液压缸 2 下腔，使之到达终点。同理，若液压缸 2 的活塞先到达终点，也可使液压缸 1 的活塞相继到达终点。这种同步回路的同步精度取决于液压缸的加工精度和密封性，一般可达到 1%～2%。由于同步液压缸一般不宜做得过大，所以这种回路仅适用于小容量的场合。

2. 采用带补偿装置的串联液压缸同步回路

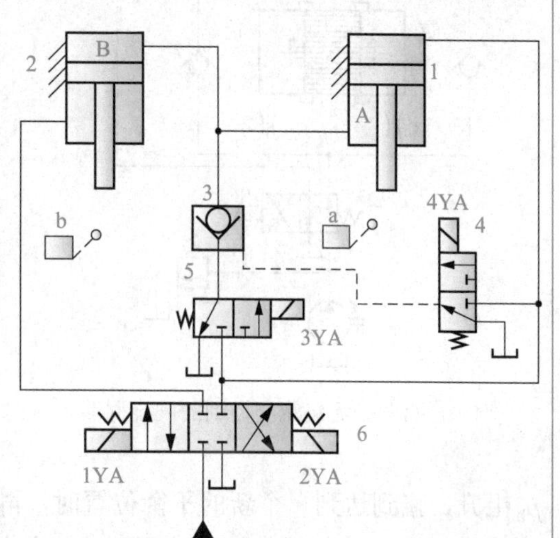

图 7-39　带补偿装置的串联液压缸同步回路

图 7-39 所示为带补偿装置的串联液压缸同步回路，液压缸 1 的有杆腔 A 的有效面积与液压缸 2 的无杆腔 B 的面积相等，因此从无杆腔 A 排出的油液进入 B 后，两液压缸便同步下降。由于执行元件的制造误差、内泄漏以及气体混入等因素的影响，在多次行程后，将使同步失调累积为显著的位置上的差异。为此，回路中设有补偿措施，使同步误差在每一次下行运动中都得到消除。其补偿原理是：当三位四通换向阀 6 右位工作时，两液压缸活塞同时下行，若液压缸 1 活塞先下行到终点，将触动行程开关 a，使换向阀 5 的电磁铁 3YA 通电，换向阀 5 处于右位，压力油经换向阀 5 和液控单向阀 3 向液压缸 2 的无杆腔 B 补油，推动液压缸 2 活塞继续下行到终点。反之，若液压缸 2 活塞先运动到终点，则触动行程开关 b，使二位三通电磁阀 4 的电磁铁 4YA 通电，阀 4 上位，控制压力油经阀 4，打开液控单向阀 3，液压缸 1 下腔油液经液控单向阀 3 及 5 回油箱，使液压缸 1 活塞继续下行至终点。这样两液压缸活塞位置上的误差即被消除。这种同步回路结构简单、效率高，但需要提高泵的供油压力，一般只适用于负载较小的液压系统中。

3. 采用流量阀控制的同步回路

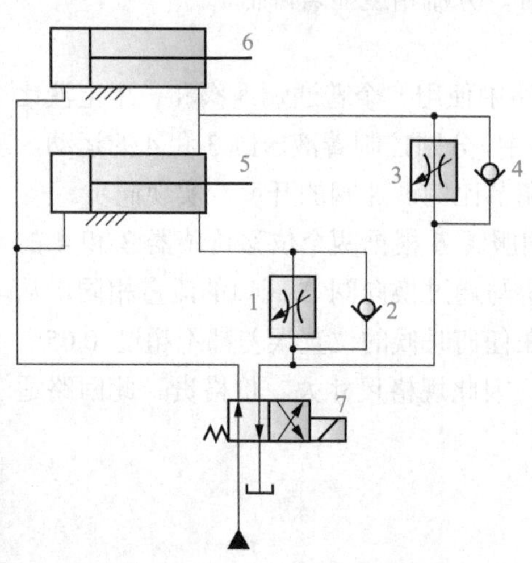

图 7-40　采用并联调速阀的同步回路

图 7-40 所示为采用并联调速阀的同步回路。液压缸 5 和 6 并联，调速阀 1 和 3 分别串联在两液压缸的回油路上（也可安装在进油路上）。两个调速阀分别调节两液压缸活塞的运动速度。由于调速阀在外负载变化时仍然能保持流量稳定，所以只要仔细调整两调速阀开口的大小，就能使两个液压缸保持同步。换向阀 7 右位时，压力油可通过单向阀 2 和 4 使两液压缸的活塞快速退回。这种同步回路的优点是，结构简单，易于实现多缸同步，同步速度可以调整，而且调

整好的速度不会因负载变化而变化，但是这种同步回路只是单方向的速度同步，同步精度也不理想，效率低，且调整比较麻烦。

4. 采用分流集流阀控制的同步回路

图 7-41 所示为采用分流集流阀控制的速度同步回路。这种同步回路较好地解决了同步效果不能调整或不易调整的问题，液压缸 1 和 2 的有效工作面积相同。分流阀阀口的入口处有两个尺寸相同的固定节流器 4 和 5，分流阀的出口 a 和 b 分别接在两个液压缸的入口处，固定节流器与油源连接，分流阀阀体内并联了单向阀 6 和 7。阀口 a 和 b 是调节压力的可变节流口。当二位四通阀 9 左位时，压力为 p_s 的压力油经过固定节流器，再经过分流阀上的 a 和 b 两个可变节流口，进入液压缸 1 和 2 的无杆腔，两液压缸的活塞向右运动。当作用在两液压缸上的负载相等时，分流阀 8 的平衡阀芯 3 处于某一平衡位置不动，阀芯两端压力相等，即 $p_a=p_b$，固定节流器上的压力降保持相等，进入液压缸 1 和 2 的流量相等，所以液压缸 1 和 2 以相同的速度向右运动。如果液压缸 1 上的负载增大，分流阀左端的压力 p_a 上升，阀芯 3 右移，a 口加大，b 口减小，使压力 p_a 下降，p_b 上升，直到达到一个新的平衡位置时，再次达到 $p_a=p_b$，阀芯不再运动，此时固定节流器 4 和 5 上的压力降保持相等，液压缸速度仍然相等，保持速度同步。当电磁阀 9 断电复位时，液压缸 1 和 2 活塞反向运动，回油经单向阀 6 和 7 排回油箱。

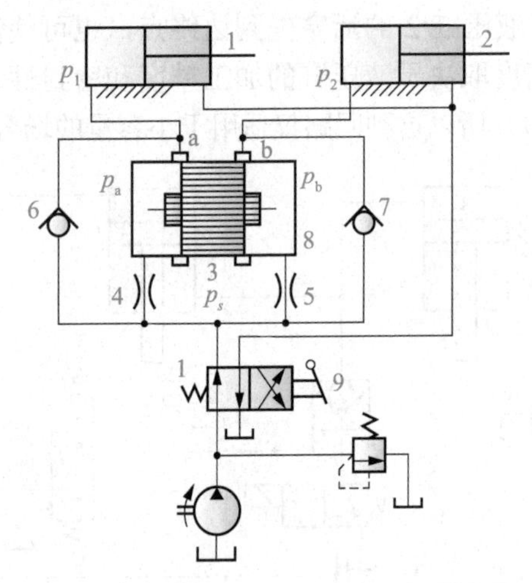

图 7-41　分流集流阀控制的同步回路

分流集流阀只能实现速度同步。若某液压缸先到达行程终点，则可经阀内节流孔窜油，使各液压缸都能到达终点，从而消除积累误差。分流集流阀的同步回路简单、经济，纠偏能力大，同步精度可达 1%～3%。但分流集流阀的压力损失大，效率低，不适用于低压系统，而且其流量范围较窄。当流量低于阀的公称流量过多时，分流精度显著降低。

5. 采用电液比例调速阀或电液伺服阀的同步回路

图 7-42（a）所示为用比例调速阀的同步回路，回路中使用一个普通调速阀和一个电液比例调速阀（它们各自装在由单向阀组成的桥式节流油路中）分别控制着液压缸 3 和 4 的运动，当两活塞出现位置误差时，检测装置就会发出信号，调节比例调速阀的开度，实现同步。

图 7-42（b）所示为用电液伺服阀的同步回路，伺服阀 6 根据两个位移传感器 3 和 4 的反馈信号持续不断地控制其阀口的开度，使通过的流量与通过换向阀 2 阀口的流量相同，从而保证两液压缸同步运动。此回路可使两液压缸活塞在任何时候的位置误差都不超过 0.05～0.2mm，但因伺服阀必须通过与换向阀同样大的流量，因此规格尺寸大、价格贵。此回路适用于两液压缸相距较远而同步精度要求很高的场合。

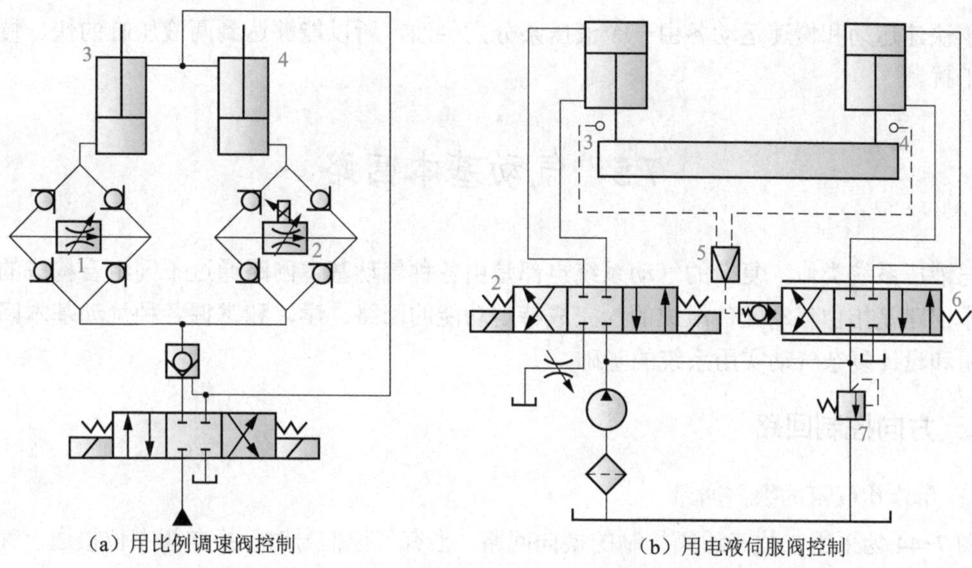

（a）用比例调速阀控制　　（b）用电液伺服阀控制

图 7-42　采用比例调速阀或电液伺服阀的同步回路

7.4.3　多缸工作时互不干涉回路

多缸工作时互不干涉回路的功能是使系统中几个液压执行元件在完成各自工作循环时，彼此互不影响。如图 7-43 所示回路中，液压缸 11、12 分别要完成快速前进、工作进给和快速退回的自动工作循环。液压泵 1 为高压小流量泵，液压泵 2 为低压大流量泵，它们的压力分别由溢流阀 3 和 4 调节（调定压力 $p_{y3}>p_{y4}$）。开始工作时，电磁换向阀 9、10 的电磁铁 1YA、2YA 同时通电，液压泵 2 输出的压力油经单向阀 6、8 进入液压 11、12 的左腔，使两液压缸活塞快速向右运动。这时如果某一液压缸（如液压缸 11）的活塞先到达要求位置，其挡铁压下行程阀 15，液压缸 11 右腔的工作压力上升，单向阀 6 关闭，液压泵 1 提供的油液经调速阀 5 进入液压缸 11，液压缸的运动速度下降，转换为工作进给，液压缸 12 仍可以继续快速前进。当两液压缸都转换为工作进给后，可使液压泵 2 卸荷（图中未表示卸荷方式），仅液压泵 1 向两液压缸供油。如果某一液压缸（如液压缸 11）先完成工作进给，其挡铁压下行程开关 16，使电磁线圈 1YA 断电，此时液压泵 2 输出的油液可经单向阀 6、电磁阀 9 和单向阀 13 进入液压缸 11 右腔，使活塞快速向左退回（双泵供油），液压缸 12 仍单独由液压泵 1 供油继续进行工作进给，不受液压缸 11 运动的影响。

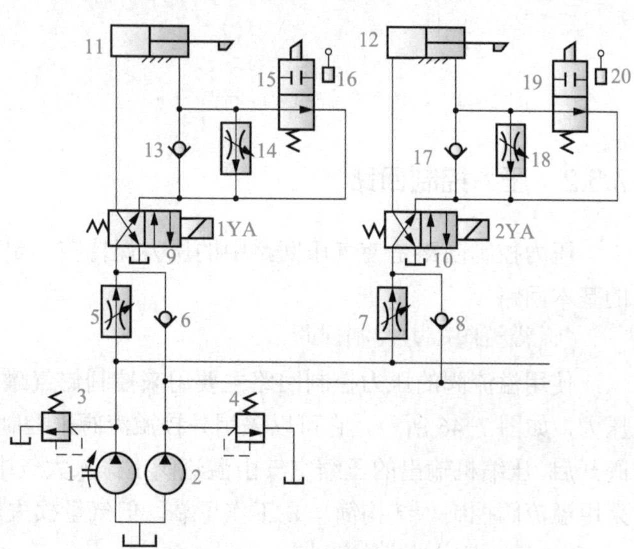

图 7-43　多缸工作时互不干涉回路

动画

在这个回路中，调速阀 5、7 调节的流量大于调速阀 14、18 调节的流量，这样两液压缸工作进给的速度分别由调速阀 14、18 决定。实际上，这种回路由于快速运动和慢速运动各由一个液压泵分别供油，所以能够达到两液压缸的快、慢运动互不干扰。

7.5 气动基本回路

与液压系统类似，复杂的气动系统也都是由各种气动基本回路通过不同组合构成的，气动基本回路是指由气动元件组成的，完成特定功能的回路。学习和掌握各种气动基本回路，是分析和设计复杂气动实用系统的基础。

7.5.1 方向控制回路

1. 单作用气缸的换向回路

图 7-44 为采用二位三通阀控制的换向回路，当有气控信号时，换向阀右位接通，气缸活塞杆伸出工作。一旦气控信号消失，换向阀则自动复位，活塞杆在弹簧力作用下缩回。

2. 双作用气缸的换向回路

图 7-45（a）所示为采用二位五通气动换向阀的换向回路，气控阀左右两端控制气路分别供气，控制气缸活塞的左右运动，但不允许两端控制气路同时供等压控制气体。图 7-45（b）为采用 O 形中位机能的三位五通气动换向阀的换向回路，它适用于活塞在行程中途停止的情况，但因气体的可压缩性，活塞停止的位置精度较差，且回路及阀内不允许有泄漏。

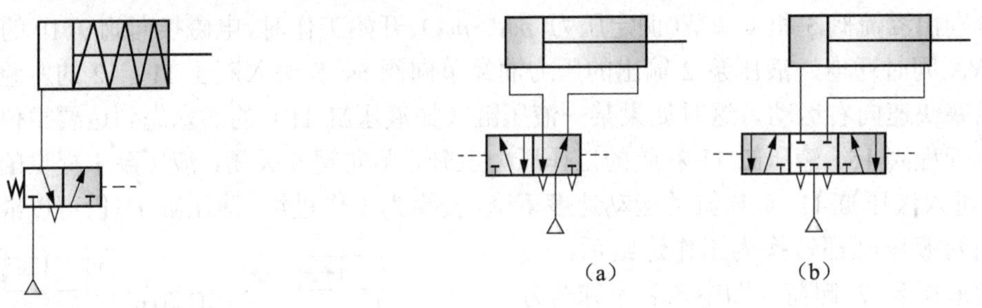

图 7-44 单作用气缸的换向回路

图 7-45 双作用气缸的换向回路

7.5.2 压力控制回路

压力控制回路是使气压回路中的压力保持在一定范围内，或使回路得到高、低不同压力的基本回路。

1. 溢流阀压力控制回路

使用溢流阀的压力控制回路主要用来控制储气罐内的压力，使它不超过储气罐所设定的压力，如图 7-46 所示，它可以采用外控溢流阀来控制，若储气罐内压力超过规定值时，溢流阀开启，压缩机输出的压缩空气由溢流阀 1 排入大气中，使储气罐内压力保持在规定范围内。采用溢流阀控制，结构简单、工作可靠，但气量损失较大。

2. 减压阀压力控制回路

减压阀压力控制回路主要是对气动控制系统的气源压力进行控制。图 7-47 所示为气缸、气动马达系统气源常用的压力控制回路。输出压力的大小由溢流式减压阀调整。在此回路中，分水滤气器、减压阀、油雾器构成气动三联件。

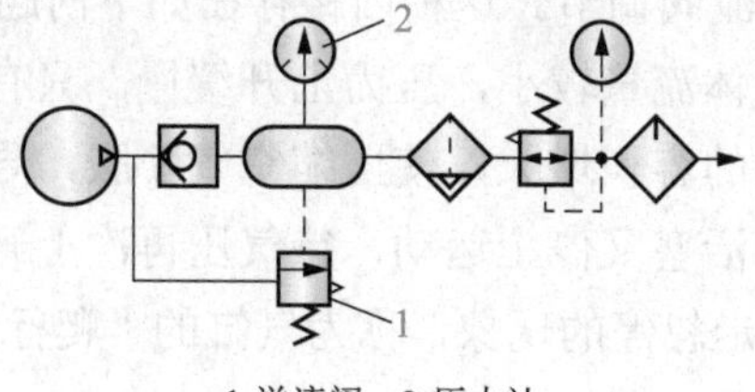

图 7-46　溢流阀压力控制回路

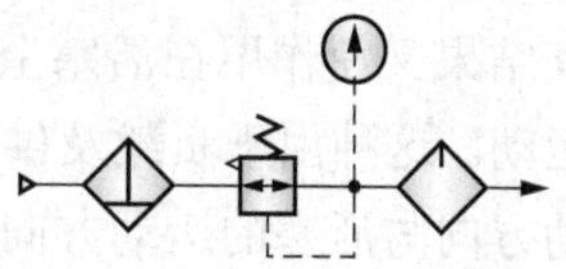

图 7-47　减压阀压力控制回路

3. 高低压转换回路

在实际应用中，有些气动控制系统需要有高、低压力的选择。图 7-48（a）所示为高低压转换回路，该回路由两个减压阀分别调出 p_1、p_2 两种不同的压力，气动系统能得到所需要的高压和低压输出，该回路适用于负载差别较大的场合。图 7-48（b）所示为利用两个减压阀和一个换向阀构成的高低压力 p_1 和 p_2 的自动换向回路，可分别输出高压和低压。

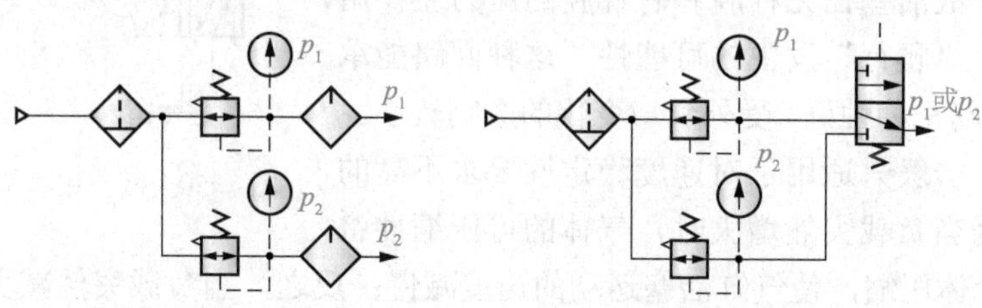

图 7-48　高低压转换回路

7.5.3　速度控制回路

速度控制回路的作用在于调节或改变执行元件的工作速度。

1. 单作用气缸速度控制回路

图 7-49 所示为单作用气缸速度控制回路，活塞两个方向的运动速度分别由两个单向节流阀调节。在图 7-49（a）中，活塞杆伸出、缩回均通过节流阀调速，两个反向安装的单向节流阀可分别实现进气节流和排气节流，从而控制活塞杆伸出和缩回的速度。在图 7-49（b）所示的回路中，气缸上升时可调速，下降时则通过并快速排气阀排气并快速返回。该回路的运动平稳性和速度刚度都较差，易受外负载变化的影响，适用于对速度稳定性要求不高的场合。

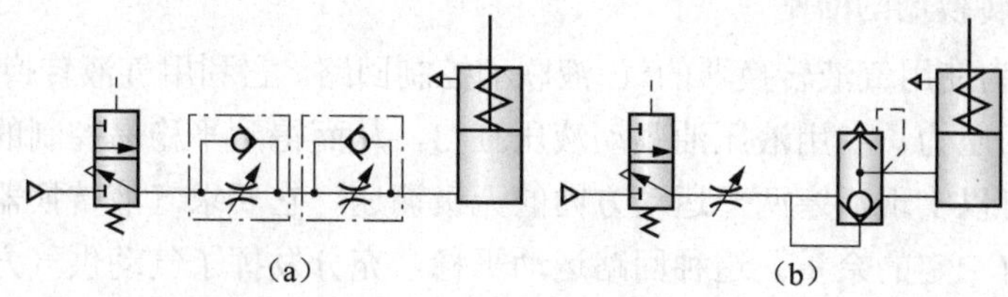

图 7-49　单作用气缸速度控制回路

2. 双作用气缸速度控制回路

双作用气缸有进气节流和排气节流两种调速方式。图 7-50（a）所示为采用单向节流阀的进气节流调速回路，活塞的运动速度靠进气侧单向节流阀调节。这种回路存在如下问题：

（1）当节流阀开口较小时，由于进入无杆腔的气体流量较小，压力上升缓慢。只有当气体压力达到能克服外负载时，活塞开始运动，无杆腔的容积增大，使压缩空气膨胀，导致气压下降，其结果又使作用在活塞上的力小于外负载，活塞又停止运动，待气压再次上升时，活塞再次运动。这种由于负载及供气的原因使活塞忽走忽停的现象，称为气缸的“爬行”。当负载的运动方向与活塞的运动方向相反时，活塞易出现“爬行”现象。

（2）当负载方向与活塞的运动方向一致时，由于有杆腔的排气直接经换向阀快排，几乎无任何阻尼，此时负载易产生“跑空”现象，使气缸失去控制。进气节流调速回路承载能力大，但不能承受负值负载，且运动的平稳性差，受外负载变化的影响较大。因此，进气节流调速回路的应用受到了限制。

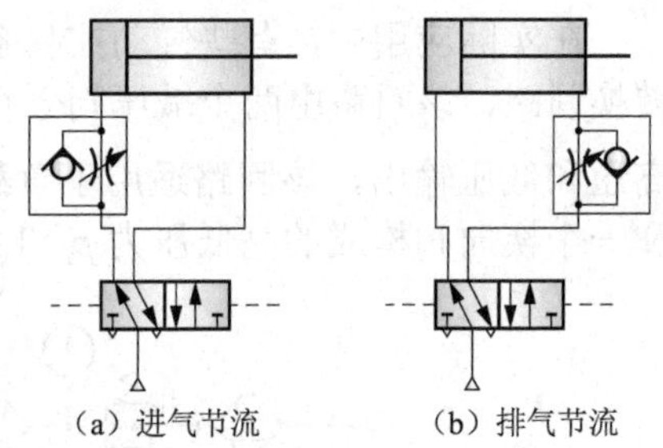

图 7-50　双作用气缸单向调速回路

图 7-50（b）所示为采用单向节流阀的排气节流调速回路，调节排气侧的节流阀开度，可以控制不同的排气速度，从而控制活塞的运动速度。由于有杆腔存在一定的气体背压力，故活塞在无杆腔和有杆腔的压力差作用下运动，减少了“爬行”发生的可能性。这种回路能承受负值负载，运动平稳性好，受外负载变化的影响较小。上述调速回路，一般只适用于对速度稳定性要求不高的场合。这是因为当负载突然增大时，气体的可压缩性将迫使气缸内的气体压缩，使气缸活塞运动的速度减慢；反之，当负载突然减少时，又会使气缸内的气体膨胀，使活塞运动速度加快，此现象称为气缸的“自行走”。故当要求气缸具有准确平稳的运动速度时，特别是在负载变化较大的场合，就需要采用其他调速方式来改善其调速性能，一般常用气液联动的调速方式。

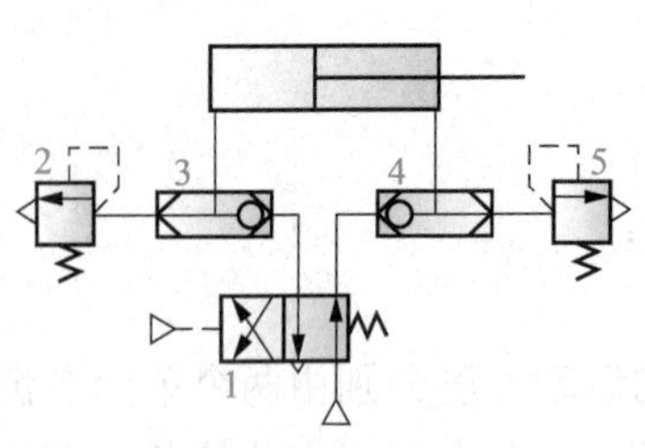

图 7-51　快速往返回路

动画

3. 快速往返回路

图 7-51 所示为快速往返回路。主阀 1 控制活塞杆的伸出与缩回，在快速排气阀 3 和 4 的后面装有溢流阀 2 和 5，当气缸通过排气阀排气时，溢流阀成为背压阀，增加了运动的平稳性。

7.5.4　气-液联动控制回路

1. 使用气液转换器的回路

图 7-52 所示为使用气液转换器的气-液联动控制回路。它利用气液转换器 1、2 将气体的压力转变成液体的压力，利用液压油驱动液压缸 3，从而得到平稳易控制的活塞运动；调节节流阀的开度，可以实现活塞两个运动方向的无级调速。它要求气液转换器的贮油量大于液压缸的容积，并有一定的余量。这种回路运动平稳，充分发挥了气动供气方便和液压速度易控制的特点，但气、液之间要求密封性好，以防止空气混入液压油中，保证运动速度的稳定。

2. 使用气液阻尼缸的回路

图 7-53（a）所示的气液阻尼缸控制回路为慢进快退回路。改变单向节流阀的开度，即可控制活塞的前进速度；活塞返回时，气液阻尼缸中液压缸的无杆腔的油液通过单向阀快速流入有杆腔，故返回速度较快，高位油箱起到补充泄漏油液的作用。图 7-53（b）所示为能实现机床工作循环中常用的“快进→工进→快退”的动作。当有 K_2 信号时，五通阀换向，活塞向左前进；当活塞将 a 口关闭时，液压缸无杆腔中的油液被迫从 b 口经节流阀进入有杆腔，活塞工作进给；当 K_2 消失，由 K_1 输入信号时，五通阀换向，活塞向右快速返回。

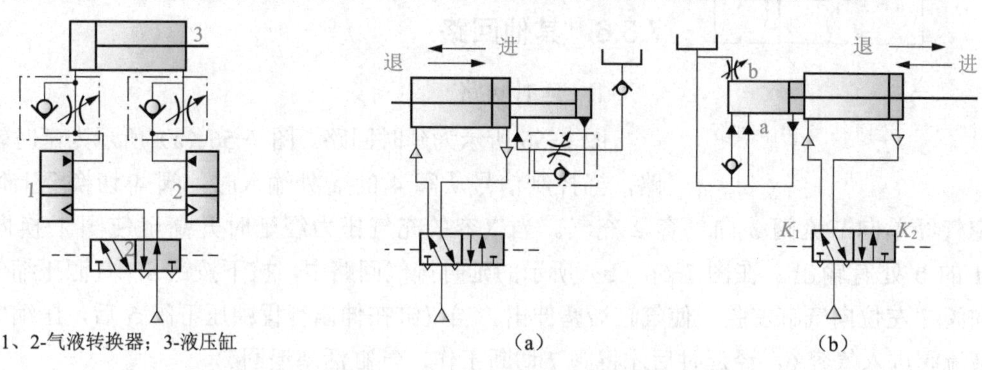

图 7-52　气液转换器控制回路

图 7-53　气液阻尼缸的控制回路

7.5.5　往复运动控制回路

气动系统中，各执行元件按一定程序完成各自的动作，一般可分为单往复和连续往复动作回路及多往复顺序动作回路等。

1. 单缸单往复动作回路

图 7-54 所示为 3 种单往复动作回路。图 7-54（a）所示为行程阀控制的单往复回路，每按动一次手动阀 1，气缸往复动作一次。图 7-54（b）所示为压力控制的单往复动作回路，按动阀 1，使阀 3 至左位，气缸活塞伸出至行程终点，气压升高，打开顺序阀 2，使阀 3 换向，气缸返回，完成一次往复动作循环。图 7-54（c）所示为延时复位的单往复回路。按动阀 1，阀 3 换向，气缸活塞伸出，压下行程阀 2 后，需经一段时间延迟，待气源对气容充气后，主控阀才换向，使活塞返回，完成一次动作循环。这种回路结构简单，可用于活塞到达行程终点时需要有短暂停留的场合。

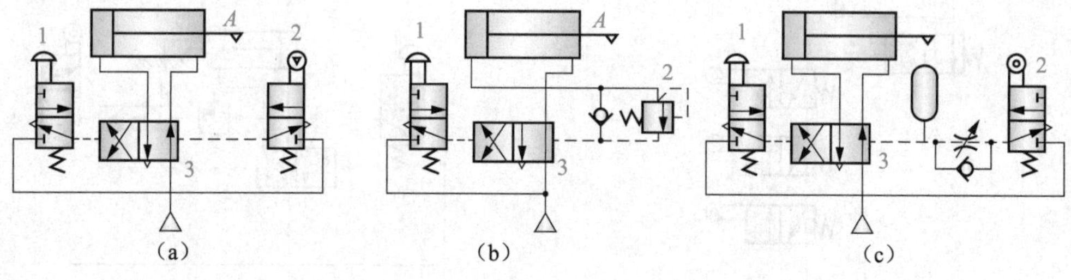

图 7-54　单往复控制回路

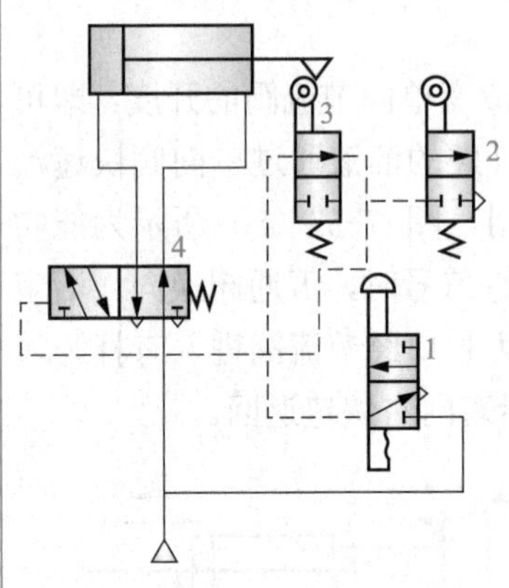

图 7-55 连续往复动作回路

2. 连续往复动作回路

图 7-55 所示为连续往复动作回路。按下阀按钮 1，阀 4 左位换向，气缸活塞伸出。阀 3 复位，阀 4 控制气路被封闭，使阀 4 不能复位。当活塞伸出至挡块压下行程阀 2 时，使阀 4 的控制气路排气，在弹簧作用下阀 4 复位，活塞返回。当活塞返回至终点挡块压下行程阀 3 时，阀 4 换向，气缸将继续重复上述循环动作，断开阀 1，方可结束往复循环动作。

7.5.6 其他回路

1. 延时回路

图 7-56 所示为延时回路。图 7-56（a）所示为延时输出回路，当控制信号从阀 4 的 a 处输入时，阀 4 切换至上位，压缩空气经单向节流阀 3 向气容 2 充气。当气容的充气压力经延时升高至使阀 1 换向时，阀 1 的 b 处有输出。在图 7-56（b）所示的延时排气回路中，按下按钮 8，气源压缩气体经换向阀 7 左位向气缸左腔，使气缸活塞伸出。当气缸在伸出行程中压下阀 5 后，压缩空气又经节流阀进入气容 6，经延时后才将阀 7 切断工作，气缸活塞退回。

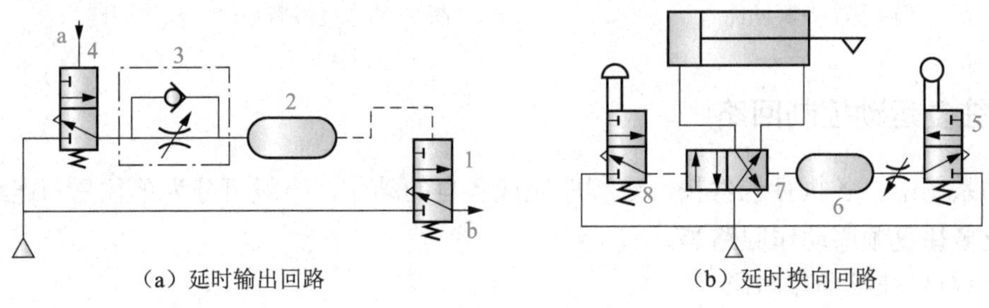

（a）延时输出回路　（b）延时换向回路

图 7-56 延时回路

2. 安全保护回路

图 7-57 所示为互锁回路。换向阀 1 的换向受 3 个串联行程阀 2、3、4 的控制，只有当 3 个阀都接通后，换向阀 1 才能换向，气缸才能动作。

图 7-58 所示为气缸过载保护回路，当活塞杆在伸出途中，遇到偶然故障或其他原因使气缸

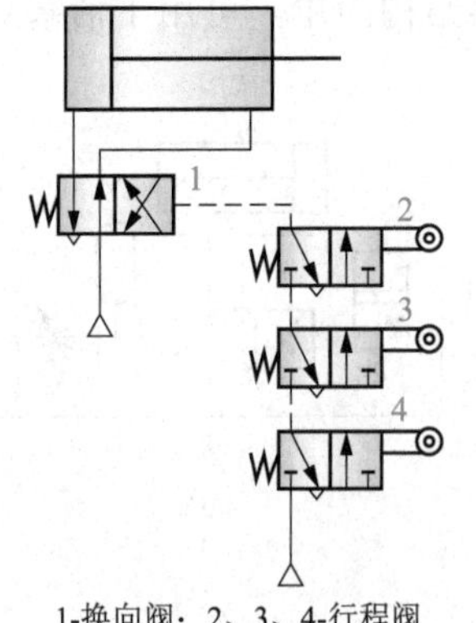

1-换向阀；2、3、4-行程阀

图 7-57 互锁回路

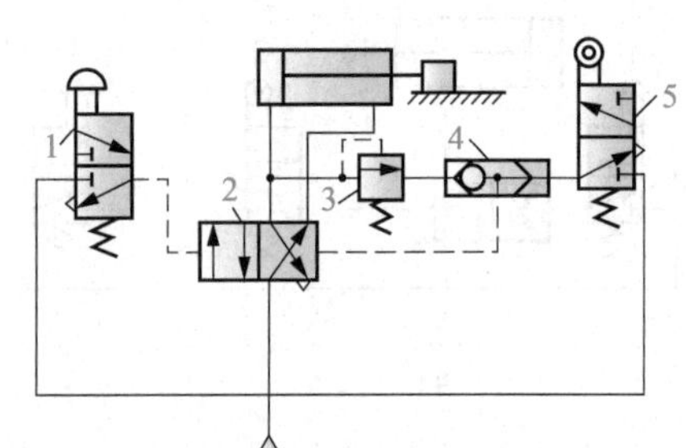

1-手动阀；2-主控阀；3-顺序阀；4-梭阀；5-行程阀

图 7-58 过载保护回路

过载时，活塞能立即缩回，实现过载保护。当正常工作时，按下阀 1，使阀 2 换向至左位，气缸活塞右行压下行程阀 5，使阀 2 切换至右位，活塞退回。当气缸活塞右行时，若偶遇故障，使气缸左腔压力升高超过预定值时，顺序阀 3 打开，使控制气体经梭阀 4 将主阀 2 切换至右位，活塞杆退回，就可防止系统过载。

图 7-59 所示为双手操作安全回路。在图 7-59（a）中，阀 1 和阀 2 是“与”逻辑关系，当同时按下阀 1、2 时，主阀 3 才能换向，活塞才能下行。图 7-59（b）中，气源向气容 3 充气，工作时需要双手同时按下阀 1、2，气容 3 中的压缩空气才能经阀 2 及节流器 5 使主阀 4 换向，活塞才能下行完成冲压、锻压等工作。若不能同时按下阀 1 和 2，气容 3 会经阀 1 或阀 2 与大气相接通而排气，不能建立起控制气体的压力，阀 4 不能换向，活塞就不会下落，这样就可起到安全保护作用。

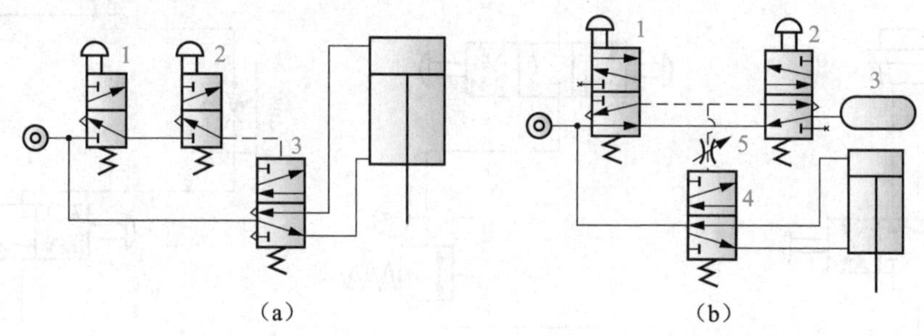

图 7-59　双手操作安全回路

7.6　工程应用案例：气动移门

在下面气动移门的实例中可以看到基本回路选用及设计在现实中的应用。

移门在生产设备和生活设施上经常见到。在生活中，家用移门一般为手动的，工业生产设备和设施中的移门有一些是液压或气压驱动的，在学完液压与气压传动基本回路这部分内容后，就可以应用前面的液压气动元件和基本回路的知识，进行液压气压传动的实际系统设计。例如，需要设计如图 7-60 所示的“气动移门”，要求运用前面课程内容设计出具体系统原理图，并实现如下要求：

（1）实现门的开关；

（2）实现开关门的力可调；

（3）实现开关门的速度可调。

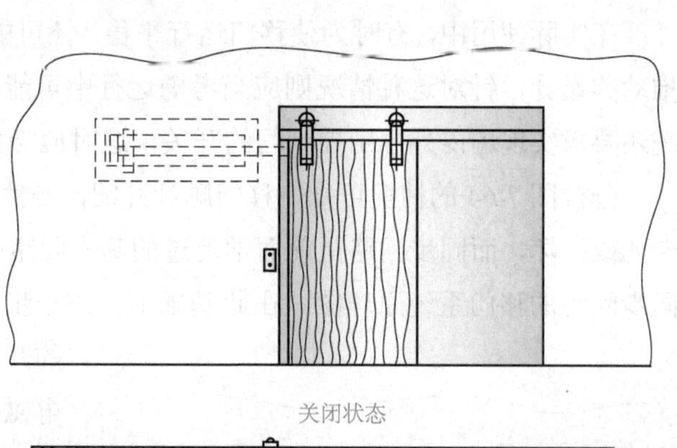

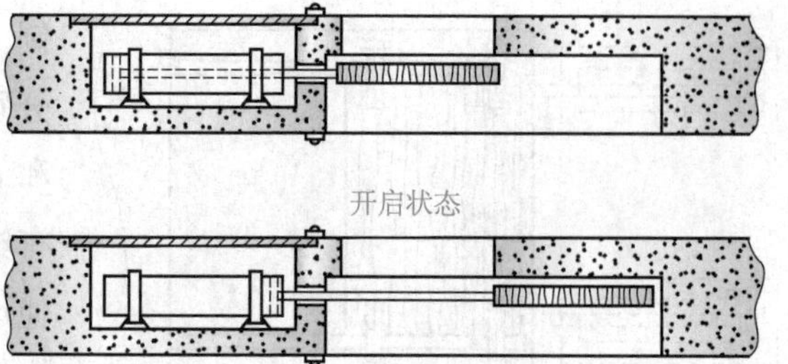

图 7-60　气动移门原理图

分析以上要求可知，其分别对应着 3 种气动基本回路，要实现气动移门的开关，需要使用一个前面学到的方向控制回路，于是其选择如图 7-61 所示，采用三位四通换向阀和双作用气缸组成的换向回路，换向阀的控制方式可以根据实际使用情况选取手动控制、电磁控制或其他控制方式。要实现气动移门的开关力的可调，需要使用前面学到的压力控制基本回路，于是其选择如图 7-62 所示，采用减压阀的压力控制回路。要实现气动移门的开关速度可调，则需要使用前面学到的速度控制回路，速度控制基本回路实现的方式比较多，对于一般应用，可以选择如图 7-63 所示的采用单向节流阀的速度控制回路。

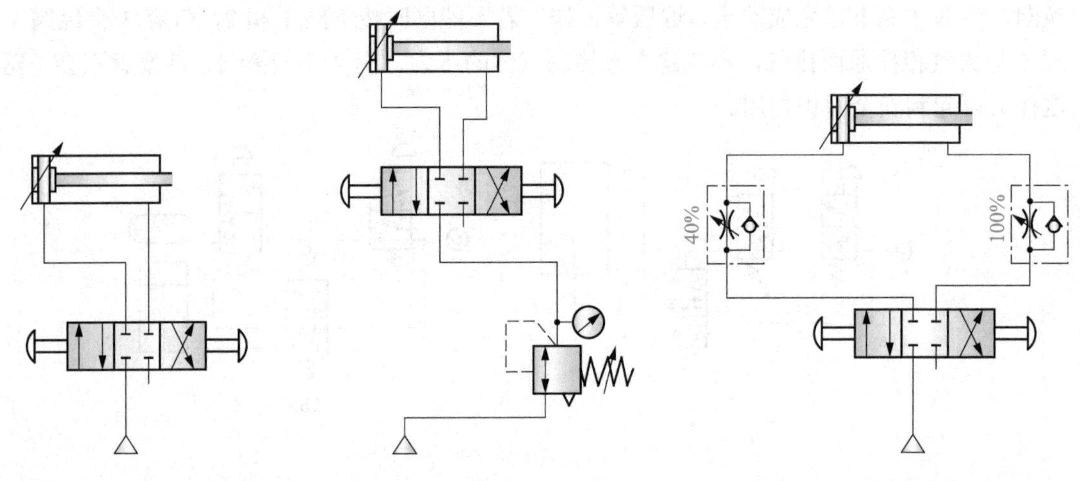

图 7-61　方向控制回路　　图 7-62　压力控制回路　　图 7-63　速度控制回路

这样对应各个单独的要求，相应的基本回路选择确定后，将这 3 个基本回路合并，就可以得到同时满足上面这些要求的气动移门系统的气压传动系统原理图。

在实际使用中，有时为使移门运行平稳，还可能采用如图 7-64 所示的上下两个气缸共同推动的设计，针对这种情况则应当考虑运行中可能会出现的问题，该如何解决，以及假如系统还要求实现墙内外分别控制门的开关，这时应当如何设计相应的气动系统原理图。

分析图 7-64 的情况可知，移门顺利开闭，必然要求上下气缸同步运行，否则移门有可能卡死或损坏，而同步回路是前面学习过的基本回路中的一种，这样可以很自然地给出图 7-65 同步回路的移门系统原理图。在此基础上，进一步考虑如何实现在墙内和墙外分别控制移门的开关，实现方式也有多种，如采用气动控制、电磁控制或其他控制方式。这里以气控方式为例，给出原理图如图 7-66 所示，以实现墙内外分别控制移门的开关。在图 7-66 中，a、b、c 和 d 四个二位三通换向阀，其换向控制方式没有给出，可以是电磁的、也可以是手动的或其他形式，当 a 或 b 换位时，通过梭阀控制主换向阀换到左位，使气缸伸出（关门），反之，c 和 d 控制气缸缩回（开门），如果把 a 和 c 装在

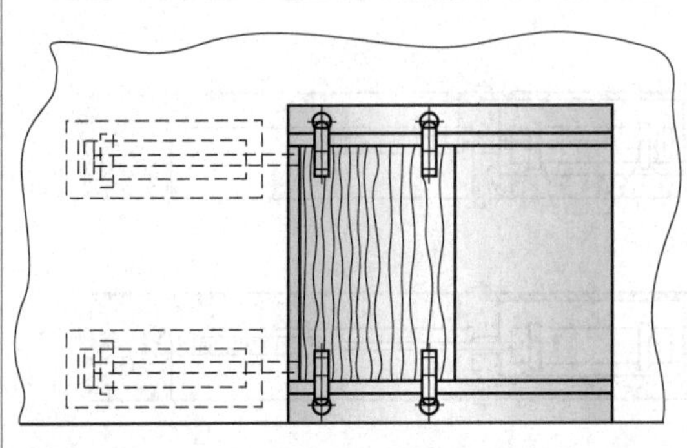

图 7-64　双气缸气动移门原理图

墙外，b 和 d 装在墙内，就能分别实现在墙内外控制移门的开关。当然这只是其中一种方案，也可以将主换向阀的控制方式直接改为电磁控制，这样只要直接在墙内外装上控制电磁铁动作的电气开关就可以实现相应功能了。

图 7-66 所示的气动移门系统原理图，没有使用同步回路，如果需要可以很方便地将同步回路综合到这个原理图中，另外，也可以将前面学的其他回路添加到系统原理图中，对系统功能进行扩充。例如，为避免关门时挤伤人，可以添加气动安全回路，使移门在关闭时碰到异物，能够自动返回，避免事故发生。

由以上实例可知，液压及气动基本回路的选用和设计组合，是设计复杂系统的基础。一个液压或气动系统，不论其多么庞大或复杂，通过功能分析和系统分解，可以看出其最终还是由前面学习过的基本回路通过不同的方式组合而成的，所以熟练掌握液压和气动基本回路的类型和工作原理，是运用其设计实际系统和解决复杂问题的基础。

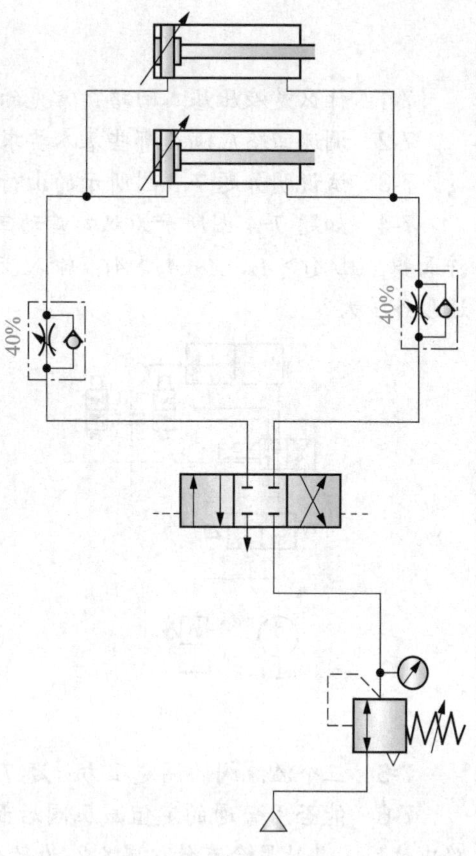

图 7-65　同步回路

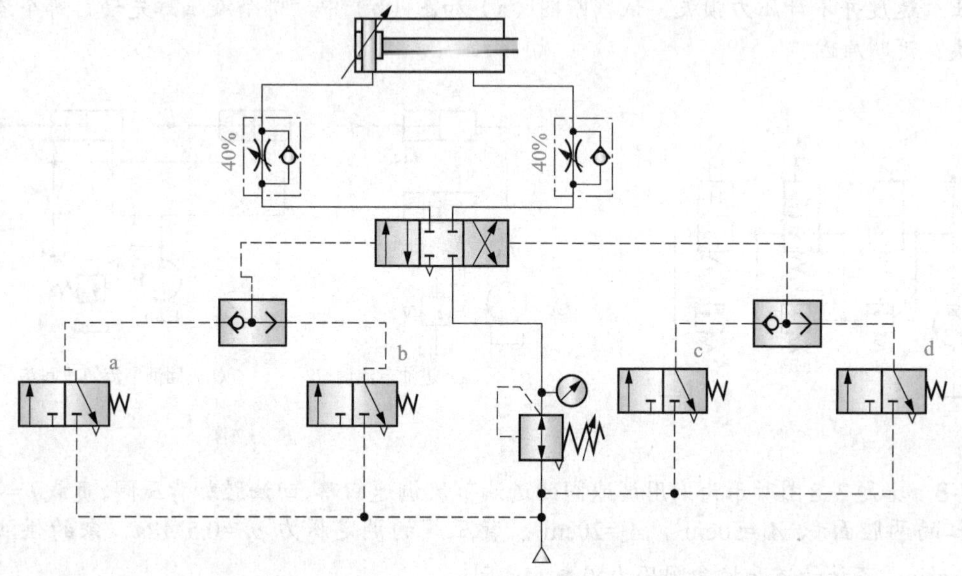

图 7-66　气动移门系统原理图

练习题

7-1 什么是液压基本回路？常见的液压基本回路有几类？各起什么作用？

7-2 调速回路应满足哪些基本要求？什么是容积节流调速回路？有何特点？

7-3 试说明如题 7-3 图所示的由行程阀与液动阀组成的自动换向回路的工作原理。

7-4 如题 7-4 图所示为双向差动回路。A_1、A_2 和 A_3 分别为液压缸左右腔和柱塞缸的工作面积，且 $A_1>A_2$，$A_2+A_3>A_1$，输入流量为 q。试问图示状态液压缸的运动方向及正、反向速度各多大？

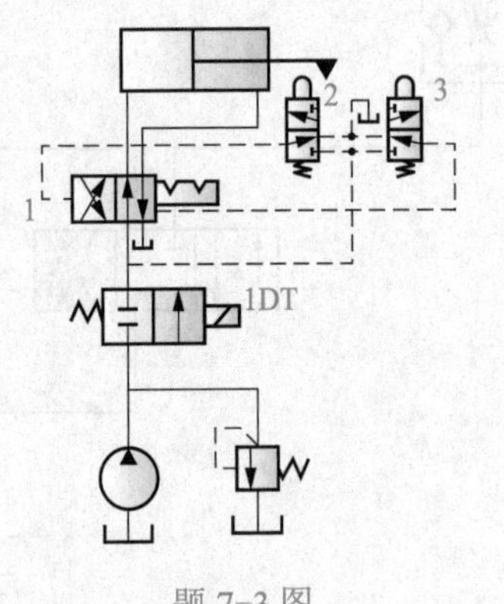

题 7-3 图

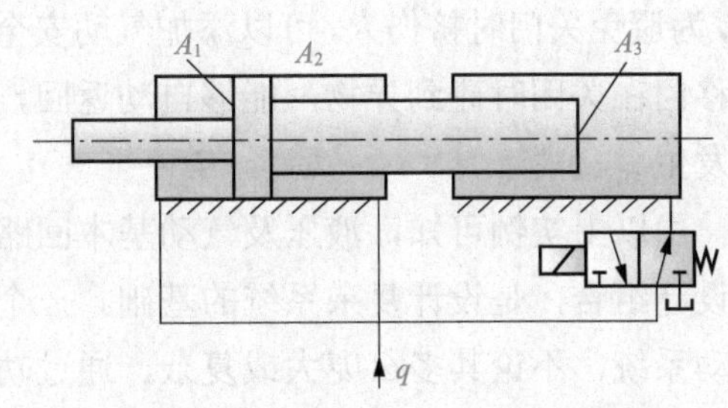

题 7-4 图

7-5 三个溢流阀的调定压力如题 7-5 图所示。试问泵的供油压力有几级？数值各多大？

7-6 能否用普通的定值减压阀后面串联节流阀来代替调速阀工作？在三种节流调速回路中试用，其结果会有什么差别？为什么？

7-7 如题 7-7 图所示，A、B 为完全相同的两个液压缸，负载 $F_1>F_2$。已知节流阀能调节液压缸速度并不计压力损失。试判断图（a）和图（b）中，哪个液压缸先动？哪个液压缸速度快？说明原因。

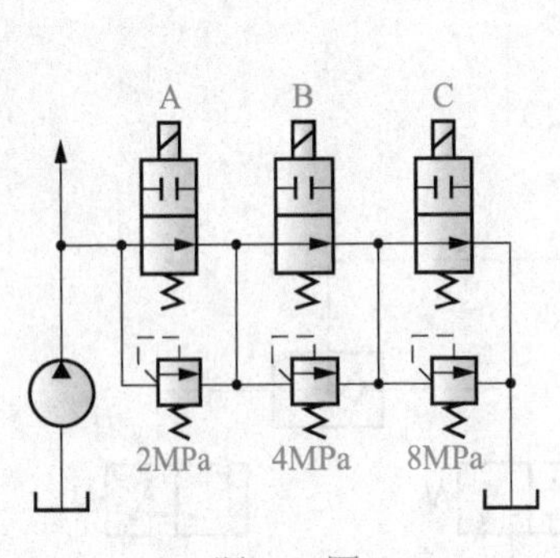

题 7-5 图

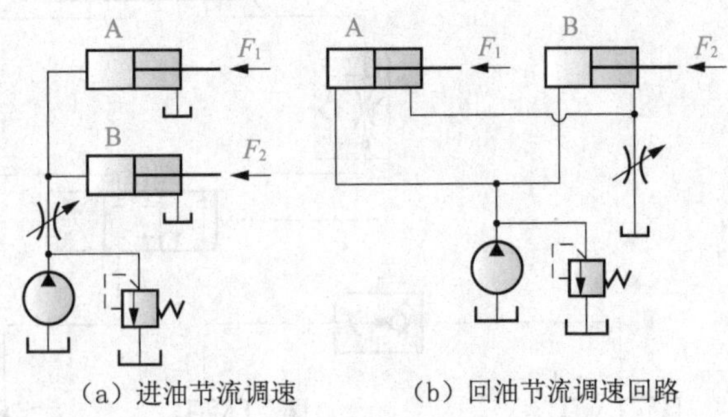

（a）进油节流调速　　（b）回油节流调速回路

题 7-7 图

7-8 如题 7-8 图所示为采用调速阀的进油节流调速回路，回油腔加背压阀。负载 F=9000N。液压缸的两腔面积 A_1=50cm^2，A_2=20cm^2。背压阀的调定压力 p_b=0.5MPa。泵的供油流量 q=30L/min。不计管道和换向阀压力损失。试问：

（1）欲使液压缸速恒定。不计调压偏差，溢流阀最小调定压力 p_y 多大？

（2）卸荷时能量损失多大？

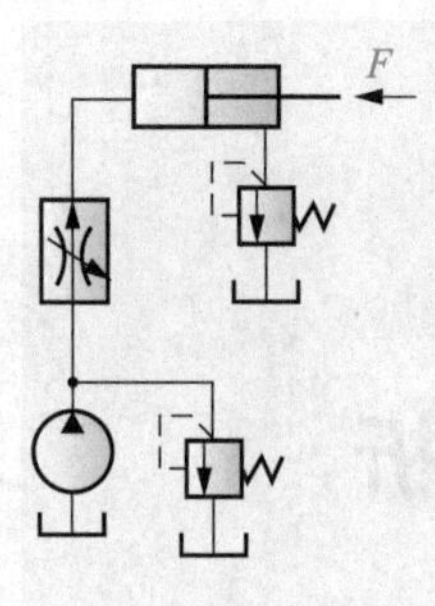

题 7-8 图

（3）背压若增加 Δp_b，溢流阀定压力的增量 Δp_y 应有多大？

7-9　试说明如题 7-9 图示的容积调速回路中单向阀 A 和 B 的功用。在液压缸正反向移动时，为向系统提供过载保护，安全阀应如何连接？试作图表示之。

7-10　如题 7-10 图所示为液压回路，限压式变量叶片泵调定后的流量压力特性曲线如右图示，调速阀调定的流量为 2.5L/min，液压缸两腔的有效面积 $A_1=2A_2=50\text{cm}^2$，不计管路损失，试求：

（1）液缸的左腔压力 p_1；

（2）当负载 $F=0$ 和 $F=9000\text{N}$ 时的右腔压力 p_2；

（3）设泵的总效率为 0.75，求系统的总效率。

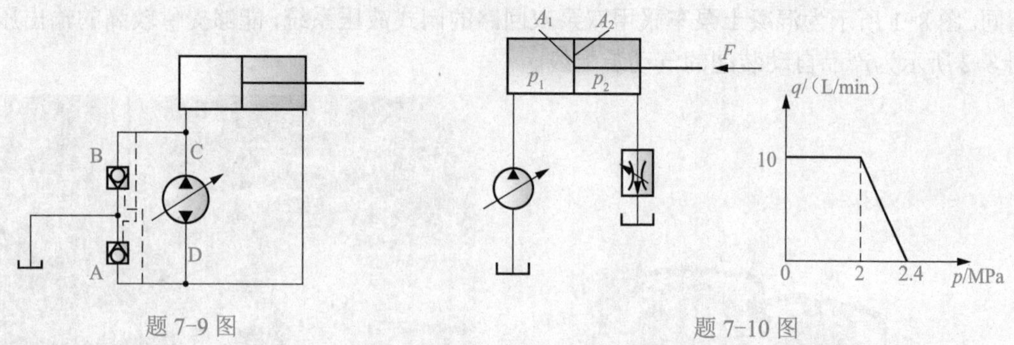

题 7-9 图　　题 7-10 图

7-11　试分析如题 7-11 图示行程阀控制的连续往复动作回路的工作情况。

7-12　试分析如题 7-12 图所示的在 3 个不同场合均可操作气缸的气动回路工作情况。

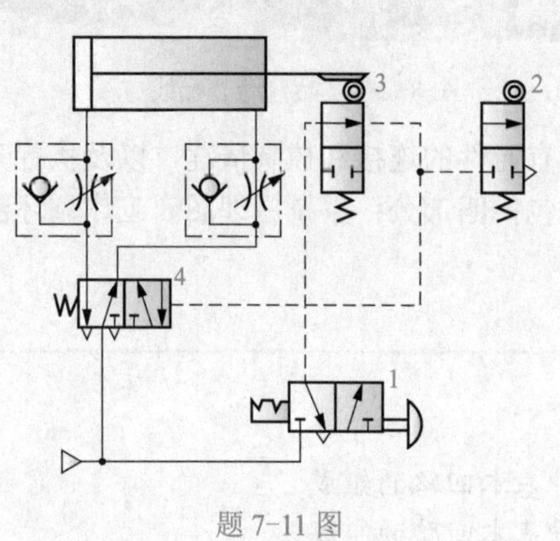

题 7-11 图

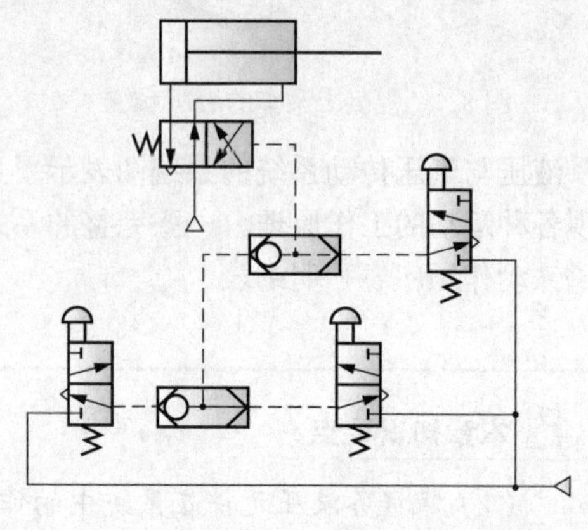

题 7-12 图

第8章 典型液压与气压传动系统分析

通常机械设备中的液压与气压传动部分称为液压与气压传动系统。由于液压系统与气动系统所服务主机的工作循环、动作特点等各不相同，相应各系统的组成、作用和特点也不尽相同。图 8-1 所示为混凝土泵车采用双泵双回路的闭式液压系统，能够提供较高的输出压力。图 8-2 所示为产品自动装配的气动装配线。

图 8-1 混凝土泵车的液压系统

图 8-2 产品自动装配线

液压与气压传动系统的系统图表示了系统内所有元件的连接和控制情况，以及执行元件实现各种运动的工作原理。一张完整的系统图主要包括四部分：系统原理图、工作循环图、电磁铁动作顺序表和明细表。

本章知识要点

（1）掌握各液压元件在系统中的作用和各种基本回路的组成；

（2）掌握各气压元件在系统中的作用和各种基本回路的组成；

（3）掌握分析液压与气压系统的方法和步骤。

兴趣实践

观察挖掘机工作过程，试分析其液压系统组成。

预习准备

预先复习以前学过的液压基本回路、气动基本回路及常用液压与气动元件。

阅读一个复杂的液压、气动系统图，大致可按以下步骤进行：

（1）了解机械设备的功用、设备工况对液压、气动系统的要求以及设备的工作循环。

（2）初步阅读液压、气动系统图，了解系统中包含哪些元件。以执行元件为中心，将系统分解为若干个子系统，如主系统、进给系统等。

（3）逐步分析各种子系统，了解系统由哪些基本回路组成，各个元件的功用及其相互间的关系。根据运动工作循环和动作要求，参照电磁铁动作顺序表和有关资料等，读懂液压、气动系统，搞清液流、气流的流动路线。

（4）根据系统中对各执行元件间的互锁、同步、防干扰等要求，分析各个子系统之间的联系以及如何实现这些要求。

（5）在全面读懂系统图的基础上，根据系统所使用的基本回路的性能，对系统做出综合分析，归纳总结出整个系统的特点，以加深对系统的理解，为系统的调整、维护、使用打下基础。

本章通过对典型液压系统和气动系统的分析，进一步熟悉各液压元件及气压元件在系统中的作用和各种基本回路的组成，并掌握分析液压系统及气压系统的方法和步骤，进一步加深对各种元件和回路的理解，增强综合应用能力，掌握液压、气动系统的调整、维护和故障分析方法。

8.1　组合机床动力滑台液压传动系统分析

组合机床是一种高效率的机械加工专用机床，由通用部件和专用部件组成，加工范围较宽，自动化程度较高，在机械制造业的批量生产中得到了广泛的应用。图 8-3 所示为由组合机床组成的回转式加工生产线，图 8-4 所示为双面加工组合机床，图 8-5 所示为单面加工组合机床。

图 8-3　由组合机床组成的回转式加工生产线

动力滑台是组合机床上用来实现进给运动的通用部件，根据加工需要，滑台上可以配置不同用途的主轴头或动力箱和多轴箱，以完成钻、镗、铣、倒角、攻螺纹等加工和工件的转位、定位、夹紧、输送等动作。动力滑台有机械动力滑台和液压动力滑台之分。液压动力滑台是靠液压缸驱动，在电气和机械装置的配合下可实现各种自动工作循环。它对液压系统性能的要求是速度换接平稳，进给速度稳定，功率利用合理，效率高，发热少。

图 8-4　双面加工组合机床

图 8-5　单面加工组合机床

图 8-6 所示为 YT4543 型组合机床液压动力滑台的液压系统，该系统要求进给速度范围为 6.6～600mm/min，最大进给力为 4.5×10^4N。该系统采用限压式变量叶片泵供油，电液动换向阀换向，快进由液压缸差动连接实现，用行程阀实现快进与工进的转换，用二位二通电磁换向阀实现两个工进速度之间的转换，为保证进给的尺寸精度，采用了死挡铁停留来限位。

动画

动画

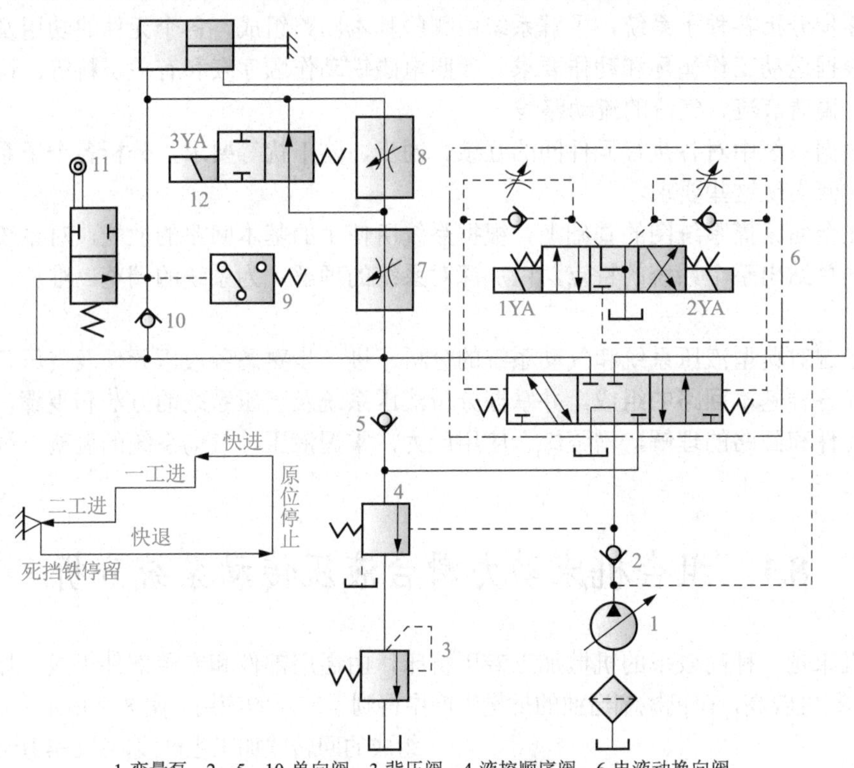

1-变量泵；2、5、10-单向阀；3-背压阀；4-液控顺序阀；6-电液动换向阀；7、8-调速阀；9-压力继电器；11-行程阀；12-电磁阀

图 8-6 YT4543 型组合机床液压动力滑台的液压系统

该液压系统可实现多种自动工作循环，各自动循环均由挡铁控制电磁铁和行程阀的动作顺序来实现。

8.1.1 组合机床动力滑台液压传动系统工作原理

这里以典型二次工作进给（并有死挡块停留）的自动工作循环为例，说明 YT4543 型组合机床动力滑台的液压系统工作原理。

1．快进

按下启动按钮，使电磁铁 1YA 得电吸合，先导电磁阀左位接入系统，限压式变量叶片泵 1 输出的压力油经先导电磁阀进入液动换向阀的左腔，液动换向阀的右腔回油经节流器和先导电磁阀的左位回油箱。液动换向阀左位接入系统工作，其油路如下：

进油路：过滤器→变量泵 1→单向阀 2→液动换向阀 6 左位→行程阀 11 下位→液压缸左腔。

回油路：液压缸右腔→液动换向阀 6 左位→单向阀 5→行程阀 11→液压缸左腔。

由于动力滑台空载，系统工作压力低，使液控顺序阀 4 关闭，液压缸实现差动连接，根据限压式变量叶片泵的特性，这时泵有最大流量，所以滑台向左快进。

2. 第一次工作进给

当快进到指定位置时，滑台上的行程挡铁压下行程阀，工进开始，此时电磁铁 3YA 处于断电状态，压力油只能经调速阀 7 和电磁阀 12 右位进入液压缸左腔，由于调速阀 7 接入使系统压力升高，液控顺序阀 4 被打开，限压式变量叶片泵的流量减少，与调速阀 7 所通过流量相同；液压缸右腔的油液通过液控顺序阀 4、背压阀 3 流回油箱。其油路如下：

进油路：过滤器→变量泵 1→单向阀 2→液动换向阀 6 左位→调速阀 7→电磁阀 12 右位→液压缸左腔。

回油路：液压缸右腔→液动换向阀 6 左位→液控顺序阀 4→背压阀 3→油箱。

3. 第二次工作进给

当第一次工作进给结束时，滑台上行程挡铁压下行程开关，发出电信号使电磁铁 3YA 得电，电磁阀 12 左位接入油路，压力油经调速阀 7 和 8 进入液压缸左腔。回油路和第一次工作进给相同。因调速阀 7 和 8 串联，调速阀 8 的开口要比调速阀 7 小，所以滑台的进给速度进一步减小。

4. 死挡铁停留

当滑台完成第二次工作进给碰上死挡铁时，滑台停止运动，液压缸左腔压力升高，当压力升高到压力继电器 9 的调定值时，压力继电器发出信号给时间继电器，使滑台在死挡铁停留一定时间后再开始下一动作。设置滑台死挡铁停留可满足加工零件的轴肩孔深及孔端面的轴向尺寸精度和表面粗糙度要求，此时变量泵供油压力升高、流量减少，泵的流量仅需满足补偿泵和系统的泄漏量，此时系统处于保压和流量近似为零的状态。

5. 快退

滑台停留结束后，时间继电器发出滑台快退信号，使电磁铁 1YA 断电，2YA 通电，先导电磁阀右位接入系统，液动换向阀（主阀）也右位接入系统。因滑台快退时负载小系统压力低，使限压式变量叶片泵的流量自动恢复到最大，滑台快速退回，其油路如下：

进油路：过滤器→变量泵 1→单向阀 2→液动换向阀 6 右位→液压缸右腔。

回油路：液压缸左腔→单向阀 10→液动换向阀 6 右位→油箱。

6. 原位停止

滑台快速退回到原位，挡块压下行程开关，使电磁铁 1YA、2YA 和 3YA 全部断电，电液动换向阀 6（先导电磁阀 6 和液动换向阀 6）中位，滑台停止运动。此时泵输出的液压油经单向阀 2 和液动换向阀 6 中位流回油箱，在低压下卸荷（维持低压是为下次启动时能使液动换向阀 6 动作）。

表 8-1 给出了该系统电磁铁、压力继电器和行程阀的动作顺序表。

表 8-1　电磁铁、压力继电器和行程阀的动作顺序表

电磁铁、压力继电器、行程阀 / 动作	电磁铁			压力继电器 9	行程阀 11
	1YA	2YA	3YA		
快进（差动）	+	−	−	−	接通
第一次工进	+	−	−	−	切断
第二次工进	+	−	+	−	切断
死挡铁停留	+	−	+	+	切断
快退	−	+	−	−	切断→接通
原位停止	−	−	−	−	接通

8.1.2 组合机床动力滑台液压传动系统主要特点

YT4543 型液压动力滑台液压系统主要有以下特点：

（1）采用限压式变量叶片泵和调速阀组成的进口容积节流调速回路，并在回路中设置了背压阀，保证了系统调速范围大、低速稳定性好的要求，无溢流损失，系统效率较高。

（2）采用限压式变量叶片泵和油缸差动连接实现快进，可得较大的快进速度，且能量利用合理。滑台停止运动时，采用单向阀和 M 形中位机能换向阀串联的回路使泵在低压下卸荷，既减少能量损耗，又使控制油路保持一定的压力，以保证下一工作循环的顺利启动。

（3）采用行程阀和顺序阀实现快进与工进的换接，不仅简化了油路和电路，且动作可靠，转换的位置精度也比较高。两次工进速度的换接，由于速度比较低，采用由电磁阀切换的调速阀串联回路，既保证必要的转换精度，又使油路布局比较简单、灵活。采用死挡块作为限位装置，定位准确，重复精度高。

（4）系统采用了换向时间可调的电液换向阀切换主油路，使滑台的换向更加平稳，冲击和噪声小。同时，电液换向阀的五通结构使滑台进和退时分别从两条油路回油，这样滑台快退时系统没有背压，减少了压力损失。

总之，这个液压系统设计比较合理，它使用元件不多，却能完成较为复杂的半自动工作循环，且性能良好。

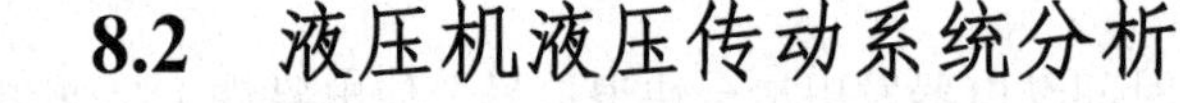

8.2 液压机液压传动系统分析

微课

液压机是用于加工金属、塑料、木材、皮革、橡胶等各种材料的压力加工机械，能完成锻压、冲压、折边、冷挤、校直、弯曲、成形、打包等多种工艺，具有压力和速度可大范围无级调整、可在任意位置输出全部功率和保持所需压力等许多优点，因此用途十分广泛。它也是最早应用液压传动的机械之一。图 8-7 所示为双动薄板冲压机外形，其为液压机的一种。

8.2.1 液压机液压传动系统工作原理

液压机的典型工作循环如图 8-8 所示。一般主缸的工作循环要求有“快进→减速接近工件及加压→保压延时→泄压→快速回程及保持活塞停留在行程的任意位置”等基本动作。当有辅助缸时，如需顶料，则顶料缸的动作循环一般是“活塞上升→停止→向下退回”；薄板拉伸有时还需要压边缸将料压紧。

图 8-9 所示为双动薄板冲压机的液压系统，该机最大工作压力为 450kN，用于薄板的拉伸成形等冲压工艺。该液压系统采用恒功率变量柱塞泵供油，以满足低压快速行程和高压慢速行程的要求，最高工作压力由电磁溢流阀 4 的远程调压阀 3 调定，其工作原理如下。

（1）启动：按启动按钮，电磁铁全部处于失电状态，恒功率变量泵输出的油以很低的压力经电磁溢流阀 4 溢流回油箱，泵空载启动。

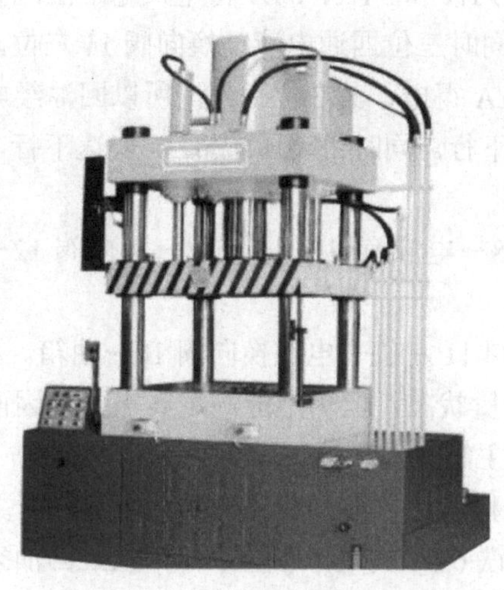
图 8-7　液压机外形图

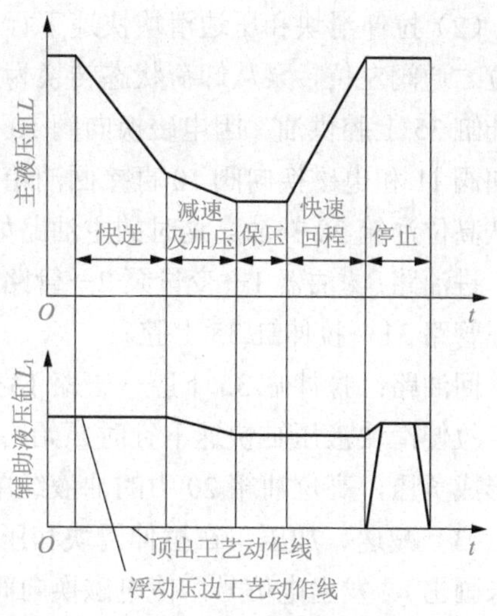

图 8-8　液压机的典型工作循环

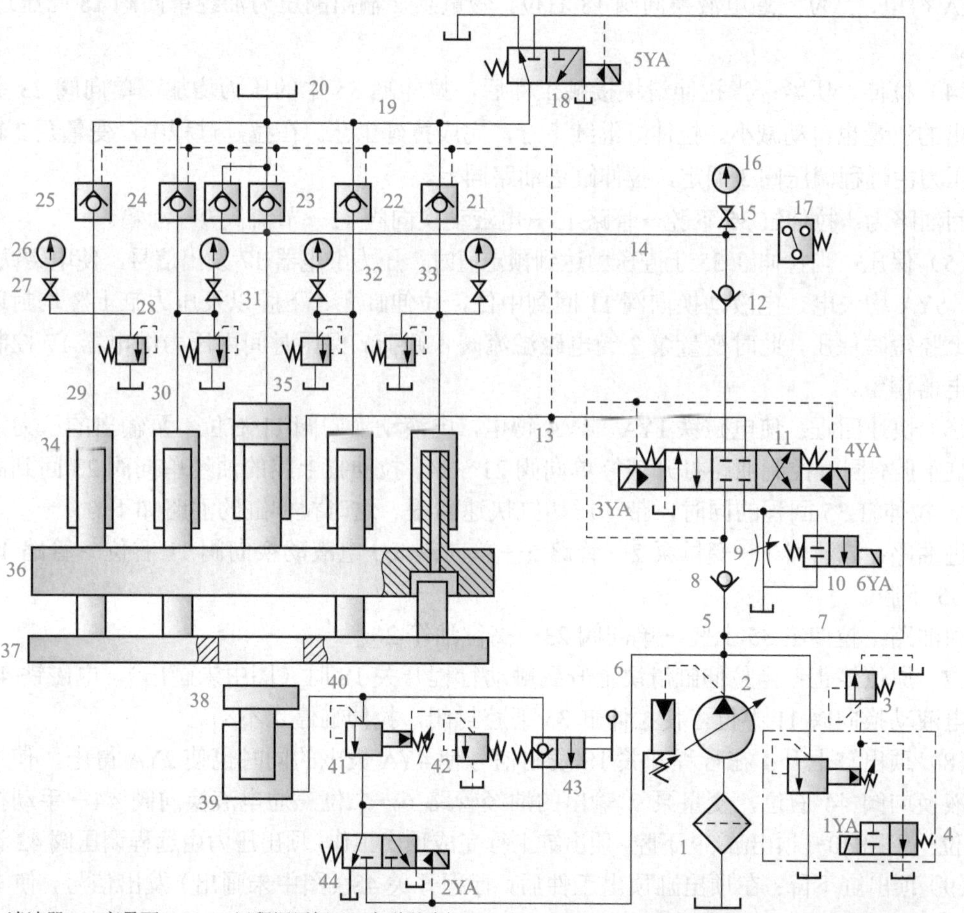

1-滤油器；2-变量泵；3、42-远程调压阀；4-电磁溢流阀；5、6、7、13、14、19、29、30、31、32、33、40-管路；8、12、21、22、23、24、25-单向阀；9-节流阀；10-电磁换向阀；11-电液动换向阀；15、27-压力表开关；16、26-压力表；17-压力继电器；18、44-二位三通电液动换向阀；20-高位油箱；28-安全阀；34-压边缸；35-拉伸缸；36-拉伸滑块；37-压边滑块；38-顶出块；39-顶出缸；41-先导溢流阀；43-手动换向阀

图 8-9　双动薄板冲压机的液压系统

（2）拉伸滑块和压边滑块快速下行：使电磁铁 1YA 和 3YA、6YA 得电，电磁溢流阀 4 的二位二通阀左位，泵从卸荷状态转换为工作状态。同时三位四通电液动换向阀 11 左位，泵向拉伸缸 35 上腔供油。因电磁换向阀 10 的电磁铁 6YA 得电，其右位工作，所以回油经电液动换向阀 11 和电磁换向阀 10 直接回油箱，使其快速下行。同时带动压边缸 34 快速下行，压边缸从高位油箱 20 补油。这时的主油路如下：

进油路：滤油器 1→变量泵 2→管路 5→单向阀 8→电液换向阀 11 左位→单向阀 12→管路 14→管路 31→拉伸缸 35 上腔。

回油路：拉伸缸 35 下腔→管路 13→电液换向阀 11 左位→电磁换向阀 10→油箱。

拉伸滑块液压缸快速下行时泵始终处于最大流量状态，但仍不能满足其需要，因而其上腔形成负压，高位油箱 20 中的油液经单向阀 23 向主缸上腔充液。

（3）减速、加压：在拉伸滑块和压边滑块与板料接触之前，首先碰到一个行程开关（图中未画出）、发出电信号，使电磁换向阀 10 的电磁铁 6YA 失电，左位工作，主缸回油须经节流阀 9 回油箱，实现慢进。当压边滑块接触工件后，又一个行程开关（图中未画出）发信号，使 5YA 得电，二位三通电液换向阀 18 右位，变量泵 2 输出的压力油经单向阀 18 向压边缸 34 加压。

（4）拉伸、压紧：当拉伸滑块接触工件后，拉伸缸 35 中的压力增加，单向阀 23 关闭，泵输出的流量也自动减小。拉伸缸继续下行，完成拉延工艺。在拉延过程中，变量泵 2 输出的最高压力由远程调压阀 3 调定，拉伸缸进油路同上。

回油路为：拉伸缸 35 下腔→管路 13→电液动换向阀 11→节流阀 9→油箱。

（5）保压：当拉伸缸 35 上腔压力达到预定值时，压力继电器 17 发出信号，使电磁铁 1YA、3YA、5YA 均失电，电液动换向阀 11 回到中位，拉伸缸上、下腔以及压力缸上腔均封闭，拉伸缸上腔短时保压，此时变量泵 2 经电磁溢流阀 4 卸荷。保压时间由压力继电器 17 控制的时间继电器调整。

（6）快速回程：使电磁铁 1YA、4YA 得电，电液动换向阀 11 右位，泵输出的压力油进入拉伸缸下腔，同时控制油路打开液控单向阀 21～24，拉伸缸上腔的油经单向阀 23 回到高位油箱 20，拉伸缸 35 回程的同时，带动压边缸快速回程。这时拉伸缸的油路如下。

进油路：滤油器 1→变量泵 2→管路 5→单向阀 8→电液动换向阀 11 右位→管路 13→拉伸缸 35 下腔。

回油路：拉伸缸 35 上腔→单向阀 23→高位油箱 20。

（7）原位停止：当拉伸缸滑块上升到触动行程开关 1S 时（图中未画出），电磁铁 4YA 失电，电液动换向阀 11 中位，使拉伸缸 35 下腔封闭，拉伸缸停止不动。

（8）顶出缸上升：在行程开关 1S 发出信号使 4YA 失电的同时也使 2YA 得电，使二位三通电液换向阀 44 右位，变量泵 2 输出的油经管路 6→二位三通电液换向阀 44→手动换向阀 43 左位→管路 40→顶出缸 39 下腔，顶出缸上行完成顶出工作，顶出压力由远程调压阀 42 设定。

（9）顶出缸下降：在顶出缸顶出工件后，行程开关 4S（图中未画出）发出信号，使 1YA、2YA 均失电、变量泵 2 卸荷，二位三通电液换向阀 44 左位工作，手动换向阀 43 左位工作，顶出缸在自重作用下下降，回油经先导溢流阀 41、二位三通电液换向阀 44 回油箱，此时先导溢流阀起背压作用。

表 8-2 列出了双动薄板冲压机液压系统电磁铁动作顺序表。

表 8-2　双动薄板冲压机液压系统电磁铁动作顺序表

拉伸滑块	压边滑块	顶出缸	电磁铁						手动换向阀 43
			1Y	2Y	3Y	4Y	5Y	6Y	
快速下降	快速下降		+	−	+	−	−	+	
减速	减速		+	−	+	−	+	−	
拉伸	压紧工件		+	−	+	−	+	+	
快退返回	快退返回		+	−	−	+	−	−	
		上升	+	+	−	−	−	−	左位
		下降	+	−	−	−	−	−	左位
液压泵卸荷			−	−	−	−	−	−	右位

8.2.2　液压机液压传动系统主要特点

该系统采用高压大流量恒功率变量泵供油和利用拉延滑块自动充油的快速运动回路，既符合工艺要求，又节省了能量。

为获得大的压制力，除采用高压泵提高系统压力之外，还常常采用大直径的液压缸。这样，当拉延滑块快速下行时，就需要大的流量进入液压缸上腔。假若此流量全部由液压泵提供，则泵的规格太大，不仅造价高，而且在慢速加压、保压和原位停止阶段，功率损失加大。由于液压机拉延滑块的重量均较大，足可以克服摩擦力及回油阻力自行下落。因此本系统采用充液筒来补充快速下行时液压泵供油的不足，这样使系统功率利用更加合理。

保压时本系统采用液控单向阀的密封性和液压管路及油液的弹性来保压。此方案结构简单，造价低，比用泵保压节省功率。但是，要求液压缸等元件密封性好。

顶出缸选用了柱塞缸，上升过程依靠变量泵驱动，下降过程依靠重力自行下落，简化了油路，同时更为节能。

8.3　塑料注塑成形机液压传动系统分析

微课

塑料注塑成形机简称注塑机，它将颗粒的塑料加热熔化到流动状态，以高压快速注入模腔，经过一定时间的保压，冷却凝固成为一定形状的塑料制品。由于注塑机具有成形周期短，对各种塑料的加工适应性强，可以制造外形各异、复杂、尺寸较精确或带有金属镶嵌件的制品以及自动化程度高等优点，所以注塑机得到了广泛的应用。

SZ-250A 型注塑机属中小型注射机，每次最大注射容量为 250ml。该机要求液压系统完成的主要动作有合模和开模、注射座整体前移和后退、注射、保压及顶出等。图 8-10 所示为 SZ-250A 塑料注射成形机外形图，它主要由以下三大部分组成。

（1）合模部件：安装模具用的成形部件，主要由定模板、动模板、合模机构、合模缸和顶出装置等组成。

（2）注射部件：注塑机的塑化部件，主要由加料装置、料筒、螺杆、喷嘴、预塑装置、注射缸和注射座移动缸等组成。

（3）液压传动及电气控制系统：它安装在机身内外腔上，是注塑机的动力和操纵控制部件，主要由液压泵、液压阀、电动机、电气元件及控制仪表等组成。

根据注射成形工艺，注塑机应按预定工作循环工作，如图 8-11 所示。

SZ-250A 型注塑机对液压系统的要求包括：

（1）要有足够的合模力。熔融的塑料通常以 4～15MPa 的高压注入模腔，因此合模缸必须有足够的合模力，否则在注射时导致模具离缝而产生塑料制品的溢边现象。

（2）开、合模的速度可调节。在开、合模过程中，要求合模缸有慢、快、慢的速度变化，其目的是缩短空程时间，提高生产效率和保证制品质量，并避免产生冲击。

1-合模装置；2-电器控制系统；3-注射装置；4-液压传动系统

图 8-10　SZ-250A 型注塑机外形图

（3）足够的注射座移动液压缸推力。其目的是保证喷嘴与模具浇口紧密接触。

（4）注射压力和速度可以调节。这是为了适应不同塑料品种、注射成形制品几何形状和模具浇注系统的要求。

（5）保压功能。其目的是使塑料注满紧贴模腔获得精确形状，另外在冷却凝固收缩过程中，熔融的塑料可以不断补入模腔，避免产生废品，保压压力可以根据需要调节。

（6）预塑过程可调节。在模腔熔体冷却凝固阶段，在料斗内的塑料颗粒通过筒内螺杆的回转卷入料筒，连续向喷嘴方向推移，同时加热塑化、搅拌和挤压为熔体。在注塑成形加工中，通常将料筒每小时塑化的重量（称塑化能力）作为生产力指标。当料筒的结构尺寸确定后，根据塑料的熔点、流动性和制品不同，要求螺杆转速可以改变，以便使预塑过程的塑化能力可以调节。

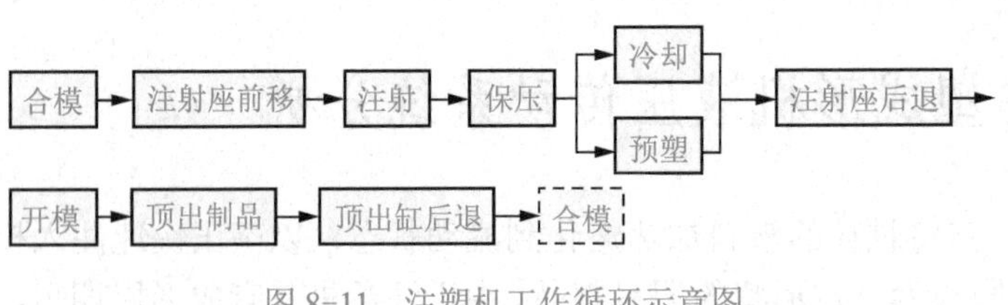

图 8-11　注塑机工作循环示意图

（7）顶出制品。顶出制品除了要求有足够的顶力外，还要求顶出速度平稳、可调。

8.3.1　塑料注塑成形机液压传动系统工作原理

图 8-12 所示为 SZ-250A 型注塑机液压传动系统。注塑机的液压传动系统为注塑机按工艺过程所要求的各种动作提供动力，并满足注塑机各部分所需压力、速度、温度等的要求。

在注塑机中，各执行部件动作循环的电磁铁动作顺序如表 8-3 所示。该注塑机采用了液压-机械式合模机构，合模油缸通过具有增力和自锁作用的对称式五连杆机构推动模板进行开、合模。依靠连杆变形所产生的预应力来保证所需合模力，使模具可靠锁紧，并且使合模油缸直径减少，节省功率，也易于实现高速。该注塑机液压系统多种速度是靠双联泵和节流阀组合而获得的；多级压力是靠电磁阀与远程调压阀组合获得的。

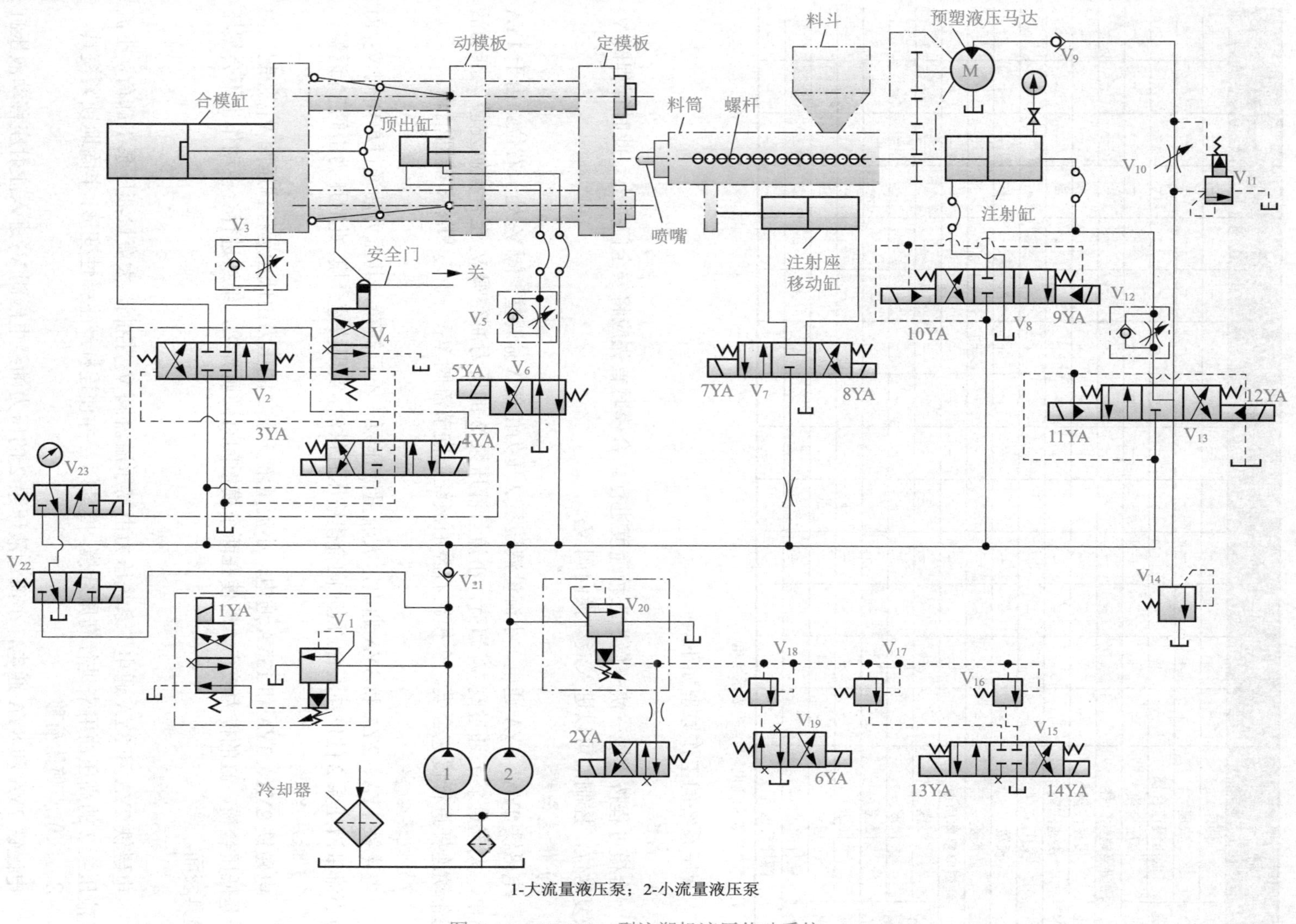

1-大流量液压泵；2-小流量液压泵

图 8-12　SZ-250A 型注塑机液压传动系统

表 8-3　SZ-250A 型注塑机电磁铁动作顺序表

动作循环		电磁铁 YA													
		1	2	3	4	5	6	7	8	9	10	11	12	13	14
合模	慢速	−	+	+	−	−	−	−	−	−	−	−	−	−	−
	快速	+	+	+	−	−	−	−	−	−	−	−	−	−	−
	低压慢速合模	−	+	+	−	−	−	−	−	−	−	−	−	+	−
	高压合模	−	+	+	−	−	−	−	−	−	−	−	−	−	−
注塑座整体前移		−	+	−	−	−	−	−	+	−	−	−	−	−	−
注塑	慢速注塑	−	+	−	−	−	+	−	+	−	−	+	−	−	−
	快速注塑	+	+	−	−	−	+	−	+	+	−	−	−	−	−
保压		−	+	−	−	−	−	−	+	−	−	+	−	−	+
预塑		+	+	−	−	−	−	−	+	−	−	−	+	−	−
防流涎		−	+	−	−	−	−	−	+	−	+	−	−	−	−
注塑座整体后退		−	+	−	−	−	−	+	−	−	−	−	−	−	−
开模	慢速	−	+	−	+	−	−	−	−	−	−	−	−	−	−
	快速	+	+	−	+	−	−	−	−	−	−	−	−	−	−
	慢速	−	+	−	+	−	−	−	−	−	−	−	−	−	−
顶出	前进	−	+	−	−	+	−	−	−	−	−	−	−	−	−
	后退	−	+	−	−	−	−	−	−	−	−	−	−	−	−
螺杆前进		−	+	−	−	−	−	−	−	−	−	+	−	−	−
螺杆后退		−	+	−	−	−	−	−	−	−	+	−	−	−	−

注：“＋”表示通电，“－”表示断电。

液压系统的工作原理如下。

1．合模

合模过程按“慢→快→慢”三种速度进行。合模时首先应将安全门关上。此时行程阀 V_4 恢复常位，控制油可以进入液动换向阀 V_2。

1）慢速合模

电磁铁 2YA、3YA 通电，小流量液压泵 2 压力由阀 V_{20} 调整，阀 V_2 处于右位。由于 1YA 断电，大流量泵 1 通过阀 V_1 卸荷，小流量液压泵 2 的压力油经阀 V_2 至合模缸左腔，推动活塞带动连杆进行慢速合模。合模缸右腔油液经单向节流阀 V_3、阀 V_2 和冷却器回油箱。

2）快速合模

电磁铁 1YA、2YA 和 3YA 通电，大流量液压泵 1 不再卸荷，其压力油通过单向阀 V_{21} 而与小流量液压泵 2 的供油汇合，同时向合模液压缸供油，实现快速合模。此时压力由阀 V_1 调整。

3）低压合模

电磁铁 2YA、3YA 和 13YA 通电，小流量液压泵 2 的压力由低压远程调压阀 V_{16} 控制。由于是低压合模，缸的推力较小，即使在两个模板间有硬质异物，继续进行合模动作也不会损坏模具表面。

4）高压合模

电磁铁 2YA 和 3YA 通电，系统压力由高压溢流阀 V_{20} 控制，大流量液压泵 1 卸荷，小流量液压泵 2 的高压油用来进行高压合模。模具闭合并使连杆产生弹性变形，牢固地锁紧模具。

2．注射座整体前移

电磁铁 2YA 和 8YA 通电，小流量液压泵 2 的压力油经电磁阀 V_7 进入注射座移动液压缸右腔，推动注射座整体向前移动，注射座移动缸左腔液压油则经电磁阀 V_7 和冷却器而回油箱。

3. 注射

注射分为慢速注射和快速注射。

1）慢速注射

电磁铁 2YA、6YA、8YA 和 11YA 通电，大流量液压泵 1 卸荷，小流量液压泵 2 的压力油经电液阀 V_{13} 和单向节流阀 V_{12} 进入注射缸右腔，注射缸的活塞带动注射头螺杆进行慢速注射。注射速度可由单向节流阀 V_{12} 调节。注射缸左腔油液经电液阀 V_8 中位回油箱。

2）快速注射

电磁铁 1YA、2YA、6YA、8YA 和 9YA 通电，大流量液压泵 1 和小流量液压泵 2 的压力油经电液阀 V_8 进入注射缸右腔，由于未经过单向节流阀 V_{12}，压力油全部进入注射缸右腔，使注射活塞快速运动。注射缸左腔回油经阀 V_8 回油箱。

快、慢注射时的系统压力均由远程调压阀 V_{18} 调节。

4. 保压

电磁铁 2YA、8YA、11YA 和 14YA 通电，由于保压时只需要极少量的油液，所以大流量液压泵 1 卸荷，仅由小流量液压泵 2 单独供油，多余油液经阀 V_{20} 溢回油箱，保压压力由远程调压阀 V_{17} 调节。

5. 预塑

电磁铁 1YA、2YA、8YA 和 12YA 通电，大流量液压泵 1 和小流量液压泵 2 的压力油经电液阀 V_{13}、节流阀 V_{10} 和单向阀 V_9 驱动预塑液压马达。液压马达通过齿轮减速机构使螺杆旋转，料斗中的塑料颗粒进入料筒，被转动着的螺杆带至前端，进行加热塑化。注射缸右腔的油液在螺杆反推力作用下，经单向节流阀 V_{12}、电液阀 V_{13} 和背压阀 V_{14} 回油箱，其背压力由背压阀 V_{14} 控制。同时注射缸左腔产生局部真空，油箱的油液在大气压力作用下，经电液阀 V_8 中位而被吸入注射缸左腔。液压马达旋转速度可由节流阀 V_{10} 调节，并由于差压式溢流阀 V_{11}（由节流阀 V_{10} 和差压式溢流阀 V_{11} 组成溢流节流阀）的控制，使阀 V_{10} 两端压差保持定值，故可得到稳定的转速。

6. 防流涎

电磁铁 2YA、8YA 和 10YA 通电，大流量液压泵 1 卸荷，小流量液压泵 2 的压力油经电磁阀 V_7 使注射座前移，喷嘴与模具保持接触。同时，压力油经电液阀 V_8 进入注射缸左腔，使螺杆强制后退，以防止喷嘴端部流涎。

7. 注射座后退

电磁铁 2YA 和 7YA 通电，大流量液压泵 1 卸荷，小流量液压泵 2 的压力油经电磁阀 V_7 使注射座移动缸后退。

8. 开模

开模分为慢速开模和快速开模。

（1）慢速开模。电磁铁 2YA 和 4YA 通电，大流量液压泵 1 卸荷，小流量液压泵 2 的压力油经阀 V_2 和阀 V_3 进入合模缸右腔，左腔则经阀 V_2 回油。

（2）快速开模。电磁铁 1YA，2YA 和 4YA 通电，大流量液压泵 1 和小流量液压泵 2 的压力油同时经阀 V_2 和阀 V_3 进入合模缸右腔，开模速度提高。

9. 顶出

分顶出缸前进和顶出缸后退两个过程。

（1）顶出缸前进。电磁铁 2YA 和 5YA 通电，大流量液压泵 1 卸荷，小流量液压泵 2 的压

力油经电磁阀 V_6 和单向节流阀 V_5 进入顶出缸左腔，推动顶出杆顶出制品，其速度可由单向节流电磁阀 V_5 调节。顶出缸右腔则经电磁阀 V_6 回油。

（2）顶出缸后退。电磁铁 2YA 通电，小流量液压泵 2 压力油经电磁阀 V_6 右腔使顶出缸后退。

10. **螺杆前进和后退**

为了拆卸和清洗螺杆，有时需要螺杆后退。这时电磁铁 2YA 和 10YA 通电，小流量液压泵 2 压力油经电液阀 V_8 使注射缸携带螺杆后退。当电磁铁 10YA 断电、11 YA 通电时，注射螺杆前进。

此系统是一种速度和压力均变化较多的系统。在完成自动循环时，主要依靠行程开关。而速度和压力的变化主要靠电磁阀的切断来得到。

8.3.2 塑料注塑成形机液压传动系统主要特点

该注塑机液压系统有以下特点：

（1）为了保证有足够的合模力，防止高压注射时模具因离缝而产生塑料溢边，该注塑机采用了液压-机械增力合模机构，并且使模具锁紧可靠和减少合模缸缸径尺寸。

（2）注塑机液压系统动作较多，并且各动作之间有严格的顺序。本系统采用以行程控制为主实现顺序动作，通过电气行程开关与电磁阀来保证动作顺序可靠。

（3）根据塑料注射成形工艺，注塑机工作循环中的各个阶段要求流量和压力各不相同并且经常是变化的。一般多采用若干定量泵（双泵供油）和节流阀的不同组合方式来调节流量，由多个远程调压阀并联来控制压力，以便满足工艺要求。但在这种情况下，系统所用元件较多，能量利用不够合理，系统发热较大（有时需设置冷却系统），压力与速度变换过程中冲击和噪声较大，系统稳定性差。

随着液压技术的发展和自动化水平的提高，近年来，注塑机（特别是大型注塑机）采用数控或微机控制插装阀、电液比例液压系统，简化了传统的液压系统，液压元件大大减少，优化了注塑工艺，降低了压力及速度变换过程中的冲击和噪声。液压能源采用负载适应泵代替定量泵，使之进一步提高系统效率，减少了功率损耗。

8.4 电液伺服控制系统

液压伺服控制系统，是在液压传动和自动控制理论基础上，建立起来的一种液压自动控制系统。液压伺服控制系统除了具有液压传动的各种优点外，还具有反应快、系统刚度大和伺服精度高等优点，广泛应用于金属切削机床、重型机械、起重机械、汽车、飞机、船舶和军事装备等方面。

电液伺服控制系统是以液压能为动力，采用电气方式实现信号传输和控制的机械量自动控制系统。按系统被控机械量的不同，可分为电液位置伺服系统、电液速度伺服系统和电液力控制系统三种。按系统中承担功率转换与放大作用的元件不同，可分为阀控式（节流控制方式）和泵控式（容积控制方式）电液伺服控制系统。阀控系统采用电液伺服阀控制执行元件的流量来实现功率转换及放大，具有结构简单、成本低和响应速度快的特点，一般情况下均采用它，不足之处是存在节流损失（如果采用定量泵加溢流阀供油还有溢流损失）、效率低。

泵控系统采用调节电液伺服变量泵的排量，控制进入执行元件的流量或调节电液伺服变量马达的排量来控制驱动元件的转矩，实现功率转换及放大，没有节流损失，效率高。但泵控系统比阀控系统复杂，成本高且响应慢，只有在功率较大且对系统效率和冷却装置体积有严格要求的场合才合适。

1. 汽车转向液压助力器

为了减轻司机的体力劳动，在大型载重卡车上广泛采用液压助力器，这种液压助力器是一种液压伺服机构。

图 8-13 所示为转向液压助力器的工作原理图，它主要由液压缸和控制滑阀两部分组成。液压缸活塞 1 的右端通过铰链固定在汽车机架上，液压缸缸体 2 和控制滑阀阀体连接在一起，形成负反馈，由方向盘 5 通过摆杆 4 控制滑阀阀芯 3 移动。当缸体 2 前后移动时，通过转向连杆机构 6 等控制车轮向左或向右偏转，从而操纵汽车转向。控制滑阀的阀芯和阀体做成负开口。

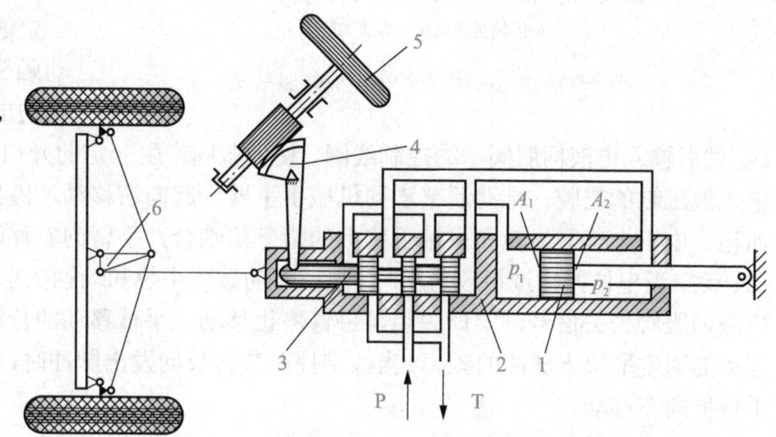

1-活塞；2-缸体；3-阀芯；4-摆杆；5-方向盘；6-转向连杆机构

图 8-13　转向液压助力器

当阀芯 3 处于图示（平衡）位置时，因液压缸左、右腔油液被封闭，两腔油液作用在活塞上的力相等，因此缸体 2 固定不动，汽车保持直线运动，由于控制滑阀的阀芯 3 为负开口，可以防止引起不必要的扰动。

若转动方向盘，通过摆杆 4 带动阀芯 3 向后移动（即向右移动）时，压力 p_1 减小，压力 p_2 增大，使液压缸缸体向后移动，转向连杆机构 6 向逆时针方向摆动，使车轮向左偏转，实现向左转弯；反之，缸体若向前移动，转向连杆机构向顺时针方向摆动，使车轮向右偏转，实现向右转弯。

缸体前进或后退时，控制阀阀体同时前进或后退，即实现刚性负反馈，使阀芯和阀体重新恢复到平衡位置，保持车轮偏转角度不变。

为了使司机在操纵方向盘时能感觉到路面的好坏，在控制滑阀两端增加两个油腔，油腔分别和液压缸前、后腔相通，这时，移动控制阀阀芯时所需的力和液压缸两腔的压力差（p_1-p_2）成正比，司机操纵方向盘时就会感觉到转向阻力的大小。

2. 机械手液压伺服系统

一般机械手应包括 4 个伺服系统，分别为控制机械手的伸缩、回转、升降和手腕的动作。由于每一个液压伺服系统的工作原理均相同，现以伸缩伺服系统为例介绍其工作原理。图 8-14 所示为机械手手臂伸缩电液伺服系统。它主要由电液伺服阀 1、液压缸 2、手臂 3、电位器 4、步进电机 5、齿轮齿条机构 6 和放大器 7 等元件组成。当电位器 4 的动触头处在中位时，触头上没有电压输出，当它偏离这个位置时就会输出相应的电压。电位器动触头产生的微弱电压，经放大器 7 放大后对电液伺服阀进行控制。电位器的动触头由步进电机带动旋转，步进

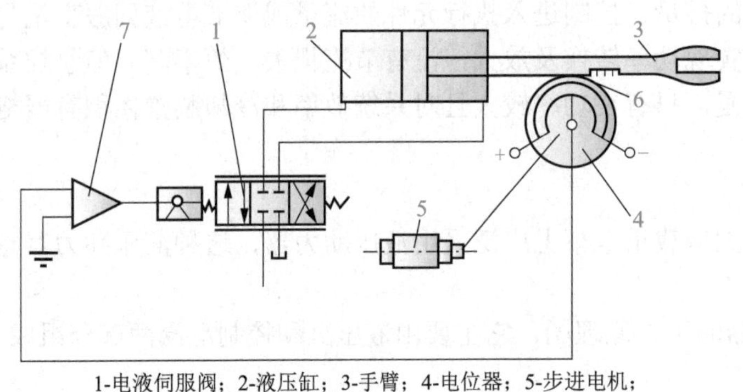

1-电液伺服阀；2-液压缸；3-手臂；4-电位器；5-步进电机；
6-齿轮齿条机构；7-放大器

图 8-14 机械手手臂伸缩电液伺服系统

动画

电机的转角位移和转角速度由数字控制装置发出的脉冲数和脉冲频率控制。齿条固定在手臂上，电位器固定在齿轮上，当手臂带动齿轮转动时，电位器同齿轮一起转动，实现负反馈。

工作原理如下：由数字控制装置发出一定数量的脉冲，使步进电机带动电位器的动触头转过一定的角度（假定为顺时针转动），动触头偏离电位器的中位产生微弱的电压 U_i，经放大器 7 放大成 U。然后输入电液伺服阀 1 的控制线圈，使伺服阀产生一定的开口量。这时压力油经滑阀开口进入液压缸的左腔，推动活塞连同机械手手臂一起向右移动，液压缸右腔的油经伺服阀流回油箱。由于电位器齿轮和机械手臂上的齿条相啮合，手臂向右移动时，电位器跟着顺时针方向转动。当电位器转过相应角度时，电位器的碳膜中位和动触头重合，动触头输出电压为零，电液伺服阀失去信号，阀口关闭，手臂停止移动。手臂移动的行程取决于脉冲的数量，手臂移动的速度取决于脉冲的频率。当数字控制装置反向发出脉冲时，步进电机逆时针方向转动，手臂便向左移动。

8.5 气动系统应用与分析

随着机械化、自动化的发展，气动技术应用也越来越广泛。气动系统在气动技术中是关键的一环，它直接面向用户。设计者应根据用户的要求将各类气动元件进行组合，开发出一个个新的应用系统。气动系统的开发没有固定的程式，需要设计者深入用户现场，靠自己的知识和经验积极开拓思路，创造新的气动系统。

气动技术在工业生产过程中主要承担上下料、整列、搬运、定位、固定夹紧、组装等作业以及清扫、检测等工作。这些工作可直接利用气体射流、真空系统、气动执行器（气缸、气马达等）来完成，它的压力一般为 0.4～0.6MPa，个别气压系统的压力可达 0.8～1.0MPa。在工程实际中，许多机器或设备上的传送装置、产品加工时工件的进给、工件定位和夹紧、工件装配和材料成形加工等都是直线运动形式。从技术和成本角度看，气缸作为执行元件是完成直线运动的最佳形式，如同用电动机来完成旋转运动一样，但有些气动执行元件也可以做旋转运动，如摆动气缸（摆动角度可达 300°）、气动马达等。在气动技术中，据任务要求不同，控制元件与执行元件之间可以组合成多种系统方案。因此，气动技术在自动化领域得到广泛应用。

8.5.1 液体自动定量灌装机气动系统

在一些饮料生产线上，要求液体自动定量灌装。图 8-15 所示为全气控液体定量灌装气动系统。打开启动阀 9 使换向阀 4 换至右位，因而气缸定量泵 A 向左移动吸入定量液体。当气缸定量泵移到左端碰到行程阀 3 时，向换向阀 4 发出复位信号（此时，下料工作台 1 上灌装好的容器已取走，行程阀 7 复位，P_1 信号消失），换向阀 4 复位使气缸定量泵右移，将液体注入待灌装的容器中。当灌装的液体重力使灌装台碰到行程阀 6 时产生信号，使换向阀 5 左移切换，于是，换向阀 5 换位，推出气缸 B 前进，将装满液体的容器推入下料工作台，而将空容器推入灌装台。被推出的容器碰到行程阀 7 时，又产生 P 信号，使换向阀 5 换向，推出气缸 B 后退至原位，而由输送机构将空容器运至空下的上料工作台 2，同时换向阀 4 换向，重复上述动作。

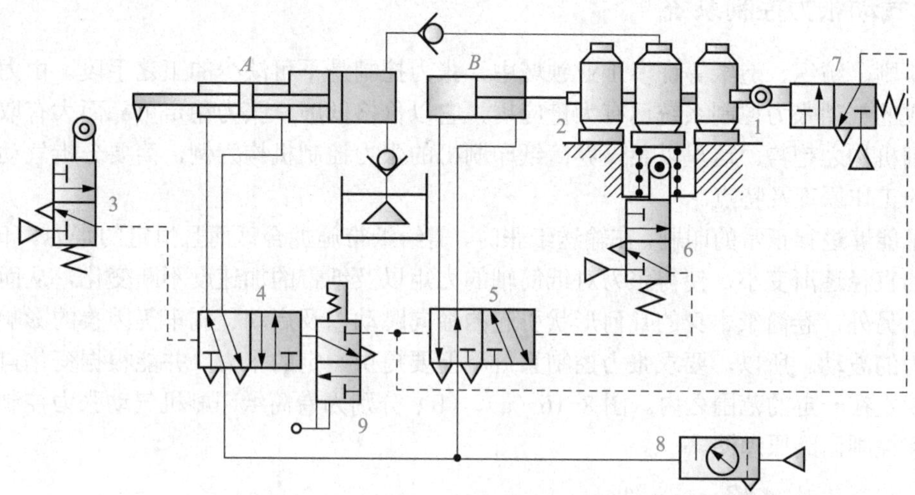

1-下料工作台；2-上料工作台；3、6、7-行程阀；4、5-换向阀；8-气源调节装置；9-启动阀

图 8-15　液体自动定量灌装机气动系统

1）吸液

信号来源：扳动启动阀 9 的手柄。

控制气路：气压源→行程阀 7（左位）→启动阀 9（下位）→换向阀 4（右侧）；
换向阀 4（左侧）→行程阀 3（下位）→大气。

主气路：气压源→气源调节装置 8→换向阀 4（右位）→气缸定量泵 A（右腔）；
气缸 A（左腔）→换向阀 4（右位）→大气。

2）灌装

信号来源：气缸 A 挡块压下行程阀 3。

控制气路：气压源→行程阀 3（上位）→换向阀 4（左侧）；
换向阀 4（右侧）→启动阀 9（下位）→行程阀 7（右位）→大气。

主气路：气压源→气源调节装置 8→换向阀 4（左位）→气缸 A（左腔）；
气缸 A（右腔）→换向阀 4（左位）→大气。

3）推瓶

信号来源：瓶装满压下行程阀 6。

控制气路：气压源→行程阀 6（上位）→换向阀 5（右侧）；
换向阀 5（左侧）→行程阀 7（右位）→大气。

主气路：气压源→气源调节装置 8→换向阀 5（右位）→气缸 B（左腔）；
气缸 B（右腔）→换向阀 5（右位）→大气。

4）退回

信号来源：气缸 B 运行结束，满瓶压下行程阀 7，空瓶使行程阀 6 复位。

控制气路：气压源→行程阀 7（左位）→换向阀 5（左侧）；

换向阀 5（右侧）→行程阀 6（下位）→大气。

主气路：气压源→气源调节装置 8→换向阀 5（左位）→气缸 B（右腔）；

气缸 B（左腔）→换向阀 5（左位）→大气。

本系统使用气缸定量泵能定量提供液体，使用行程阀自动控制灌装液体和装卸容器，结构简单，维修方便。

8.5.2 气动张力控制系统

在印刷、纺织、造纸等许多工业领域中，张力控制是不可缺少的工艺手段。由力的控制回路构成的气动张力控制系统已有大量应用，它以价格低廉、张力稳定可靠而大有取代电磁张力控制机构之趋势。这里以某一卷筒纸印刷机的张力控制机构为例，简要分析气动张力控制系统的工作原理及特点。

为了能够进行正常的印刷，在输送纸张时，需给纸带施加合理而且恒定的张力。印刷时，卷筒纸的直径逐渐变小，使得张力对纸筒轴的力矩以及纸带的加速度不断变化，从而引起张力变化。另外，卷筒纸本身的几何形状引起的径向跳动以及启动、刹车等因素的影响，也会引起张力的波动。所以，要求张力控制系统不但要提供一定的张力，并能根据变化自动调整将张力稳定在一定的范围之内。图 8-16（a）、（b）分别为卷筒纸印刷机气动张力控制系统的示意图和控制回路原理图。

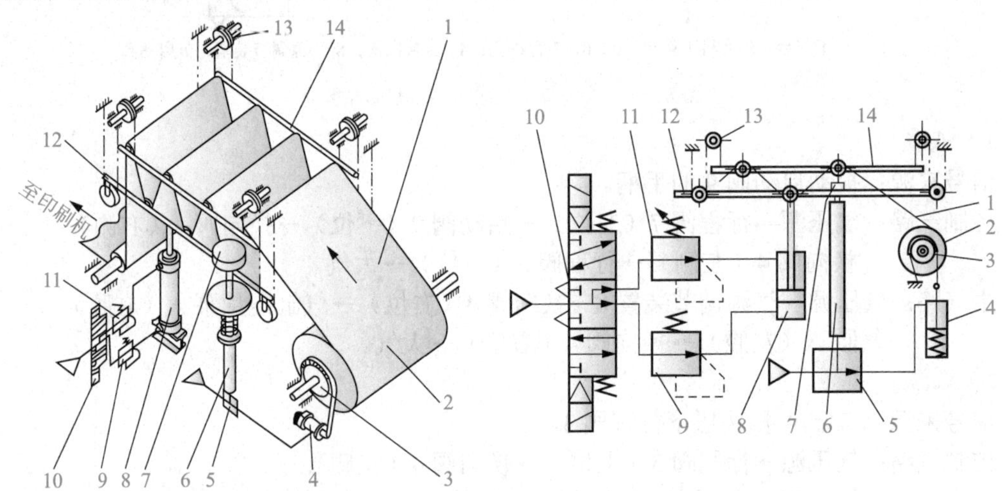

（a）系统示意图　（b）气动系统原理图

1-纸袋；2-卷纸桶；3-给纸系统；4-制动气缸；5-压力控制阀；6-油柱；7-重锤；8-张力气缸；9-减压阀；10-换向阀；11-张力调压阀；12-连接杆；13-链轮；14-存纸托架

图 8-16　卷筒纸印刷机气动张力控制系统

纸带的张力主要由制动气缸 4 通过制动器对给纸系统 3 施加反向制动力矩来实现。具有 Y 形中位的换向阀 10、张力调压阀 11、减压阀 9、张力气缸 8 构成的可调压力差动控制回路再对纸带施加一个给定的微小张力。某一时刻纸带中张力的变化由张力调压阀 11 调整。重锤 7、油柱 6 和压力控制阀 5 组成“位置-压力比例控制器”，它将张力的变化量与给定小张力之差产生的位移转换为气压的变化，从而控制制动气缸 4 改变对给纸系统制动力矩，以实行恒张力控制。存纸托架 14 为浮动托架，在张力差的作用下上下浮动，以便将张力差转变为位置变动量，同时能平抑张力的波动，还能储存一定数量的纸，供不停机自动换纸卷筒用。(图中自动换纸机构未画出)。当纸带张力变化时，通过该气动系统可保持恒定张力，其动作如下：

如果纸张中张力增大，使存纸托架 14 下移，因为存纸托架是通过链轮 13 与连接杆 12 连接在一起的，于是带动连接杆上升，连接杆又使油柱 6 上升。油柱上升使压力控制阀 5 的输出压力按比例下降，从而使制动气缸对纸卷筒的制动力矩减小，最后使纸带内张力下降。如果纸张内张力减小，则重锤 7 在给定力作用下使连杆及油柱下降（也使存纸托架上升），油柱下降使压力控制阀输出压力按比例上升，这样制动气缸对纸卷筒的制动力矩增大，纸张的张力上升。当纸张内张力与张力气缸给定张力平衡时，存纸托架稳定在某一位置，此时位移变动量为零，压力控制阀输出稳定压力。

本系统结构简单，两个调压阀 11 和 5 均为普通的精密调压阀，无须用比例控制元件。油柱是一根细长而充满油的液压气缸，底部装有钢球盖住下面压力控制阀的先导控制口，由托架的位置在油柱中产生的阻尼力来控制喷口大小，从而控制输出压力的大小。用压力差动控制回路，可输出较小的给定力，从而提高控制的精度。

8.5.3　气动机械手控制系统

气动机械手具有用途广泛、结构简单和制造成本低廉等优点。在机械加工、冲压、锻造、铸造、装配和热处理等生产过程中被广泛用来搬运工件，借以减轻工人的劳动强度和提高生产过程的自动化程度。下面介绍一个为机床搬运加工零件的气动机械手。

图 8-17 所示为搬运工件气动机械手的结构图，共有 4 个气缸，可以在两个坐标方向内动作，其中 A 缸为伸缩缸；B 缸为升降缸；C 缸为抓取物件的松紧缸，C 缸活塞后退时可抓紧工件，相反则松开工件；D 缸为回转缸。

图 8-18 所示为气动机械手的工作过程示意图。机械手的动作过程是：将工件 1 预先装入

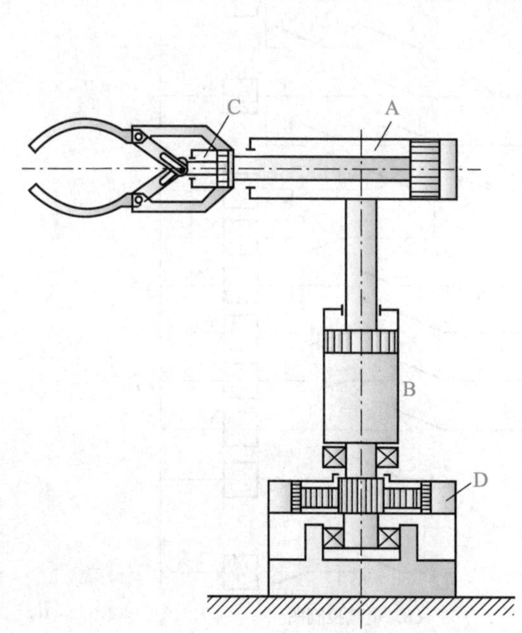

图 8-17　搬运工件气动机械手的结构图

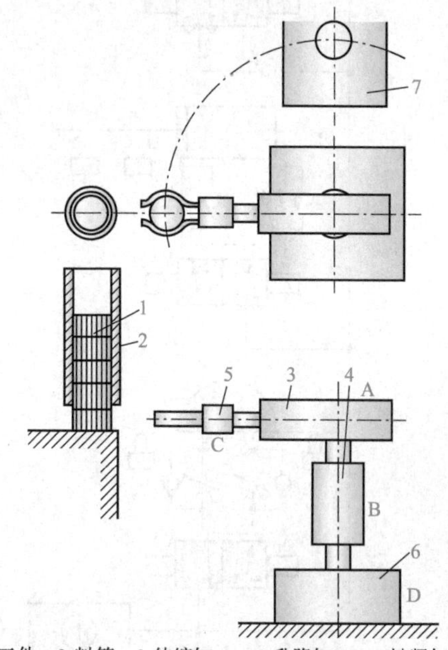

1-工件；2-料筒；3-伸缩缸 A；4-升降缸 B；5-松紧缸 C；6-回转缸 D（齿条气缸式摆动马达）；7-机床

图 8-18　气动机械手的工作过程示意图

料筒 2 中，机械手伸臂并夹紧工件，然后缩臂，机械手上升，并顺时针回转 90° 至机床上方。等到机床发出正在加工的工件已加工完毕的信号时，机械手下降到原始位置，完成一次搬运工件的过程。

搬运工件气动机械手可采用全气动控制回路，也可采用电-气联合控制回路。当采用后者时，气动机械手的气动系统图和电气控制图如图 8-19 所示。图中，继电器 J_1 用于紧急停止控制；继电器 J_2 用于启动-停止控制；继电器 J_3、J_4、J_5、J_6 和 J_7 用于扩展接点；继电器 J_8 和 J_9 用于电磁阀 YA_{B1} 和 YA_{B0} 间的互锁。

本系统具有如下特点：

（1）不用增速机构即能获得较高的运动速度，使其能快速自动完成上下料的动作；

（2）控制系统采用全气动控制，控制元件数量少，成本低，可靠性高；

（3）空气泄漏基本无害，对管路要求低。

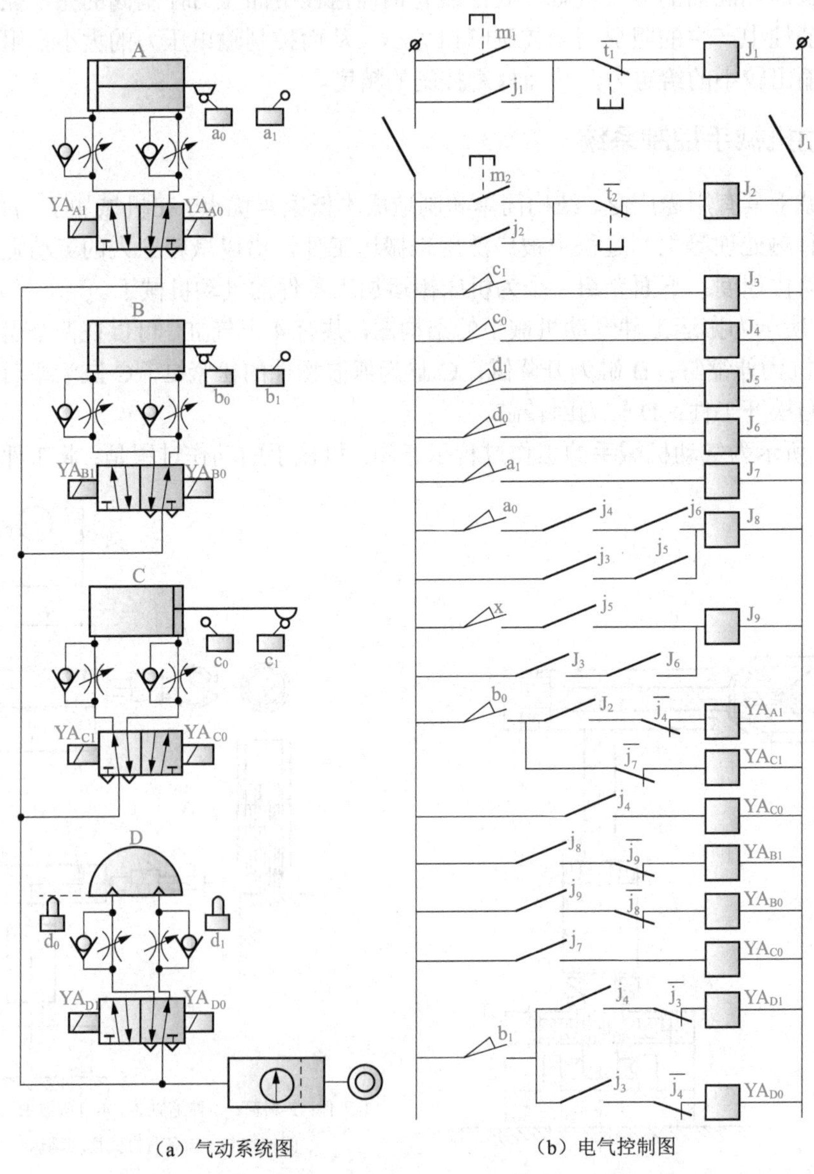

（a）气动系统图　　（b）电气控制图

图 8-19　搬运工件气动机械手的气动系统和电气控制图

8.6　工程应用案例：挖掘机的液压系统

液压挖掘机是一种多功能机械，被广泛应用于水利工程、交通运输、电力工程和矿山采掘等机械施工中，它可以减轻繁重的体力劳动，保证工程质量，在加快建设速度以及提高劳动生产率方面起着十分重要的作用。由于液压挖掘机具有多品种、多功能、高质量及高效率等特点，因此受到了广大施工作业单位的青睐。

图 8-20　液压挖掘机

液压挖掘机（图 8-20）的液压系统都是由一些基本回路和辅助回路组成，它们包括限压回路、卸荷回路、缓冲回路、节流调速和节流限速回路、行走限速回路、支腿顺序回路、支腿锁止回路和先导阀操纵回路等，由它们构成具有各种功能的液压系统。按照挖掘机工作装置和各个机构的传动要求，把各种液压元件用管路有机连接起来的组合体，称为挖掘机的液压系统。其功能是，以油液为工作介质，利用液压泵将发动机的机械能转变为液压能并进行传送，然后通过液压缸和液压马达等将液压能转化为机械能，实现挖掘机的各种动作。

1. 液压挖掘机液压系统的基本要求

液压挖掘机的动作复杂，需要机构经常启动、制动、换向、负载变化大，冲击和振动频繁，而且野外作业时，温度和地理位置变化大，因此根据挖掘机的工作特点和环境特点，液压系统应满足如下要求：

（1）要保证挖掘机动臂、斗杆和铲斗可以各自单独动作，也可以互相配合实现复合动作。

（2）工作装置的动作和转台的回转既能单独进行，又能复合动作，以提高挖掘机的生产率。

（3）履带式挖掘机的左、右履带分别驱动，使挖掘机行走方便、转向灵活，并且可就地转向，以提高挖掘机的灵活性。

（4）保证挖掘机的一切动作可逆，且无级变速。

（5）保证挖掘机工作安全可靠，且各执行元件（液压缸、液压马达等）有良好的过载保护；回转机构和行走装置有可靠的制动和限速；防止动臂因自重而快带下降和整机超速溜坡。

为此，液压系统应做到：

（1）有高的传动效率，以充分发挥发动机的动力性和燃料使用经济性。

（2）液压系统和液压元件在负载变化大、急剧的振动冲击作用下，具有足够的可靠性。

（3）装备轻便耐振的冷却器，减少系统总发热量，使主机持续工作时液压油温不超过 80℃，或温升不超过 45℃。

（4）由于挖掘机作业现场尘土多，液压油容易被污染，因此液压系统的密封性能要好，液压元件对油液污染的敏感性低，整个液压系统要设置滤油器和防尘装置。

（5）采用液压或电液伺服操纵装置，以便挖掘机设置自动控制系统，进而提高挖掘机技术性能和减轻司机的劳动强度。

2. 液压挖掘机液压系统的基本类型

液压挖掘机液压系统大致上有定量系统、变量系统和定量-变量复合系统等三种类型。

在液压挖掘机采用的定量系统中，其流量不变，即流量不随外载荷而变化，通常依靠节流来调节速度。根据定量系统中油泵和回路的数量及组合形式，分为单泵单回路定量系统、双泵单回路定量系统、双泵双回路定量系统及多泵多回路定量系统等。

在液压挖掘机采用的变量系统中，通过容积变量来实现无级调速，其调速方式有 3 种：变量泵-定量马达调速、定量泵-变量马达调速和变量泵-变量马达调速。

单斗液压挖掘机的变量系统多采用变量泵-定量马达的组合方式实现无级变量，且都是双泵双回路。根据两个回路的变量有无关联，分为分功率变量系统和全功率变量系统两种。分功率变量系统的每个油泵各有一个功率调节机构，油泵的流量变化只受自身所在回路压力变化的影响，与另一回路的压力变化无关，即两个回路的油泵各自独立地进行恒功率调节变量，两个油泵各自拥有一半发动机输出功率。全功率变量系统中的两个油泵由一个总功率调节机构进行平衡调节，使两个油泵的摆角始终相同，同步变量、流量相等。决定流量变化的是系统的总压力，两个油泵的功率在变量范围内是不相同的。其调节机构有机械联动式和液压联动式两种形式。

3. YW-100 型单斗液压挖掘机液压系统

国产 YW-100 型履带式单斗液压挖掘机的工作装置、行走机构、回转装置等均采用液压驱动，其液压系统如图 8-21 所示。

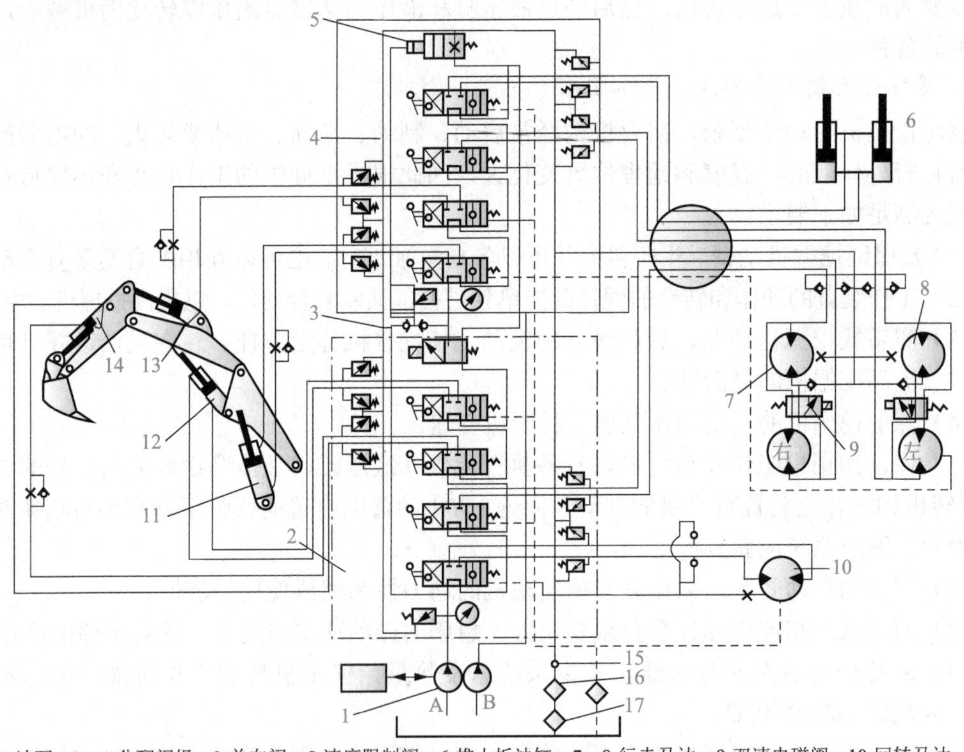

1-油泵；2、4-分配阀组；3-单向阀；5-速度限制阀；6-推土板油缸；7、8-行走马达；9-双速电磁阀；10-回转马达；11-动臂油缸；12-辅助油缸；13-斗杆油缸；14-铲斗油缸；15-背压阀；16-冷却器；17-滤油器

图 8-21 YW-100 型履带式单斗挖掘机液压系统

该挖掘机液压系统采用双泵双向回路定量系统，由两个独立的回路组成。所用的油泵 1 为双联泵，分为 A、B 两泵。八联多路换向阀分为两组，每组中的四联换向阀组为串联油路。

油泵A输出的压力进入第一组多路换向阀，驱动回转马达、铲斗油缸、辅助油缸，并经中央回转接头驱动右行走马达7。该组执行元件不工作时油泵A输出的压力油经第一组多路换向阀中的合流阀进入第二组多路换向阀，以加快动臂或斗杆的工作速度。油泵B输出的压力油进入第二组多路换向阀，驱动动臂油缸、斗杆油缸，并经中央回转接头驱动左行走马达8和推土板油缸6。

该液压系统中两组多种换向阀均采用串联油路，其回油路并联，油液通过第二组多路换向阀中的速度限制阀5流向油箱。速度限制阀的液控口作用着由梭阀提供的A、B两油泵的最大压力，当挖掘机下坡行走出现超速情况时，油泵出口压力降低，速度限制阀自动对回油进行节流，防止溜坡现象，保证挖掘机行驶安全。

除在左、右行走马达内部除设有补油阀外，还设有双速电磁阀9，当双速电磁阀在图示位置时马达内部的两排柱塞构成串联油路，此时为高速；当双速电磁阀通电后，马达内部的两排柱塞呈并联状态，马达排量大、转速降低，使挖掘机的驱动力增大。

为了防止动臂、斗杆、铲斗等因自重而超速降落，其回路中均设有单向节流阀。另外，两组多路换向阀的进油路中设有安全阀，以限制系统的最大压力；在各执行元件的分支油路中均设有过载阀，吸收工作装置的冲击；油路中还设有单向阀，以防止油液的倒流，阻断执行元件的冲击振动向油泵的传递。

YW-100型履带式单斗液压挖掘机除了主油路外，还有如下低压油路：

（1）排灌油路。将背压油路中的低压油，经节流降压后供给液压马达壳体内部，使其保持一定的循环油量，及时冲洗磨损产物。同时回油温度较高，可对液压马达进行预热，避免环境温度较低时工作液体对液压马达形成“热冲击”。

（2）泄油回路。将多路换向阀和液压马达的泄漏油液用油管集中起来，通过五通接头和滤油器流回油箱。该回路无背压以减少外漏。液压系统出现故障时可通过检查泄漏油路滤油器，判定是否属于液压马达磨损引起的故障。

（3）补油油路。该液压系统中的回油经背压阀流回油箱，并产生0.8～1.0MPa的补油压力，形成背压油路，以便在液压马达制动或出现超速时，背压油路中的油液经补油阀向液压马达补油，以防止液压马达内部的柱塞滚轮脱离导轨表面。

该液压系统采用定量泵，效率较低、发热量大。为了防止液压系统过大的温升，在回油路中设置强制风冷式散热器，将油温控制在80℃以下。

练　习　题

8-1　怎样阅读、分析一个复杂的液压系统？

8-2　图8-6所示的动力滑台液压系统由哪些基本回路组成？是如何实现差动连接的？采用行程阀进行快、慢速度的转换，有何特点？液控顺序阀4起什么作用？

8-3　图8-12所示的SZ-250A型注塑机液压系统是如何实现多级压力控制的？系统中的行程阀V_4、背压阀V_{14}各起什么作用？写出其动作循环6防流延的主油路。

8-4　如题8-4图所示为车床液压系统图及工作循环图，填好如下电磁铁动作顺序表（题8-4表）。通电用“+”表示，不通电用“–”表示。并说明该系统的主要特点。

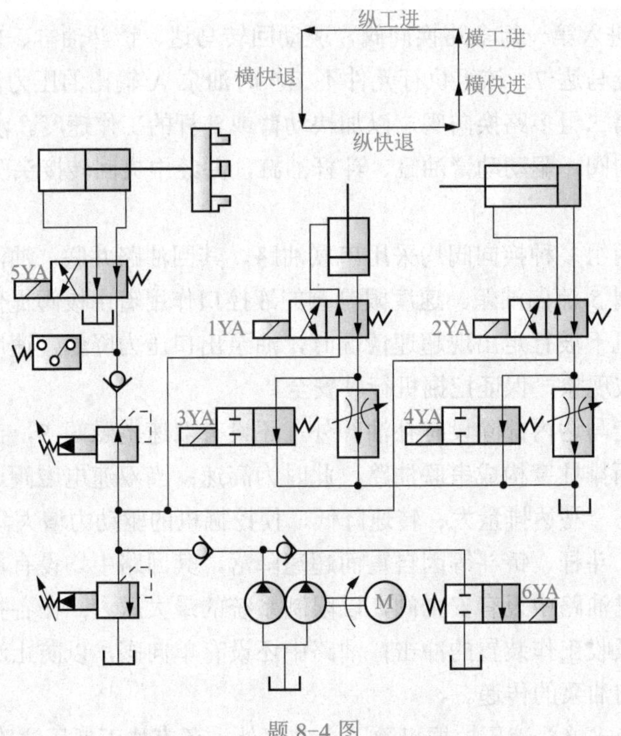

题 8-4 图

题 8-4 表　**电磁铁动作顺序表**

工作循环		电磁铁通电					
		1YA	2YA	3YA	4YA	5YA	6YA
1	装件夹紧						
2	横快进						
3	横工进						
4	纵快进						
5	纵工进						
6	纵快退						
7	横快退						
8	卸下工件						

8-5　如题 8-5 图所示是压力机液压系统，可以实现“快进→工进→停留→快退→停止”的动作循环。试读此系统图并写出：

（1）各元件的名称和功用；

（2）各动作的油液流动情况及工作循环表。

8-6　如题 8-6 图所示为某一组合机床液压传动系统原理图。试根据其动作循环图填写液压系统的电磁铁动作顺序表，说明此系统由哪些基本回路组成。

8-7　试写出如题 8-7 图示液压系统的工作循环表，标出各元件的名称及其作用，并评述这个液压系统的特点。

8-8　如题 8-8 图所示是一台专用铣床液压系统原理图，请标出各元件的名称，并分析每个动作的油路情况及相应的电磁铁动作顺序。

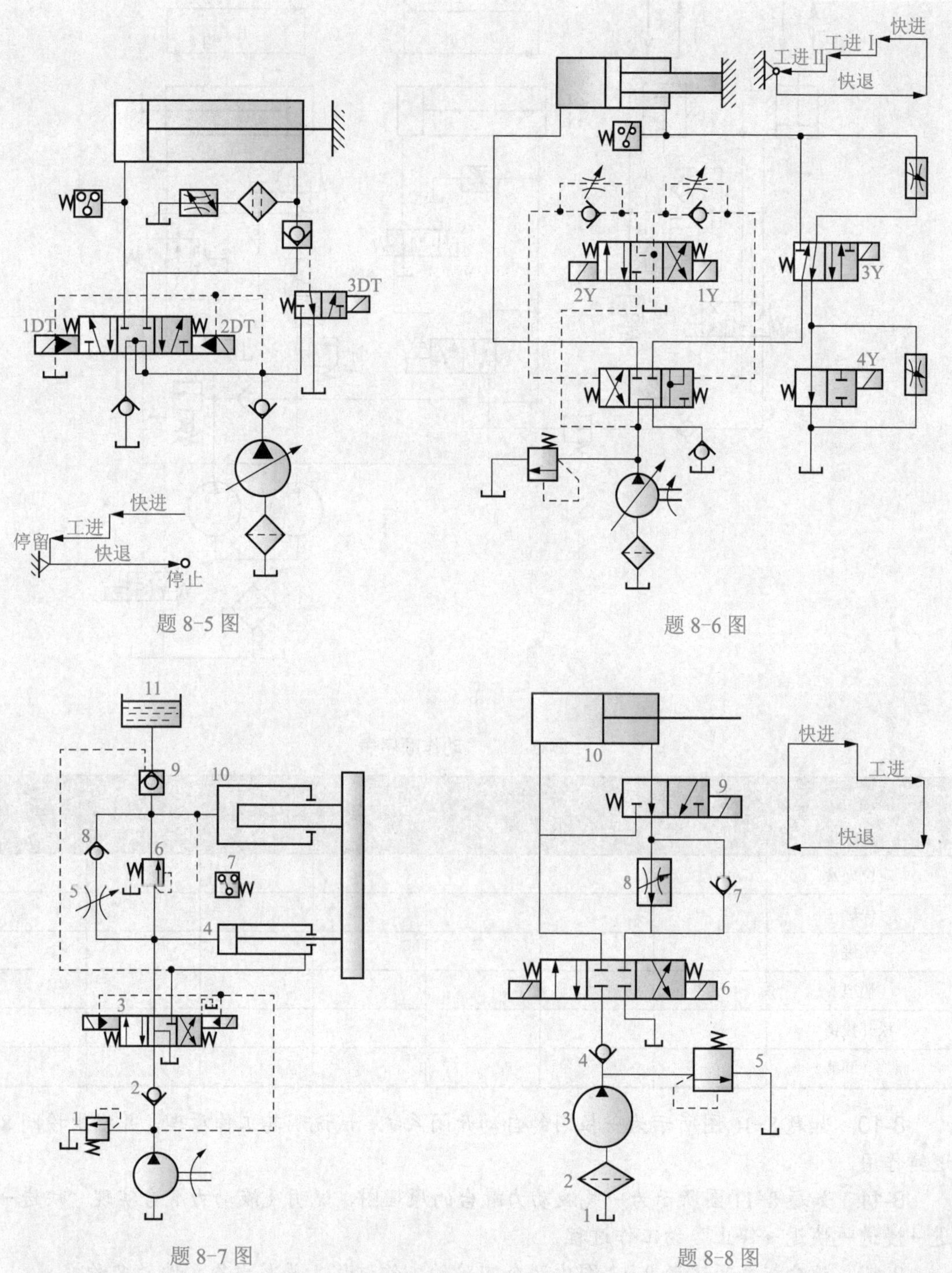

题 8-5 图　　题 8-6 图

题 8-7 图　　题 8-8 图

8-9　试将如题 8-9 图示液压系统图中的动作顺序表（题 8-9 表）填写完整，并分析讨论系统的特点。

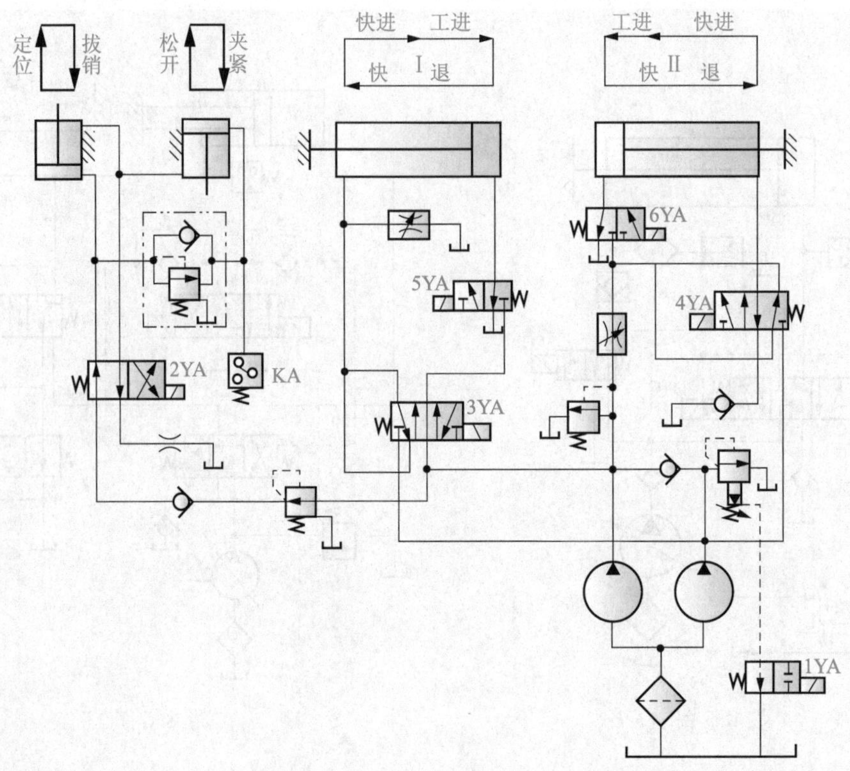

题 8-9 图

题 8-9 表　**动作顺序表**

动作名称	电气元件状态						
	1YA	2YA	3YA	4YA	5YA	6YA	KA
定位夹紧							
快进							
工进							
快退							
松开拔销							
原位（卸荷）							

8-10　如题 8-10 图所示为一拉门的自动开闭系统，试说明其工作原理，并指出梭阀 8 的逻辑作用。

8-11　如题 8-11 图所示为一气液动力滑台的原理图，说明气液动力滑台实现“快进→工进→慢进→快退→停止”的工作过程。

8-12　试分析并简述题 8-12 图中两个回路的工作过程，并写出各元件的名称。

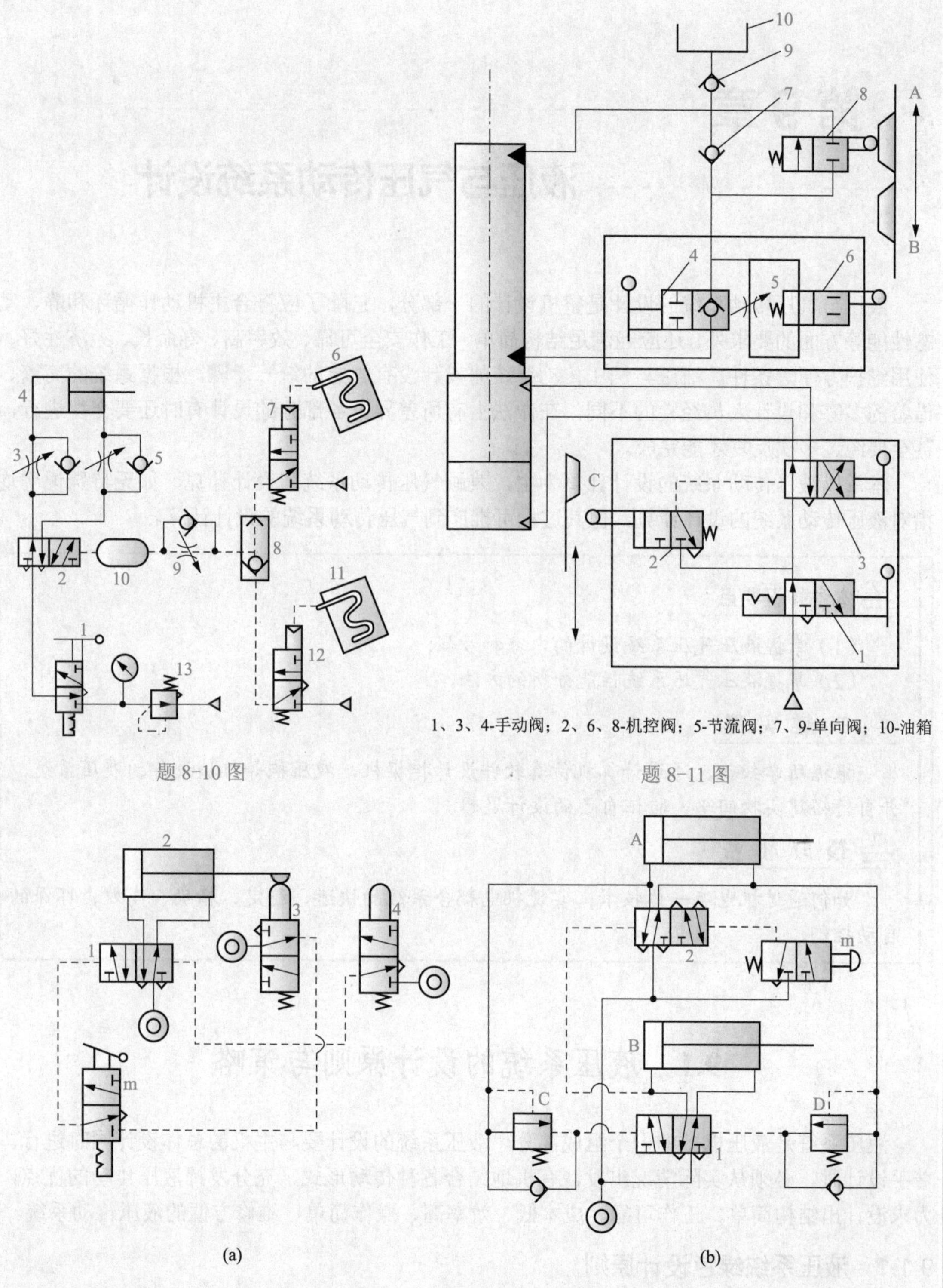

题 8-10 图

题 8-11 图

(a)

(b)

题 8-12 图

第9章 液压与气压传动系统设计

液压与气压传动系统的设计是整机设计的一部分，它除了应符合主机动作循环和静、动态性能等方面的要求外，还应当满足结构简单、工作安全可靠、效率高、寿命长、经济性好、使用维护方便等条件。液压与气压传动系统的设计没有固定的统一步骤，根据系统的简繁、借鉴的多寡和设计人员经验的不同，在做法上有所差异。各部分的设计有时还要交替进行，甚至要经过多次反复才能完成。

本章以液压传动系统的设计计算为主，兼顾气压传动系统的设计计算，如无特殊说明均指对液压传动系统的设计计算，但其过程可推广到气压传动系统的设计计算。

本章知识要点

（1）掌握液压气压系统设计的内容和步骤；
（2）掌握液压气压系统性能分析的方法。

兴趣实践

根据所学知识，通过计算机仿真软件设计挖掘机、液压机等机械设备的液压系统，并自行搭建实物回路，验证自己的设计思想。

预习准备

如何通过机电液一体技术，实现机电耦合系统的快速、稳定、精确、高效、环保的自动控制。

9.1 液压系统的设计原则与策略

液压系统是液压机械的一个组成部分，液压系统的设计要与主机的总体设计同时进行。着手设计时，必须从实际情况出发，有机地结合各种传动形式，充分发挥液压传动的优点，力求设计出结构简单、工作可靠、成本低、效率高、操作简单、维修方便的液压传动系统。

9.1.1 液压系统绿色设计原则

液压系统绿色设计原则是在传统液压系统设计中通常依据的技术原则、成本原则和人机工程学原则的基础上纳入环境原则，并将环境原则置于优先考虑地位。液压系统的绿色设计原则可概括如下：

（1）资源最佳利用率原则。少用短缺或稀有的原材料，尽量寻找其代用材料，多用余料或回收材料为原材料；提高系统的可靠性和使用寿命；尽量减少产品中材料的种类，以利于产品废弃后有效回收。

（2）能量损耗最少原则。尽量采用相容性好的材料，不采用难以回收或不能回收的材料，在保证产品耐用的基础上，赋予产品合理的使用寿命，努力减少产品使用过程中的能量消耗。

（3）零污染原则。尽量减少或不用有毒有害的原材料。

（4）技术先进性原则。优化系统性能，在系统设计中树立“小而精”的思想，简化产品结构，提倡“简而美”的设计原则；采用模块化设计，既有利于产品的装配、拆卸，又便于废弃后的回收处理；在设计过程中注重产品的多品种及系列化；采用合理工艺，简化产品加工流程，减少加工工序，简化拆卸过程；尽可能简化产品包装且避免产生二次污染。

（5）整体效益原则。考虑系统对环境产生的附加影响，提供有关产品组成的信息，如材料类型、液压油型号及其回收再生性能。

9.1.2　液压系统绿色设计策略

1．工作介质污染控制

在产品设计过程中应本着预防为主、治理为辅的原则，充分考虑如何消除污染源，从根本上防止污染。应尽量使用高黏度的工作油，减少泄漏；尽快实现工程机械传动装置的工作介质绿色化，采用无毒素液压油；开发液压油的回收再利用技术；研制工作介质绿色添加剂等。

2．液压系统噪声控制

液压系统噪声是对工作环境的一种污染，分为机械噪声和流体噪声。在液压系统中，电动机、液压泵和液压马达等的转速都很高，如果它们的转动部件不平衡，就会产生周期性的不平衡力，引起转轴的弯曲振动。这种振动传到油箱和管路时，会因共振而发出很大的噪声，应对转子进行动平衡试验，且在产品设计时应注意防止其产生共振。机械噪声还包括机械零件缺陷和装配不合格而引起的高频噪声。因此，必须严格保证制造和安装的质量，产品结构设计应科学合理。

在液压系统噪声中，流体噪声占相当大的比例，这种噪声是由油液的流速、压力的突变、流量的周期性变化以及泵的困油、气穴等原因引起的。液压回路的管路和阀类元件对液压脉动产品反射作用，在回路中产生波动，与泵发生共振，也会产生噪声。

3．液压元件的连接与拆卸性的设计

液压系统设计应尽量提高液压系统的集成度，采用的原则是对多个元件的功能进行优化组合，实现系统的模块化，并尽可能使液压回路的结构紧凑，如减小液压元件间的连接，设计易于拆卸的元件等。

为了使液压系统结构更紧凑，根据其安装形式的不同，阀类元件可制成各种结构形式，提高装配性和可拆卸性。

4．液压系统的节能设计

液压系统的节能设计不但要保证系统的输出功率要求，还要保证尽可能经济、有效地利用能量，达到高效、可靠运行的目的，液压系统的功率损失会使系统的总效率下降、油温升高、油液变质，导致液压设备发生故障。因此，设计液压系统时必须多途径地降低系统的功

率损失。

采用各种现代液压技术是提高液压系统效率、降低能耗的重要手段，如压力补偿控制、负载感应控制及功率协调系统等，采用定量泵+比例换向阀、多联泵（定量泵）+比例节流溢流阀的系统，效率可以提高 28%～45%，采用定量泵增速液压缸的液压回路，系统中的溢流阀起安全保护作用，并且无溢流损失，供油压力始终随负载而变，这种回路具有容积调速以及压力自动适应的特性，能使系统效率明显提高。

9.2 液压系统的设计内容与步骤

液压传动系统设计的基本内容和一般流程如下：

（1）明确对液压系统的设计要求；

（2）分析主机工况，确定液压系统的主要参数；

（3）进行方案设计，初拟液压系统原理图；

（4）计算和选择液压元件；

（5）验算液压系统的性能；

（6）绘制正式系统工作图，编制技术文件。

9.2.1 明确设计要求

液压系统的设计必须能全面满足主机的各项功能和技术性能。因此，首先要了解主机设计人员对液压部分提出的要求。一般应明确以下要点：

（1）主机的用途、类型、工艺过程及总体布局，要求用液压传动完成的动作和空间位置的限制；

（2）对液压系统动作和性能的要求，如工作循环、运动方式（往复直线运动或旋转运动、同步、顺序或互锁等要求）、自动化程度、调速范围、运动平稳性和精度、负载状况、工作行程等；

（3）工作环境，如温度、湿度、污染、腐蚀及易燃等情况；

（4）其他要求，如可靠性、经济性等。

9.2.2 分析工况并确定主要参数

明确了液压系统的设计依据后，对主机的工作过程进行分析，即负载分析和运动分析，确定负载和速度在整个工作循环中的变化规律，然后即可计算执行元件的主要结构参数（指液压缸的有效工作面积或液压马达的排量），以及确定液压系统的主要参数——工作压力和最大流量。

1. 工况分析

主机工作过程中，其执行机构所要克服的负载包括工作负载（切削力、注射力、压力等）、惯性负载和阻力负载（摩擦力、密封阻力、背压阻力等）。各工作阶段的负载可按以下各式计算。

（1）启动阶段：

$$F = F_{fs} \pm F_G \tag{9-1}$$

（2）加速阶段：

$$F = F_{fd} \pm F_m \pm F_G \tag{9-2}$$

（3）恒速阶段：

$$F = \pm F_t \pm F_{fd} \pm F_G \tag{9-3}$$

（4）制动阶段：

$$F = \pm F_t \pm F_{fd} - F_m \pm F_G \tag{9-4}$$

式中，F_G为重力，若工作部件水平放置则$F_G = 0$；F_{fs}为静摩擦力，$F_{fs} = f_s F_n$，F_n为对支承面的正压力，f_s为静摩擦系数，一般$f_s \leqslant 0.2 \sim 0.3$；$F_{fd}$为动摩擦力，$F_{fd} = f_d F_n$，$f_d$为动摩擦系数，一般$f_d \leqslant 0.05 \sim 0.1$；$F_m$为惯性阻力，$F_m = ma = \dfrac{F_G}{g} \times \dfrac{\Delta v}{\Delta t}$，$\Delta t$为启动或制动时间，$\Delta v$为速度变化量；$F_t$为切削阻力。

另外，液压缸还有密封阻力、背压力等。根据各工作阶段内的负载和所经历时间，可绘制出负载循环图，如图 9-1（a）所示。同样，也可计算出执行机构在各阶段的运动速度，绘制出速度循环图，如图 9-1（b）所示。

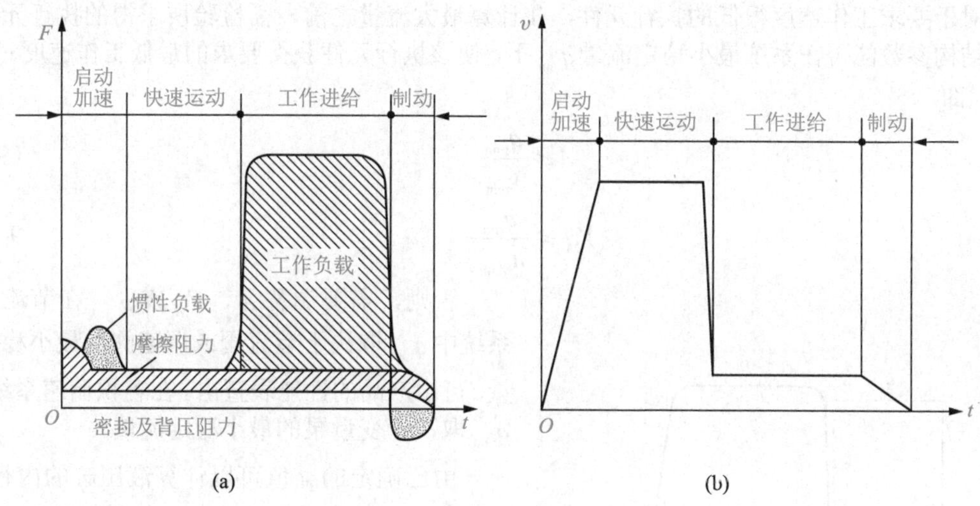

图 9-1　执行机构负载和速度循环图

2. 确定液压系统的主要参数

执行元件的工作压力可以根据负载循环图中的最大负载来选取，也可以根据主机的类型来确定，见表 9-1 和表 9-2。

表 9-1　按负载选择执行元件的工作压力

负载 F/kN	<5	5～10	10～20	20～30	30～50	>50
工作压力 p/MPa	<0.8～1.0	1.5～2.0	2.5～3.0	3.0～4.0	4.0～5.0	>5.0～7.0

表 9-2　各类主机常用工作压力

主机类型	精加工机床	半精加工机床	粗加工或重型机床	农业机械、小型工程机械	液压机、重型机械、大中型挖掘机械、起重运输机械
工作压力 p/MPa	0.8～2.0	3.0～5.0	5.0～10.0	10.0～16.0	20.0～32.0

最大流量由执行机构速度循环图中的最大速度计算出来，它与执行元件的结构参数有关。通常，按最大负载F_{max}或T_{max}和选取的工作压力，求出液压缸的有效工作面积A或液压马达的排量V_M，即

$$A=\frac{F_{max}}{p\eta_m} \tag{9-5}$$

$$V_M=\frac{2\pi T_{max}}{p\eta_m} \tag{9-6}$$

式中，p为选取的系统工作压力；η_m为泵或马达的机械效率。

液压缸或液压马达的最大流量可由式（9-7）或式（9-8）计算：

$$q_{max}=Av_{max} \tag{9-7}$$

$$q_{max}=V_M n_{max} \tag{9-8}$$

式中，v_{max}为液压缸的最大速度；n_{max}为液压马达的最大转速。

对于要求工作速度很低的执行元件，在计算最大流量之前，需检验所求得的执行元件的主要结构参数能否在系统最小稳定流量q_{min}下，使该执行元件获得要求的最低工作速度v_{min}或n_{min}，即

$$A\geqslant\frac{q_{min}}{v_{min}} \tag{9-9}$$

$$V_M\geqslant\frac{q_{min}}{n_{M\,min}} \tag{9-10}$$

否则，需要调整A、V_M或p。在节流调速系统中q_{min}取决于节流阀或调速阀的最小稳定流量，可由产品的性能表查出。在容积调速系统中，q_{min}取决于变量泵的最小稳定流量。

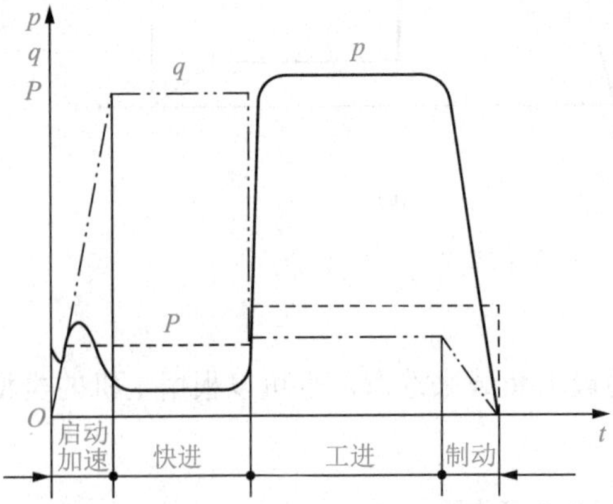

由已确定的A值可以计算液压缸的内径D，再参考有关手册，根据系统工作压力或液压缸往复运动速比或活塞杆的受力情况（受拉力或压力）计算活塞杆的直径d，计算出的D和d最后还必须圆整成国家标准所规定的标准规格数值。

图 9-2 执行元件工况图

各液压执行元件的主要结构参数确定之后，即可根据负载循环图、速度循环图以及A和V_M作出各执行元件的工况图（图 9-2）。最后还需将各个执行元件的q-t图、p-t图综合叠加，归并成整个液压系统的工况图，以显示出整个工作循环中系统压力、流量和功率的最大值以及在不同工作阶段的分布情况，作为后续步骤中进行方案设计、选择液压元件等的依据之一。

9.2.3 液压系统原理图的确定

方案设计及初拟液压系统原理图是整个液压系统设计中的重要步骤。它具体体现了主机对液压系统提出的各项要求。主要工作包括两项内容：一是根据对液压系统的各项要求，选择液压回路，进行方案设计；二是把选出的液压回路有机地组成液压系统。

1. 选择液压回路基本控制方案

选择液压回路时既要考虑调速、压力控制、换向、顺序或同步动作、互锁等，还要考虑节省能源，提高效率，减少发热，安全可靠，减少冲击等问题。

1）制定调速方案

液压执行元件确定之后，其运动方向和运动速度的控制是拟定液压回路的核心问题。

方向控制用换向阀或逻辑控制单元来实现。对于一般中小流量的液压系统，大多通过换向阀的有机组合来实现所要求的动作。对于高压大流量的液压系统，现多采用插装阀与先导控制阀的逻辑组合来实现。

速度控制通过改变液压执行元件输入或输出的流量或者利用密封空间的容积变化来实现。相应的调整方式有节流调速、容积调速以及二者的结合——容积节流调速。

节流调速一般采用定量泵供油，用流量控制阀改变输入或输出液压执行元件的流量来调节速度。此种调速方式结构简单，但由于这种系统必须采用溢流阀，故效率低，发热量大，多用于功率不大的场合。

容积调速是靠改变液压泵或液压马达的排量来达到调速的目的。其优点是没有溢流损失和节流损失，效率较高。但为了散热和补充泄漏，需要有辅助泵。此种调速方式适用于功率大、运动速度高的液压系统。

容积节流调速一般是用变量泵供油，用流量控制阀调节输入或输出液压执行元件的流量，并使其供油量与需油量相适应。此种调速回路效率也较高，速度稳定性较好，但其结构比较复杂。节流调速又分别有进油节流、回油节流和旁路节流 3 种形式。进油节流启动冲击较小，回油节流常用于有负载荷的场合，旁路节流多用于高速。调速回路一经确定，回路的循环形式也就随之确定了。节流调速一般采用开式循环形式。在开式系统中，液压泵从油箱吸油，压力油流经系统释放能量后，再排回油箱。开式回路结构简单，散热性好，但油箱体积大，容易混入空气。容积调速大多采用闭式循环形式。闭式系统中，液压泵的吸油口直接与执行元件的排油口相通，形成一个封闭的循环回路。其结构紧凑，但散热条件差。

2）制定压力控制方案

液压执行元件工作时，要求系统保持一定的工作压力或在一定压力范围内工作，也有的需要多级或无级连续地调节压力。一般在节流调速系统中，通常由定量泵供油，用溢流阀调节所需压力，并保持恒定。在容积调速系统中，用变量泵供油，用安全阀起安全保护作用。

在有些液压系统中，有时需要流量不大的高压油，这时可考虑用增压回路得到高压，而不用单设高压泵。液压执行元件在工作循环中，在某段时间不需要供油，而又不便停泵的情况下，需考虑选择卸荷回路。在系统的某个局部，工作压力需低于主油源压力时，要考虑采用减压回路来获得所需的工作压力。

3）制定顺序动作方案

主机各执行机构的顺序动作，根据设备类型不同，有的按固定程序运行，有的则是随机的或人为的。工程机械的操纵机构多为手动，一般用手动的多路换向阀控制。加工机械的各执行机构的顺序动作多采用行程控制，当工作部件移动到一定位置时，通过电气行程开关发出电信号给电磁铁推动电磁阀或直接压下行程阀来控制接续的动作。行程开关安装比较方便，而用行程阀需连接相应的油路，因此只适用于管路连接比较方便的场合。

另外，还有时间控制、压力控制等。例如，液压泵无载启动，经过一段时间，当泵正常运转后，延时继电器发出电信号使卸荷阀关闭，建立起正常的工作压力。压力控制多用在带有液压夹具的机床、挤压机、压力机等场合。当某一执行元件完成预定动作时，回路中的压力达到一定的数值，通过压力继电器发出电信号或打开顺序阀使压力油来启动下一个动作。

4）选择液压动力源

液压系统的工作介质完全由液压源提供，液压源的核心是液压泵。节流调速系统一般用定量泵供油，在无其他辅助油源的情况下，液压泵的供油量要大于系统的需油量，多余的油经溢流阀流回油箱，溢流阀同时起到控制并稳定油源压力的作用。容积调速系统多数是用变量泵供油，用安全阀限定系统的最高压力。

为节省能源提高效率，液压泵的供油量要尽量与系统所需流量相匹配。对于在工作循环各阶段中系统所需油量相差较大的情况，一般采用多泵供油或变量泵供油。对于长时间所需流量较小的情况，可增设蓄能器作为辅助油源。

油液的净化装置是液压源中不可缺少的。一般泵的入口要装有粗过滤器，进入系统的油液根据被保护元件的要求，通过相应的精过滤器再次过滤。为防止系统中杂质流回油箱，可在回油路上设置磁性过滤器或其他形式的过滤器。根据液压设备所处环境及对温升的要求，还要考虑加热、冷却等措施。

2. 初拟液压系统原理图

将选定的各液压回路组合、归并在一起，再加上一些辅助元件或回路，就初步形成了液压系统原理图。在合成液压系统原理图时应注意以下几点：

（1）尽可能合并作用相同或相近的多余元件；

（2）消除回路合并可能带来的相互干扰；

（3）对于可靠性要求很高的主机，在液压系统中设置必要的备用元件或备用回路；

（4）尽量采用标准元件，减少制造周期和成本；

（5）为了便于调整和检修，在需要检测系统参数的地方设置工艺接头以便安装检测仪器。

整机的液压系统图由拟定好的控制回路及液压源组合而成。各回路相互组合时要去掉重复多余的元件，力求系统结构简单；注意各元件间的连锁关系，避免误动作发生；要尽量减少能量损失环节，提高系统的工作效率。

为便于液压系统的维护和监测，在系统中的主要路段要装设必要的检测元件（如压力表、温度计等）。大型设备的关键部位，要附设备用件，以便意外事件发生时能迅速更换，保证主机连续工作。

各液压元件尽量采用国产标准件，在图中要按国家标准规定的液压元件职能符号的常态位置绘制。对于自行设计的非标准元件可用结构原理图绘制。系统图中应注明各液压执行元件的名称和动作，注明各液压元件的序号以及各电磁铁的代号，并附有电磁铁、行程阀及其他控制元件的动作表。

9.2.4 液压元件的计算与选择

液压元件的选择通常是由诸因素共同决定的：①参考同类设备；②系统所需要的最高压力和最大流量；③对稳态功率以及整个运动过程的考虑；④可供选用的液压元件及其成本。

1. 液压泵及电动机的选择

首先，确定液压泵的最大工作压力为

$$p_p = p_1 + \sum \Delta p \tag{9-11}$$

式中，p_1为执行元件的最高工作压力，由其工况图得到；$\sum \Delta p$为油液流经执行元件进油路上各液压元件及管路的总压力损失。

在整个液压系统尚未组成前，$\sum\Delta p$ 的取值可估算，也可以按经验资料估计。例如，对于简单的系统取 $p = 0.2\sim0.5\text{MPa}$；对于复杂的系统取 $\sum\Delta p = 0.5\sim1.5\text{MPa}$。当执行元件的最大工作压力出现在其停止运动状态（如保压、夹紧等）时，则取 $\sum\Delta p = 0$。

其次，根据系统工况图中的最大流量 $q_{\max}$ 确定液压泵的最大供油量为

$$q_{\mathrm{p}} \geqslant kq_{\max} \tag{9-12}$$

对于工作过程始终处于节流调速状态的系统，在确定液压泵的最大供油量时，尚需考虑溢流阀的最小稳定溢流量，其一般为溢流阀额定流量的 15%以上。

对于采用差动液压缸的系统，液压泵的供油量为

$$q_{\mathrm{p}} \geqslant k(A_1 - A_2)v_{\max} \tag{9-13}$$

对于采用蓄能器共同供油的系统，液压泵的最大供油量可由系统一个工作循环中的平均流量确定，即

$$q_{\mathrm{p}} \geqslant k\frac{\sum V_i}{T} \tag{9-14}$$

式中，k 为考虑系统泄漏的修正系数，一般取 1.1～1.3；A_1、A_2 为差动液压缸无杆腔、有杆腔的有效面积；$v_{\max}$ 为差动连接时活塞或液压缸的运动速度；V_i 为系统在一个工作循环中第 i 个阶段内所需的供油量；T 为一个工作循环的时间。

根据设计要求和系统工况可确定液压泵的类型，然后按上面计算出的 p_{p} 和 q_{p}，参照产品样本即可选择液压泵的规格型号。考虑到动态压力超调，并确保泵有足够的使用寿命，应使液压泵具有一定的压力储备，从产品样本中选择的泵的额定压力应比 p_{p} 高出 25%～60%，其额定流量则只需与 q_{p} 相当。驱动液压泵所需的电动机功率可直接从泵的产品样本上查出，然后结合泵的转速选择电动机。液压泵的驱动功率也可以根据具体工况计算出来。

若在整个工作循环中，液压泵的工作压力和流量比较恒定，则液压泵的驱动功率为

$$P_{\mathrm{p}} = \frac{p_{\mathrm{p}}q_{\mathrm{p}}}{\eta} \tag{9-15}$$

式中，p_{p} 为液压泵的最大工作压力；q_{p} 为液压泵的输出流量；η 为液压泵的总效率，可由泵的产品样本中查出。

若一个工作循环中，液压泵的最大工作压力和流量变化较大，则需分别计算出工作循环中各个阶段所需的驱动功率，然后按下式求出平均驱动功率：

$$P_{\mathrm{Pa}} = \sqrt{\frac{P_1^2t_1 + P_2^2t_2 + \cdots + P_n^2t_n}{t_1 + t_2 + \cdots + t_n}} \tag{9-16}$$

式中，P_1，P_2，…，P_n 为一个工作循环中各个阶段所需的驱动功率；t_1，t_2，…，t_n 为一个工作循环中各个阶段所需的时间。

按平均驱动功率选择电动机时，应将求得的 P_{pa} 值与整个工作循环中所需的最大驱动功率进行比较，核算短期超载量是否在允许的范围之内。

2. 控制阀的选择

各种控制阀的规格型号按该阀所在油路的最大工作压力和流经此油路的最大流量选定，即各种阀的额定压力和额定流量应与上述压力和流量相接近。必要时可允许阀最大通过流量超过其额定流量的 20%。此外，需确定液压阀的安装方式。液压阀可分为管式阀、板式阀和

叠加阀等。

管式阀是靠螺纹管接头将阀的各进出油口直接与系统管路相连接，如图 9-3 所示。

板式阀有两种连接安装方式，如图 9-4 所示为采用安装底板的板式连接结构，图 9-5 所示为采用集成块的另一种板式连接结构。

叠加阀安装连接（图 9-6）是板式阀集成块安装连接的一种新型发展趋势，用于液压阀的集成化。阀与阀之间无须任何中间连接体，阀体本身就起到了连接板和油路通道的作用。

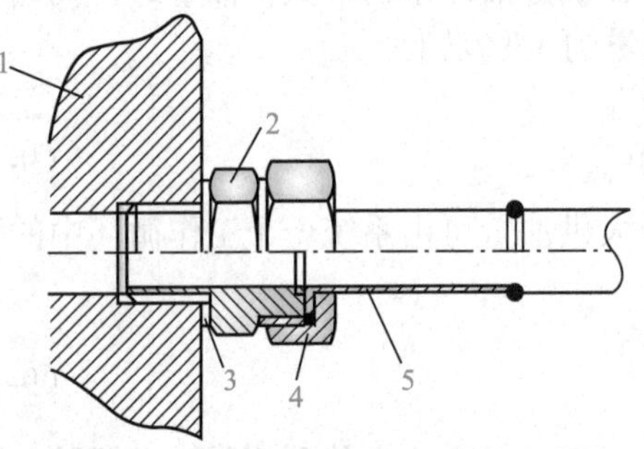

1-管式阀；2-管接头；3-密封圈；4-螺母；5-接管

图 9-3　管式连接结构

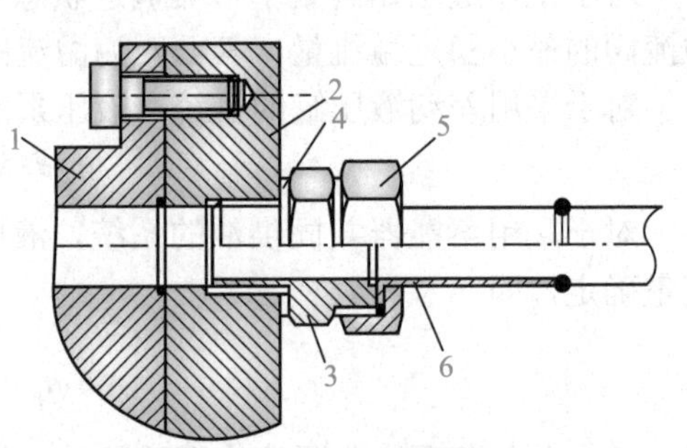

1-板式阀；2-底板；3-管接头；4-密封圈；5-螺母；6-接头

图 9-4　采用安装底板的板式连接结构

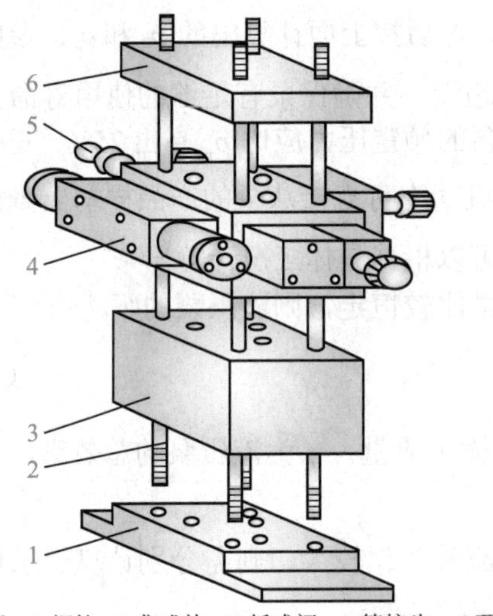

1-底板；2-螺栓；3-集成块；4-板式阀；5-管接头；6-顶盖

图 9-5　板式阀用集成块连接

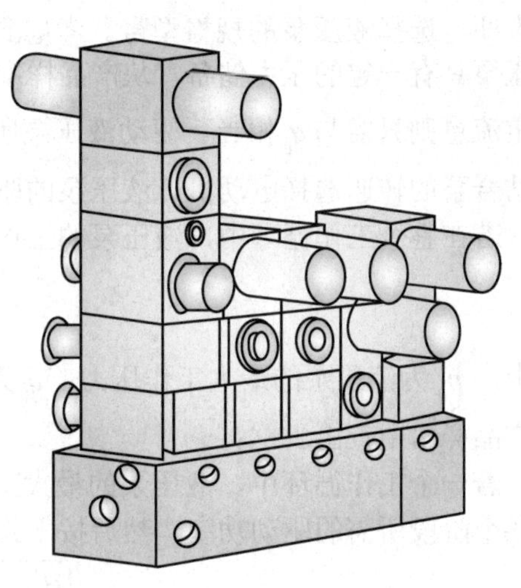

图 9-6　叠加阀安装连接

3. 液压辅件选择计算

1）蓄能器的选择

根据蓄能器在液压系统中的功用确定其类型和主要参数。

（1）液压执行元件短时间快速运动，由蓄能器来补充供油，其有效工作容积为

$$\Delta V = \sum A_i l_i K - q_p t \tag{9-17}$$

式中，A_i 为液压缸有效作用面积；l_i 为液压缸行程；K 为油液损失系数，一般取 K=1.2；q_p 为液压泵流量；t 为动作时间（s）。

（2）作为应急能源时，其有效工作容积为

$$\Delta V = \sum A_i l_i K \tag{9-18}$$

式中，$\sum A_i l_i$ 为要求应急动作液压缸总的工作容积。

有效工作容积算出后，根据有关蓄能器的相应计算公式，求出蓄能器的容积，再根据其他性能要求，即可确定所需蓄能器。

2）管道尺寸的确定

（1）管道内径 d 的计算：

$$d = \sqrt{\frac{4q}{\pi v}} \tag{9-19}$$

式中，q 为通过管道内的流量；v 为管内允许流速，见表 9-3。

表 9-3　允许流速推荐值

管　道	推荐流速/（m/s）
液压泵吸油管道	0.5～1.5，一般常取 1 以下
油压系统压油管道	3～6，压力高，管道短，黏度小取大值
油压系统回油管道	1.5～2.6

计算出内径 d 后，按标准系列选取相应的管子。

（2）管道壁厚 δ 的计算：

$$\delta = \frac{pd}{2[\sigma]} \tag{9-20}$$

式中，p 为管道内最高工作压力；d 为管道内径；$[\sigma]$ 为管道材料的许用应力，$[\sigma] = \frac{\sigma_b}{n}$，$\sigma_b$ 为管道材料的抗拉强度，n 为安全系数，对于钢管来说，当 p＜7MPa 时取 n=8，当 p＜17.5MPa 时取 n=6，当 p＞17.5MPa 时取 n=4。

3）油箱容量的确定

初设计时，先按式（9-21）确定油箱的容量，待系统确定后，再按散热的要求进行校核。油箱容量的经验公式为

$$V = aq_v \tag{9-21}$$

式中，q_v 为液压泵每分钟排出压力油的容积；a 为经验系数，见表 9-4。

表 9-4　经验系数

系统类型	行走机械	低压系统	中压系统	锻压机械	冶金机构
a	1～2	2～4	5～7	6～12	10

在确定油箱尺寸时，一方面要满足系统供油的要求，还要保证执行元件全部排油时，油箱不能溢出，以及系统中最大可能充满油时，油箱的油位不低于最低限度。

4）滤油器的选择

选择滤油器的依据有以下几点。

（1）承载能力：按系统管路工作压力确定。

（2）过滤精度：按被保护元件的精度要求确定，选择时可参阅表 9-5。

表 9-5　滤油器过滤精度的选择

系　统	过滤精度/μm	元　件	过滤精度/μm
低压系统	100～150	滑阀	1/3 最小间隙
70×10^5Pa 系统	50	节流孔	1/7 孔径（孔径小于 1.8mm）
100×10^5Pa 系统	25	流量控制阀	2.5～30
140×10^5Pa 系统	10～15	安全阀溢流阀	15～25
电液伺服系统	5		
高精度伺服系统	2.5		

（3）通流能力：按通过最大流量确定。

（4）阻力压降：应满足过滤材料强度与系数要求。

9.2.5　液压系统的性能验算及校核

液压系统初步设计是在某些估计参数情况下进行的，当各回路形式、液压元件及连接管路等完全确定后，针对实际情况对所设计的系统进行各项性能分析。对于一般液压传动系统来说，主要是进一步计算液压回路各段压力损失、容积损失及系统效率、压力冲击和发热温升等。根据分析计算发现问题，对某些不合理的设计要进行重新调整，或采取其他必要的措施。

1. 液压系统压力损失计算

压力损失包括管路的沿程损失Δp_1、管路的局部压力损失Δp_2和阀类元件的局部损失Δp_3，总的压力损失为

$$\Delta p = \Delta p_1 + \Delta p_2 + \Delta p_3 \tag{9-22}$$

$$\Delta p_1 = \lambda \frac{l}{d}\frac{v^2}{2}\rho, \quad \Delta p_2 = \varsigma \frac{v^2}{2}\rho, \quad \Delta p_3 = \Delta p_n \left(\frac{q}{q_n}\right)^2 \tag{9-23}$$

式中，l为管道的长度；d为管道内径；v为液流平均速度；ρ为油密度；λ为沿程阻力系数；ς为局部阻力系数；λ、ς的具体值可参考液压流体力学的有关内容；q_n为阀的额定流量；q为通过阀的实际流量；Δp_n为阀的额定压力损失，可从产品样本中查到。

对于泵到执行元件间的压力损失，如果计算出的Δp比选泵时估计的管路损失大得多时，应该重新调整泵及其他有关元件的规格尺寸等参数。

系统的调整压力为

$$p_{\mathrm{T}} \geqslant p_1 + \Delta p \tag{9-24}$$

式中，p_{T}为液压泵的工作压力或支路的调整压力；p_1为执行元件的最高工作压力。

2. 液压系统的发热温升计算

1）计算液压系统的发热功率

液压系统工作时，除执行元件驱动外载荷输出有效功率外，其余功率损失全部转化为热量，使油温升高。液压系统的功率损失主要有以下几种形式。

（1）液压泵的功率损失为

$$P_{\mathrm{h1}} = \frac{1}{T_{\mathrm{t}}}\sum_{i=1}^{z} P_{\mathrm{r}i}(1-\eta_{\mathrm{P}i})t_i \tag{9-25}$$

式中，T_{t}为工作循环周期；z为投入工作液压泵的台数；$P_{\mathrm{r}i}$为液压泵的输入功率；$\eta_{\mathrm{P}i}$为各台液压泵的总效率；t_i为第i台泵的工作时间。

（2）液压执行元件的功率损失为

$$P_{h2} = \frac{1}{T_t}\sum_{j=1}^{M} P_{rj}(1-\eta_j)t_j \tag{9-26}$$

式中，M 为液压执行元件的数量；P_{rj} 为液压执行元件的输入功率；η_j 为液压执行元件的效率；t_j 为第 j 个执行元件的工作时间。

（3）溢流阀的功率损失为

$$P_{h3} = p_y + q_y \tag{9-27}$$

式中，p_y 为溢流阀的调整压力；q_y 为经溢流阀流回油箱的流量。

（4）油液流经阀或管路的功率损失为

$$P_{h4} = \Delta pq \tag{9-28}$$

式中，Δp 为通过阀或管路的压力损失；q 为通过阀或管路的流量。

由以上各种损失构成了整个系统的功率损失，即液压系统的发热功率为

$$P_{hr} = P_{h1} + P_{h2} + P_{h3} + P_{h4} \tag{9-29}$$

式（9-29）适用于回路比较简单的液压系统，对于复杂系统，由于功率损失的环节太多，一一计算较麻烦，通常用式（9-30）计算液压系统的发热功率：

$$P_{hr} = P_r - P_c \tag{9-30}$$

式中，P_r 为液压系统的总输入功率；P_c 为输出的有效功率。其计算式为

$$P_r = \frac{1}{T_t}\sum_{i=1}^{z}\frac{p_i q_i t_i}{\eta_{Pi}} \tag{9-31}$$

$$P_c = \frac{1}{T_t}\left(\sum_{i=1}^{n} F_{Wi}s_i + \sum_{j=1}^{m} T_{Wj}\omega_j t_j\right) \tag{9-32}$$

式中，T_t 为工作周期；z、n、m 为分别为液压泵、液压缸、液压马达的数量；p_i、q_i、η_{Pi} 为第 i 台泵的实际输出压力、流量、效率；t_i 为第 i 台泵工作时间（s）；T_{Wj}、ω_j、t_j 为液压马达的外载转矩、转速、工作时间；F_{Wj}、s_i 为液压缸外载荷及驱动此载荷的行程。

2）计算液压系统的散热功率

液压系统的散热渠道主要是油箱表面，但当系统外接管路较长，而且计算发热功率时，也应考虑管路表面散热：

$$P_{hc} = (K_1A_1 + K_2A_2)\Delta T \tag{9-33}$$

式中，K_1 为油箱散热系数，见表 9-6；K_2 为管路散热系数，见表 9-7；A_1、A_2 为分别为油箱、管道的散热面积；ΔT 为油温与环境温度之差。

表 9-6　油箱散热系数 K_1

（W/（m²·℃））

冷却条件	K_1
通风条件很差	8～9
通风条件良好	15～17
用风扇冷却	23
循环水强制冷却	110～170

表 9-7　管道散热系数 K_2

（W/（m²·℃））

风速/（m/s）	管道外径/m		
	0.01	0.05	0.1
0	8	6	5
1	25	14	10
5	69	40	23

若系统达到热平衡，则 $P_{hr}=P_{hc}$，油温不再升高，此时，最大温差为

$$\Delta T=\frac{P_{hr}}{K_1A_1+K_2A_2} \tag{9-34}$$

若环境温度为 T_0，则油温 $T=T_0+\Delta T$。如果计算出的油温超过该液压设备允许的最高油温（各种机械允许油温见表 9-8），就要设法增大散热面积，在当油箱的散热面积不能加大，或加大一些也无济于事时，则需要装设冷却器。冷却器的散热面积为

$$A=\frac{P_{hr}-P_{hc}}{K\Delta t_m} \tag{9-35}$$

$$\Delta t_m=\frac{T_1+T_2}{2}-\frac{t_1+t_2}{2} \tag{9-36}$$

式中，K 为冷却器的散热系数，见液压设计手册有关散热器的散热系数；Δt_m 为平均温升；T_1、T_2 为液压油入口和出口温度；t_1、t_2 为冷却水或风的入口和出口温度。

表 9-8 各种机械设备允许油温

液压设备名称	正常工作油温	最高允许油温度	油及油箱的温升
机床	30～50	55～70	≤30～35
工程机械、矿山机械	50～80	70～90	≤35～40
数控机床	30～50	55～70	≤25
金属精加工机床	40～70	60～90	
机车车辆	40～60	70～80	
船舶	30～60	80～90	

3）根据散热要求计算油箱容量

最大温差 ΔT 是在初步确定油箱容积的情况下，验算其散热面积是否满足要求。当系统的发热量求出之后，可根据散热的要求确定油箱的容量。

由 ΔT 公式可得油箱的散热面积为

$$A_1=\frac{\dfrac{P_{hr}}{\Delta T}-K_2A_2}{K_1} \tag{9-37}$$

如不考虑管路的散热，式（9-37）可简化为 $A_1=\dfrac{P_{hr}}{\Delta TK_1}$。

油箱主要设计参数如图 9-7 所示。

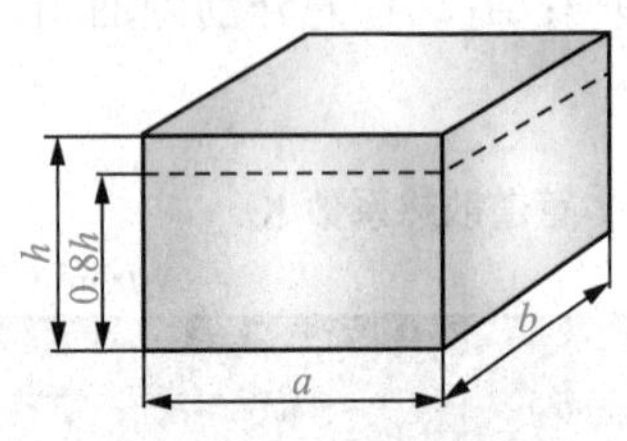

图 9-7 油箱结构尺寸

一般油面的高度为油箱高 h 的 80%，与油直接接触的表面算全散热面，与油不直接接触的表面算半散热面，图示油箱的有效容积和散热面积分别为

$$V=0.8abh$$

$$A_1=1.8h(a+b)+1.5ab$$

若 A_1 求出，再根据结构要求确定 a、b、h 的比例关系，即可确定油箱的主要结构尺寸。

如按散热要求求出的油箱容积过大，远超出用油量的需要，且又受空间尺寸的限制，则应适当缩小油箱尺寸，增设其他散热措施。

3. 计算液压系统冲击压力

冲击压力是由于管道液流速度急剧改变或管道液流方向急剧改变而形成的。例如，液压

执行元件在高速运动中突然停止，换向阀的迅速开启和关闭，都会产生高于静态值的冲击压力。它不仅伴随产生振动和噪声，而且会因过高的冲击压力而使管路、液压元件遭到破坏；对系统影响较大的冲击压力常为以下两种形式。

（1）当迅速打开或关闭液流通路时，在系统中产生的冲击压力。

直接冲击（即 $t<\tau$）时，管道内压力增大值为

$$\Delta p = a_c \rho \Delta v \tag{9-38}$$

间接冲击（即 $t>\tau$）时，管道内压力增大值为

$$\Delta p = a_c \rho \Delta v \frac{\tau}{t} \tag{9-39}$$

式中，ρ 为液体密度；Δv 为关闭或开启液流通道前后管道内流速之差；t 为关闭或打开液流通道的时间；$\tau = \frac{2l}{a_c}$ 为管道长度为 l 时，冲击波往返所需的时间；a_c 为管道内液流中冲击波的传播速度。

若不考虑黏性和管径变化的影响，冲击波在管内的传播速度为

$$a_c = \frac{\sqrt{\dfrac{E_0}{\rho}}}{\sqrt{1+\dfrac{E_0 d}{E\delta}}} \tag{9-40}$$

式中，E_0 为液压油的体积弹性模量，其推荐值为 E_0=700MPa；δ、d 为管道的壁厚和内径；E 为管道材料的弹性模量，常用管道材料弹性模量如下：钢 $E=2.1\times10^{11}$Pa，紫铜 $E=1.18\times10^{11}$Pa。

（2）急剧改变液压缸运动速度时，由于液体及运动机构的惯性作用而引起的压力冲击，其压力的增大值为

$$\Delta p = \left(\sum l_i \rho \frac{A}{A_i} + \frac{M}{A}\right)\frac{\Delta v}{t} \tag{9-41}$$

式中，l_i 为液流第 i 段管道的长度；A_i 为第 i 段管道的截面积；A 为液压缸活塞面积；M 为与活塞连动的运动部件质量；Δv 为液压缸的速度变化量；t 为液压缸速度变化 Δv 所需时间。

计算出冲击压力后，此压力与管道的静态压力之和即为此时管道的实际压力。实际压力若比初始设计压力大得多，要重新校核相应部位管道的强度及阀件的承压能力，如果不满足，则要重新调整。

9.3 液压系统仿真与性能分析

9.3.1 仿真技术在液压系统中的应用

近年来，液压传动与控制系统在国民经济建设的各个行业得到广泛的应用，而且液压系统越来越复杂，因此在对液压系统进行设计和分析时，困难和重要性同时存在。与此同时，流体力学、现代控制理论、算法理论、可靠性理论等相关学科的迅速发展，尤其是计算机技术的突飞猛进，使液压仿真技术和相应的仿真软件也会日臻完善。利用液压系统计算机仿真技术可以通过仿真对所设计的系统进行整体分析和性能评估，从而优化系统、缩短设计周期，解决液压系统设计中存在的某些问题。

液压系统仿真技术开始于20世纪50年代，当时Hanpun和Nightingle分别对液压伺服系统作了动态性能分析，他们用传递函数法，仅分析系统的稳定性及频率响应特性，这是一种用于单输入单输出系统的非常简单的方法，如今还被广泛应用。随后各种样式的液压系统仿真软件被开发出来。

目前，仿真技术在液压领域的应用主要体现在如下方面。

（1）通过理论推导建立已有液压元件或系统的数学模型，用实验结果与仿真结果进行比较，验证数学模型的准确度，并把这个数学模型作为今后改进和设计类似元件或系统的仿真依据。

（2）通过建立数学模型和仿真实验，确定已有系统参数的调整范围，从而缩短系统的调试时间，提高效率。

（3）通过仿真实验研究测试新设计的元件各结构参数对系统动态特性的影响，确定参数的最佳匹配，提供实际设计所需的数据。

（4）通过仿真实验验证新设计方案的可行性及结构参数对系统动态性能的影响，从而确定最佳控制方案和最佳结构。

经过几十年的研究，液压仿真软件包的性能已经从原来的精度低、速度慢发展到精度高、速度快；从只能处理单输入单输出的线性系统发展到能处理多输入多输出的非线性系统；从复杂的编程输入发展到友好的交互式图形界面输入。

当前流行的液压仿真软件有AMESim、MSC.EASY5、MSC.ADAMS、MATLAB、20-SIM、DSH及ZJUSim等。

AMESim是工程高级建模和仿真平台（Advanced Modeling Environment for Simulations of Engineering Systems）。它是法国Imaginc公司于20世纪90年代推出的专门用于液压/机械系统的建模、仿真的优秀软件。AMESim在统一的平台上实现了多学科领域的系统工程的建模和仿真：机械、液压、气动、热、电磁等物理领域。

MSC.EASY5（Engineering Analysis System）是美国波音公司根据航空技术发展需要开发的多专业动态系统仿真分析软件包。MSC.EASY5软件作为一套面向多学科动态系统和控制系统的仿真软件，为液压、气动、机械、控制、电磁等工程系统提供了一个较为完善的综合仿真环境和仿真平台。

MATLAB是MathWorks公司于1982年推出的一套高性能的数值计算可视化软件。MATLAB提供的动态系统仿真工具箱Simulink，则是功能最强大、最优秀的仿真软件之一。它使得建模、仿真算法、仿真结果分析与可视化等实现起来非常简便。MathWorks公司为MATLAB提供了新的控制系统模型图形输入与仿真工具Simulink，该软件有两个明显的功能：仿真（Simu）与连接（Link），它可以利用鼠标在模型窗口上“画”出所需的控制系统模型，然后利用该软件提供的功能对系统直接进行仿真。

MSC.ADAMS是世界上目前使用范围最广的机械系统仿真分析软件，它提供了集成的环境，用于包含机械系统、液压气动系统、控制系统在内的复杂耦合模型的动力学性能分析，验证其产品的性能，计算零部件的受力情况，考虑部件柔性、间隙、碰撞等对系统性能的影响，研究电机和作动筒的尺寸参数，系统运转周期、定位精度，并观察包装封套等是否合理，可以对系统的振动、噪声、耐久性能、操控性能进行分析。

下面介绍几种常用的液压系统仿真软件的工程应用。

9.3.2 基于MATLAB的液压系统仿真技术研究与应用

采用MATLAB/Simulink软件，利用Simulink对挖掘机回转液压系统进行建模、仿真与分析。

1. 挖掘机回转液压系统原理

回转液压回路系统可简化为如图 9-8 所示：系统可分为复合动力源 1、功率传递和控制 2 和执行机构 3 等三部分。复合动力源是由发动机驱动泵旋转，泵将机械能转变为液压能；执行机构是左右对称布置的两个油缸；其他均为功率传递和控制，如管路及三位四通阀。

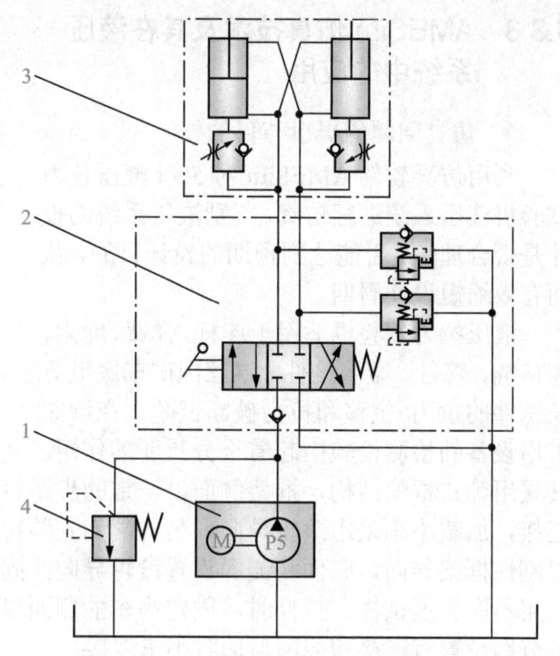

1-复合动力源；2-功率传递和控制；3-执行机构；4-溢流阀

图 9-8　回转系统液压原理

2. 液压系统建模与仿真

在建立复杂系统的模型与系统仿真中，一般采用自下向上的建模方式：首先建立复杂系统中的每个功能模块，然后根据回转液压回路系统的特点将这些功能模块进行有机的结合，逐渐建立整个系统模型；再将回转系统的参数代入各个子系统中组合成总系统仿真模块。限于篇幅这里只给出回转液压系统（油缸缓冲）模块图，如图 9-9 所示。根据回转液压系统的参数对 Simulink 仿真模块中的参数值进行初始化和赋值，并进行仿真计算。仿真过程中，可以实时对所建立的模块的输出进行监测，并将仿真结果形成数据文件，存放在 MATLAB 的工作空间中，随时可以调用或输出。仿真采用可变步长的四阶龙格-库塔（Runge-Kutta）法，可以提供误差控制和过零检测，其相对误差控制在 0.11%内。

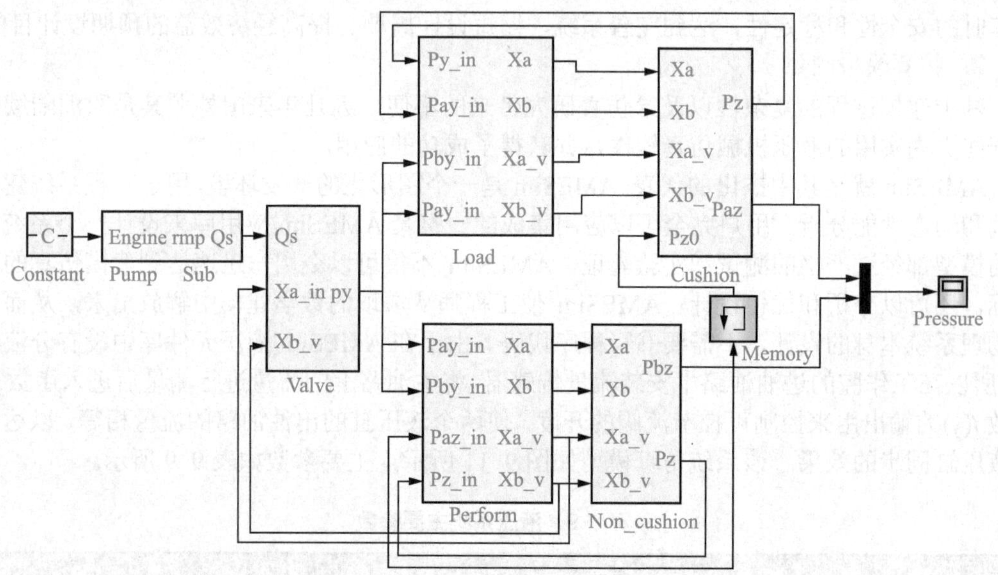

图 9-9　回转液压系统（油缸缓冲）模块图

从中间位置向左回转到极限位置的仿真结果如图 9-10 所示。

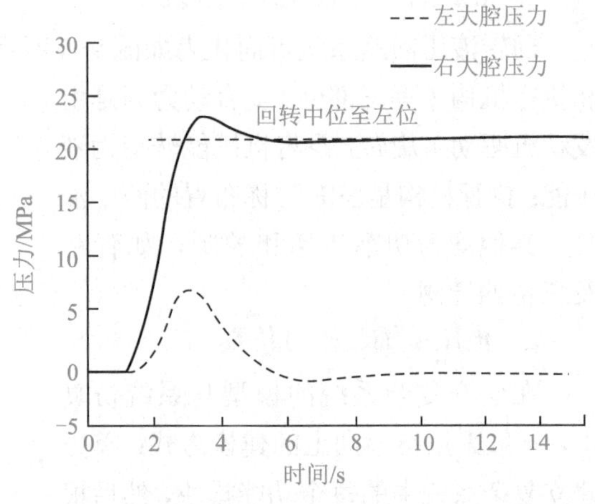

图 9-10 液压缸压力-时间曲线

9.3.3 AMESim 仿真技术及其在液压系统中的应用

1. 仿真问题的提出与目的

利用仿真软件 AMESim 对 500t 液压拉力试验机液压系统进行仿真，判别液压系统的设计是否合理，是否能达到预期的设计目的，从而有效缩短设计周期。

液压拉力试验机适用于连杆、弹簧、绳索、连接链、管件、金属构件，钢丝绳矿车底盘等长试件的拉力-位移和拉力破断试验，在国家矿用设备的检测检验中起着十分重要的作用。其采用卧式框架结构，框架侧面以一定的步距设置插销孔，液压缸通过关节轴承与加载小车连接，加载小车采用滚轮导向；另一端为安装拉伸夹具的固定小车。加载小车和固定小车均以刚性框架导向，底面和侧面设置滚轮导向，固定小车可按照一定的步距调整拉伸空间，以适用不同长度试样。拉伸时，固定小车的侧面以插销与框架连接，加载小车和固定小车的端部分别设置有连接和插销与加载小车连接。

液压拉力试验机的液压系统设计是否合理，对试件拉力试验过程中的加载大小、速度，以及其他控制具有十分重要的影响。由于液压系统必须达到 500t 的拉力，与变量泵匹配的电机功率达到了 75kW，加上液压系统以及各元件的选型都是采用经验公式或类比的方法，设计出的系统需经装配、试运行后方可得知液压系统设计的优劣性和经济合理性。若发现设计不合理，则需改进设计并重新选型，造成设计周期过长、效率不高、经济性下降，情况严重时还会在试车时损坏元件，造成不必要的损失。因此，在设计完成后先对系统进行计算机仿真，初步了解系统运行时的特性与状态，并且判别其设计是否合理，有利于减少设计的盲目性，确保试车时的安全性和稳定性，达到完善系统、缩短设计周期、提高经济效益的预期设计目的。

2. 仿真模型的建立

基于建模过程的复杂性以及给仿真研究带来的不便，近几年来国外尤其是欧洲陆续研制出一些更为实用的液压机械仿真软件，并获得了成功的应用。

AMESim 就是其中杰出的代表。AMESim 是一个图形化的开发环境，用于工程系统建模、仿真和动态性能分析。用户完全可以应用集成的一整套 AMESim 应用库来设计一个系统，所有的模型都经过严格的测试和实验验证。AMESim 不仅可以令用户迅速达到建模仿真的最终目标，还可以分析和优化设计。AMESim 使工程师从烦琐的数学建模中解放出来，从而专注于物理系统本身的设计，不需要书写程序代码。由于在 AMESim 液压元件库中没有分流集流阀，所以在工作腔的进油油路中安装流量传感器，将主油路上的流量进行测量后进入函数 $f(x)$，函数 $f(x)$的输出用来控制可控节流阀的开度，使两个液压缸的出油油路的流量相等，以达到两个液压缸同步的效果。该系统仿真模型如图 9-11 所示，主要参数如表 9-9 所示。

表 9-9 液压系统主要参数

额定压力/MPa	最高压力/MPa	液压泵排量/（L/min）	电动机转速/（r/min）	阀通径/mm	蓄能器/L	液压缸内径/mm
25	30	107	1450	16	4	360

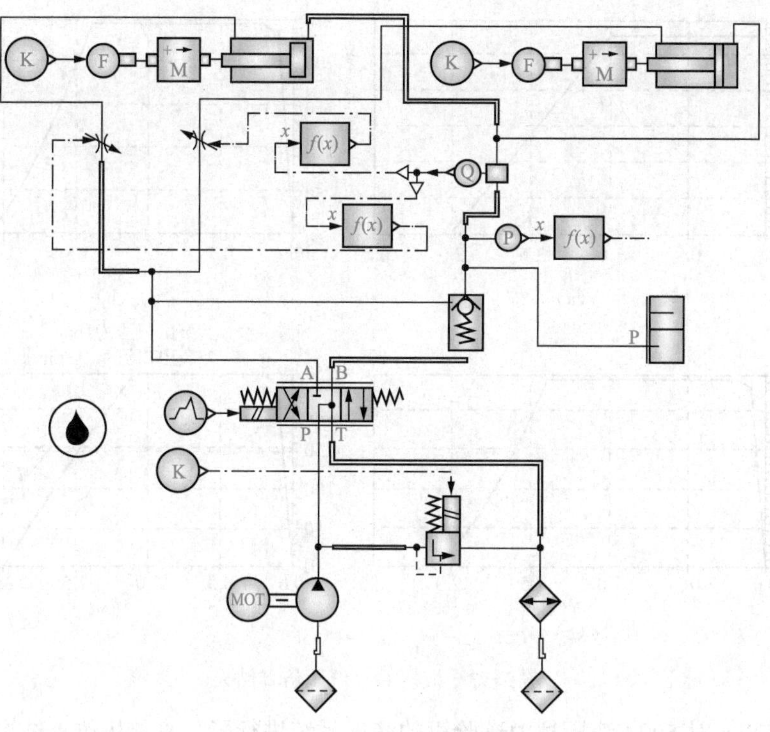

图 9-11　液压拉力试验机液压系统仿真模型

3. 系统加载仿真结果

液压拉力试验机在最大载荷 500 t 下的调速仿真结果见图 9-12，在最大载荷 500 t 下的调压仿真（0～28MPa）结果见图 9-13。

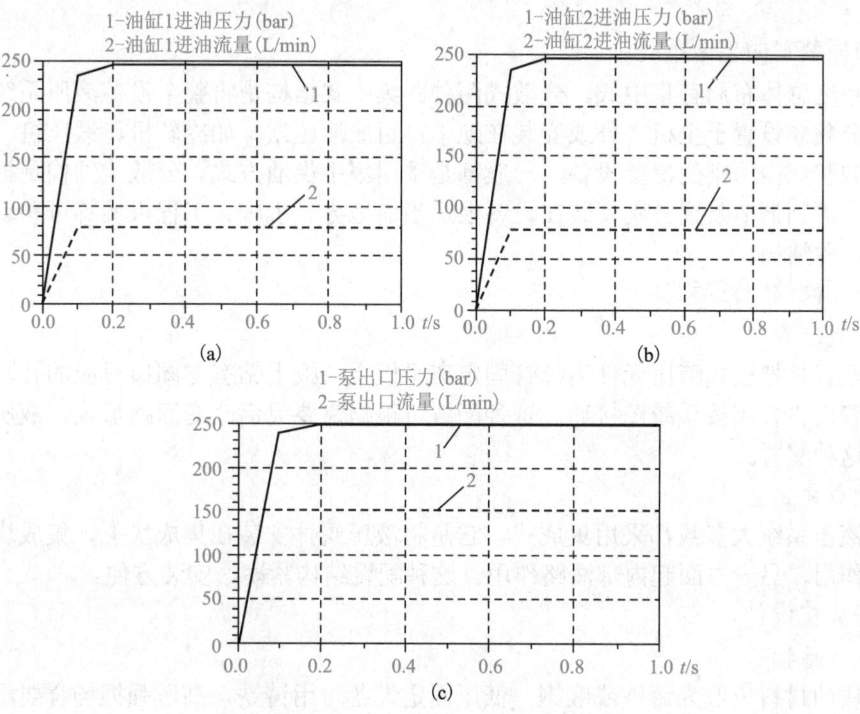

图 9-12　液压系统调速仿真结果

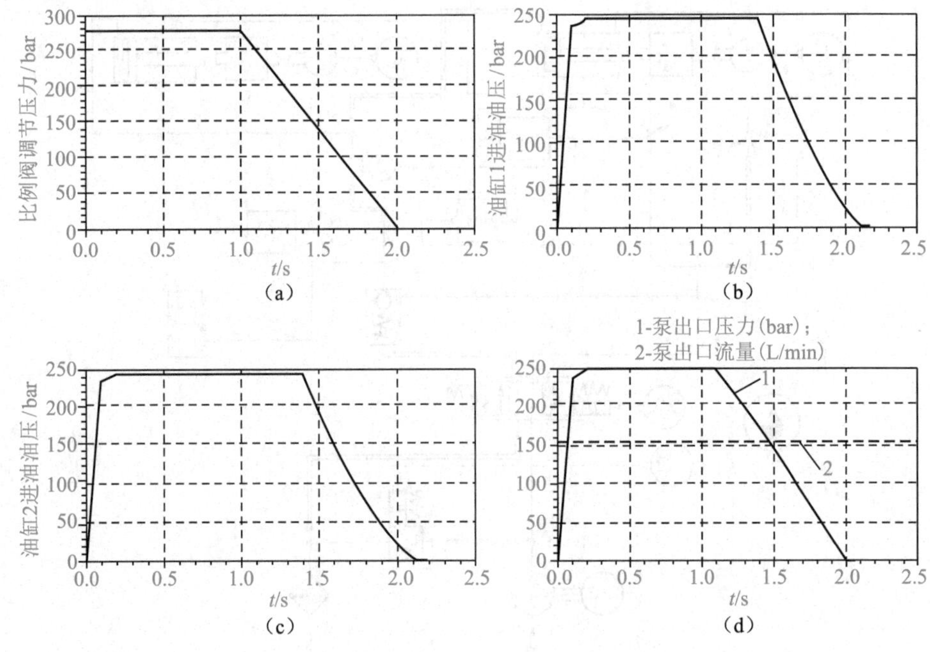

图 9-13　液压系统调压仿真结果

利用 AMESim 对 500 t 液压拉力试验机的液压系统进行了仿真，从仿真结果可以看出液压系统的设计结果基本与设计要求一致，为缩短液压系统的设计周期提供了一种有效的方法。在工业生产后期，产品生产后的实际工作情况验证了仿真的可靠性。

9.4　液压系统装配图的绘制

1. 液压装置的总体布局

液压系统总体布局有集中式、分散式两种。集中式结构是将整个设备液压系统的油源、控制阀部分独立设置于主机之外或安装在地下，组成液压站。如冷轧机、锻压机、电弧炉等有强烈热源和烟尘污染的冶金设备，一般都是采用集中供油方式。分散式结构是把液压系统中液压泵、控制调节装置分别安装在设备上适当的地方。机床、工程机械等可移动式设备一般都采用这种结构。

2. 液压阀的配置形式

1）板式配置

板式配置是把板式液压元件用螺钉固定在平板上，板上钻有与阀口对应的孔，通过管接头连接油管而将各阀按系统图接通。这种配置可根据需要灵活改变回路形式。液压实验台等普遍采用这种配置。

2）集成式配置

目前液压系统大多数都采用集成式。它是将液压阀件安装在集成块上，集成块一方面起安装底板作用，另一方面起内部油路作用。这种配置结构紧凑、安装方便。

3. 集成块设计

1）块体结构

集成块的材料一般为铸铁或锻钢，低压固定设备可用铸铁，高压强振场合要用锻钢。块体加工成正方体或长方体。

对于较简单的液压系统，其阀件较少，可安装在同一个集成块上。如果液压系统复杂，控制阀较多，就要采取多个集成块叠积的形式。

相互叠积的集成块，上下面一般为叠积接合面，钻有公共压力油孔 P、公用回油孔 T、泄漏油孔 L 和 4 个用以叠积紧固的螺栓孔。

P 孔：液压泵输出的压力油经调压后进入公用压力油孔 P，作为供给各单元回路压力油的公用油源。

T 孔：各单元回路的回油均通到公用回油孔 T，流回到油箱。

L 孔：各液压阀的泄漏油，统一通过公用泄漏油孔 L 流回油箱。

集成块的其余 4 个表面，一般后面接通液压执行元件的油管，另 3 个面用以安装液压阀。块体内部按系统图的要求，钻有沟通各阀的孔道。

2）集成块结构尺寸的确定

外形尺寸要满足阀件的安装、孔道布置及其他工艺要求；为减少工艺孔，缩短孔道长度，阀的安装位置要仔细考虑，使相通油孔尽量在同一水平面或是同一竖直面上。

对于复杂的液压系统，需要多个集成块叠积时，一定要保证 3 个公用油孔的坐标相同，使之叠积起来后形成 3 个主通道。

各通油孔的内径要满足允许流速的要求，一般来说，与阀直接相通的孔径应等于所装阀的油孔通径。

油孔之间的壁厚 δ 不能太小，一方面，防止使用过程中，由于油的压力而击穿；另一方面，避免加工时，因油孔的偏斜而误通。对于中低压系统，δ 不得小于 5mm，高压系统应更大些。

4. 绘制正式液压系统装配图和编写技术文件

液压系统完全确定后，要绘出正规的液压系统图。除用元件图形符号表示的原理图外，还包括动作循环表和元件的规格型号表。图中各元件一般按系统停止位置表示，如特殊需要，也可以按某时刻运动状态画出，但要加以说明。

装配图包括泵站装配图、管路布置图、操纵机构装配图和电气系统图等。

技术文件包括设计任务书、设计说明书、设备的使用和维护说明书等。

9.5　典型液压系统设计应用实例

大型塑料注射机目前都采用全液压控制系统。其基本工作原理是：粒状塑料通过料斗进入螺旋推进器中，螺杆转动将料向前推进，同时，因螺杆外装有电加热器，从而将料熔化成黏液状态，在此之前，合模机构已将模具闭合，当物料在螺旋推进器前端形成一定压力时，注射机构开始将液状料高压快速注射到模具型腔之中，经一定时间的保压冷却后，开模将成形的塑料制品顶出，便完成了一个动作循环。

现以 250 塑料注射机为例，进行液压系统设计计算。

塑料注射机的工作循环为：合模→注射→保压→冷却→开模→顶出→螺杆预塑进料。

其中，合模的动作分为快速合模、慢速合模、锁模。锁模的时间较长，直到开模前这段时间都是锁模阶段。

9.5.1　塑料注射机液压系统的设计要求及参数

1. 对液压系统的要求

（1）合模运动要平稳，两片模具闭合时不应有冲击。

（2）当模具闭合后，合模机构应保持闭合压力，防止注射时将模具冲开。注射后，注射机构应保持注射压力，使塑料充满型腔。

（3）预塑进料时，螺杆转动，料被推到螺杆前端，这时螺杆同注射机构一起向后退，为使螺杆前端的塑料有一定的密度，注射机构必须有一定的后退阻力。

（4）为保证安全生产，系统应设有安全连锁装置。

2. 液压系统设计参数

250 塑料注射机液压系统设计参数如下：

螺杆直径	40mm；	螺杆行程	200mm；
最大注射压力	153MPa；	螺杆驱动功率	5kW；
螺杆转速	60r/min；	注射座行程	230mm；
注射座最大推力	27kN；	最大合模力（锁模力）	900kN；
开模力	49kN；	动模板最大行程	350mm；
快速闭模速度	0.1m/s；	慢速闭模速度	0.02m/s；
快速开模速度	0.13m/s；	慢速开模速度	0.03m/s；
注射速度	0.07m/s；	注射座前进速度	0.06m/s；
注射座后移速度	0.08m/s。		

9.5.2 液压执行元件载荷力和载荷转矩的计算

1. 各液压缸的载荷力计算

1）合模缸的载荷力

合模缸在模具闭合过程中是轻载，其外载荷主要是动模及其连动部件的启动惯性力和导轨的摩擦力。

锁模时，动模停止运动，其外载荷就是给定的锁模力。

开模时，液压缸除要克服给定的开模力外，还克服运动部件的摩擦阻力。

2）座移缸的载荷力

座移缸在推进和退回注射座的过程中，同样要克服摩擦阻力和惯性力，只有当喷嘴接触模具时，才须满足注射座最大推力。

3）注射缸的载荷力

注射缸的载荷力在整个注射过程中是变化的，计算时，只需求出最大载荷力 F_W，即

$$F_W = \frac{\pi}{4} d^2 p$$

式中，d 为螺杆直径，由给定参数知 d=0.04m；p 为喷嘴处的最大注射压力。已知 p=153MPa，由此求得 F_W=192kN。

各液压缸的外载荷力计算结果列于表 9-10 中。取液压缸的机械效率为 0.9，可求得相应的作用于活塞上的载荷力。

表 9-10 各液压缸载荷力

液压缸名称	工况	液压缸外载荷 F_W/kN	活塞上载荷力 F/kN
合模缸	合模	90	100
	锁模	900	1000
	开模	49	55
座移缸	移动	2.7	3
	顶紧	27	30
注射缸	注射	192	213

2. 进料液压马达载荷转矩计算

$$T_{\mathrm{W}}=\frac{P_{\mathrm{c}}}{2\pi n}=\frac{5\times10^{3}}{2\times3.14\times60/60}=796(\mathrm{N}\bullet\mathrm{m})$$

取液压马达的机械效率为 0.95，则其载荷转矩为

$$T=\frac{T_{\mathrm{W}}}{\eta_{\mathrm{m}}}=\frac{796}{0.95}=838(\mathrm{N}\bullet\mathrm{m})$$

9.5.3 液压系统主要参数的计算

1. 初选系统工作压力

250 塑料注射机属小型液压机，载荷最大时为锁模工况，此时高压油由增压缸提供；其他工况时，载荷都不太高，参考设计手册，初步确定系统工作压力为 6.5MPa。

2. 计算液压缸的主要结构尺寸

1）确定合模缸的活塞及活塞杆直径

合模缸最大载荷时，为锁模工况，其载荷力为 1000kN，工作在活塞杆受压状态。活塞直径为

$$D=\sqrt{\frac{4F}{\pi\left[p_1-p_2(1-\varphi^2)\right]}}$$

此时 p_1 是由增压缸提供增压后的进油压力，初定增压比为 5，则 $p_1=5\times6.5=32.5$（MPa），锁模工况时，回油流量极小，故 $p_2\approx0$，求得合模缸的活塞直径为

$$D_{\mathrm{h}}=\sqrt{\frac{4\times100\times10^{4}}{3.14\times32.5\times10^{6}}}=0.198\text{（m），取 }D_{\mathrm{h}}=0.2\text{（m）}$$

按 4.4.3 节液压缸的设计内容，取 $d/D=0.7$，则活塞杆直径 $d_{\mathrm{h}}=0.7\times0.2=0.14$（m），取 $d_{\mathrm{h}}=0.15$（m）。

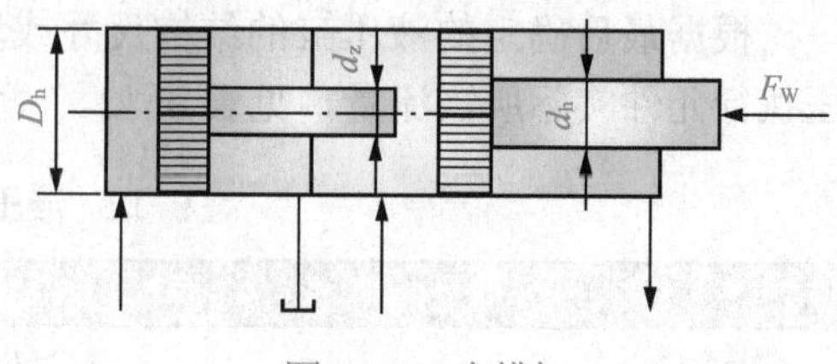

图 9-14　合模缸

为设计简单加工方便，将增压缸的缸体与合模缸体做成一体（图 9-14）。

增压缸的活塞直径也为 0.2m，其活塞杆直径按增压比为 5 求得为

$$d_{\mathrm{z}}=\sqrt{\frac{D_{\mathrm{h}}^2}{5}}=\sqrt{\frac{0.2^2}{5}}=0.089\text{（m），取 }d_{\mathrm{z}}=0.09\text{（m）}$$

2）座移缸的活塞和活塞杆直径

座移缸的最大载荷为其顶紧之时，此时缸的回油流量虽经节流阀，但流量极小，故背压视为零，则其活塞直径为

$$D_{\mathrm{y}}=\sqrt{\frac{4F}{\pi p_1}}=\sqrt{\frac{4\times3\times10^{4}}{\pi\times6.5\times10^{6}}}=0.076\text{（m），取 }D_{\mathrm{y}}=0.1\text{（m）}$$

由给定的设计参数知，座移缸的往复速比为 0.08/0.06 = 1.33，可查表得 $d/D=0.5$，则活塞杆直径为

$$d_{\mathrm{y}}=0.5\times0.1=0.05\text{（m）}$$

3）确定注射缸的活塞及活塞杆直径

当液态塑料充满模具型腔时，注射缸的载荷达到最大值 213kN，此时注射缸活塞移动速

度也近似等于零，回油量极小，故背压力可以忽略不计，得

$$D_s = \sqrt{\frac{4F}{\pi p_1}} = \sqrt{\frac{4\times 21.3\times 10^4}{\pi\times 6.5\times 10^6}} = 0.204\text{（m），取 } D_s = 0.22\text{（m）}$$

活塞杆的直径一般与螺杆外径相同，取 $d_s = 0.04\text{m}$。

3. 计算液压马达的排量

液压马达是单向旋转的，其回油直接回油箱，视其出口压力为零，机械效率为 0.95，得

$$V_M = \frac{2\pi T_W}{p_1\eta_m} = \frac{2\times 3.14\times 796}{65\times 10^5\times 0.95} = 0.8\times 10^{-3}\text{（m}^3/\text{r）}$$

4. 计算液压执行元件实际工作压力

按最后确定的液压缸的结构尺寸和液压马达排量，计算出各工况时液压执行元件实际工作压力见表 9-11。

表 9-11 液压执行元件实际工作压力

工　况	换行元件名称	载荷	背压力 p_2/MPa	工作压力 p_1/MPa	计算公式
合模行程	合模缸	100kN	0.3	3.3	$p_1 = \frac{F + p_2A_2}{A_1}$
锁模	增压缸	1000kN	—	6.4	
座前进	座移缸	3kN	0.5	0.76	
座顶紧		30kN	—	3.8	
注射	注射缸	213kN	0.3	5.9	
预塑加料	液压马达	838N·m	—	6.0	$p_1 = \frac{2\pi T}{q}$

5. 计算液压执行元件实际所需流量

根据最后确定的液压缸的结构尺寸或液压马达的排量及其运动速度或转速，计算出各液压执行元件实际所需流量，见表 9-12。

表 9-12 液压执行元件实际所需流量

工况	执行元件名称	运动速度	结构参数	流量/（L/s）	公式
慢速合模	合模缸	0.02m/s	$A_1 = 0.03\text{m}^2$	0.6	$Q = A_1v$
快速合模		0.1m/s		3	
座前进	座移缸	0.06m/s	$A_1 = 0.008\text{m}^2$	0.48	$Q = A_1v$
座后退		0.08m/s	$A_2 = 0.006\text{m}^2$	0.48	$Q = A_2v$
注射	注射缸	0.07m/s	$A_1 = 0.038\text{m}^2$	2.7	$Q = A_1v$
预塑进料	液压马达	60r/min	$q = 0.873\text{L/r}$	0.87	$Q = A_1v$
慢速开模	合模缸	0.03 m/s	$A_2 = 0.014\text{m}^2$	0.42	$Q = A_2v$
快速开模		0.13m/s		1.8	

9.5.4 制订系统方案和拟定液压系统图

1. 制订系统方案

1）执行机构的确定

本机动作机构除螺杆是单向旋转外，其他机构均为直线往复运动。各直线运动机构均采用单活塞杆双作用液压缸直接驱动，螺杆则用液压马达驱动。从给定的设计参数可知，锁模

时所需的力最大，为 900kN。为此设置增压液压缸，得到锁模时的局部高压来保证锁模力。

2）合模缸动作回路

合模缸要求其实现快速、慢速、锁模、开模动作。其运动方向由电液换向阀直接控制。快速运动时，需要有较大流量供给。慢速合模只要有小流量供给即可。锁模时，由增压缸供油。

3）液压马达动作回路

螺杆不要求反转，所以液压马达单向旋转即可，由于其转速要求较高，而对速度平稳性无过高要求，故采用旁路节流调速方式。

4）注射缸动作回路

注射缸运动速度也较快，平稳性要求不高，故也采用旁路节流调速方式。由于预塑时有背压要求，在无杆腔出口处串联背压阀。

5）座移缸动作回路

座移缸采用回油节流调速回路。工艺要求其不工作时，处于浮动状态，故采用 Y 形中位机能的电磁换向阀。

6）安全连锁措施

本系统为保证安全生产设置了安全门，在安全门下端装一个行程阀，用来控制合模缸的动作。将行程阀串联在控制合模缸换向的液动阀控制油路上，安全门没有关闭时，行程阀没被压下，液动换向阀不能进控制油，电液换向阀不能换向，合模缸也不能合模。只有操作者离开，将安全门关闭，压下行程阀，合模缸才能合模，从而保障了人身安全。

7）液压源的选择

该液压系统在整个工作循环中的需油量变化较大，另外，闭模和注射后又要求有较长时间的保压，所以选用双泵供油系统。液压缸快速动作时，双泵同时供油，慢速动作或保压时由小泵单独供油，这样可减少功率损失，提高系统效率。

2. 拟定液压系统图

液压执行元件以及各基本回路确定之后，把它们有机地组合在一起；去掉重复多余的元件，把控制液压马达的换向阀与泵的卸荷阀合并，使一阀两用；考虑注射缸与合模缸之间有顺序动作的要求，于是在两回路接合部串联单向顺序阀；再加上其他一些辅助元件便构成了 250 塑料注射机完整的液压系统图，如图 9-15 所示，其动作循环表见表 9-13。

表 9-13　**电磁铁动作循环表**

电磁铁 动作	1YA	2YA	3YA	4 YA	5 YA	6 YA	7 YA	8 YA	9 YA	10 YA
快速合模	+				+					+
慢速合模	+									+
增压锁模	+						+			+
注射座前进							+		+	+
注射				+	+		+		+	+
注射保压				+			+		+	+
减压（放气）		+							+	+
再增压	+						+		+	+
预塑进料						+	+		+	+
注射座后退								+		+
慢速开模		+								+
快速开模		+				+				+
系统卸荷										

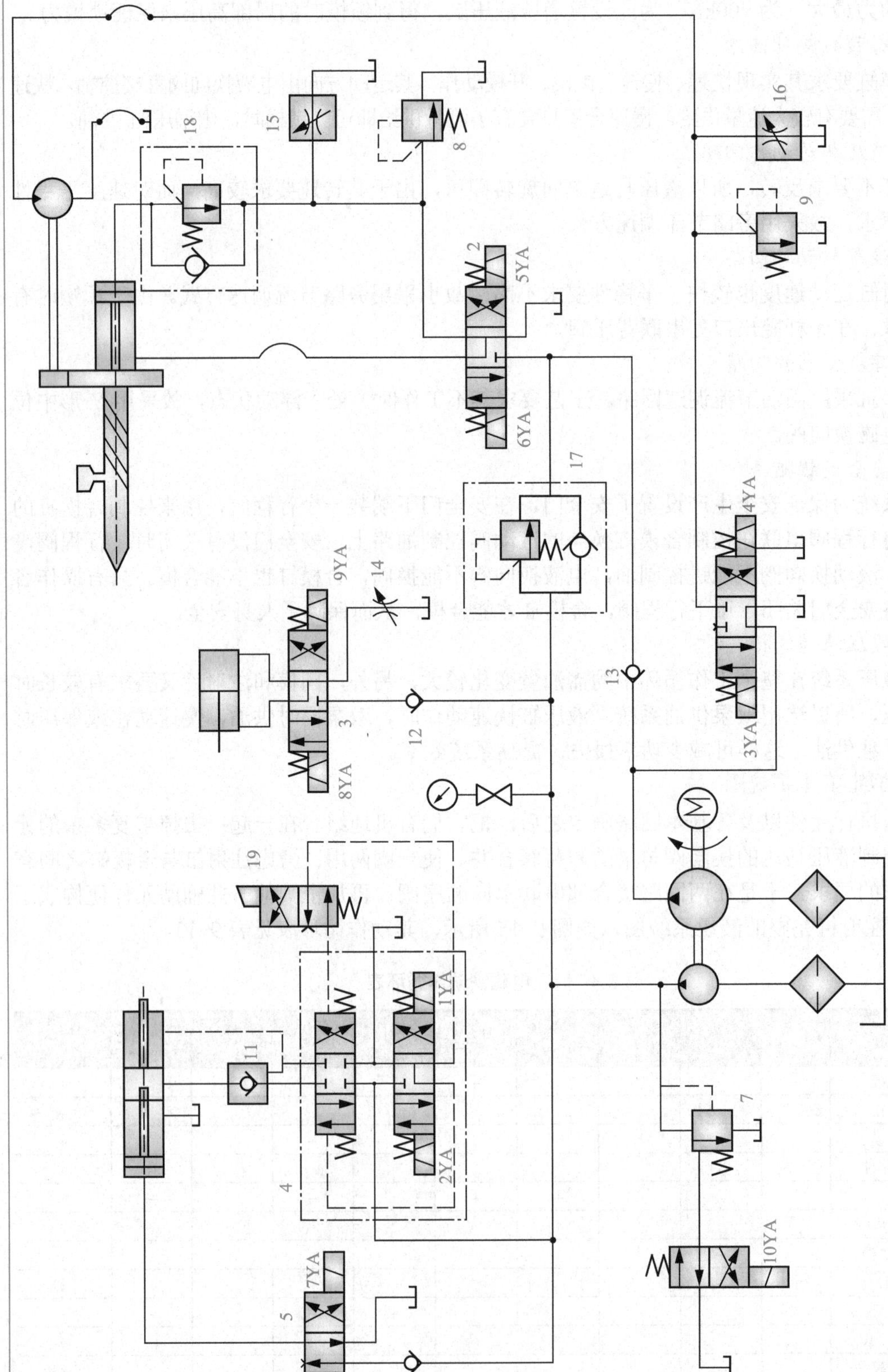

（注：图中各元件说明详见表 9-14）

图 9-15 250 塑料注射机液压系统原理图

9.5.5　液压元件的选择

1．液压泵的选择

1）液压泵工作压力的确定

$$p_P \geqslant p_1 + \sum \Delta p$$

式中，p_1为液压执行元件的最高工作压力，对于本系统，最高压力是增压缸锁模时的入口压力，$p_1 = 6.4\text{MPa}$；$\sum \Delta p$为泵到执行元件间总的管路损失。由系统图可见，从泵到增压缸之间串接一个单向阀和一个换向阀，取$\sum \Delta p = 0.5\text{MPa}$。液压泵工作压力为

$$p_P = 6.4 + 0.5\text{MPa} = 6.9\text{MPa}$$

2）液压泵流量的确定

$$q_P \geqslant K(\sum q_{max})$$

由系统图看出，系统最大流量发生在快速合模工况，$\sum q_{max} = 3\text{L/s}$。取泄漏系数 K 为 1.2，求得液压泵流量为

$$q_P = 3.6\text{L/s} = 216\text{L/min}$$

选用 YYB-BCl71/48B 型双联叶片泵，当压力为 7 MPa 时，大泵流量为 157.3L/min，小泵流量为 44.1L/min。

2．电动机功率的确定

注射机在整个动作循环中，系统的压力和流量都是变化的，所需功率变化较大，为满足整个工作循环的需要，按较大功率段来确定电动机功率。

从系统图看出，快速注射工况系统的压力和流量均较大。此时，大小泵同时参加工作，小泵排油除保证锁模压力外，还通过顺序阀将压力油供给注射缸，大小泵出油汇合推动注射缸前进。

前面的计算已知，小泵供油压力为$p_{P1} = 6.9\text{MPa}$，考虑大泵到注射缸之间的管路损失，大泵供油压力应为$p_{P2} = 5.9 + 0.5\text{MPa} = 6.4\text{MPa}$，取泵的总效率$\eta_P = 0.8$，泵的总驱动功率为

$$P = \frac{p_{P1}q_1 + p_{P2}q_2}{\eta_P} = 27.313\text{kW}$$

考虑到注射时间较短，不过 3s，而电动机一般允许短时间超载 25%，这样电动机功率还可降低一些，即

$$P = 27.313 \times 100/125 = 21.85\ (\text{kW})$$

验算其他工况时，液压泵的驱动功率均小于或近于此值。查产品样本，选用 22kW 的电动机。

3．液压阀的选择

液压阀的选择主要根据阀的工作压力和通过阀的流量。本系统工作压力在 7MPa 左右，所以液压阀都选用中、高压阀。所选阀的规格型号见表 9-14。

4．液压马达的选择

根据已求得液压马达的排量为 0.8L/r，正常工作时，输出转矩为 769N · m，系统工作压力为7MPa。选 SZM0.9 双斜盘轴向柱塞式液压马达。其理论排量为0.873L/r，额定压力为20MPa，额定转速为 8～100r/min，最高转矩为 3057N · m，机械效率大于 0.90。

5．油管内径计算

本系统管路较为复杂，取其主要几条（其余略），其有关参数及计算结果列于表 9-15 中。

表 9-14 液压阀选择明细表

序号	名称	实际流量/（L/s）	选用规格
1	三位四通电液换向阀	2.62	34DYM-B32H－T
2	三位四通电液换向阀	3.36	34DYY-B32H－T
3	三位四通电磁换向阀	0.50	34DY-B10H－T
4	三位四通电液换向阀	3.36	34DYO-B32H－T
5	二位四通电磁换向阀	<0.74	34DYO-B20H－T
6	二位四通电磁换向阀	<0.50	24DO-B10H－T
7	溢流阀	0.74	YF-B20C
8	溢流阀	2.62	YF-B20C
9	溢流阀	2.62	YF-B20C
10	单向阀	0.74	DF-B20K
11	液控单向阀	3.36	AY-H32B
12	单向阀	0.50	DF-B10K
13	单向阀	2.62	DF-B32K
14	节流阀	0.65	LF-B10C
15	调速阀	<0.70	QF-B10C
16	调速阀	<1.70	QF-B20C
17	单向顺序阀	0.74	XDIF-B20F
18	单向顺序阀	2.70	XDIF-B32F
19	行程锥阀	<0.50	24C-10B

表 9-15 主要管路内径

管路名称	通过流量/（L/s）	允许流量/（m/s）	管路内径/m	实际数值/m
大泵吸油管	2.62	0.85	0.063	0.065
小泵吸油管	0.735	1	0.031	0.032
大泵排油管	2.62	4.5	0.027	0.032
小泵排油管	0.735	4.5	0.014	0.015
双泵并联后管路	3.63	4.5	0.031	0.032
注射缸进油管路	2.66	4.5	0.028	0.032

6. **确定油箱的有效容积**

初步确定油箱的有效容积为

$$V = aq_{\mathrm{v}}$$

已知所选泵的总流量为 201.4L/min，这样，液压泵每分钟排出压力油的体积为 $0.2\mathrm{m}^3$。参照第 2 章的油箱设计，取 $a = 5$，算得有效容积为

$$V = 5 \times 0.2\mathrm{m}^3 = 1\mathrm{m}^3$$

9.5.6 液压系统性能验算

1. **验算回路中的压力损失**

本系统较为复杂，有多个液压执行元件动作回路，其中环节较多，管路损失较大的是注射缸动作回路，故主要验算由泵到注射缸这段管路的损失。

1）沿程压力损失

沿程压力损失主要是注射缸快速注射时进油管路的压力损失。此管路长 5m，管内径为 0.032m，快速时通过流量 2.7L/s；选用 20 号机械系统损耗油，正常运转后油的运动黏度

υ=27mm²/s，油的密度 ρ=918kg/m³。

油在管路中的实际流速为

$$v=\frac{4q}{\pi d^2}=\frac{4\times 2.7\times 10^{-3}}{\pi\times 0.032^2}=3.36\ (\mathrm{m/s})$$

其雷诺数为

$$Re=\frac{vd}{\upsilon}=\frac{3.36\times 0.032}{27\times 10^{-6}}=3981>2300$$

油在管路中呈紊流流动状态，其沿程阻力系数为

$$\lambda=\frac{0.3164}{Re^{0.25}}$$

求得沿程压力损失为

$$\Delta p_1=\frac{0.3164\times 5\times 3.36^2\times 918}{3981^{0.25}\times 0.032\times 10^6\times 2}=0.03\ (\mathrm{MPa})$$

2）局部压力损失

局部压力损失包括通过管路中折管和管接头等处的管路局部压力损失 Δp_2，以及通过控制阀的局部压力损失 Δp_3。其中管路局部压力损失相对来说小得多，主要计算通过控制阀的局部压力损失。

参看图 9-15，从小泵出口到注射缸进油口，要经过单向顺序阀 17，三位四通电液换向阀 2 及单向顺序阀 18。

单向顺序阀 17 的额定流量为 50L/min，额定压力损失为 0.4MPa。三位四通电液换向阀 2 的额定流量为 190L/min，额定压力损失为 0.3MPa。单向顺序阀 18 的额定流量为 150L/min，额定压力损失为 0.2MPa。

通过各阀的局部压力损失之和为

$$\Delta p_{3,1}=0.4\left(\frac{44.1}{50}\right)^2+0.3\left(\frac{157.3+44.1}{190}\right)^2+0.2\left(\frac{162}{150}\right)^2$$
$$=0.31+0.34+0.23=0.88\ (\mathrm{MPa})$$

从大泵出油口到注射缸进油口要经过单向阀 13、三位四通电液换向阀 2 和单向顺序阀 18。单向阀 13 的额定流量为 250L/min，额定压力损失为 0.2MPa。

通过各阀的局部压力损失之和为

$$\Delta p_{3,2}=0.2\left(\frac{157.3}{250}\right)^2+0.34+0.23=0.65\ (\mathrm{MPa})$$

由以上计算结果可求得快速注射时，小泵到注射缸之间总的压力损失为

$$\sum p_1=0.03+0.88=0.91\ (\mathrm{MPa})$$

大泵到注射缸之间总的压力损失为

$$\sum p_2=0.03+0.65=0.68\ (\mathrm{MPa})$$

由计算结果看，大小泵的实际出口压力距泵的额定压力还有一定的压力裕度，所选泵是适合的。

另外要说明的是：在整个注射过程中，注射压力是不断变化的，注射缸的进口压力也随之由小到大变化，当注射压力达到最大时，注射缸活塞的运动速度也将近似等于零，此时管

路的压力损失随流量的减小而减少。泵的实际出口压力要比以上计算值小一些。

综合考虑各工况的需要，确定系统的最高工作压力为 6.8MPa，即溢流阀 7 的调定压力。

2. 液压系统发热温升计算

1）计算发热功率

液压系统的功率损失全部转化为热量。

发热功率计算：

$$P_{hr} = P_r - P_c$$

对本系统来说，P_r 是整个工作循环中双泵的平均输入功率：

$$P_r = \frac{1}{T_t}\sum_{i=1}^{z}\frac{p_i q_i t_i}{\eta_{Pi}}$$

具体的 p_i、q_i、t_i 值见表 9-16。这样，可算得双泵平均输入功率 P_r=12kW。

表 9-16 各工况双泵输入功率

工况	泵工作状态 q_i		出口压力 p_i /MPa		总输入功率 /kW	工作时间 t_i/s	说明
	小泵	大泵	小泵	大泵			
慢速合模	+	−	3.68	0.3	6	1	小泵额定流量 q_{P1}=0.74L/s；大泵额定流量 q_{P2}=2.62L/s；泵的总效率：正常工作时为 η_P=0.8，卸荷时为 η_P=0.3
快速合模	+	+	4	4.16	17.3	2	
增压锁模	+	−	6.8	0.3	8.9	0.5	
注射	+	+	6.8	6.58	27.8	3	
保压	+	−	6.8	0.3	8.9	16	
进料	+	+	6.8	6.3	26.9	15	
冷却	+	−	6.8	0.3	8.9	15	
快速开模	+	+	4.2	4.4	18.3	1.5	
慢速开模	+	−	3.9	0.3	6.2	1	

注：表中“+”表示正常工作，“−”表示卸荷。

求系统的输出有效功率：

$$P_c = \frac{1}{T_t}\left(\sum_{i=1}^{n}F_{Wi}s_i + \sum_{j=1}^{m}T_{Wj}\omega_j t_j\right)$$

由前面给定的参数及计算结果可知：合模缸的外载荷为 90kN，行程为 0.35m；注射缸的外载荷为 192kN，行程为 0.2m；预塑螺杆有效功率为 5kW，工作时间为 15s；开模时外载荷近似等于合模时对外载荷，行程也相同。注射机输出有效功率主要是以上这些，因此得

$$P_c = \frac{1}{55}(1.4\times10^5\times0.35 + 1.92\times10^5\times0.2 + 5\times10^3\times15) = 3\text{（kW）}$$

总的发热功率为

$$P_{hr} = 15.3 - 3 = 12.3\text{（kW）}$$

2）计算散热功率

前面初步求得油箱的有效容积为 1m³，按 $V = 0.8abh$ 求得油箱各边之积，即

$$abh = 1/0.8 = 1.25\text{（m}^3\text{）}$$

取 a 为 1.25m，b、h 分别为 1m，求得油箱散热面积为

$$A_t = 1.8h（a+b）+1.5ab$$
$$= 1.8\times1\times（1.25+1）+1.5\times1.25 = 5.9\text{（m}^2\text{）}$$

油箱的散热功率为

$$P_{hc} = K_1 A_t \Delta T$$

式中，K_1 为油箱散热系数，可查表，K_1 取 16W/（m^2• ℃）；ΔT 为油温与环境温度之差，取 $\Delta T = 35$℃。

$$P_{hc} = 16 \times 5.9 \times 35 = 3.3\text{（kW）} < P_{hr} = 12.3\text{（kW）}$$

由此可见，油箱的散热远远满足不了系统散热的要求，管路散热是极小的，需要另设冷却器。

3）冷却器所需冷却面积的计算

冷却面积为

$$A = \frac{P_{hr} - P_{hc}}{K \Delta t_m}$$

式中，K 为传热系数，用管式冷却器时，取 $K = 116$W/（m^2• ℃）；Δt_m 为平均温升（℃）。

$$\Delta t_m = \frac{T_1 + T_2}{2} - \frac{t_1 + t_2}{2}$$

取油进入冷却器的温度 $T_1 = 60$℃，油流出冷却器的温度 $T_2 = 50$℃，冷却水入口温度 $t_1 = 25$℃，冷却水出口温度 $t_2 = 30$℃，则

$$\Delta t_m = \frac{60 + 50}{2} - \frac{25 + 30}{2} = 27.5\text{（℃）}$$

所需冷却器的散热面积为

$$A = \frac{(12.3 - 3) \times 10^3}{116 \times 27.5} = 2.8\text{（m}^2\text{）}$$

考虑到冷却器长期使用时，设备腐蚀和油垢、水垢对传热的影响，冷却面积应比计算值大 30%，实际选用冷却器散热面积为

$$A = 1.3 \times 2.8 = 3.6\text{（m}^2\text{）}$$

注意：系统设计的方案不是唯一的，关键要进行方案论证，从中选择较为合理的方案。同一个方案，设计者不同，也可以设计出不同的结果，如系统压力的选择、执行元件的选择、阀类元件的选择等都可能不同。其系统工况如图 9-16 所示。

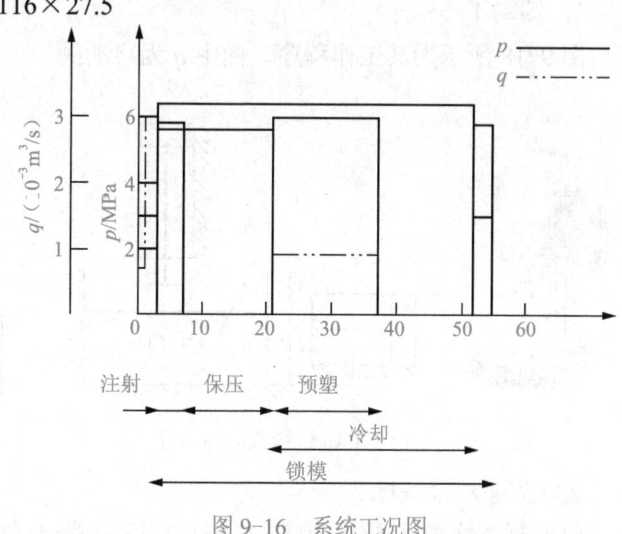

图 9-16 系统工况图

9.6 气压传动控制系统的设计

气动系统与液压系统虽有区别，但设计的主要步骤却大同小异，前面章节已介绍了液压系统设计的有关内容，可供参考，这里不再叙述，本节就气动顺序控制回路的实际方法进行介绍。

气动顺序控制回路的设计方法有信号-动作状态线图法（简称 X-D 线图法）、卡诺图法等。

X-D 线图法直观、简便，是一种常用的设计方法，因此本节重点介绍这种方法。

9.6.1 X-D 线图法的设计步骤

X-D 线图法是利用绘图信号线图的办法设计出气动控制回路。此方法的一般设计步骤如下：

（1）根据生产自动化的工艺要求，编制工作程序；

（2）绘制 X-D 线图；

（3）分析并消除障碍信号；

（4）绘制逻辑原理图和气动回路原理图。

在 X-D 线图法之前首先把常用的符号规定如下：

（1）用大写 A、B、C 等表示气缸，用下标 1 和 0 分别表示气缸的伸出和缩回，如 A_1 表示气缸 A 伸出，B_0 表示 B 缩回。

（2）用带下标的 a_1、b_0 等分别表示与 A_1、B_0 等相对应的机控阀及其输出信号，如 a_1 既表示机控阀又表示 A_1 动作完成后发出的信号。

（3）右上角带“*”号的信号表示执行信号。

9.6.2 气动顺序控制回路设计举例

图 9-17 所示为气控冲孔机结构及故障原理。其工作顺序如下：

气缸 A 夹紧 A_1→气缸 B 冲孔 B_1→气缸 B 带冲头退回 B_0→气缸 A 松开工件 A_0。

1. 编制工作程序

图 9-18 所示为其工作程序，图中 q 为启动阀。

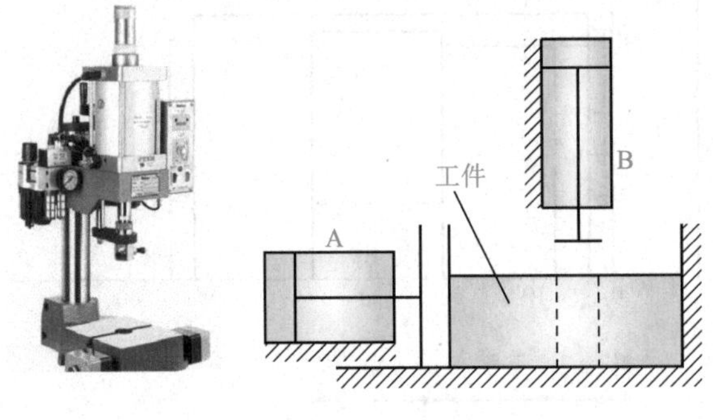

图 9-17 气控冲孔机结构及故障原理

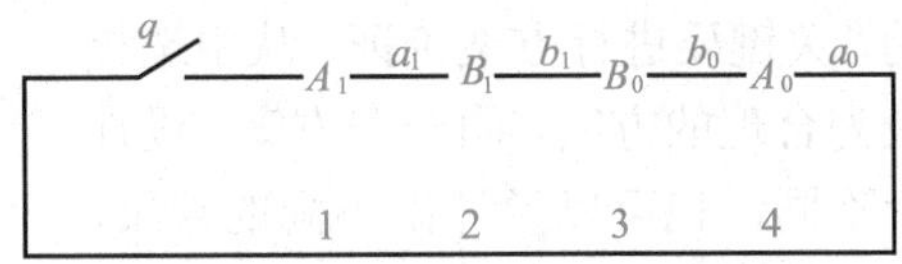

图 9-18 冲孔工作程序

2. 绘制 X-D 线图

（1）画方格图（图 9-19）。根据动作顺序第一行填入节拍号，第二行填入气缸动作，最右边一列留作填入经消障后的执行信号表达式。表的下端留有备用格，可填入消障过程中引入的辅助信号等。

（2）画动作（D 线）。用实线画出各个气缸的动作区间，它以行列中大写字母相同、下标也相同的列行交叉方格左端的格线为起点，直画到字母相同但下标相反的方格。

（3）画主令信号线（X 线）。用锯齿线画出主令信号线，起点与所控制的动作线起点相同，用符号“○”表示，终点在该信号同名动作线的终点，用符号“×”表示。若终点和起点重合，则用符号“ ⊠ ”表示。

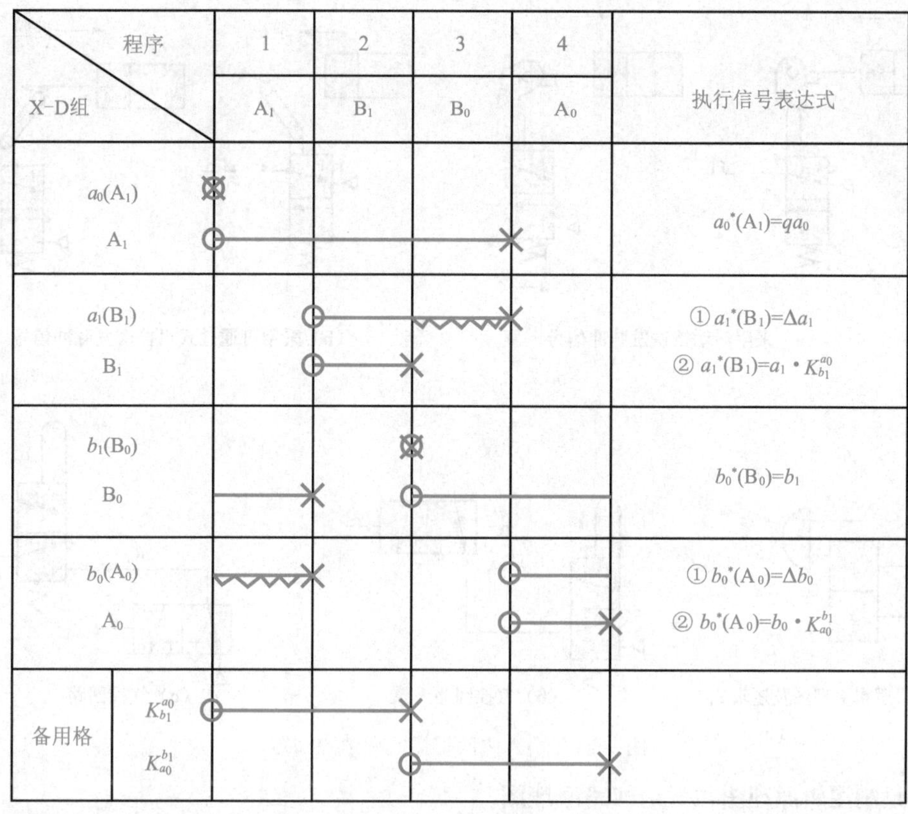

程序
X-D组
1
2
3
4
A1
B1
B0
A0
执行信号表达式
a0(A1)
A1
a0*(A1)=qa0
a1(B1)
B1
① a1*(B1)=Δa1
② a1*(B1)=a1 · K
b1(B0)
B0
b0*(B0)=b1
b0(A0)
A0
① b0*(A0)=Δb0
② b0*(A0)=b0 · K
备用格

图 9-19　工作方格图

3. 分析并消除障碍信号

1）判别障碍信号

所谓障碍信号，是指在同一时刻，阀的两个控制侧同时存在控制信号，妨碍阀按预定行程换向，用 X-D 线图确定障碍信号的方法是：检查每组信号线和动作线，凡存在信号线而无对应动作线的信号线即为障碍段，存在障碍段的信号为障碍信号，障碍段用锯齿线标出。

2）消除障碍信号

无障碍的信号可直接用作执行信号，但控制第一节拍动作的执行信号一定是启动信号和无障碍信号相“与”。所有障碍信号必须消障后才能用作执行信号。

（1）脉冲信号法。图 9-20 所示为采用机械活络挡铁或可通过式机控阀使气缸在一个往复动作中只发出一个短脉冲信号，缩短了信号长度，以达到消除障碍的目的。

（2）逻辑回路法。逻辑回路消除障碍可采用“与门”消障法，即选择一个制约信号 y 与障碍信号 e 相“与”，缩短信号长度达到消障目的。其逻辑表达式为

$$z=ey$$

制约信号可以从 X-D 线图中选取，选取的原则是：此信号出现在有障信号之前，终止在有障信号的障碍段前。

当在 X-D 线图中找不到可选用的制约信号时，可引入中间记忆元件，借用它的输出作为制约信号，如图 9-21 所示。其逻辑表达式为

$$z=eK$$

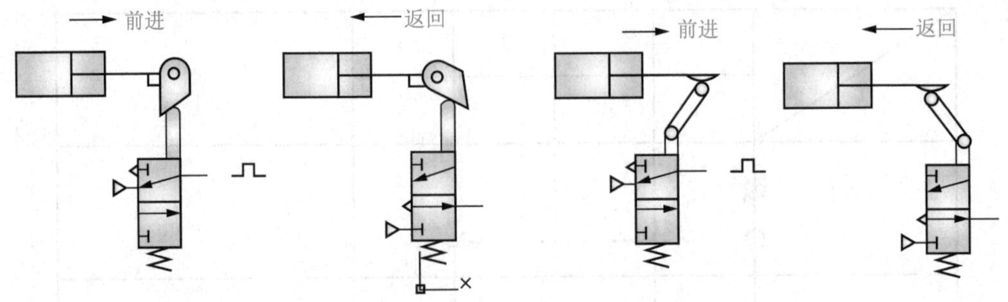

（a）采用活动挡铁发脉冲信号　　（b）采用可通过式机控阀发脉冲信号

图 9-20　脉冲信号法

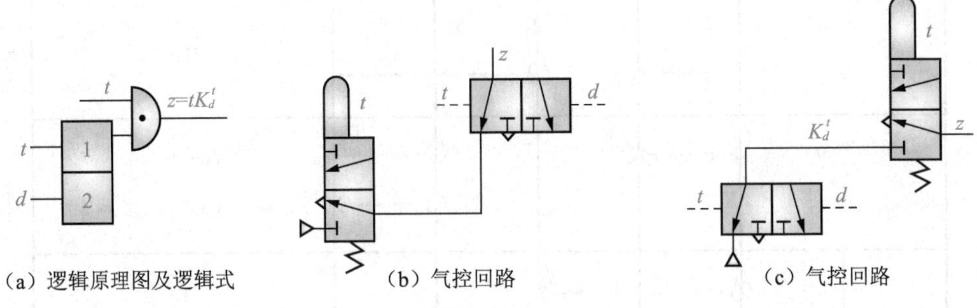

（a）逻辑原理图及逻辑式　　（b）气控回路　　（c）气控回路

图 9-21　引入中间记忆元件消障回路

4. 绘制逻辑原理图和气动回路原理图

根据 X-D 线图上的执行信号表达式，即可绘出逻辑原理图，然后根据气控逻辑原理图便可绘出气动控制系统图。本例只绘出引入中间记忆元件消障的气控逻辑原理图及气动回路原理图，如图 9-22 和图 9-23 所示。

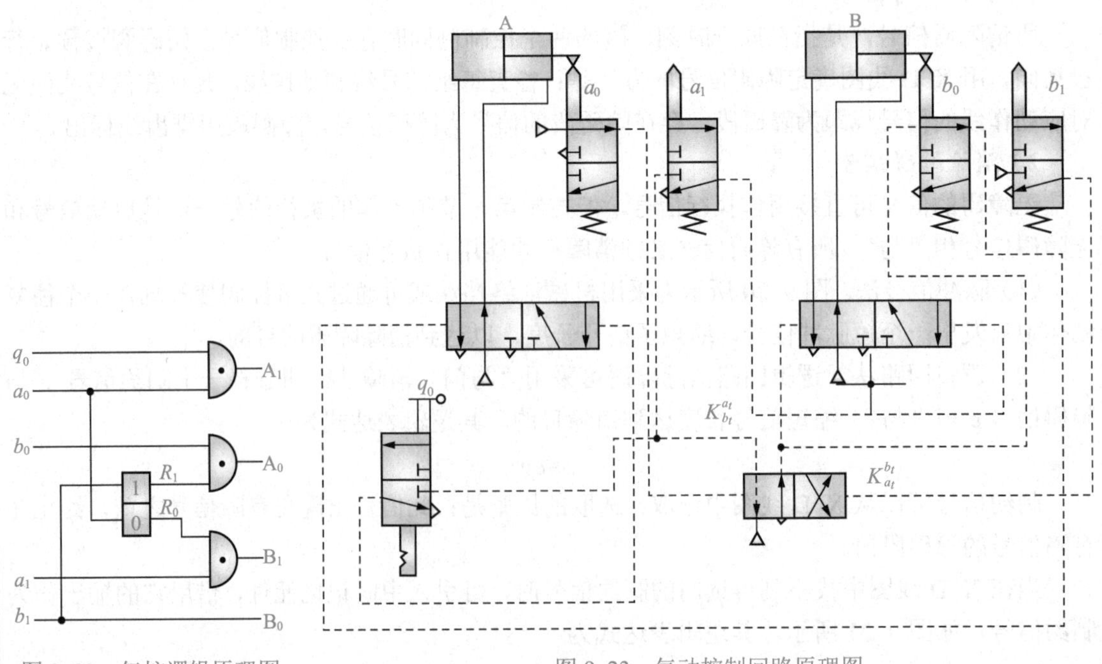

图 9-22　气控逻辑原理图　　图 9-23　气动控制回路原理图

5. 气动元件选择计算与校核

参考液压系统设计章节，本处略。

特别提示

能设计较复杂程度的液压与气动系统是学习本课程的目的之一。要能独立设计出符合使用要求的液压气动系统，必须掌握前面章节的基本内容。在此基础上熟悉液压气动系统的设计步骤、明确设计要求、合理使用设计资料、正确选取设计参数后，就可以完成设计任务。因此，对设计要求的分析、设计资料的查找与熟悉、设计参数的选取是本章的重点。

由于初学者缺乏设计经验，对于系统回路设计、参数选取难以做到合理恰当。所以，系统液压气动回路的设计与液压气动参数的选取是本章的难点。

真正掌握液压气动系统的设计需要具备一定的实际工作经验，本章只能通过一个设计实例介绍液压系统的一般设计步骤，从而展示设计要求的分析过程、液压气动回路的拟定要点、设计参数的确定方法、液压气动元件的选取原则、系统验算的计算内容和系统参数的设定步骤。

练　习　题

9-1　一台专用铣床，铣头驱动电机功率为 7.5kW，铣刀直径为 120mm，转速为 350r/min。工作行程为 400mm，快进、快退速度为 4.5m/min，工进速度为 60～1000mm/min，往复运动时加、减速时间为 0.05s。工作台水平放置，导轨静摩擦系数为 0.2，动摩擦系数为 0.1，运动部件总重量为 4kN。试设计该机床的液压系统。

附录 A

液压与气动图形符号

附表 A-1　符号要素、功能要素、管路及连接

名称	符号	名称	符号	名称	符号
工作管路回油管路		电磁操纵器		连续放气装置	
控制管路泄油管路或放气管路		温度指示或温度控制		间断放气装置	
组合元件框线		原动机	M	单向放气装置	
液压符号		弹簧	W	直接排气口	
气压符号		节流		带边接排气口	
流体流动通路和方向		单向阀简化符号的阀流	90°	不带单向阀的快换接头	
可调性符号		固定符号		带单向阀的快换接头	
旋转运动方向		连接通路		单通路旋转接头	
电气符号		交叉管路		三通路旋转接头	
封闭油、气路和油、气口		柔性管路			

附表 A-2 控制方式和方法

名称	符号	名称	符号	名称	符号
定位装置		单向滚轮式机械控制		液压先导加压控制	
按钮式人力控制		单作用电磁铁控制		液压二级先导加压控制	
拉钮式人力控制		双作用电磁铁控制		气压-液压先导加压控制	
按-拉式人力控制		单作用可调电磁操纵器		电磁-液压先导加压控制	
手柄式人力控制		双作用可调电磁操纵器		电磁-气压先导加压控制	
单向踏板式人力控制		电动机旋转控制	M	液压先导卸压控制	
双向踏板式人力控制		直接加压或卸压控制		电磁-液压先导卸压控制	
顶杆式机械控制		直接差动压力控制	2 1	先导型压力控制阀	W
可变行程控制式机械控制		内部压力控制	45°	先导型比例电磁式压力控制阀	
弹簧控制式机械控制	W	外部压力控制		电外反馈	
滚轮式机械控制		气压先导加压控制		机械内反馈	W

附表 A-3　泵、马达及缸

名称	符号	名称	符号
泵、马达（一般符号）	液压泵　气马达	液压整体式传动装置	
单向定量液压泵空气压缩机		双作用单杆活塞缸	
双向定量液压泵		单作用单杆活塞缸	
单向变量液压泵		单作用伸缩缸	
双向变量液压泵		双作用伸缩缸	
定量液压泵-马达		单作用单杆弹簧复位缸	
单向定量马达		双作用双杆活塞缸	
双向定量马达		双作用不可调单向缓冲缸	
单向变量马达		双作用可调单向缓冲缸	
双向变量马达		双作用不可调双向缓冲缸	
变量液压泵-马达		双作用可调双向缓冲缸	
摆动马达	液压　气动	气-液转换器	

附表 A-4　方向控制阀

名称	符号	名称	符号
单向阀	（简化符号）	二位五通换向阀	
液控单向阀（控制压力关闭）		二位五通液动换向阀	
液控单向阀（控制压力打开）	W	三位三通换向阀	
或门型梭阀	（简化符号）	三位四通换向阀（中间封闭式）	
与门型梭阀	（简化符号）	三位四通手动换向阀（中间封闭式）	W W
快速排气阀	（简化符号）	伺服阀	W W
常闭式二位二通换向阀		二级四通电液伺服阀	W W
常开式二位二通换向阀		液压锁	
二位二通人力控制换向阀		三位四通压力与弹簧对中并用外部压力控制电液换向阀（详细符号）	W W W W
常开式二位三通换向阀		三位四通压力与弹簧对中并用外部压力控制电液换向阀（简化符号）	W W
常开式二位三通电磁换向阀	W	三位五通换向阀	
二位四通换向阀		三位六通换向阀	

附表 A-5 **压力控制阀**

名称	符号	名称	符号
直动内控溢流阀	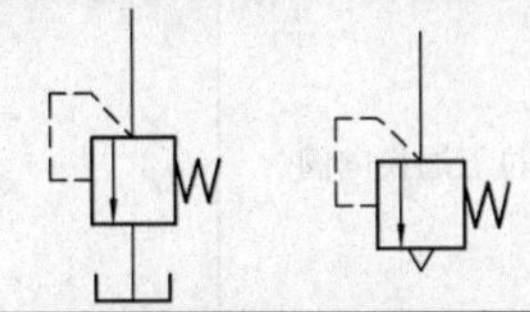	定比减压阀	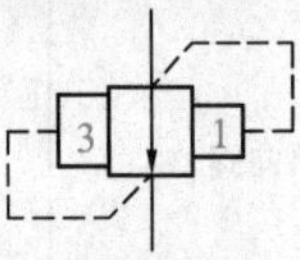 3 1 定压比1/3
直动外控溢流阀	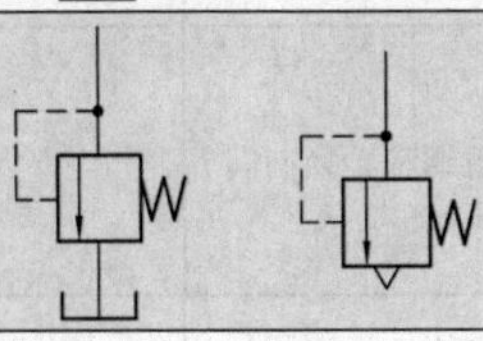	定差减压阀	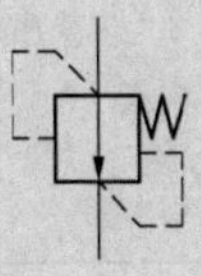
带遥控口先导溢流阀	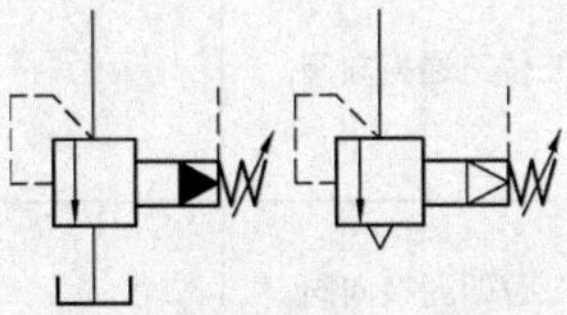	内控内泄直动顺序阀	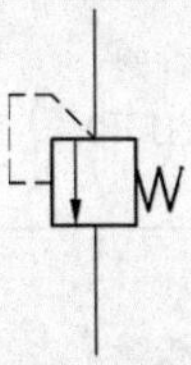
先导型比例电磁式溢流阀	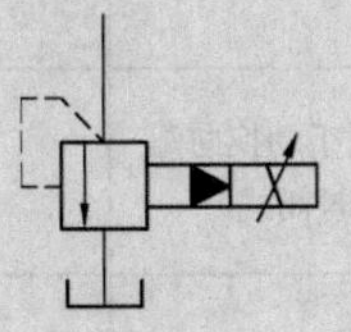	内控外泄直动顺序阀	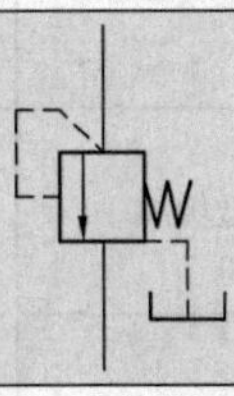
双向溢流阀	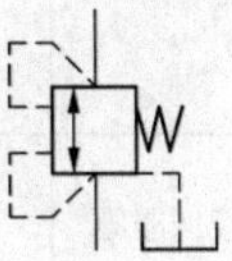	外控外泄直动顺序阀	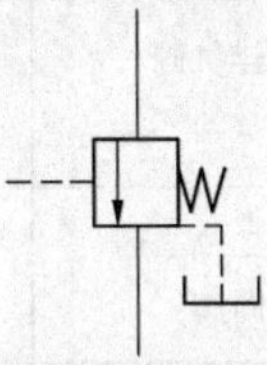
卸荷溢流阀	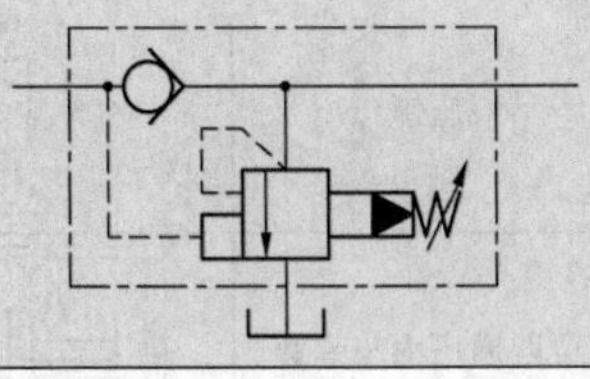	先导顺序阀	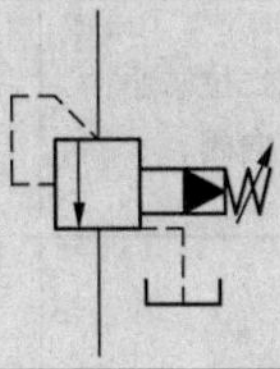
直动内控减压阀	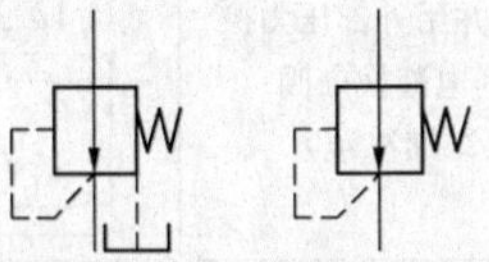	直动卸荷阀	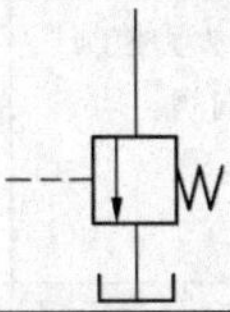
先导型减压阀	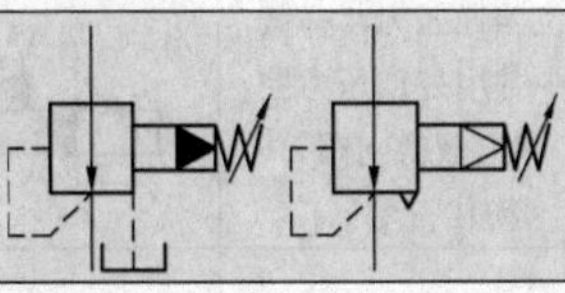	压力继电器	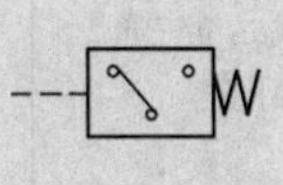
溢流减压阀	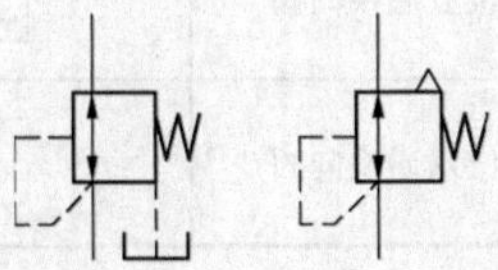	单向顺序阀（平衡阀）	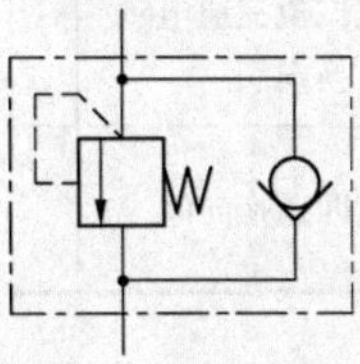

续表

名称	符号	名称	符号
先导型比例电磁式溢流减压阀	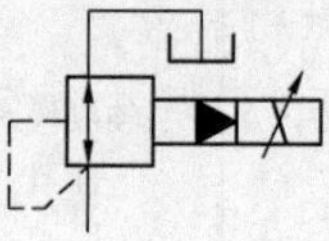	制动阀	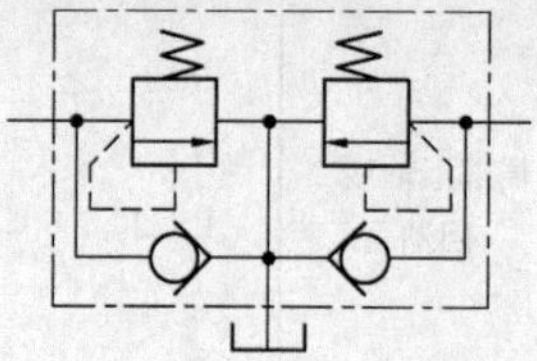

附表 A-6 流量控制阀

名称	符号	名称	符号	名称	符号
不可调节流阀		带消声器的节流阀	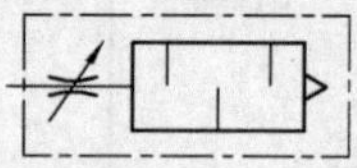	单向调速阀	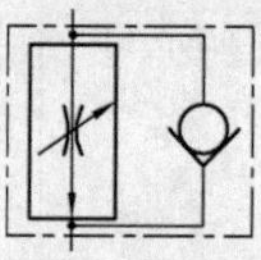
可调节流阀		减速阀	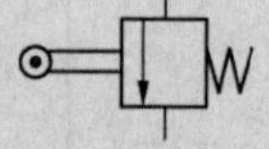	分流阀	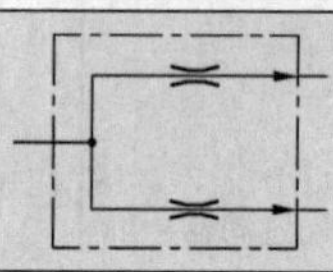
截止阀		普通型调速阀		集流阀	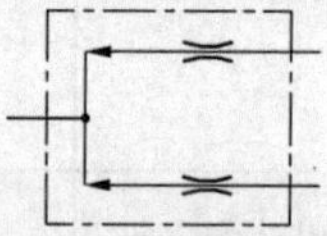
可调节单向阀	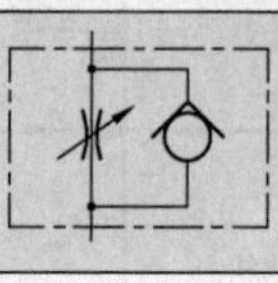	温度补偿型调速阀		分流集流阀	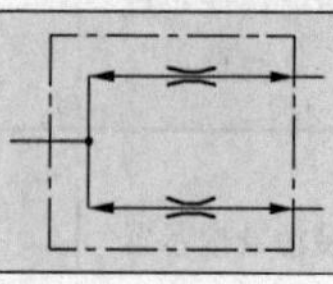
滚轮控制可调节流阀	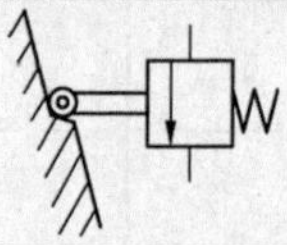	旁通型调速阀	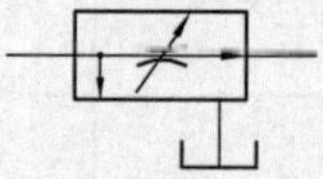		

附表 A-7 液压辅件和其他装置

名称	符号	名称	符号	名称	符号
管端在液面以上的通大气式油箱		压力计		转矩仪	
管端在液面以下的通大气式油箱		压差计		消声器	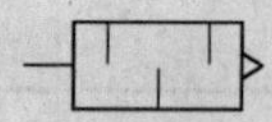
管端连接于油箱底部的通大气式油箱		分水排水器	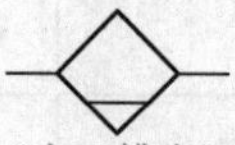 （人工排出） 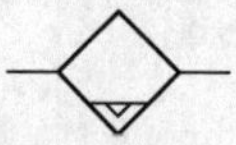 （自动排出）	蓄能器	

续表

名称	符号	名称	符号	名称	符号
局部泄油或回油		空气过滤器	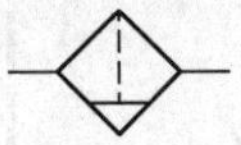 （人工排出） 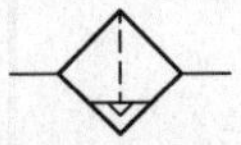 （自动排出）	气体隔离式蓄能器	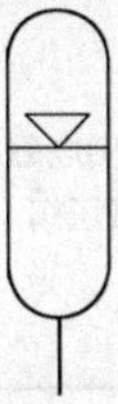
密闭式油箱	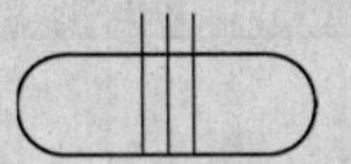	除油器	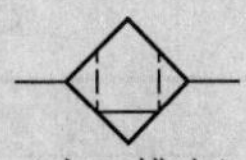 （人工排出） 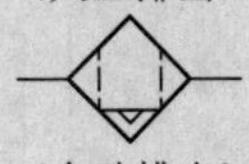 （自动排出）	重锤式蓄能器	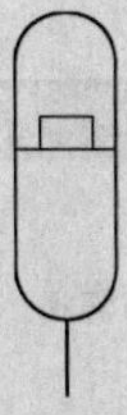
过滤器	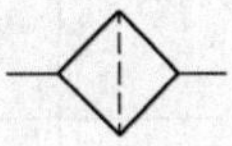	空气干燥器	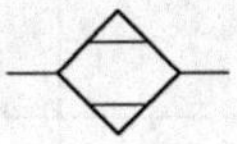	弹簧式蓄能器	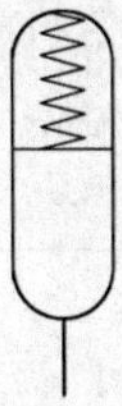
带磁性滤芯过滤器	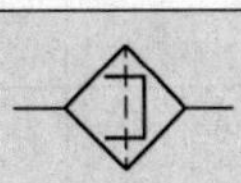	油雾器	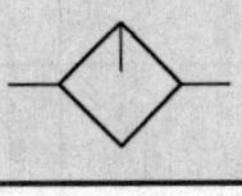	气罐	
带污染指示器过滤器	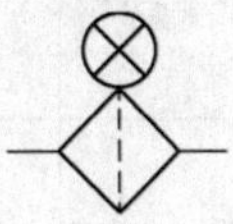	气源调节装置		电动机	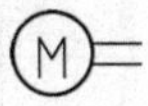 M
冷却器	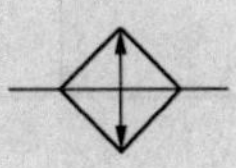	液位计		原动机	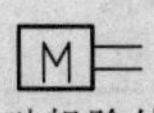 M （电动机除外）
带冷却剂管路指示冷却器	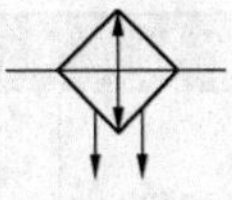	温度计		报警器	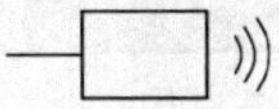
加热器	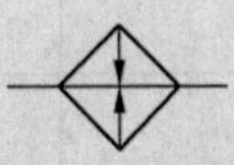	流量计		行程开关	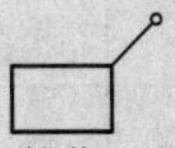 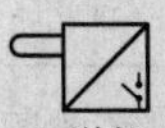 简化 详细
温度调节器	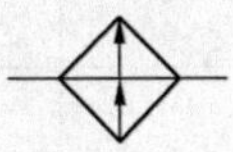	累积流量计		液压源	 （一般符号）
压力指示器		转速仪	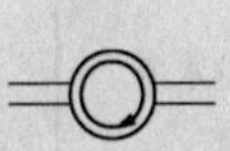	气压源	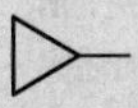 （一般符号）

附录 B

FluidSIM 仿真软件及其应用

FluidSIM 软件是由德国 Festo 公司 Didactic 教学部门和 Paderborn 大学联合开发的，专门用于液压与气压传动的教学软件，其运行于 Microsoft Windows 操作系统之上，由液压仿真软件 FluidSIM-H 和气压仿真软件 FluidSIM-P 两部分组成，可以分别使用。通过该软件，用户可以在计算机上进行气动、电气气动、液压、电气液压知识的学习以及回路的设计、测试和模拟。该软件具有强大的仿真功能可以实时显示实际控制回路的动作。该软件可用于教学或职业培训课程的备课工具、课堂练习或自学，用于工程设计人员进行气动液压回路设计的 CAD 系统。

附 B.1　FluidSIM 软件的特点

FluidSIM 软件的主要特征就是其可与 CAD 功能和仿真功能紧密联系在一起。FluidSIM 软件符合 DIN 电气-气动回路图绘制标准，CAD 功能是针对流体而专门设计的，例如，在绘图过程中，FluidSIM 软件将检查各元件之间的连接是否可行。最重要的是可对基于元件物理模型的回路图进行实际仿真，并由元件的状态图显示，这样就使回路图绘制和相应液压（气压）系统仿真相一致，从而能够在设计完回路后，验证设计的正确性，并演示其动作过程。

FluidSIM 软件的另一个特征就是其系统学习概念：FluidSIM 软件可用来自学、教学和多媒体教学气动技术知识。气动元件可以通过文本说明、图形以及介绍其工作原理的动画来描述；各种练习和教学影片讲授了重要回路和气动元件的使用方法。

可设计和液压气动回路相配套的电气控制回路。弥补了以前液压与气压教学中，学生只见液压（气压）回路不见电气回路，从而不明白各种开关和阀门动作过程的弊病。电气-液压（气压）回路设计与仿真同时进行，可以提高学生对电气动图、电液压的认识和实际应用能力。

附 B.2　FluidSIM 软件的设计界面

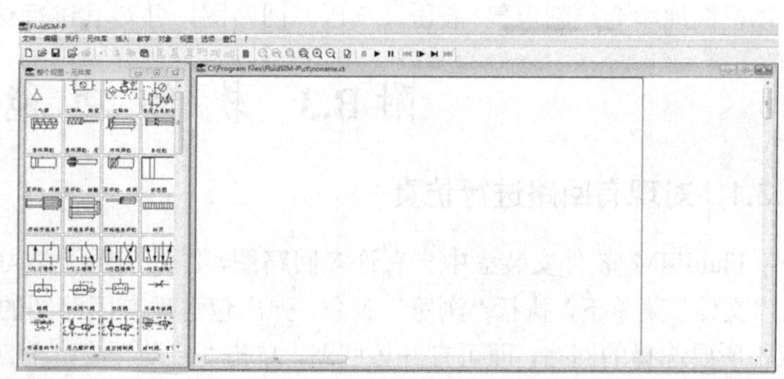

附图 B-1　FluidSIM-P 设计界面

由于 FluidSIM-H 和 FluidSIM-P 用户界面完全一致，操作类似，因此这里以 FluidSIM-P 软件为例来介绍。FluidSIM-P 软件设计界面简单易懂。如附图 B-1 所示，窗口顶部的菜单栏列出仿真和新建回路图所需的功能，工具栏给出了常用菜单功能，窗口左边显示出

FluidSIM 的整个元件库。状态栏位于窗口底部，用于显示操作 FluidSIM 软件期间的当前计算和活动信息。在 FluidSIM 软件中，操作按钮、滚动条和菜单栏与大多数 Microsoft Windows 应用软件相类似。

B.2.1 常用菜单功能

工具栏包括下列九组功能：

（1）新建、浏览、打开和保存回路图：

（2）打印窗口内容，如回路图和元件图片：

（3）编辑回路图：

（4）调整元件位置：

（5）显示网格：

（6）缩放回路图、元件图片和其他窗口：

（7）回路图检查：

（8）仿真回路图，控制动画播放（基本功能）：

（9）仿真回路图，控制动画播放（辅助功能）：

对于一个指定回路图而言，通常仅使用上述几个所列的功能。根据窗口内容、元件功能和相关属性（回路图设计、动画和回路图仿真），FluidSIM 软件可以识别所属功能，未用工具按钮变灰。

状态栏位于窗口底部，用于显示操作 FluidSIM 软件期间的当前计算和活动信息。在编辑模式中，FluidSIM 软件可以显示由鼠标指针所选定的元件。

B.2.2 元件库

该软件在元件库中包含动力源元件、执行元件、传感器、电气元件、简单的图表文字框等。使用时，按自己所设计的系统在元件库中找出所需元件，一一拖曳到作图页面上，就可以构建所需的控制回路。

B.2.3 设计界面

设计界面在主界面的右半部分，可以通过新建或调用已有回路，获得需要的液压控制回路。采用类似画图软件的图形操作界面，拖拉图标进行设计，面向对象设置参数，易于学习，可以很快地学会绘制电气-液压（气压）回路图，并对其进行仿真。

附 B.3 软 件 功 能

B.3.1 对现有回路进行仿真

FluidSIM 软件安装盘中含有许多回路图，作为演示和学习资料，单击“浏览”按钮或在“文件”菜单下，执行“浏览”命令，弹出包含现有回路图的浏览窗口，如附图 B-2 所示。双击所要选择的回路，即可打开该回路，单击“启动”按钮 ▶ 或在“执行”菜单下，执行“启动”命令，即可对该回路进行仿真。

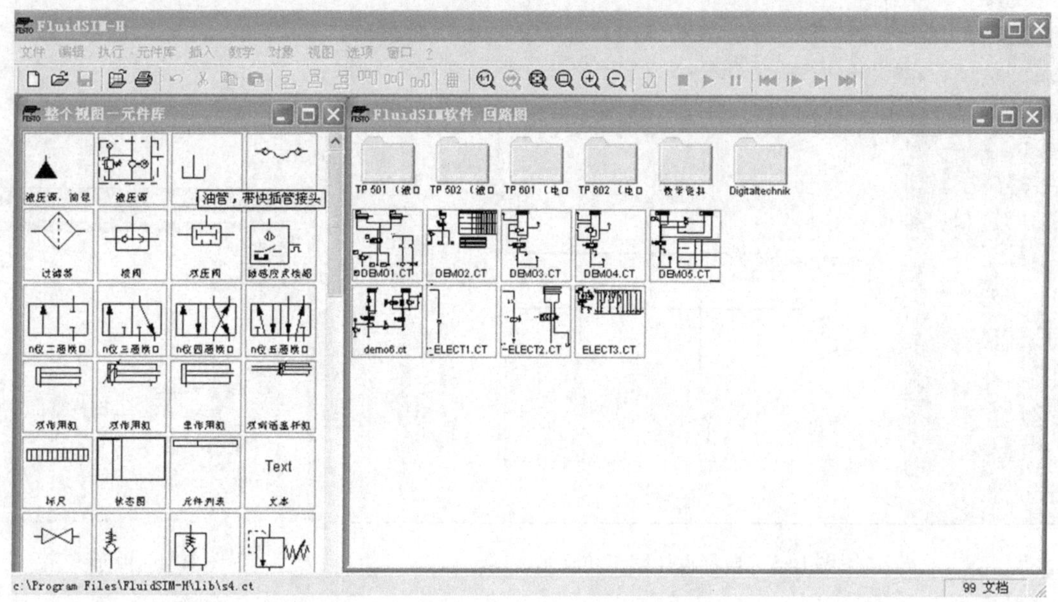

附图 B-2　回路图的浏览窗口

B.3.2　自行设计回路进行仿真

通过单击“新建”按钮 或在“文件”菜单下，执行“新建”命令，新建空白绘图区域，以打开一个新窗口，如附图 B-3 所示，然后利用鼠标从元件库中将元件“拖动”和“放置”在绘图区域上。以附图 B-3 为例，在回路中采用两个双作用式气缸、两个二位五通的电磁换向阀和一个三联件，双击各气压元件可改变它们的属性，换向阀电磁铁的通断电靠下侧图上的电气开关来控制，右侧的状态图记录液压缸和换向阀的状态量。

B.3.3　多媒体教学功能

FluidSIM 软件包含了大量的教学资料，提供了各种液压与气动元件的符号、实物图片、工作原理剖视图和详细的功能描述。某些重要元件剖视图可以进行动画播放，逼真地模拟这些元件的工作过程及原理。该软件还具有多个教学影片，讲授了重要回路和液压气动元件的使用方法及应用场合软件本身自带的和液压传动有关的元件说明、插图、图片和影像。

1. 演示文稿

FluidSIM 软件安装盘上，已有许多备好的演示文稿。通过 FluidSIM 软件可以编辑或新建演示文稿。在“教学”菜单下，执行“演示文稿”命令，可以找到所有演示文稿，如附图 B-4 所示。

2. 元件工作原理分析

FluidSIM 软件安装盘上，已有气压（液压）元件的彩色工作原理图。在“教学”菜单下，执行“工作原理”命令，可以找到所有元件的工作原理图，如附图 B-5 所示。

3. 播放教学影片

FluidSIM 软件光盘含有 15 个教学影片，每个影片长度为 1～10min，其覆盖了电气-液压技术的一些典型应用领域。在“教学”菜单下，执行“教学影片”命令，弹出“教学影片”对话框，如附图 B-6 所示。

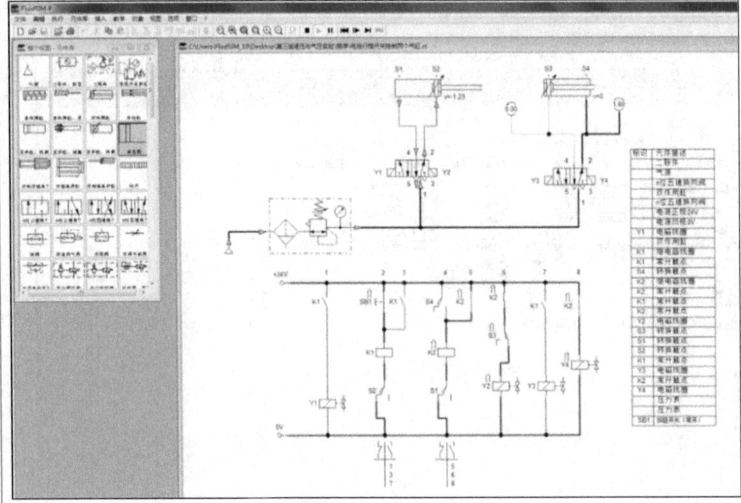

附图 B-3　自行设计回路仿真

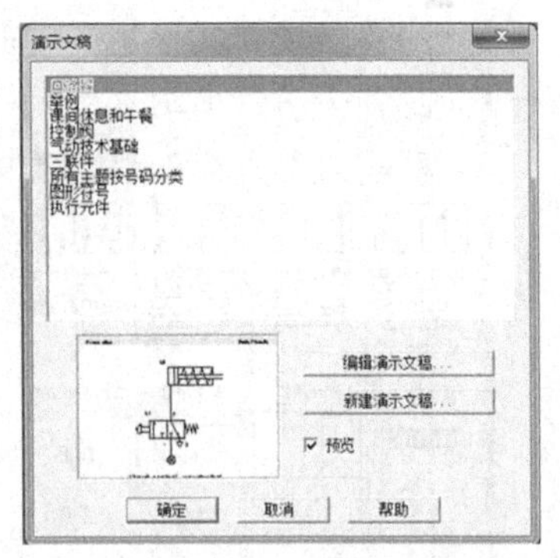

附图 B-4　演示文稿

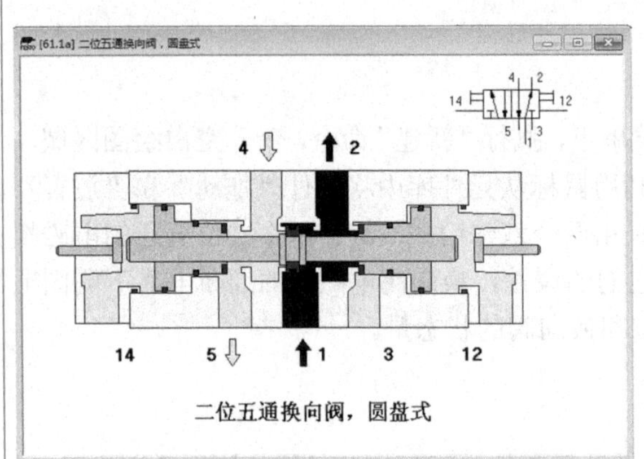

附图 B-5　元件工作原理图

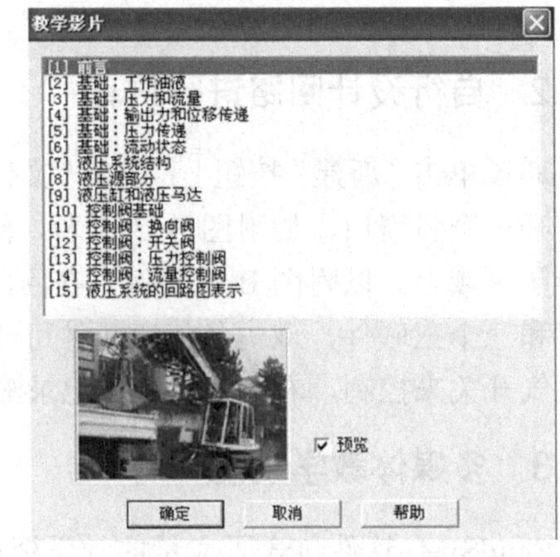

附图 B-6　教学影片

附录 C

主要变量及其中英文对照

变量名	中文名	英文名	变量名	中文名	英文名
A	面积	area	p_{st}	静压力	static pressure
a	加速度	acceleration	q	流量	flow
B	阻尼系数	resistance coefficient	Re	雷诺数	Reynold's number
b	宽度	width	Re_{cr}	临界雷诺数	critical Reynold's number
d	直径	diameter	t	时间	time
E	能量	energy	t	温度	temperature (Celsius)
E_k	动能	kinetic energy	T	热力学温度	temperature (Kelvin)
E_p	势能	potential energy	T	转矩	torque
F	力	force	V	体积	volume
f	频率	frequency	V_m	质量体积	mass volume
f	摩擦系数	friction coefficient	v	平均速度	velocity
f_s	静摩擦系数	static friction coefficient	υ	运动黏度	kinetic viscosity
f_d	动摩擦系数	dynamic friction coefficient	μ	动力黏度	dynamic viscosity
g	重力加速度	acceleration due to gravity	ω	角速度	angular velocity
J	惯性矩	moment of inertia	ρ	密度	density
l	长度	length	π	圆周率	circular constant
m	质量	mass	η_m	机械效率	mechanical efficiency
n	转速	speed	η_v	容积效率	volumetric efficiency
p	压力	pressure	η	总效率	total efficiency
p_{tot}	总压力	total pressure			

部分练习题参考答案

第2章

2-7 （1） $p = 25.48\text{MPa}$；（2） $F = 100\text{N}$；（3） $S = 1\text{mm}$

2-8 $V = 1.973\text{L}$

2-9 $\rho_2 = 800\text{kg/m}^3$

2-10 $p_a = p_b = 6.37\text{MPa}$

2-11 （1） $F_S = 431.75\text{N}$；（2） $x_0 = 4.32\text{cm}$

2-12 $p_0 - p_2 = 0.005\text{MPa}$

第3章

3-4 （1） $\eta_v = 85\%$；（2） $Q_{实600} = 42.21\text{L/min}$；（3） $R_{600} = 13.8\text{kW}$， $R_{1450} = 33.3\text{kW}$

3-6 $\eta_v = 81.12\%$

3-9 $Q_T = 126.95\text{L/min}$； $Q = 120.6\text{L/min}$； $P = 47.02\text{kW}$

3-10 $P_{快进} = 0.96\text{kW}$； $P_{小泵工进} = 0.562\text{kW}$， $P_{大泵工进} = 0.25\text{kW}$； $P_{工进} = P_{小泵} + P_{大泵} = 0.812\text{kW}$

第4章

4-1 $n = 7.92\text{r/s}$； $T = 170.5\text{N}\cdot\text{m}$； $P_i = 10.5\times10^3\text{W}$； $P_o = 8478.7\text{W}$

4-2 （1） $n_{\text{Mmin}} = 11.28\text{r/s}$， $P_M = 12.47\times10^3\text{W}$；（2） $T_P = 168.8\text{N}\cdot\text{m}$；（3） $\eta = 0.7056$， $\delta = 29.54\%$

4-3 $\eta_M = 0.77$

4-4 $p = 0.45\text{MPa}$； $v = 0.25\text{m/s}$； $t = 1\text{s}$

4-5 $P = 269.6\text{W}$

4-6 $v_a = 0.796\text{m/s}$； $v_b = 0.031\text{m/s}$

4-7 （1） $D = 103\text{mm}$，取标准直径 D=100mm，d=70mm；（2） $\delta \geqslant 0.00202\text{m} = 2.02\text{mm}$，故缸筒壁厚取 3mm

4-8 （1） $F_1 = F_2 = 8640\text{N}$， $v_1 = 0.02\text{m/s}$， $v_2 = 0.013\text{m/s}$；（2） $F_2 = 18\text{kN}$；（3） $F_2 = 21.6\text{kN}$

4-9 $F = 11866\text{N}$

4-10 $q = 180.48\text{L/min}$

第5章

5-8 3级调压，$P_{Y1} > P_{Y2}$ 和 $P_{Y1} > P_{Y3}$

5-9 （a） $p = 2\text{MPa}$；（b） $p = 9\text{MPa}$；（c） $p = 7\text{MPa}$

5-10 （1） p_A=1MPa，p_B=1MPa；（2） p_A=1.5MPa，p_B=5MPa；（3） p_A=0MPa，p_B=0MPa

5-11 （1） p_A=4MPa，p_B=4MPa；（2） p_A=1MPa，p_B=3MPa；（3） p_A=5MPa，p_B=5MPa

5-12 （1） p_A=0MPa，p_B=0MPa；（2） p_A=3MPa，p_B=2MPa

5-14 $A = 0.26\times10^{-4}\text{m}^2$

第7章

7-4 活塞杆向左运动。正向时 $V=q/(A_2+A_3-A_1)$；反向时 $V=q/(A_1-A_2)$

7-5 （1）A、B、C 都断电时，压力为 0；（2）A 得电，B、C 断电时，压力为 2MPa；
（3）A、B 得电，C 断电时，压力为 6MPa；（4）A、B、C 都得电时，压力为 14MPa；
（5）A、C 得电，B 断电时，压力为 10MPa；（6）B 得电，A、C 断电时，压力为 4MPa；
（7）C 得电，A、B 断电时，压力为 8MPa；（8）B、C 得电，A 断电时，压力为 12MPa

7-8 （1） $p_y = (F+A_2\times p_b)/A_1+p_{调速阀}$；（3） $\Delta p_y = (F+A_2\times(\Delta p_b+p_b))/A_1+p_{调速阀}-(F+A_2\times p_b)/A_1+p_{调速阀}$

7-10 （1） $q = 5\text{L/min}$， $p_1 = p_p = 2.2\text{MPa}$；

（2）由特性曲线可知，只要调速阀的开口不变，不管负载如何变化，泵的工作压力 $p_p = p = 2.2\text{MPa}$，当 $F = 9000\text{N}$ 和 $F = 0$ 时 $p_2 = p_p = 2.2\text{MPa}$；

（3）回路总效率 $\eta_1 = 0.818$

第8章

8-4

工作循环		电磁铁通电					
		1YA	2YA	3YA	4YA	5YA	6YA
1	装件夹紧	−	−	−	−	+	−
2	横快进	−	+	−	−	+	−
3	横工进	−	+	−	+	+	+
4	纵快进	+	+	−	+	+	−
5	纵工进	+	+	+	+	+	+
6	（横、纵）快退	−	−	−	−	+	−
7	卸下工件	−	−	−	−	−	−

8-5

电磁铁 \ 工作循环	快进	工进	快退	停止
1YA	+	+	−	−
2YA	−	−	+	−
3YA	+	−	−	−

8-6

动作	1YA	2YA	3YA	4YA
快进	+	−	+	−
Ⅰ工进	+	−	−	−
Ⅱ工进	+	−	−	−
快退	−	+	−	−

8-7 1．溢流阀：调定系统工作压力；2．单向阀：使系统卸荷时，保持一定的控制油路压力；

3．电液换向阀：实现运动换向；4．辅助活塞缸：使压力机滑块实现快进快退；

5．节流阀：调节压力机滑块的返回速度；6．顺序阀：实现快进和慢进的动作转换；

7．压力继电器：发出保压阶段终止的信号；8．单向阀：规定通过节流阀油流的方向；

9．液控单向阀：使柱塞缸中的油液返回辅助油箱；

10．主柱塞缸：使压力机滑块传递压力；11．辅助油箱：快进时向柱塞缸供油

8-9

动作名称	电气元件状态						
	1YA	2YA	3YA	4YA	5YA	6YA	KA
定位夹紧	−	−	−	−	−	−	−/+
快进	+	−	+	+	+	+	+
工进	−	−	+	−	+	−	+
快退	+	−	−	+	−	+	+
松开拔销	−	+	−	−	−	−	−
原位（卸荷）	−	−	−	−	−	−	−

参考文献

陈尧明．2005．液压与气压传动学习指导与习题集．北京：机械工业出版社．

贾铭新．2001．液压传动与控制．北京：国防工业出版社．

贾铭新．2003．液压传动与控制解难和练习．北京：国防工业出版社．

姜继海．2009．液压与气压传动．北京：高等教育出版社．

雷天觉．1990．液压工程手册．北京：机械工业出版社．

雷天觉．1998．新编液压工程手册．北京：北京理工大学出版社．

路甬祥．2002．液压气动技术手册．北京：机械工业出版社．

全国液压气动标准化技术委员会．1997．液压气动标准汇编．北京：中国标准出版社．

芮延年．2005．液压与气压传动．苏州：苏州大学出版社．

王积伟．2006a．液压传动．北京：机械工业出版社．

王积伟．2006b．液压与气压传动习题集．北京：机械工业出版社．

王占林．2005．近代电气液压伺服控制．北京：北京航空航天大学出版社．

许福玲．2004．液压与气压传动．北京：机械工业出版社．

张利平．1997．液压气动系统设计手册．北京：机械工业出版社．

章宏甲．2004．液压与气压传动．北京：机械工业出版社．

左健民．2012a．液压与气压传动．北京：机械工业出版社．

左健民．2012b．液压与气压传动学习指导与例题集．北京：机械工业出版社．

《气动工程手册》编委会．1995．气动工程手册．北京：国防工业出版社．